21 世纪高等教育土木工程系列教材

地基处理

第 3 版

主　编　贺建清　刘　泽　雷　勇
副主编　彭春雷　蒋　鑫　张学民
参　编　李和志　赵永清　孙希望
曾　兴　周　普　林　滢
刘科宏　吴乐珠　陈　凯
宾　斌　丁　祥　蒋　健
杨　明　廖飞顺　袁　敬
黄　新　许静宜　蒋　帅

机 械 工 业 出 版 社

本书是根据教育部土木工程专业的课程设置指导意见及现行《建筑地基处理技术规范》《复合地基技术规范》等编写而成，对目前我国使用的各种地基处理方法的适用范围、加固机理、设计计算、施工工艺及质量检验方法，以及复合地基理论等进行了较为系统的阐述。主要内容包括：绪论、换填垫层法、预压法、强夯法和强夯置换法、复合地基理论、挤密桩法、浆液固化法、加筋土技术，每种地基处理方法都编写了相应的工程实例。本书重视理论联系实际，并采用二维码集成了 14 个相关施工原理、现场视频，既能满足普通高等院校的教学要求，又能供从事地基处理工程设计和施工的专业技术人员及科研人员自学和参考。

图书在版编目（CIP）数据

地基处理/贺建清，刘泽，雷勇主编. —3 版. —北京：机械工业出版社，2023.12（2025.1 重印）
21 世纪高等教育土木工程系列教材
ISBN 978-7-111-74833-5

Ⅰ.①地… Ⅱ.①贺…②刘…③雷… Ⅲ.①地基处理-高等学校-教材 Ⅳ.①TU472

中国国家版本馆 CIP 数据核字（2024）第 025062 号

机械工业出版社（北京市百万庄大街 22 号 邮政编码 100037）
策划编辑：马军平　　责任编辑：马军平
责任校对：龚思文　李　杉　　封面设计：张　静
责任印制：常天培
固安县铭成印刷有限公司印刷
2025 年 1 月第 3 版第 2 次印刷
184mm×260mm · 16 印张 · 393 千字
标准书号：ISBN 978-7-111-74833-5
定价：49.80 元

电话服务　　网络服务
客服电话：010-88361066　机 工 官 网：www.cmpbook.com
010-88379833　机 工 官 博：weibo.com/cmp1952
010-68326294　金 书 网：www.golden-book.com

机工教育服务网：www.cmpedu.com

第3版前言

《地基处理》教材第1版和第2版分别于2008年和2016年出版发行，得到了广大读者的欢迎和好评。近年来特别是近五年来地基处理技术得到快速发展和应用，地基处理新技术、新工艺不断涌现，要求教材内容反映地基处理技术的最新成果。与此同时，夯实当代大学生的理想和信念，培养我国大学生“讲好中国故事”，是目前我国高等教育在服务国家战略过程中的重要使命。为了满足国家对人才培养的最新要求，反映地基处理技术最新进展，编写人员再一次认真听取了授课教师和学生对该教材的反馈意见，在不改变第2版教材原有框架结构的基础上，对本书进行了重新编写和修订，在每一章后增加了拓展阅读，专门用来介绍我国在地基处理方面取得的重大成就以及为此做出杰出贡献的科学家。同时紧密结合工程实践，充分利用BIM等技术，制作了地基处理施工视频。这些视频通过二维码的形式植入教材，学生只需扫描二维码，即可直观地了解地基处理施工过程，提高学习效果。

全书仍为8章，第1章由湖南科技大学贺建清和雷勇重新编写和修订，第2章由雷勇和湖南科技大学刘泽重新编写和修订，第3章由贺建清和湖南省地质地理信息所蒋鑫重新编写和修订，第4章由刘泽和贺建清重新编写和修订，第5章由贺建清和湖南省地质地理信息所赵永清重新编写和修订，第6章由雷勇、中铁二院昆明勘察设计研究院有限责任公司孙希望和湖南城建职业技术学院李和志重新编写和修订，第7章由贺建清和湖南宏禹工程集团有限公司彭春雷重新编写和修订，第8章由中南大学张学民和刘泽重新编写和修订。湖南科技大学曾兴、湖北工业大学丁祥对本教材的重新编写和修订提出了宝贵的意见并参与了相关章节的修订。本书配套视频由贺建清，中建五局土木工程有限公司周普，湖南科技大学林滢、刘科宏、吴乐珠负责制作，素材由湖南宏禹工程集团有限公司宾斌、武汉速安达建筑橡塑制品有限公司陈凯、浙江交工金筑交通建设有限公司廖飞顺、中国水利水电第八工程局有限公司杨明、珠海市三湘建筑基础工程有限公司蒋健、北京市勘察设计研究院有限公司袁敬、广州市泰基工程技术有限公司黄新、中建五局土木工程有限公司许静宜及蒋帅提供。全书由贺建清完成统稿和修改工作。

本书在重新编写和修订过程中参考了大量文献，在此谨向文献作者表示感谢。

限于编者水平，书中难免存在不妥之处，敬请广大读者不吝指正。

编　者

第 2 版前言

本书自 2008 年出版以来，使用至今已有 7 年之久。在这 7 年中，地基处理方法、设计理论、施工工艺及质量检测技术等各方面又有很大发展，相关规范也已做了修正。为了使教材内容反映学科的最新成果，更好地满足教学需要，编写人员认真听取了部分老师和学生对第 1 版的反馈意见，针对教材存在的不足，参照现行规范、技术规程以及相关文献资料，对其进行了重新编写和修订。

修订工作不仅仅限于用新规范代替老规范，而是力图按教材应有的要求修改，更加突出课程的基本要求和人才培养的实用性。与第 1 版教材比较，本教材主要对以下内容进行了重新编写和修订。

（1）将第 1 版教材的第 5 章和第 6 章合并为一章，作为本书第 6 章，并增加了多型桩法这一节新内容。

（2）新增加复合地基基本理论方面的内容，作为本书第 5 章，主要介绍了复合地基分类、复合地基作用机理与破坏形式、复合地基承载力、复合地基稳定性分析及复合地基沉降计算等。

（3）为使教材内容与现行规范尽量保持一致，对第 1 版第 7 章单液硅化法的部分内容进行了修改和补充。

（4）为便于读者更好地理解教材内容，增加了部分案例及习题。

全书仍为 8 章，第 1 章由湖南科技大学雷勇和贺建清重新编写和修订，第 2 章由湖南科技大学陈伟和南华大学段仲沅重新编写和修订，第 3 章由江西科技学院李和志和雷勇重新编写和修订，第 4 章由贺建清和湖南科技学院赵永清重新编写和修订，第 5 章由贺建清和深圳冶建院建筑技术有限公司刘秀军编写，第 6 章由赵永清和南华大学张志军重新编写和修订，第 7 章由贺建清和湖南科技大学徐望国重新编写和修订，第 8 章由中南大学张学民和湖南城市学院江学良重新编写和修订，全书由雷勇完成统稿和修改工作。

限于编者水平，书中难免存在不妥之处，敬请广大读者不吝指正。

编　者

第1版前言

本书是根据教育部土木工程专业的课程设置指导意见及《建筑地基处理技术规范》编写而成，是普通高等院校土木工程专业的专业课教材，对目前我国使用的各种地基处理方法的适用范围、加固机理、设计计算、施工工艺及质量检验方法等进行了较为全面系统的阐述。

在本书编写过程中，编写人员认真听取了部分高等院校对近年来本课程的教学及教材的意见，汲取了多年来在教学改革和实践中的经验，并参考了近年来出版的有关教材和文献资料，以国家最新规范、技术规程为主线，注重教材的科学性、实用性和创新性，力图体现学科发展的新水平，反映国内外最新研究成果，在保证编写内容全面、系统的基础上突出重点，重视理论联系实际，并力求做到叙述简明、文字简练，既能满足普通高等院校的教学要求，又能供从事地基处理工程设计和施工的专业技术人员及科研人员自学和参考。

本书采用法定的计量单位，所涉及相关规范均采用目前的现行规范。为便于学习，每章末都引用了工程实例，并附有思考题和习题，书末附有主要参考文献。

全书共8章，第1章由湖南科技大学万文编写，第3、4、6章由湖南科技大学贺建清、徐望国编写，第2章由南华大学段仲沅编写，第5章由南华大学张志军和贺建清编写，第7章由长沙理工大学陈永贵编写，第8章由中南大学张学明和湖南城市学院江学良编写，湖南科技大学曾娟、浙江广厦建筑职业技术学院叶智英参与了部分章节的编写和校稿，全书由贺建清完成统稿和修改工作。

中南大学博士生导师张家生教授、金亮星副教授审阅了本书，提出了许多宝贵的意见和建议，在此谨表谢意。

由于水平有限，书中难免有不当或疏漏之处，恳请广大读者不吝指正。

编　者

二维码视频清单

名　称	图　形	名　称	图　形
换填法施工		CFG 桩施工	
真空联合堆载预压施工		柱锤冲扩桩施工	
水土联合加载预压		灌浆施工	
水袋预压施工		水泥搅拌桩施工	
强夯法与强夯置换法		高压旋喷桩施工	
碎石桩振动法施工		竹银水库山体绕渗隐患处理	
灰土挤密桩施工		加筋路基施工	

目录

绪 论 第1章

1.1 地基处理的定义和目的

1.1.1 地基处理的定义

地基处理（Ground Treatment/Improvement）是指为提高地基承载力，改变其变形性质或渗透性质而采取的人工处理地基的方法。欧美国家称之为地基处理，也称之为地基加固。我国很多地区分布着不良地基土（岩），且种类较多，主要有软土、冲填土、湿陷性黄土、膨胀土、盐渍土、冻土、岩溶及土洞等，当作为建（构）筑物地基时，经常产生承载力不足、沉降过大、渗透破坏、地基液化等工程问题，难以保证建（构）筑物安全和正常使用。为此，需要采用人工手段进行处理，改善不良地基土（岩）的工程性质，以满足工程建设需要。

1.1.2 地基处理的目的

地基（Foundation）是指支承基础的土体或岩体。建（构）筑物地基一般存在以下四个方面的问题：

（1）强度和稳定性问题　当地基的抗剪强度不足以支承上部结构的自重及外荷载时，地基就会产生局部或整体剪切破坏。

（2）沉降变形问题　当地基在上部结构的自重及外荷载作用下产生过大的变形时，会影响结构物的正常使用；超过建筑物所能允许的不均匀沉降时，结构可能开裂破坏。

（3）渗透性问题　地基的渗漏量或水力坡降超过允许值时，会发生水量损失，或因潜蚀和管涌导致建（构）筑物失事。

（4）液化问题　在如机器振动荷载、交通荷载、爆破冲击荷载、海浪作用等动力荷载作用下，引起饱和松散粉细砂或部分粉土产生液化，使土体失去抗剪强度，出现近似液体特性的现象，从而导致地基失稳和震陷。

当建（构）筑物的地基存在上述问题时，必须进行地基处理，以保证建（构）筑物的安全与正常使用。地基处理的目的就是采用各种地基处理方法对地基土进行加固，用以改良地基土的工程特性，以达到如下目的：

（1）提高地基的抗剪强度，增加其稳定性　地基的剪切破坏表现在：建（构）筑物的地基承载力不够；偏心荷载及侧向土压力的作用使建（构）筑物失稳；由于地面堆载或建（构）筑物荷载使邻近地基产生隆起；土方开挖时边坡失稳；基坑开挖时坑底隆起。地基的剪切破坏反映了地基抗剪强度的不足，因此，为了防止剪切破坏，就需要采取措施增加地基土的抗剪强度。

(2) 降低地基土的压缩性，减少地基的沉降变形 地基土的压缩性表现在：建（构）筑物的沉降和差异沉降较大；地面堆载或建（构）筑物荷载使邻近地基产生固结沉降；基坑开挖引起邻近地基沉降；由于降水，地基产生固结沉降。地基的压缩性反映在地基土的压缩模量指标的大小，因此，需要采取措施提高地基土的压缩模量，从而减少地基的沉降和不均匀沉降。

(3) 改善地基土的渗透特性，减少地基渗漏或加强其渗透稳定 地基土的渗透性表现在：堤坝等基础产生的地基渗漏；土工建（构）筑物及地基由于渗流作用而出现土层剥落、地面隆起、管涌、流砂等渗透破坏或渗透变形现象。以上都是在地下水的运动过程中所发生的问题。因此，必须采取措施改变渗透破坏或渗透变形产生所需的几何条件和水力条件。

(4) 改善地基土的动力特性，提高地基的抗震性能 地基土的动力特性表现在：地震时饱和松散粉细砂或部分粉土将产生液化；交通荷载反复作用使路基产生工后沉降；机器振动或打桩等原因引起邻近地基振动下沉。因此，需要采取措施防止地基液化并改善其不良特性，以提高地基的抗震性能。

(5) 改善特殊土地基的不良特性，满足工程设计要求 主要是指消除特殊土地基的不良特性，如黄土的遇水湿陷、膨胀土的湿胀干缩、盐渍土的浸水溶陷、冻土的冻胀及融陷、土岩组合地基的差异沉降、岩溶及土洞地基的塌陷等。

1.2 地基处理的对象及其特性

地基处理的对象是具有不良工程特性的岩土地基，主要包括软弱地基和特殊土地基。

1. 软弱地基

《建筑地基基础设计规范》(GB 50007—2011)⊖规定，软弱地基指主要由淤泥（Muck）、淤泥质土（Mucky Soil）、素填土（Plain Fill）、冲填土（Hydraulic Fill）、杂填土（Miscellaneous Fill）或其他高压缩性土层构成的地基。

(1) 软土 软土是指天然孔隙比大于或等于1.0，且天然含水量大于液限的细粒土，包括淤泥、淤泥质土、泥炭、泥炭质土等。它是在静水或缓慢流水环境中沉积，经生物化学作用形成的。

软土的特点是：天然含水量高，一般为49%~90%，有的可达200%；孔隙比大，在1.0~2.0之间变化，个别可达5.8；抗剪强度低，不排水抗剪强度为5~25kPa；压缩系数高，压缩系数通常在0.5~2.0$\mathrm{MPa^{-1}}$间变化，最大可达4.5$\mathrm{MPa^{-1}}$；渗透性差，其渗透系数一般小于10^{-5}mm/s；软土地基承载力低，在荷载作用下，地基沉降变形大，不均匀沉降也大，而且由于软土具有流变性，除了主固结变形外，还存在着次固结变形，土体长期处于变形中，沉降稳定历时较长，遇到比较深厚的软土层，建筑物基础的沉降稳定往往需要数年乃至数十年才能完成。

软土地基是在工程建设中遇到最多需要处理的软弱地基，它们广泛分布在我国沿海、内地河流两岸及湖泊地区。

⊖ 后文如未特别说明，现行《建筑地基基础设计规范》均指GB 50007—2011。

（2）素填土 素填土是由碎石、砂、黏性土等一种或几种组成未经压实的填土，其中不含杂质或含杂质较少。若经分层压实后则称为压实地基。近年来开山填沟筑地、围海筑地工程较多，填土常用开山石料，大小不一，有的直径达数米，填筑厚度有的达数十米，极为不均。城市基坑建设中因土方开挖而闲置的素填土，由于未经压实，极为松散。未经压实的素填土地基性质取决于填土性质、压实程度及堆填时间。素填土的工程性能较差，不宜直接作为路基及建（构）筑物持力层。

（3）冲填土 冲填土是指整治和疏浚江河航道时，用挖泥船或泥浆泵将泥砂夹带大量水分吹到江河两岸而形成的沉积土，南方地区称吹填土。冲填土的成分和分布规律与冲填时的泥砂来源及水利条件有关。若充填物以黏性土为主，吹到两岸的土中含有大量水分，且难于排出，故它在形成初期常处于流动状态，这类土属于强度较低和压缩性较高的次固结土；若冲填物是砂或其他粗颗粒土，因其性质与粉细砂类似而不属于软弱土范畴。

（4）杂填土 杂填土是指人类活动而任意堆填的建筑垃圾、工业废料和生活垃圾。杂填土的成因很不规律，成分复杂，分布极不均匀，结构疏松。其主要特点是：强度低、压缩性高、均匀性差。某些杂填土内因含有腐殖质、亲水及水溶性物质，一般还具有浸水湿陷性。

2. 特殊土地基

特殊土（Special Soil）地基由于形成年代、形成环境和形成条件等不同。其区域性强，个体之间差异性大，与一般土的工程性质有显著区别。特殊土地基主要包括湿陷性黄土地基、膨胀土地基、盐渍土地基、冻土地基、山区地基等。

（1）湿陷性黄土地基 湿陷性黄土（Collapsible Loess）是指在覆盖土层的自重应力或自重应力和附加应力作用下，遇水浸湿后土的结构迅速破坏，并发生显著附加下沉，其强度也迅速降低的黄土。因黄土湿陷而引起的建筑物不均匀沉降是造成黄土地区工程事故的主要原因。黄土在我国特别发育，地层多、厚度大，广泛分布在甘肃、陕西、山西大部分地区，以及河南、河北、山东、宁夏、辽宁、新疆等部分地区。当黄土作为建（构）筑物地基时，首先要判断它是否具有湿陷性，然后才考虑是否需要进行地基处理以及如何处理。

（2）膨胀土地基 膨胀土（Expansive Soil）是指黏粒成分主要由亲水性矿物组成的黏性土，在环境温度和湿度变化时会产生强烈的胀缩变形。利用膨胀土作为建（构）筑物地基时，如果没有采取必要的措施进行地基处理，膨胀土饱水膨胀，失水收缩，常会给建（构）筑物造成危害。膨胀土在我国分布范围很广，广西、云南、湖北、河南、安徽、四川、河北、山东、山西、江苏、内蒙古、贵州和广东等地均有不同程度的分布。

（3）盐渍土地基 盐渍土（Saline Soil）是指土中含盐量超过一定数量的土。盐渍土地基浸水后，因土中盐溶解可能产生地基溶陷。某些盐渍土如含硫酸钠的土，在环境温度和湿度变化时可能产生体积膨胀。盐渍土中的盐还会导致建（构）筑物基础材料的腐蚀和破坏。我国盐渍土主要分布在西北干旱地区地势低洼的盆地和平原中，在滨海地区也有分布。

（4）冻土地基 季节性冻土（Seasonally Frozen Soil）是指冬季冻结而夏季融化的土层。如果基底下面有季节性冻土层，将会产生难以预估的冻胀和融陷变形，影响建筑物的正常使用，甚至导致破坏。我国东北、华北和西北地区的季节性冻土，深度均在50cm以上，黑龙江北部及青海地区的冻深较大，最深可达3m。

（5）山区地基 山区地基覆盖层厚薄不均，下卧基岩面起伏较大。土岩组合地基在山区较为普遍，作为道路及建（构）筑物地基极易引起不均匀沉降导致路面及建筑物倾斜、开裂。

当地基下卧层岩层为可溶性岩层时，易出现岩溶发育。岩溶在岩层中形成沟槽、裂隙、石牙和空洞，在修建道路和建（构）筑物时易引发空洞顶板塌落使地表产生陷穴、洼地等现象。土洞是岩溶作用的产物，土洞无限制的发展扩大，会引起地表塌陷，导致较大的工程灾害。

1.3 地基处理技术发展概况

地基处理是一门既古老又年轻的学科，早在3000年前我们的祖先就采用竹子、木头、麦秸来加固地基，在2000多年前就开始采用向软土中夯入碎石等材料来挤密软土。此外，利用夯实的灰土和三合土等作为建筑物垫层，在我国建筑中就更为广泛。

地基处理技术真正得到迅猛发展是在近60年，特别是近30年间。在20世纪60年代中期，从如何提高土的抗拉强度这一思路中，发展了土的“加筋法”；从有利于提高土的排水固结效果这一基本观点出发，发展了土工聚合物、砂井预压和塑料排水带；从如何更好地对地基进行深层密实考虑，采用了加大击实功的“强夯法”和“振动水冲法”。地基处理技术最新进展反映在地基处理机械、材料、地基处理设计计算理论、施工工艺、现场监测技术，以及地基处理新方法的不断发展和多种地基处理方法的综合应用等方面。

（1）地基处理机械 近年来地基处理机械品种增加，性能提高，逐步向系列化、标准化、智能化方向发展。如深层搅拌机，除了单轴深层搅拌机和固定双轴搅拌机、浆液喷射和粉体喷射深层搅拌机，四轴深层搅拌机、多头深层搅拌机、能同时喷射浆液和粉体的深层搅拌机，海上深层搅拌机也相继投入使用。无论是搅拌深度还是成桩直径均在不断扩大，并通过研发智能化施工控制系统实现了对成桩深度、喷浆量等施工参数的远程控制。高压喷射注浆机械喷射压力的提高，增加了对地层的冲切搅拌能力；水平旋喷机械的成功应用，使高压注浆法的应用范围进一步扩大，继单管法、双管法、三管法及多管法后又研制出了新双管法。应用于排水固结法的塑料排水带插带机的出现大大提高了工作效率。塑料排水带插带深度已超过30m，且排水带施工长度自动记录仪的配置使插带质量得到了控制。干法振动成孔器研制成功，使干法振动碎石桩技术得到应用。地基处理机械的迅速发展，使地基处理能力得到很大提高。

（2）地基处理材料 地基处理材料的发展也促进了地基处理水平的提高。新材料的应用，不仅使一些原有的地基处理方法效能提高，而且产生了一些新的地基处理方法。土工合成加筋材料的发展促进了加筋土法的发展。轻质土工合成材料EPS作为填土材料形成EPS超轻质填土法，三维植被网的生产使土坡加固和绿化有机结合起来。塑料排水带的应用提高了排水固结法的施工质量和工效，且便于施工管理。灌浆材料如超细水泥、粉煤灰水泥浆材、硅粉水泥浆材料等水泥系浆材和化学浆材的发展有效地扩大了浆材法的应用范围，满足了工程需要。近年来，地基处理还同工业废料的利用结合起来，粉煤灰垫层、石灰粉煤灰桩复合地基、钢渣桩复合地基、渣土桩复合地基等的应用取得了较好的社会效益和经济效益。

（3）地基处理计算理论 地基处理的工程实践促进了地基处理计算理论的发展。因为复合地基在地基处理工程中的应用，导致了复合地基承载力和沉降计算理论的产生。自复合地基理论提出以来，复合地基技术得到了快速发展与应用，已从狭义复合地基发展到广义复合地基，并形成了系统的广义复合地基理论。除复合地基理论外，在强夯法加固地基机理、强夯加固深度、砂井法非理想井计算理论、真空预压法计算理论等的研究上取得了不少新的研究成果。同时，地基处理理论的发展又反过来进一步推动地基处理技术的发展。

（4）施工工艺 各种地基处理方法的施工工艺得到不断的改进和完善，不仅有效地保证和提高了施工质量，提高了工效，而且扩大了应用范围。真空预压法施工工艺的改进使该技术应用得到推广，高压喷射注浆工艺的改进使其应用范围扩大，石灰桩施工工艺的改进使石灰桩法走向成熟，长螺旋钻孔工艺使 CFG 桩复合地基法在全国得到大面积推广，经济效益和社会效益显著。

（5）现场监测 地基处理工程质量监测越来越受到重视，监测手段越来越先进，监测精度越来越高。随着物联网技术的发展，已引入网络平台监测、分析地基处理施工过程，实现了地基处理施工信息的实时监测与统一化管理，能够定性、定量地了解地基处理施工质量，并指导施工、检查处理效果、检验设计参数，为规范化、科学化的工程管理提供依据，进而有效地保证了地基处理施工质量，取得了很好的经济效益。

（6）地基处理新方法 近年来，在工程实践中还涌现了许多新的地基处理方法，如水泥土搅拌桩桩体中插入 H 型钢或钢筋笼等加筋材料形成刚性桩；碎石桩中加入适量的水泥或粉煤灰等黏结材料形成柔性的 CFG 桩；以强夯法为基础，演化出“孔内深层强夯法”“孔内深层强夯渣土（或混凝土）桩”等。同时，地基处理技术的发展还表现在多种地基处理方法互相嫁接、移植，互相交叉渗透，从而又形成了许多新技术、新工艺。如真空预压法和堆载预压的综合应用克服了真空预压荷载不足 80kPa 的缺点，扩大了其应用范围；高压喷射注浆法与灌浆法相结合提高了灌浆法的加固效果。

目前地基处理已成为岩土工程领域的一个主要分支学科，国际土力学与岩土工程协会下设有专门的地基处理学术委员会。中国土力学与岩土工程学会于 1984 年成立了地基处理学术委员会，迄今先后召开了十七届全国地基处理学术讨论会，并组织编著了《地基处理手册》（1988）、《地基处理手册》（第 2 版）（2000）、《地基处理手册》（第 3 版）（2008）；出版了《地基处理》杂志，提供了交流和推广地基处理新技术的园地。我国岩土工程领域学科带头人龚晓南院士 2014 年编的《地基处理技术与发展展望》系统地总结介绍了在我国工程建设中应用的各种地基处理技术，全面反映了地基处理技术在我国的发展情况。建设部先后组织编写了《建筑地基处理技术规范》（JGJ 79—1991）、《建筑地基处理技术规范》（JGJ 79—2002）、《建筑地基处理技术规范》（JGJ 79—2012）㊀；交通部先后颁布了《公路软土地基路堤设计与施工技术规范》（JTJ 017—1996）、《公路软土地基路堤设计与施工技术细则》（JTG/T D31 - 02—2013）。由此可见，地基处理技术的发展和应用在国内外方兴未艾。

1.4 地基处理方法分类及其适用范围

地基处理的分类方法多种多样，按时间可分为临时处理和永久处理；按处理深度分为浅层处理和深层处理；按处理土性对象分为砂性土处理和黏性土处理，饱和土处理和非饱和土处理；也可按地基处理的加固机理进行分类。因现有的地基处理方法很多，新的地基处理方法还在不断发展，要对各种地基处理方法进行精确分类较为困难。常见的分类方法主要是按照地基处理的加固机理进行分类，见表 1-1，它体现了各种地基处理方法的特点。

㊀ 后文如未特别说明，现行《建筑地基处理技术规范》均指 JGJ 79—2012。

表 1-1 地基处理方法分类及其适用范围

类别	方法	简要原理	适用范围
置换	换土垫层法	将基底下一定深度范围内的软弱土层挖去，换填上强度较大的低压缩性的坚硬、较粗粒径的材料。垫层能有效扩散基底压力，减少沉降	浅层软弱地基及不均匀地基的处理
	挤淤置换法	通过抛石或夯击回填碎石置换淤泥达到加固地基的目的，也有采用爆破挤淤置换	厚度较小的淤泥地基
	褥垫法	在基底一定范围内，将局部压缩性较低的岩石凿除，换填上压缩性较大的材料，然后分层夯实形成的持力层作为基础的部分持力层，使基础整个持力层的变形相互协调，以减少不均匀沉降	山区不均匀岩土地基
	砂石桩置换法	利用振冲法、沉管法等其他方法在饱和黏土地基中成孔，并将碎石、砂或砂石填入已成的孔中，形成砂石桩，砂石桩置换部分土体，形成复合地基，以提高地基承载力，减少沉降	松散砂土、粉土、黏性土、素填土、杂填土等地基及变形控制要求不严的饱和黏土地基
	石灰桩法	通过机械或人工成孔，在软弱地基中填入生石灰块或生石灰块加其他掺合料，通过石灰的吸水膨胀、放热及离子交换作用改善桩间土的物理力学性质，并形成石灰桩复合地基，提高地基承载力，减少沉降	饱和黏性土、淤泥、淤泥质土、素填土和杂填土地基
	气泡混合轻质料填料法	气泡混合轻质料的重度为 $5\sim12kN/m^3$，具有较好的强度和压缩性能，用作填料可有效减少地基上的荷载，也可减少作用在挡土结构上的侧压力	软弱地基上的填方工程
	强夯置换法	采用边填碎石边强夯的方法在地基中形成碎石墩体，由碎石墩、墩间土及碎石垫层形成复合地基，以提高承载力，减小沉降	粉砂土和软黏土地基等
	EPS 超轻质料填土法	发泡聚苯乙烯（EPS）重度只有土的 1/100~1/50，并具有较好的强度和压缩性能，用作填料可有效减少地基上的荷载，也可减少作用在挡土结构上的侧压力，需要时也可置换部分地基土，以达到更好效果	软弱地基上的填方工程
排水固结	堆载预压	在地基中设置排水通道——砂垫层和普通砂井、袋装砂井、塑料排水带等竖向排水体，然后利用建筑物自重分级加载，或建筑物建造前，在场地加载预压，使土体中的孔隙水缓慢排出，土层逐渐固结，地基发生沉降，同时地基强度逐步提高	淤泥质土、淤泥和冲填土等饱和黏性土地基
	真空预压法	在饱和软土地基中打设竖向排水体，在地面铺设排水用砂垫层和抽气管线，然后在砂垫层上铺设不透气的封闭膜使其与大气隔绝，再用真空泵抽气，使排水系统维持较高的真空度，利用大气压力作为预压荷载，增加地基中的有效应力，以利于土体排水固结，达到提高地基承载力，减少工后沉降的目的	很软弱的黏土地基
	真空联合堆载预压	当真空预压达不到设计要求时，在真空预压的同时，再施加一定的堆载，以达到提高地基承载力，减少工后沉降的目的	同上
	电渗预压法	在土中插入金属电极并通以直流电，由于直流电场作用，土中的水分从阳极流向阴极，将水再从阴极排除且无补充水源的情况下，引起土层的压缩固结	饱和粉土或粉质黏土地基
	降水预压法	借助于井点抽水降低地下水位，以增加土的有效自重应力，使地基土产生固结，达到加固目的	地下水位较高的砂土或砂质土，或在软土中存在砂土或砂质土的情况

（续）

类别	方　法	简要原理	适用范围
振挤密实	表层原位压实法	采用人工或机械夯实、碾压或振动，使土体密实。密实范围较浅，常用于分层填筑	杂填土、疏松无黏性土、非饱和黏性土、湿陷性黄土等地基浅层处理
	强夯法	采用质量为10~60t的夯锤从高处自由落下，地基土体在强夯的冲击力和振动力作用下密实，可提高承载力，减小沉降	碎石土、砂土、低饱和度的粉土与黏性土、湿陷性黄土、杂填土和素填土等地基
	挤密砂石桩法	采用振动沉管法等在地基中设置碎石桩，在制桩过程中对周围土体产生挤密作用。被挤密的桩间土和密实的碎石桩形成碎石桩复合地基，达到提高地基承载力，减小沉降的目的	砂土地基、非饱和黏性土地基
	振冲密实法	一方面依靠振冲器的振动使饱和砂层液化，砂颗粒重新排列，孔隙减少，另一方面依靠振冲器的水平振动力，加回填料使砂层挤密，从而达到提高地基承载力，减少沉降，并提高地基土体抗液化的能力	黏粒含量小于10%的松散砂性土地基
	爆破挤密法	利用在爆破中产生的挤压和振动使地基土密实，以提高地基土体的抗剪强度，达到提高地基承载力，减少沉降的目的	饱和砂土、非饱和但经灌水饱和的砂土、粉土、湿陷性黄土地基
	土（灰土）桩法	利用横向挤压设备成孔，使桩间土得以挤密，用素土或灰土填入桩孔内分层夯实形成土桩或灰土桩，由挤密的桩间土和密实的土桩或灰土桩形成复合地基	地下水位以上的湿陷性黄土、杂填土、素填土等地基
	夯实水泥土桩法	在地基中人工挖孔，然后填入水泥与土的混合物，分层夯实，形成水泥土桩复合地基，提高地基承载力和减小沉降	
	柱锤冲扩桩法	在地基中采用直径300~500mm，长2~5m、质量1~8t的柱状锤，将地基土层冲击成孔，然后将拌和好的填料分层填入桩孔夯实，形成柱锤冲扩桩复合地基，以提高地基承载力和较小沉降	
浆液固化	渗透灌浆法	在灌浆压力作用下使浆液充填土中孔隙和裂缝，排挤出孔隙中的自由水和气体，改善土体的物理力学性质	中砂以上的砂性土和有裂隙的岩石
	劈裂灌浆法	在灌浆压力作用下，浆液克服地层的初始应力和抗拉强度，引起岩石和土体结构的破坏和扰动，使其垂直于小主应力的平面上发生劈裂，使地层中原有的裂隙和孔隙张开，或形成新的裂隙和孔隙，并用浆液填充，改善土体的物理力学性质。浆液的可灌性和扩散距离增大，所用灌浆压力较高	岩基或砂土、砂砾石土、黏性土地基
	挤密灌浆法	在灌浆压力作用下，向土中压入浆液，在地基中形成浆泡，挤压周围土体。通过压密和置换改善地基性能。在灌浆过程中因浆液的挤压作用可产生辐射状上抬力，引起地面隆起	中砂地基，排水条件较好的黏性土地基
	电动化学灌浆法	在黏性土中插入金属电极并通以直流电后，在土中引起电渗。在电渗作用下，孔隙水由阳极流向阴极，促使通电区域中土的含水量降低，并形成渗浆通道，化学浆液也随之流入土的孔隙中，并在土中硬结	黏性土地基

（续）

类别	方法	简要原理	适用范围
浆液固化	深层搅拌法	利用水泥或石灰等材料作为固化剂，通过特制的搅拌机械在地基深处就地将软土和固化剂强制搅拌，由固化剂和软土间产生的一系列的物理—化学反应，使软土硬结成具有整体性、水稳定性和一定强度的水泥固结土，从而提高地基强度和增大变形模量	正常固结的淤泥、淤泥质土、粉土、饱和黄土、素填土、黏性土及无流动地下水的饱和松散砂土地基
	高压喷射注浆法	利用钻机把带有喷嘴的注浆管钻进至土层的预定位置后，以高压设备使浆液或水成为20~40MPa的高压喷射流从喷嘴中喷射出来，冲击破坏土体，同时钻杆以一定速度逐渐向上提升，将浆液与土粒强制搅拌混合，浆液凝固后，形成水泥土增强体，提高地基承载力，减少沉降	淤泥，淤泥质土，流塑、软塑或可塑黏性土，粉土，砂土，黄土，素填土和碎石土等地基
加筋	加筋土垫层法	在地基中铺设加筋材料，如土工织物、土工格栅、金属板条等，形成加筋土垫层，以增大压力扩散角，提高地基承载力，较少沉降	各种软弱地基
	锚固法	锚杆一端锚固于地基土或岩石或其他建（构）筑物中，另一端与建（构）筑物连接，以减少或承受建（构）筑物受到的水平向作用力，以提高建（构）筑物的稳定性	有可以锚固的土层、岩石或建（构）筑物的地基
	树根桩法	在地基中设置树根状微型灌注桩（直径70~250mm），提高地基或土坡的稳定性	各类地基
	低强度混凝土桩复合地基法	在地基中设置低强度混凝土桩，与桩间土形成复合地基，提高地基承载力，减少沉降	各类深厚软土地基
	钢筋混凝土桩复合地基法	在地基中设置钢筋混凝土桩，与桩间土形成复合地基，提高地基承载力，减少沉降	
冷热处理	冻结法	冻结土体，改善地基土的截水性能，提高土体抗剪强度形成挡土结构或止水帷幕	饱和砂土或软黏土，作临时施工措施
	烧结法	钻孔加热或焙烧，减少土体含水量，减少压缩性，提高土体强度	软黏土、湿陷性黄土，适用于有富余热源

1.5 地基处理方法选用原则及设计程序

1.5.1 地基处理方法的选用原则

选用地基处理方法的总原则是技术先进、经济合理、安全适用、质量可靠。

我国地域辽阔，工程地质条件和水文地质条件千变万化，各地施工条件、技术水平、经验积累及建筑材料品种、价格差异很大，在选用地基处理方法前一定要因地制宜，具体工程具体分析，要充分发挥地方优势，优先利用地方资源。地基处理方法很多，每一种处理方法都有其适用范围、优缺点及局限性。没有一种地基处理方法是万能的，对每一具体工程均应进行具体细致的分析，从地基条件、处理要求、工程费用及材料、机具来源等方面综合考虑，以确定合适的地基处理方法。在选择地基处理方案前，尚应完成下列工作：

1）搜集详细的岩土工程勘察资料、上部结构及基础设计资料等。

2）根据工程的要求和采用天然地基存在的主要问题，确定地基处理的目的、处理范围和处理后要求达到的各项技术经济指标等。

3）结合工程情况，了解当地地基处理经验和施工条件，对于有特殊要求的工程，尚应了解其他地区相似场地上同类工程的地基处理经验和使用情况等。

4）调查邻近建筑、地下工程和有关管线等情况。

5）了解建筑场地的环境情况。

在选择地基处理方案时，应考虑上部结构、基础和地基的共同作用，并经过技术经济比较，选用处理地基或加强上部结构和处理地基相结合的方案。

1.5.2 地基处理设计、施工程序

地基处理设计、施工程序可按照图1-1所示程序进行。

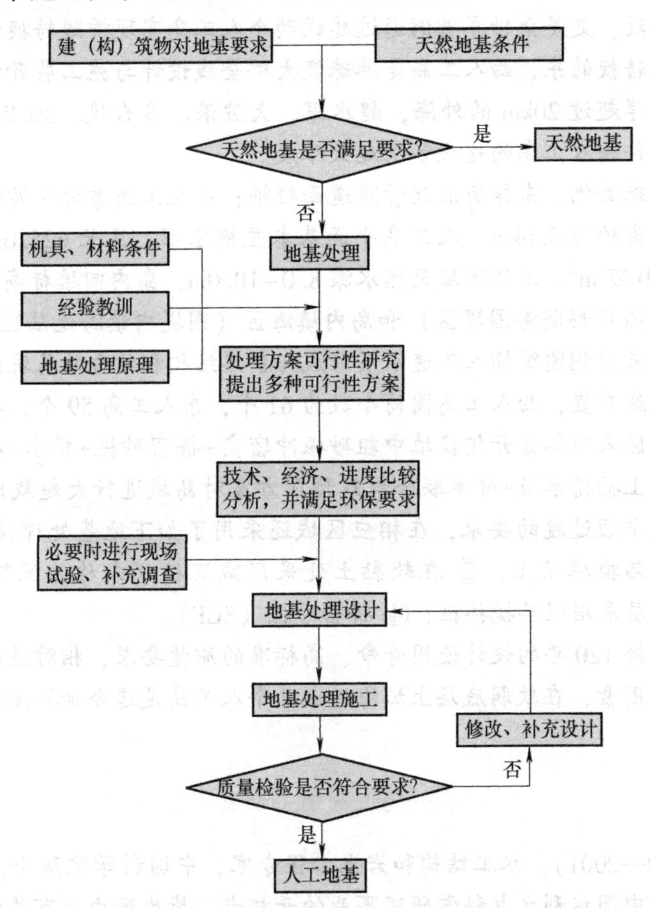

图1-1 地基处理设计、施工程序

1）根据结构类型、荷载大小及使用要求，结合地形地貌、地层结构、土质条件、地下水特征、环境情况和对邻近建筑的影响等因素进行综合分析，初步选出几种可供考虑的地基处理方案，包括选择两种或多种地基处理措施组成的综合处理方案。

2）对初步选出的各种地基处理方案，分别从加固原理、适用范围、预期处理效果、耗用材料、施工机械、工期要求和对环境的影响等方面进行技术经济分析和对比，选择最佳的

地基处理方法。

3）对已选定的地基处理方法，宜按建筑物地基基础设计等级和场地复杂程度，在有代表性的场地上进行相应的现场试验或试验性施工，并进行必要的测试，以检验设计参数和处理效果。如达不到设计要求时，应查明原因，修改设计参数或调整地基处理方法。

典型地基处理工程——港珠澳大桥人工岛地基处理

港珠澳大桥是国家高速公路网规划中珠江三角洲地区环线的组成部分和跨越伶仃洋海域的关键工程，是连接粤、港、澳三地的大型跨海通道，也是举世瞩目的重大基建工程。其中，岛隧工程是港珠澳大桥主体工程中投资规模最大、技术最复杂、环保要求最严、建设要求及标准最高的标段，更是全世界首例通过建设两个人工岛实现桥隧转换的超长跨海通道工程。用于桥、隧道转换的东、西人工岛是港珠澳大桥全线设计与施工展开的起点和基石，其建设所在地处于离岸超过20km的外海，超水深、大波浪、多台风、30.0~50.0m厚的深厚软基等恶劣自然条件给人工岛的建设带来超大难度。

西人工岛靠近珠海侧，东接海底沉管隧道西接桥；东人工岛靠近香港侧，西接隧道东接桥，两岛间平面距离约为5.6km。人工岛平面基本呈椭圆形，岛长625.0m，横向最宽处约183.0m，面积约10万m^2，工程区域天然水深8.0~10.0m，岛内回填标高为+5.0m。填海工程包括岛壁区（建造环形隔海围堤区）和岛内填海区（围堤内填海造陆区）。岛壁采用抛石斜坡堤方案，同时采用钢圆筒插入不透水层形成与护岸结构相结合的基坑维护结构。钢圆筒沿人工岛岸壁前沿线布置，西人工岛圆筒个数为61个，东人工岛59个，共120个。地基处理方案如下：岛壁区采用部分开挖换填中粗砂振冲密实+挤密砂桩+排水砂桩地基处理方案；岛内填海区采用陆上插排水板+降水联合堆载预压方案对岛域进行大超载比预压。同时为满足沉降控制和桥隧平顺过渡的要求，在相应区域还采用了如下地基处理技术：①利用合适的填料如砂石或碎石换填软土；②在软黏土处采用减沉桩（或称为沉降控制桩，非支承桩）；③在软黏土层采用深层搅拌桩；④挤密砂桩（SCP）。

考虑港珠澳大桥120年的设计使用寿命、高标准的质量要求、相对差的地质条件、恶劣的海洋施工条件等因素，在软弱底层上填海造成2个人工岛是迄今世界上最具挑战性的地基处理工程之一。

地基处理工程相关专家简介

黄文熙（1909—2001），水工结构和岩土工程专家，中国科学院院士，中国土力学学科的奠基人之一，新中国水利水电科学研究事业的开拓者。毕生致力于有关水工建设的结构力学和岩土力学的科学研究，从试验资料直接确定了土的弹塑性模型的理论，建立了清华弹塑性模型，推动了土的本构关系研究在我国的发展。首次在国内大学开设土力学课程并建立了土工实验室。创建了地基沉降和应力分布的新的计算方法，建议用动三轴仪进行砂土动力特性的研究，首次提出用有效应力原理解释液化机理。主持的“土的本构关系研究”项目获国家自然科学奖三等奖，出版了《土的工程性质》和《水工建设中的结构力学与岩土力学问题·黄文熙论文选集》两本专著。

思考题与习题

1-1 简述地基处理的目的。

1-2 简述常见软弱土和特殊土的类别和工程特性。

1-3 选用地基处理方案时应遵循什么原则？

1-4 试述地基处理的设计程序。

换填垫层法 第2章

2.1 概述

换填垫层法（Cushion Method）是将基础底面下一定深度范围内不满足地基性能要求的土层（或局部岩石）全部或部分挖出，换填上符合地基性能要求的材料，然后分层夯实作为基础的持力层。换填垫层法适用于浅层软弱地基及不均匀地基的处理。换填垫层法按其换填材料的功能不同，又分为垫层法和褥垫法。前者是以硬换软，形成垫层作为基础持力层，主要是提高地基承载力和减少其变形量；后者则是以软换硬，形成垫层作为基础持力层，主要是调整地基的压缩性，减少其不均匀变形。

2.1.1 垫层法

垫层法又称开挖置换法、换土垫层法，简称换土法。通常指当软弱土地基的承载力和变形满足不了建（构）筑物的要求，而软弱土层的厚度又不很大时，将基础底面以下处理范围内的软弱土层的部分或全部挖去，然后分层换填强度较大的砂（碎石、素土、灰土、矿渣、粉煤灰）或其他性能稳定、无侵蚀性的材料，并压（夯、振）实至要求的密实度。它包括低洼地筑高（平整场地）或堆填筑高（道路路基）。

垫层的作用主要包括以下五个方面：

（1）提高地基承载力　浅基础的地基承载力与持力层的抗剪强度有关。如果以抗剪强度较高的砂或其他填筑材料代替软弱的土，可提高地基的承载力，避免地基破坏。此外，垫层还将建（构）筑物基底压力扩散到垫层下面积更大的软弱下卧土层中，使其所受应力减少到允许的承载力范围内，从而满足强度要求。

（2）减少沉降量　一般来说，地基浅层部分沉降量在总沉降量中所占的比例是比较大的。以条形基础为例，在相当于基础宽度的深度范围内的沉降量占总沉降量50%左右。如以密实砂或其他填筑材料代替上部软弱土层，就可以减少这部分的沉降量。由于砂垫层或其他垫层对应力的扩散作用，使作用在下卧层土上的压力较小，这样也会相应减少下卧层土的沉降量。

（3）加速软弱土层的排水固结　建（构）筑物的不透水基础直接与软弱土层接触时，在荷载的作用下，软弱土层地基中的水被迫从基础两侧排出，因而使基底下的软弱土不易固结，形成较大的孔隙水压力，还可能导致由于地基强度降低而产生塑性破坏。砂垫层和砂石垫层等垫层材料透水性大，软弱土层受压后，垫层可作为良好的排水面，可以使基础下面的孔隙水压力迅速消散，加速垫层下软弱土层的固结并提高其强度，避免地基土塑性破坏。

(4) 防止冻胀　因为粗颗粒的垫层材料孔隙大，不易产生毛细管现象，因此可以防止寒冷地区土中结冰所造成的冻胀。

(5) 消除地基的湿陷性或胀缩性　对湿陷性黄土地基，采用灰土或素土置换，可消除或减轻地基的湿陷变形，垫层还可起到防水作用，减少软弱下卧层浸水的可能性。同理，采用非膨胀性填料置换膨胀土，可消除或减轻地基的胀缩性。

现行《建筑地基处理技术规范》规定：垫层法适用于淤泥、淤泥质土、湿陷性黄土、素填土、杂填土地基及暗沟、暗塘等浅层软弱地基及不均匀地基的处理。

2.1.2　褥垫法

褥垫（Pillow）法是将基础底面下一定深度范围内局部压缩性较低的岩石凿除，换填上压缩性较大的材料，然后分层夯实作为基础的部分持力层，使基础整个持力层的变形相互协调。褥垫法是我国近年来在处理山区不均匀的岩土地基中常采用的一种简便易行又较为可靠的方法。它主要用来处理有局部岩层出露而大部分为土层的地基，一般对条形基础的效果较好。

2.2　换填垫层设计

2.2.1　砂（砂石、碎石、粉煤灰、矿渣）垫层设计

换土垫层设计的一般要求是，既要有足够的厚度以置换可能受到剪切破坏的软弱土层，又要满足建筑物地基强度和变形的要求，还要有足够的宽度以防止垫层向两侧挤出增加沉降，同时应尽量做到经济合理。

垫层设计的主要内容是确定垫层的合理厚度和宽度。应根据建（构）筑物体形、结构特点、荷载性质、岩土工程条件、施工机械设备及填料性质和来源等综合考虑。

排水垫层不同于置换垫层，前者主要在基础底面设置厚度为300mm的砂或砂石、碎石垫层，以利于软土层的排水固结。

1. 垫层厚度的确定

垫层的厚度z（见图2-1）应根据需置换软弱土层的深度或下卧土层的承载力确定，并符合式（2-1）的要求。

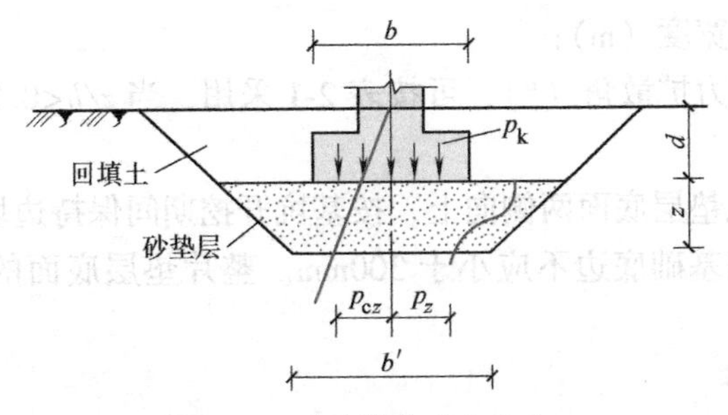

图2-1　砂垫层内应力分布

$$p_z+p_{cz}\leqslant f_{az} \tag{2-1}$$

式中　p_z——相应于荷载效应标准组合时，垫层底面处的附加压力值（kPa）；

p_{cz}——垫层底面处土的自重压力值（kPa）；

f_{az}——经深度修正后垫层底面处土层的地基承载力特征值（kPa）。

垫层底面处的附加压力值 p_z 可分别按式（2-2）和式（2-3）进行简化计算。

条形基础

$$p_z=\frac{b(p_k-p_c)}{b+2z\tan\theta} \tag{2-2}$$

矩形基础

$$p_z=\frac{bl(p_k-p_c)}{(b+2z\tan\theta)(l+2z\tan\theta)} \tag{2-3}$$

式中 b——矩形基础或条形基础底面的宽度（m）；

l——矩形基础底面的长度（m）；

p_k——相应于荷载效应标准组合时，基础底面处的平均压力值（kPa）；

p_c——基础底面处土的自重压力值（kPa）；

z——基础底面下垫层的厚度（m）；

θ——垫层的压力扩散角（°），通过试验确定，当无试验资料时，可按表 2-1 采用。

表 2-1 压力扩散角 θ

z/b	换填材料		
	中砂、粗砂、砾砂、圆砾、角砾、石屑、卵石、碎石、矿渣	粉质黏土、粉煤灰	灰土
0.25	20°	6°	28°
≥0.50	30°	23°	

注：1. 当 $z/b<0.25$ 时，除灰土仍取 $\theta=28°$ 外，其余材料均取 $\theta=0°$，必要时，宜由试验确定。

2. 当 $0.25<z/b<0.5$ 时，θ 值可内插求得。

具体计算时，可先假设一个垫层的厚度，然后按式（2-1）进行验算，若不符合要求，重新设一个厚度验算，直至满足要求为止。

换填垫层的厚度不宜小于 0.5m，也不宜大于 3m。

2. 垫层宽度的确定

垫层底面的宽度应满足基础底面应力扩散和防止垫层向两侧挤出的要求，可按式（2-4）进行计算或根据当地经验确定。

$$b'\geqslant b+2z\tan\theta \tag{2-4}$$

式中 b'——垫层底面宽度（m）；

θ——垫层的压力扩散角（°），可按表 2-1 采用，当 $z/b<0.25$ 时，按表中 $z/b=0.25$ 取值。

垫层顶面宽度可从垫层底面两侧向上，按基坑开挖期间保持边坡稳定的当地放坡经验确定，垫层顶面每边超出基础底边不应小于 300mm。整片垫层底面的宽度可根据施工要求适当加宽。

3. 垫层的压实标准

垫层的压实标准可按表 2-2 采用。矿渣垫层的压实系数可根据满足承载力设计要求的试验结果，按最后两遍压实的压陷差确定。

4. 垫层承载力的确定

经换填处理后的地基，由于理论计算方法尚不够完善，垫层的承载力宜通过现场试验确定，当无试验资料时，可参照表 2-2 采用，并应进行下卧层承载力的验算。

表 2-2　各种垫层的承载力特征值 f_{ak}

施工方法	换填材料类别	压实系数 λ_c	承载力特征值 f_{ak}/kPa
碾压、振密或夯实	碎石、卵石	≥0.97	200~300
	砂夹石（其中碎石、卵石占总重的 30%~50%）		200~250
	土夹石（其中碎石、卵石占总重的 30%~50%）		150~200
	中砂、粗砂、砾砂、角砾、圆砾		150~200
	粉质黏土		130~180
	灰土	≥0.95	200~250
	粉煤灰	≥0.95	120~150
	石屑	≥0.97	120~150
	矿渣	—	200~300

注：1. 压实系数小的垫层，承载力特征值取低值，反之取高值；原状矿渣垫层取低值，分级矿渣或混合矿渣垫层取高值。

2. 压实系数 λ_c 为土的控制干密度 ρ_d 与最大干密度 ρ_{dmax} 的比值；土的最大干密度采用击实试验确定，碎石或卵石的最大干密度可取（2.1~2.2）$\times10^3$kg/m^3。

3. 表中压实系数 λ_c 是使用轻型击实试验测定土的最大干密度 ρ_{dmax} 时给出的压实控制标准，采用重型击实时，对粉质黏土、灰土、粉煤灰及其他压实标准应为压实系数 $\lambda_c \geq 0.94$。

5. 沉降计算

垫层地基的变形由垫层自身变形和下卧层变形组成。垫层材料为粗颗粒时，与下卧的较软土层相比，其变形模量比值均接近或大于 10，且回填材料的自身压缩，在建造期间几乎全部完成，在换填垫层厚度、底面宽度、压实标准等满足规范要求的条件下，垫层地基的变形可仅考虑其下卧层的变形。对地基沉降有严格控制的建筑，应计算垫层自身的变形。

垫层下卧层的变形可按现行《建筑地基基础设计规范》的规定进行计算。垫层的模量应根据试验或当地经验确定。在无试验资料或经验时，可参照表 2-3 采用。

对于垫层下存在软弱下卧层的建（构）筑物，在进行地基变形计算时应考虑邻近建（构）筑物基础荷载对软弱下卧层顶面应力叠加的影响。当超出原地面标高的垫层或换填材料的重度高于天然土层重度时，宜及时换填，并应考虑其附加荷载的不利影响。

表 2-3　垫层模量

垫层材料	压缩模量 E_s/MPa	变形模量 E_0/MPa
粉煤灰	8~20	
砂	20~30	
碎石、卵石	30~50	
矿渣		35~70

注：压实矿渣的 E_0/E_s 比值可按 1.5~3 采用。

【例 2-1】　某四层混合结构，承重墙为 240mm 厚的砖墙，传至基础顶部的竖向力 F_k = 180kN/m，地基的表层为 1.2m 厚的杂填土，γ = 17.5kN/m^3；其下为 7.8m 厚的淤泥，含水量 w = 50%，承载力特征值 f_{ak} = 75kPa。地下水位深度为 1.0m，基础埋深 d = 0.8m，试设计该墙基的砂垫层（中砂天然重度 γ = 18kN/m^3，饱和重度为 γ_{sat} = 20kN/m^3）。

解：（1）计算基础宽度和基底附加压力p_0　垫层材料选用中砂，查表2-2，取其承载力特征值$f_{ak}=200\text{kPa}$；$\gamma=18\text{kN/m}^3$，$\gamma'=10\text{kN/m}^3$；查现行《建筑地基基础设计规范》可得，宽度修正系数$\eta_b=3.0$，深度修正系数$\eta_d=4.4$。经深度修正后的地基承载力特征值为

$$f_a=f_{ak}+\eta_d\gamma_0(d-0.5)=200\text{kPa}+4.4\times17.5\times(0.8-0.5)\text{kPa}=223.1\text{kPa}$$

$$b\geqslant\frac{F_k}{f_a-\gamma_G d}=\frac{180}{223.1-20\times0.8}\text{m}=0.869\text{m},\quad 取\ b=1.0\text{m}$$

因$b=1.0\text{m}<3.0\text{m}$，故地基承载力特征值不需再进行宽度修正，基础宽度满足设计要求。基础底面处附加压力为

$$p_0=\frac{F_k+G_k}{A}-\gamma_0 d=\frac{180+1.0\times1.0\times0.8\times20}{1.0\times1.0}\text{kPa}-17.5\times0.8\text{kPa}=182.0\text{kPa}$$

（2）确定垫层底面淤泥的承载力特征值f_{az}　设垫层厚$z=1.6\text{m}$，由现行《建筑地基基础设计规范》查得，淤泥的宽度修正系数$\eta_b=0$，深度修正系数$\eta_d=1.0$。软弱下卧层顶面以上土的加权平均重度为

$$\gamma_m=\frac{0.8\times17.5+0.2\times18+1.4\times10}{2.4}\text{kN/m}^3=13.17\text{kN/m}^3$$

因此，垫层底面处经深度修正后的地基承载力特征值为

$$\begin{aligned}f_{az}&=f_{ak}+\eta_d\gamma_m(d+z-0.5)\\&=75\text{kPa}+1.0\times13.17\times(2.4-0.5)\text{kPa}\\&=100.02\text{kPa}\end{aligned}$$

（3）计算垫层底面处的自重应力p_{cz}和附加压力p_z

$$p_{cz}=0.8\times17.5\text{kPa}+0.2\times18\text{kPa}+1.4\times10\text{kPa}=31.6\text{kPa}$$

因$z/b=1.6/1.0=1.6>0.5$，查表2-1，取$\theta=30°$

$$p_z=\frac{bp_0}{b+2z\tan\theta}=\frac{1.0\times182.0}{1.0+2\times1.6\times\tan30°}\text{kPa}=63.92\text{kPa}$$

（4）验算垫层厚度z

$$p_{cz}+p_z=31.6\text{kPa}+63.92\text{kPa}=95.52\text{kPa}<f_{az}=100.02\text{kPa}$$

故垫层厚度$z=1.6\text{m}$满足设计要求。

（5）确定垫层宽度　按压力扩散角计算

$$b'\geqslant b+2z\tan\theta=1.0\text{m}+2\times1.6\tan30°\text{m}=2.85\text{m}$$

可取$b'=3.0\text{m}$。

该建筑无须验算地基变形。

2.2.2 素土和灰土垫层设计

素土垫层（简称土垫层）和灰土垫层（石灰与土的体积配合比一般为2∶8或3∶7）在湿陷性黄土地区使用较广泛，处理厚度一般为1~3m。通过处理基底下的部分湿陷性土层，可达到减小地基的总湿陷量，并控制未处理土层湿陷量的处理效果。

素土垫层或灰土垫层可分局部垫层和整片垫层。当仅要求消除基底下处理土层的湿陷性时，宜采用素土垫层；除上述要求外，还要求提高土的承载力或水稳性时，宜采用灰土垫层。

局部垫层一般设置在矩形（或方形）基础或条形基础底面下，主要用于消除地基的部分湿陷量，并可提高地基的承载力。根据工程实践经验，局部垫层的平面处理范围，每边超出基础底边的宽度不应小于其厚度的一半，即使地基处理后，地面水仍可从垫层侧向渗入下部未经处理的湿陷性土层而引起湿陷，故对有防水要求的建筑物不得采用。

整片垫层一般设置在整个建（构）筑物（跨度大的工业厂房除外）的平面范围内，每边超出建筑物墙基础外缘的宽度不应小于垫层的厚度，且不得小于2m。整片垫层的作用是消除被处理土层的湿陷量，以及防止生产和生活用水从垫层上部或侧向渗入下部未经处理湿陷性土层。

素土垫层或灰土垫层厚度的确定方法同砂垫层，垫层宽度按以下方法确定：

1）局部垫层的平面处理范围，每边超出基础底边的宽度，可按式（2-5）计算确定，并不应小于垫层厚度的一半。

$$B=b+2z\tan\theta+c \tag{2-5}$$

式中 B——需处理土层底面的宽度（m）；

b——条形（或矩形）基础短边的宽度（m）；

z——基础底面至需处理土层底面的距离（m）；

c——考虑施工机具影响而增设的附加宽度，取0.2m；

θ——地基压力扩散线与垂直线的夹角，宜为22°~30°，用素土处理宜取小值，用灰土处理宜取大值。

2）整片垫层的平面处理范围，每边超出建筑物外墙基础外缘的宽度，不应小于垫层的厚度，且不应小于2m。

素土垫层或灰土垫层的承载力特征值，宜通过现场载荷试验确定。当无试验资料时，土垫层承载力特征值不宜超过180kPa；灰土垫层承载力特征值不宜超过250kPa。其沉降计算方法同砂垫层。

2.2.3 褥垫层设计

褥垫的作用是调整地基的压缩性，用褥垫改造压缩性低的地基，使之与压缩性较高的地基相适应，从而调整岩土交界部位地基的相对变形，以避免该处由于应力集中而使墙体出现裂缝。作为地基主要持力层的一部分，褥垫必须满足建（构）筑物对地基强度和变形的要求；同时要尽可能缩小处理范围，使之经济合理。由于褥垫材料要求比换填的地基压缩性大，因而不存在褥垫向四周挤出的问题，所以褥垫的宽度通常取稍大于基底的宽度（见图2-2），不需另行计算确定。显然，褥垫的设计主要是根据地基变形的要求确定其厚度。

褥垫的厚度是按照地基所需调整的沉降量的大小确定的，通常褥垫的厚度 z 可按下述方式进行计算。

（1）确定要求褥垫的沉降量 s_2 褥垫的沉降量 s_2 可用下式计算

$$s_2=s_1-[\Delta s] \tag{2-6}$$

式中 s_1——地基土的最终沉降量（mm）；

$[\Delta s]$——建（构）筑物沉降差的允许值（mm）。

计算 s_2 值时，应控制 $s_2 \leqslant s_1$，以避免褥垫的变形过大。

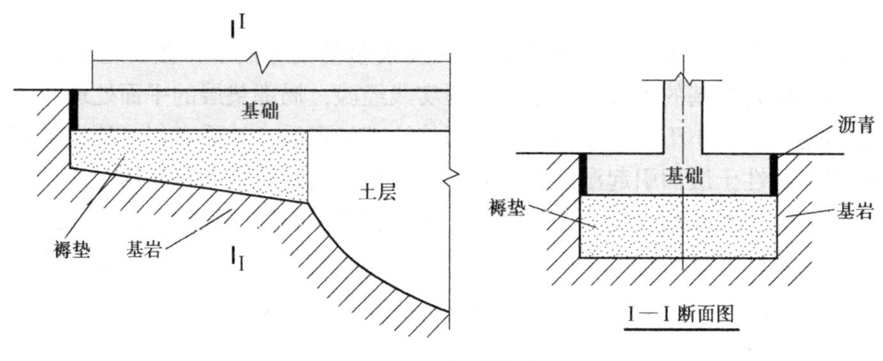

图 2-2 褥垫层构造

(2) 褥垫的厚度 z 褥垫的厚度 z 可用下式计算

$$z=\frac{s_2 E_s}{\overline{\sigma_z}} \tag{2-7}$$

式中 E_s——褥垫材料的压缩模量（MPa）；

$\overline{\sigma_z}$——褥垫顶、底面的附加应力平均值（kPa）。

也可根据褥垫材料的侧限压缩试验得出的 p-s 曲线，按下式计算

$$z=\frac{s_2 h}{\delta} \tag{2-8}$$

式中 h——褥垫材料试样的高度（mm）；

δ——在 p-s 曲线上褥垫所受压力的变形量（mm）。

对于要求褥垫调整地基的沉降量不大时，褥垫的厚度可不进行计算，一般按其构造厚度取 300~500mm，但需注意地基变形过大。

2.2.4 垫层材料选用

1. 砂石

砂石垫层材料宜选用碎石、卵石、角砾、圆砾、砾砂、粗砂、中砂或石屑，并应级配良好，不含植物残体、垃圾等杂质。当使用粉细砂或石粉时，应掺入不少于总质量 30%的碎石或卵石。砂石的最大粒径不宜大于 50mm。对湿陷性黄土或膨胀土地基，不得选用砂石等透水性材料。

2. 粉质黏土

粉质黏土（Silty Clay）中有机质含量不得超过 5%，且不得含有冻土或膨胀土。当含有碎石时，其最大粒径不宜大于 50mm。用于湿陷性黄土或膨胀土地基的粉质黏土垫层，土料中不得夹有砖瓦或石块等。

3. 灰土

灰土（Lime-treated Soil）的体积配合比宜为 2∶8 或 3∶7。石灰宜选用新鲜的消石灰，其最大粒径不得大于 5mm。土料宜选用粉质黏土，不宜使用块状黏土，且不得含有松软杂

质，土料应过筛且最大粒径不得大于15mm。

4. 粉煤灰

选用的粉煤灰（Fly Ash）应满足相关标准对腐蚀性和放射性的要求。粉煤灰垫层上宜覆土0.3~0.5m。粉煤灰垫层中采用掺加剂时，应通过试验确定其性能及适用条件。粉煤灰垫层中的金属构件、管网应采取防腐措施。大量填筑粉煤灰时，应经场地地下水和土壤环境的不良影响评价合格后，方可使用。

5. 矿渣

宜选用分级矿渣、混合矿渣及原状矿渣等高炉重矿渣。矿渣的松散重度不小于11kN/m^3，有机质及含泥总量不超过5%。垫层设计、施工前应对所选用的矿渣进行试验，确认性能稳定并满足腐蚀性和放射性安全的要求。对易受酸、碱影响的基础或地下管网不得采用矿渣垫层。大量填筑矿渣时，应经场地地下水和土壤环境的不良影响评价合格后，方可使用。

6. 其他工业废渣

在有充分依据或成功经验时，可采用质地坚硬、性能稳定、透水性强、无腐蚀性和放射性危害的其他工业废渣材料，但应经过现场试验证明其经济技术效果良好且施工措施完善后方可使用。

7. 土工合成材料

由分层铺设的土工合成材料（Geosynthetics）与地基土构成加筋层。所用土工合成材料的品种与性能及填土的土类应根据工程特性和地基土条件，按照《土工合成材料应用技术规范》（GB/T 50290—2014）的要求，通过设计并进行现场试验后确定。

作为加筋的土工合成材料应采用抗拉强度较高、受力时伸长率为4%~5%、耐久性好、耐腐蚀的土工格栅（Geogrid）、土工格室（Geocell）、土工网垫（Geomat）或土工织物（Geotextile，GT）等土工合成材料；垫层填料宜用碎石、角砾、砾砂、粗砂、中砂等材料，且不含氯化钙、碳酸钠、硫化物等化学物质。当工程要求垫层具有排水功能时，垫层材料应具有良好的透水性。在软土地基上使用加筋层时，应当保障建筑稳定并满足允许变形的要求。

8. 聚苯乙烯板

聚苯乙烯板（Expanded Polystyrene Sheet，EPS）也称为泡沫苯乙烯。它是以石油为原料，经加工提炼出苯和乙烯合成，又经脱氧处理后得到苯乙烯，再经聚合反应生成聚苯乙烯，然后添加发泡剂而形成。根据发泡剂添加方式的不同，可生产不同类型的材料。

在软弱地基上的填土工程，有时因采用的垫层材料重度大，难以满足设计中地基承载力和变形要求。而EPS是具有足够强度和超轻质的优良填土材料，可有效减少作用在地基上的荷载，可借以取得设计和施工上的良好效果。

EPS块体侧面应设置包边土，防止有害物质和明火侵入，遮断日光紫外线的直接照射，并对EPS块体起重压效果。每层EPS块体铺筑之前，包边土必须先分层填筑、压实，以免后续施工造成EPS块体受到挤压和损坏，压实度也难以得到有效控制。EPS自下而上逐层错缝铺设，块体之间的缝隙≤20mm，错台≤10mm。块体间的缝隙或错台最下层由砂浆垫层来调整，中间各层缝隙则采用无收缩水泥砂浆充分填塞。为防止EPS块体之间错位，上下两层EPS块体之间采用具有一定强度的双面爪形件连接，每层侧面采用一定强度的单面爪形件连接，爪形件通过镀锌防腐处理。最下层EPS块体与施工基面之间采用L形金属销钉连接，销钉插入施工基面深度≥20cm。铺设 EPS 过程中要注意干拌砂浆的施工质量，每层 EPS 铺设完成后，其与老路基的接合处宜采用 C20 细石混凝土密实衔接，以防水由老路基处渗入。与包边土接合处采用无收缩水泥砂浆填密。

EPS 用作路堤材料时，其路堤边坡的稳定性取决于包边土体的稳定性，可用常规土力学中分析边坡稳定性的方法确定。

EPS 可应用于公路及铁路路堤、桥头及挡墙填土、机场建设、港口工程及道路拓宽、地下结构上部覆土、景观造园绿化和赛车场等。

2.3 垫层碾压施工

换填法施工

2.3.1 压实机理

垫层碾压（Compaction）机理可由土的室内击实试验原理来解释。当黏性土的土样含水量较小时，其粒间引力较大，在一定的外部压实功能作用下，如不能有效克服引力而使土粒相对移动，这时压实效果就比较差。当增大土样含水量时，结合水膜逐渐增厚，减小了引力，土粒在相同压实功能条件下易于移动而挤密，所以压实效果较好。但当土样含水量增大到一定程度后，孔隙中就出现了自由水，结合水膜的扩大作用就小了，因而引力的减小不显著，此时自由水填充在孔隙中，从而产生了阻止土粒移动的作用，所以压实效果又趋下降，因而设计时要选择一个“最优含水量”（Optimum Moisture Content），这就是土的压实机理。

在工程实践中，对垫层的碾压质量进行检验，要求获得填土的最大干密度（Maximum Dry Density）ρ_{dmax}，它可通过室内击实试验确定：实验室中，将某一土样分成 6~7 份，每份和以不同的水量，得到不同含水量的土样。将每份土样装入击实仪内，用标准的击实方法击实。击实后，测出击实土的含水量 w 和干密度 ρ_d。以含水量 w_d 为横坐标，干密度 ρ_d 为纵坐标，绘制成图 2-3 所示含水量 w 和干密度 ρ_d 的关系曲线。在图 2-3 所示的击实曲线上，ρ_d 的峰值即最大干密度 ρ_{dmax}，与之对应的含水量为最优含水量 w_{op}。相同的压实功能对于不同土料的压实效果并不完全相同，黏粒含量较多的土，土粒间的引力就越大，只有在比较大的含水量时，才能达到最大干密度的压实状态，如图 2-3 所示的粉质黏土和黏土。

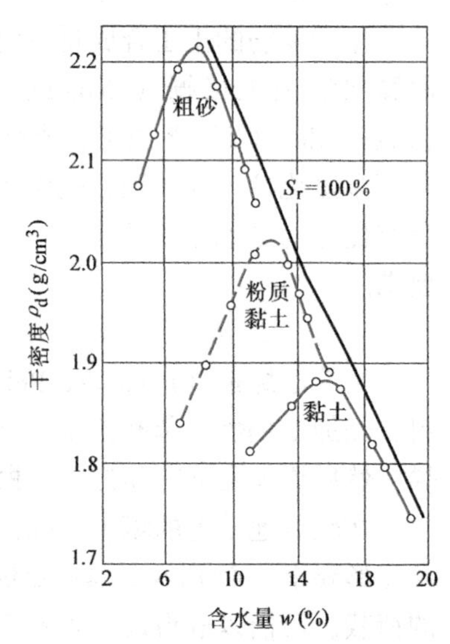

图 2-3 各种土的击实曲线

上述分析是针对某一特定的压实功能而言的。如果改变压实功能，如图 2-4 所示，曲线的基本形状不变，但其最大干密度位置却发生移动，随着压实功能的增大，曲线向上方移动，即在增大压实功能时，最大干密度增大，最优含水量却减少。因为压实功能越大，则更容易克服粒间引力，所以在较低含水量下可达到更大的密实度。

室内击实试验是土样在有侧限的击实筒内进行试验，因此不可能发生侧向位移，试验时力作用在有侧限体积的整个土体上，且夯实均匀。现场施工的土料，土块大小不一，含水量和铺填厚度又很难控制，实际压实土的均质性差。因此，对现场土的压实，应以压实系数 λ_c（土的控制干密度 ρ_d 与最大干密度 ρ_{dmax} 之比）与施工含水量（最优含水量 $w_{op}\pm2\%$）来进行控制。图2-5所示为羊足碾（接触压力170kPa）不同碾压遍数的工地试验结果与室内击实试验结果的比较，说明用室内击实试验来模拟工地压实是可靠的，但施工参数如施工机械、虚铺土厚度、碾压遍数及填筑含水量都必须由工地试验确定。

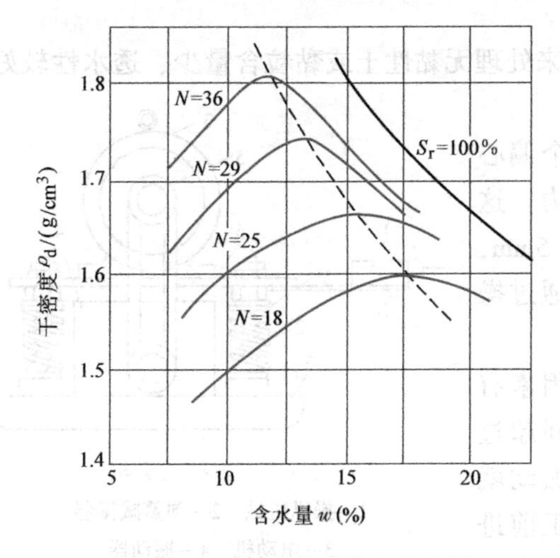

图2-4　不同压实功能的击实曲线

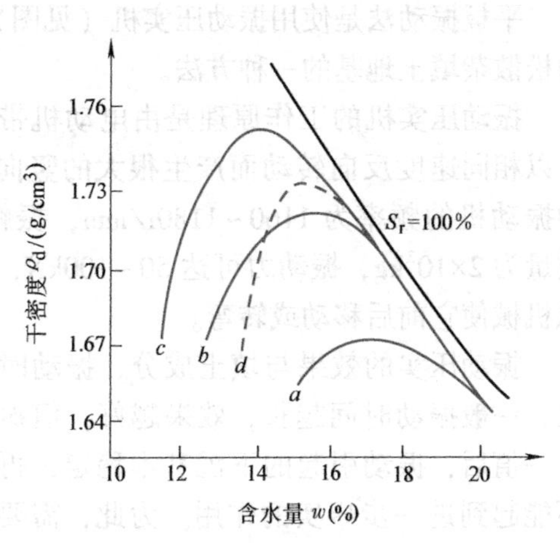

图2-5　工地试验与室内击实试验比较

a—碾压6遍　b—碾压12遍

c—碾压24遍　d—室内击实试验

实际施工时，垫层的压实标准可参照表2-2采用。对于工程量较大的换填垫层，应按所选用的施工机械、换填材料及场地的土质条件进行现场试验，以确定压实效果。

2.3.2　压实方法

1. 机械碾压法

机械碾压法采用表2-4所列的各种压实机械来压实地基土，此法常用于基坑底面积宽大和开挖土方量较大的工程。

表2-4　垫层的每层铺填厚度及压实遍数

施工设备	每层铺填厚度/mm	每层压实遍数
平碾[(8~12)×10³kg]	200~300	6~8（矿渣10~12）
羊足碾[(5~16)×10³kg]	200~350	8~16
蛙式夯（200kg）	200~250	3~4
振动碾[(8~15)×10³kg]	600~1300	6~8
插入式振动器	200~500	
平板式振动器	150~250	

为了将室内击实试验的结果用于设计和施工，必须研究室内击实试验和现场碾压的关系。所有施工参数如施工机械、铺筑厚度、碾压遍数及填筑含水量等都必须由工地试验确

定。由于现场条件终究与室内试验的条件不同，因而对现场应以压实系数 λ_c 与施工含水量进行控制。

施工时先按设计挖掉要处理的软弱土层，将基础底部土碾压密实后再分层填筑，并逐层压密。压实效果取决于被压实填料的含水量和压实机械的能量。为保证有效压实质量，碾压速度要有所控制，平碾控制在2.0km/h，羊足碾控制在3.0km/h，振动碾控制在2.0km/h。

2. 平板振动法

平板振动法是使用振动压实机（见图2-6）来处理无黏性土或黏粒含量少、透水性较好的松散杂填土地基的一种方法。

振动压实机的工作原理是由电动机带动两个偏心块以相同速度反向转动而产生很大的竖向振动力。这种振动机的频率为1160~1180r/min，振幅为3.5mm，质量为 2×10^3 kg，振动力可达50~100kN，并能通过操纵机械使它前后移动或转弯。

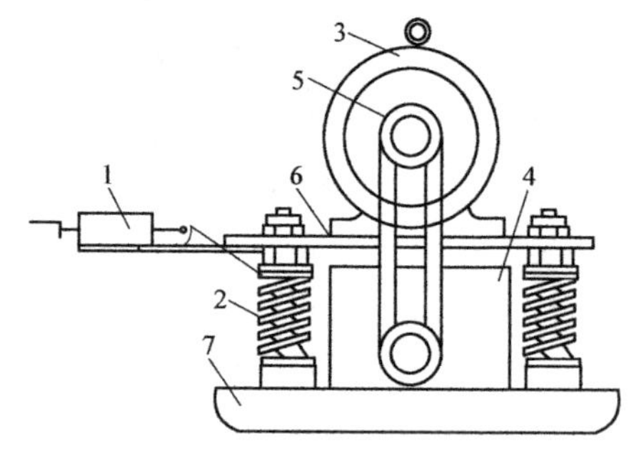

图2-6 振动压实机

1—操纵机械 2—弹簧减振器 3—电动机 4—振动器 5—振动机槽轮 6—减振架 7—振动板

振动压实的效果与填土成分、振动时间等因素有关，一般振动时间越长，效果越好，但振动时间超过某一值后，振动引起的下沉基本稳定，再继续振动就不能起到进一步压实的作用。为此，需要在施工前进行试振，得出稳定下沉量和时间的关系。对主要由矿渣、碎砖、瓦块组成的建筑垃圾，振动时间约在1min以上；对含炉灰等细粒填土，振动时间为3~5min，有效振实深度为1.2~1.5m。

振实范围应从基础边缘放出0.6m左右，先振基槽两边，后振中间；振动标准是以振动机原地振实不再继续下沉为合格，并辅以轻便触探试验检验其均匀性及影响深度。振实后地基承载力宜通过现场载荷试验确定。一般经振实的杂填土地基承载力可达100~120kPa。

3. 重锤夯实法

重锤夯实法用起重机械将夯锤提升到一定高度，然后自由落锤，不断重复夯击以加固地基。重锤夯实法一般适用于地下水位距地表0.8m以上稍湿的黏性土、砂土、湿陷性黄土、杂填土和分层填土。

重锤夯实法的主要设备为起重机械、夯锤、钢丝绳和吊钩等。

当直接用钢丝绳悬吊夯锤时，起重机的起重能力一般应大于锤重的3倍。采用脱钩夯锤时，起重能力应大于锤重的1.5倍。夯锤宜采用圆台形（见图2-7），锤的质量宜大于2000kg，锤底面单位静压力宜为15~20kPa。夯锤落距宜大于4m。重锤夯实宜一夯挨一夯顺序进行。在独立柱基基坑内，宜按先外后里的顺序夯击。同一基坑底面标高不同时，应按先深后浅的顺

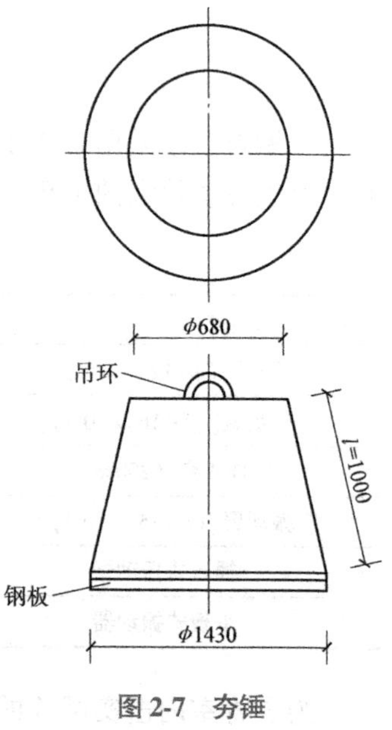

图2-7 夯锤

序逐层夯实。累计夯击10~15次，最后两击平均夯沉量，对砂土不应超过5~10mm，对细颗粒土不应超过10~20mm。重锤夯实的现场试验应确定最少夯击遍数、最后两遍平均夯沉量和有效夯实深度等。一般重锤夯实的有效夯实深度可达1m左右，并可消除1.0~1.5m厚土层的湿陷性。

以上三种方法的作用原理和适用范围见表2-5。

表2-5 三种方法的作用原理及适用范围

处理方法	原理及作用	适用范围
机械碾压法	挖除浅层软弱土或不良土，分层碾压或夯实土，按回填的材料可分为砂垫层、碎石垫层、粉煤灰垫层、干渣垫层、灰土垫层、二灰垫层和素土垫层等。它可提高持力层的承载力，减小沉降量，消除或部分消除土的湿陷性和胀缩性，防止土的冻胀作用，改善土的抗液化性	常用于基坑面积宽大和开挖土方量较大的回填土方工程，一般适用于处理浅层软弱地基、湿陷性黄土地基、膨胀土地基、季节性冻土地基、素填土和杂填土地基
重锤夯实法		一般适用于地下水位以上稍湿的黏性土、砂土、湿陷性黄土、杂填土及分层填地基
平板振动法		适用于处理无黏性土或黏粒含量少和透水性好的杂填土地基

2.3.3 施工要点

1）垫层施工应根据不同的换填材料选择施工机械。粉质黏土、灰土垫层宜采用平碾、振动碾或羊角碾、蛙式夯、柴油夯；砂石垫层等宜用振动碾；粉煤灰垫层宜采用平碾、振动碾、平板振动器、蛙式夯；矿渣垫层宜采用平板振动器或平碾，也可采用振动碾。

2）垫层的施工方法、分层铺填厚度、每层压实遍数等宜通过现场试验确定。除接触下卧软土层的垫层底部应根据施工机械设备及下卧层土质条件确定厚度外，其他垫层的分层铺填厚度宜为200~300mm。为保证分层压实质量，应控制机械碾压速度。

3）粉质黏土和灰土垫层土料的施工含水量宜控制在最优含水量w_{op}±2%的范围内，粉煤灰垫层的施工含水量宜控制在最优含水量w_{op}±4%的范围内。最优含水量w_{op}可通过击实试验确定，也可按当地经验选取。

4）当垫层底部存在古井、古墓、洞穴、旧基础、暗浜、暗塘时，应根据建（构）筑物对不均匀沉降的控制要求予以处理，并经检验合格后，方可铺填垫层。

5）基坑开挖时应避免坑底土层受扰动，可保留180~220mm厚的土层暂不挖去，铺填垫层前再挖至设计标高。严禁扰动垫层下的软弱土层，应防止软弱土层被践踏、受冻或受水浸泡。在碎石或卵石垫层底部宜设置厚度为150~300mm的砂垫层或铺一层土工织物，以防止软弱土层表面的局部破坏，并应防止基坑边坡落土混入垫层中。

6）换填垫层施工时，应采取基坑排水措施。除砂垫层宜采用水撼法施工外，其余垫层施工均不得在浸水条件下进行，必要时应采取降低地下水位的措施。

7）垫层底面宜设在同一标高上，如深度不同，坑底土层应挖成阶梯状或斜坡搭接，并按先深后浅的顺序进行垫层施工，搭接处应夯压密实。

粉质黏土及灰土垫层分段施工时，不得在柱基、墙角及承重窗间墙下接缝。垫层上下两层的缝距不得小于500mm，且接缝处应夯压密实。灰土拌和均匀后，应当日铺填夯压；灰土夯压密实后3d内不得受水浸泡。粉煤灰垫层铺填后宜当天压实，每层验收后及时铺填上层或封层，防止干燥后松散起尘污染，并应禁止车辆碾压通行。垫层竣工验收合格后，应及时进行基础施工与基坑回填。

8）铺设土工合成材料时，下铺地基土层顶面应平整，防止土工合成材料被穿刺、顶破。土工合成材料铺设顺序应先纵向后横向，且土工合成材料应张拉平整、绷紧，严禁有皱折。土工合成材料的连接宜用搭接法、缝接法或胶接法，接缝强度不应低于原材料的抗拉强度，端部应采用有效方法固定，防止筋材被拉出。应避免土工合成材料暴晒或裸露，阳光暴晒时间不应大于8h。

9）按褥垫所需的厚度开挖褥垫槽时，其底面宜凿成斜面，以协调地基的变形。为便于褥垫调整基础的沉降，褥垫槽宽度要稍大于基础宽度，并在基础周围与岩石之间涂上沥青。

回填可压缩的褥垫材料时，应分层夯实。利用矿渣（颗粒级配相当于角砾时）作褥垫调整沉降幅度较大，而且不受水的影响，性质比较稳定，所以效果最好；对于松散材料（如炉渣、粗砂、中砂等），不仅要防止水泥、石灰等胶结材料混入，而且要防止浇混凝土基础的水泥浆渗入，以避免褥垫固结而失去作用。利用黏性土作褥垫，调整沉降虽然灵活性较大，但应采取防止水分渗入的措施，以免影响褥垫的质量。

褥垫的施工质量可用夯填度 D_h 控制。夯填度是指褥垫夯实后的厚度与虚铺厚度的比值，应根据试验或当地经验确定。当无试验资料时，可按下列指标控制施工质量：对中砂和粗砂，D_h 可取 0.88，即虚铺 250mm，夯至 220mm；对于土夹石，D_h 可取 0.70，即虚铺 250mm，夯至 175mm；对于炉渣，D_h 可取 0.66，即虚铺 250mm，夯至 165mm。

2.4 质量检验

对粉质黏土、灰土、砂石、粉煤灰垫层的施工质量可选用环刀取样、静力触探（Cone Penetration Test，CPT）、轻型动力触探（Dynamic Penetration Test，DPT）或标准贯入试验（Standard Penetration Test，SPT）等方法进行检验；对砂石、矿渣垫层的施工质量可采用重型动力触探试验等进行检验。压实系数可采用灌砂法、灌水法或其他方法进行检验。

采用环刀法检验垫层的施工质量时，取样点应选择位于每层垫层厚度的2/3深度处。检验点数量，条形基础下垫层每10~20m不应少于1个检验点，独立柱基、单个基础下垫层不应少于1个检验点。采用标准贯入试验或动力触探法检验垫层的施工质量时，每分层平面上检验点的间距不应大于4m。

换填垫层的施工质量检验应分层进行，并应在每层的压实系数符合设计要求后铺填上层。竣工验收应采用静载荷试验检验垫层承载力，每个单体工程不宜少于3点；对于大型工程应按单体工程的数量或工程划分的面积确定检验点数。

加筋垫层中土工合成材料的检验应符合下列要求：土工合成材料质量符合设计要求，外观无破损、无老化、无污染；应可张拉、无皱折、紧贴下承层，锚固端应锚固牢靠；搭接缝应交替错开，搭接强度应满足设计要求。

2.5 换填垫层法处理地基工程实例

（1）地质概况 某厂30000m^{3}油罐碎石垫层基础，油罐地基主要持力层为可塑-硬塑粉质黏土或含砾粉质黏土及密实粉砂土，地基承载力特征值f_a=240kPa，其下软弱土层（软弱透镜体）呈局部无规律分布，基岩起伏较大。

（2）基础构造 30000m^{3}油罐内径D=44m，传到地基的荷载为196kPa。要求基础沉降稳定后，沿罐壁圆周每10m长度内的沉降差不大于25mm，任意直径方向上的沉降差不得大于0.0035D。基础构造如图2-8所示。

（3）基础施工情况 基坑开挖后，发现部分土层较软弱，需挖除回填，约占全罐底面积的62.5%，有1.0~3.6m不同厚度的回填，原设计为素填土，因现场受雨天影响，最后改为夹砂石回填，采用水撼法和平板振动器振实，回填至距罐底80cm处，其上为碎石环箍基础。

（4）沉降观测 油罐充水预压后，通过75d观测，罐周最大沉降量为26mm，平均沉降量为16mm，最大不均匀沉降差为15mm，罐顶倾斜率为0.0035，远小于规定的标准，投产13年多来，使用情况良好。

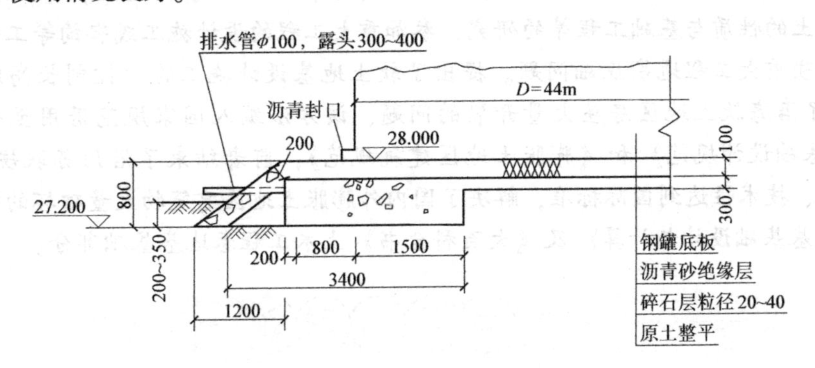

图2-8 油罐基础及垫层剖面图

典型地基处理工程——南水北调中线工程膨胀土换填处理

南水北调工程是迄今为止世界上规模最大的调水工程，规划的东、中、西三条线和长江、淮河、黄河、海河构建成“四横三纵”的中国大水网，实现南北调配、东西互济的水资源配置格局。

南水北调工程中线干渠膨胀土段368km，膨胀土遇水膨胀、失水收缩，容易出现滑坡、变形甚至垮塌，处理得好坏直接关系到渠道的安全。面对这一难题，南水北调工程科技人员发扬“负责、务实、求精、创新”精神，尝试多种办法，经历多次失败，有效地解决了膨胀土渠道边坡稳定关键问题，在膨胀土的破坏机理、膨胀土的现场快速判别、膨胀土的强度指标及其试验方法、稳定分析方法及处理措施等方面均取得了突破性的进展。

南水北调工程中线干渠膨胀土段处理方法如下：

1）以自由膨胀率作为划分膨胀等级的主要指标，同时兼顾其他宏观物理特征和其他指标，将膨胀土（岩）渠道根据膨胀性进行合理分段。

2）考虑膨胀土（岩）渠段具有膨胀潜势，易胀缩，裂隙较发育，强度低，边坡稳定性差。膨胀土（岩）渠道开挖前，根据现场地形和水文地质情况，做好地表水导引及截排措施和坡面及基坑的积水引排措施。开挖过程中一般采用分层、分段开挖，为了防止建基面长期暴露在空气中，预留保护层，并及时进行坡面及基面的防护。

3）南水北调中线工程膨胀土（岩）处理以换填为主，膨胀土处理方法有水泥改性土换填和非膨胀土换填等，膨胀岩处理方法有非膨胀土换填和土工格栅加筋换填等。当工程附近或渠道开挖有可利用的非膨胀土时，优先采用非膨胀土；无非膨胀土时采用水泥改性土。

我国自主创造出的成套膨胀土处治技术，保证了工程进度和质量，实现了南水北调中线工程如期通水。该工程正式通水以来已惠及沿线24座大中城市、200多个县市区，直接受益人口超8500万人。受水区城市的生活供水保证率由最低不足75%提高到95%以上，工业供水保证率达90%以上，供水水质持续稳定达到或优于地表水环境质量标准Ⅱ类标准。

地基处理工程相关专家简介

黄熙龄（1927—2021），著名地基基础工程专家，中国科学院院士。长期从事地基计算、处理、土的性质与基础工程等的研究，参加重大工程的设计施工或咨询等工作，解决了国内外数十项重大工程地基基础问题。提出了软土地基设计施工的“控制长高比组合单元法”，解决了沿海软土地区房屋大量开裂的问题，该方法编入国家规范沿用至今。主编了《建筑地基基础设计规范》和《膨胀土地区建筑规范》，前者结束了沿用苏联规范的历史，后者系统性、技术性达到国际标准，解决了国内外膨胀土地区建筑物大量破坏的事故。主持编写了《地基基础设计与计算》及《大百科全书》土木工程卷地基基础部分。

思考题与习题

2-1 褥垫法与垫层法处理地基有何异同点？

2-2 何谓换土垫层？其作用是什么？

2-3 换填材料应满足哪些基本要求？常用的材料有哪些？如何选用换填材料？

2-4 垫层法的设计原则是什么？主要是解决哪两方面的问题？其设计要点是什么？

2-5 褥垫的作用是什么？施工中应注意哪些问题？

2-6 某四层砖混结构住宅，承重墙下为条形基础，基础宽1.0m，埋深1.2m，上部结构传至基础顶部的竖向力$F_k = 120kN/m$。场地地质条件为：第一层粉质黏土，层厚1.2m，重度为$18kN/m^3$；第二层为淤泥质土，层厚15.0m，重度为$17.5kN/m^3$，含水量为65%；第三层为密实砂砾层，地下水位距地表1.2m。试确定砂垫层的宽度和厚度。（已知：淤泥质土含水量为65%时对应的承载力特征值$f_a = 63kPa$，深度修正系数$\eta_d = 1.0$，宽度修正系数$\eta_b = 0$；垫层选用中砂，$\gamma = 18.5kN/m^3$，$\gamma_{sat} = 20kN/m^3$）

预压法 第3章

3.1 概述

预压法又称排水固结（Drainage Consolidation）法，指直接在天然地基或在设置有袋装砂井（Packed Sand Drain）、塑料排水带（Prefabricated Vertical Drain，PVD）等竖向排水体的地基上，利用建筑物自重分级加载或在建筑物建造前对场地先行加载预压，使土体中孔隙水排出，提前完成土体固结沉降，逐步增加地基强度的一种软土地基加固方法。

预压法由加压系统和排水系统两部分组成。加压系统通过预先对地基施加荷载，使地基中的孔隙水产生压力差，从饱和地基中自然排出，进而使土体固结；排水系统则通过改变地基原有的排水边界条件，增加孔隙水排出的途径，缩短排水距离，使地基在预压期间尽快完成设计要求的沉降量，并及时提高地基土强度。排水固结系统如图3-1所示。

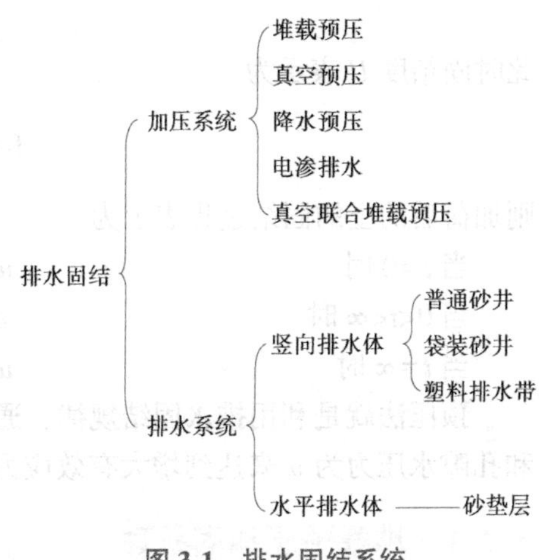

图3-1 排水固结系统

加压系统的选取取决于预压的目的，如果预压是为了减小建筑物的沉降，通常采用预先堆载加压，使地基沉降产生在建筑物建造之前；但若预压的目的主要是增加地基强度，则一般采用自重加压，即放慢施工速度或增加土的排水速率，使地基强度增长与建筑物自重的增加相适应。

排水系统由水平排水垫层和竖向排水体构成。当软土层较薄或土的渗透性较好而施工期允许较长，可仅在地面铺设一定厚度的砂垫层，然后加载。当工程上遇到透水性很差的深厚软土层，可在地基中设置砂井等竖向排水体，地面铺以排水砂垫层，构成排水系统，加快土体固结。

预压法适用于处理淤泥质土、淤泥及冲填土等饱和黏性土地基。对于砂土和粉土，因透水性良好，无需用砂井排水固结处理地基。砂井法特别适用于含水平夹砂或粉砂层的饱和软土地基。对于泥炭及透水性极小的流塑状态饱和软土，在很小的荷载作用下，地基土就出现较大的剪切蠕变，排水固结效果差，不宜只用砂井法。砂井法只能加速主固结而不能减少次固结，克服次固结可利用超载的方法。真空预压法适用于能在加固区形成（包括采取措施后形成）负压边界条件的软土地基；对塑性指数大于25且含水量大于85%的淤泥，应通过现场试验确定其适用性；加固土层上覆盖有厚度大于5m以上的回填土或承载力较高的黏性土层时，不宜采用真空预压加固。降低地下水位、真空预压和电渗法由于不增加剪应力，地基不会产生剪切破坏，所以它们适用于很软弱的黏土地基。

采用预压法加固地基，除了要有砂井（袋装砂井或塑料排水带）的施工机械和材料外，还必须具备预压荷载、预压时间及适用的土类等条件。预压荷载是其中的关键问题，因为施加预压荷载后才能引起地基土的排水固结。然而施加一个与建筑物相等的荷载并非轻而易举的事，许多工程因无条件施加预压荷载而放弃采用砂井预压处理地基转而采用真空预压、降水预压及电渗排水等加固措施。

3.2 预压法加固机理

由土力学可知，土在某一荷载作用下，孔隙水逐渐排出，土体随之压缩，土体的密实度和强度随时间逐步增长，这一过程称之为土的固结过程，即孔隙水压力消散、有效应力增长的过程。

假定地基内某点的总应力为 σ，有效应力为 σ'，孔隙水压力为 u，则三者遵循有效应力原理，它们的关系为

$$\sigma=\sigma'+u \tag{3-1}$$

此时固结度 U 表示为

$$U=\frac{\sigma'}{\sigma}=\frac{\sigma-u}{\sigma}=1-\frac{u}{\sigma} \tag{3-2}$$

则加荷后的土的固结过程表示为

当 $t=0$ 时　　$u=\sigma, \sigma'=0, U=0$

当 $0<t<\infty$ 时　　$\sigma'+u=\sigma, 0<U<1$

当 $t=\infty$ 时　　$u=0, \sigma'=\sigma, U=1$

预压法就是利用排水固结规律，通过加压系统和排水系统改变地基应力场中的总应力 σ 和孔隙水压力为 u 来达到增大有效应力、压缩土层的目的。

3.2.1 堆载预压加固机理

堆载预压（Preloading With Surcharge of Fill）是指先在地基中设置砂井、塑料排水带等竖向排水体，然后利用建筑物自重分级逐渐加载，或建筑物建造前，在场地先行加载预压，使土体中的孔隙水缓慢排出，土层逐渐固结，地基发生沉降，同时强度逐步提高的过程。

堆载预压的加固机理可用图 3-2 来说明。图 3-2a 中曲线 abc 为地基土室内压缩曲线，土样的天然状态为曲线上 a 点，其孔隙比为 e_0，天然固结压力为 σ'_0。在外加荷载 $\Delta\sigma'$（$\Delta\sigma'=\sigma'_1-\sigma'_0$）作用下变化到 c 点，孔隙比为 e_1，减少了 Δe。与此同时，抗剪强度与固结压力成比例地由 a 点提高到 c 点。如此时卸荷，则土样膨胀，图 3-2a 中曲线 cef 为卸荷膨胀曲线。如从 f 点再加压 $\Delta\sigma'$，土样再压缩，沿虚线变化到 c'，其相应的强度包络线如图 3-2b 所示。从再压缩曲线 fgc' 可清楚地看出，固结压力同样增加了 $\Delta\sigma'$，而孔隙比减少值为 $\Delta e'$，$\Delta e'$ 比 Δe 小得多。这说明，如在建筑场地加一个等于上部建筑物自重的压力进行预压，使土层固结（相当于压缩曲线上从 a 点变化到 c 点），然后卸除荷载（相当于膨胀曲线由 c 点变化到 f

点）再造建筑物（相当于再压缩曲线上从 f 点变化到 c' 点），这样，建筑物引起的沉降即可大大减小。如果预压荷载大于建筑物荷载，则效果更好。因为经过超载预压，当土层的固结压力大于使用荷载下的固结压力时，原来的正常固结黏土处于超固结状态，而使土层在使用荷载作用下的变形大为减少。

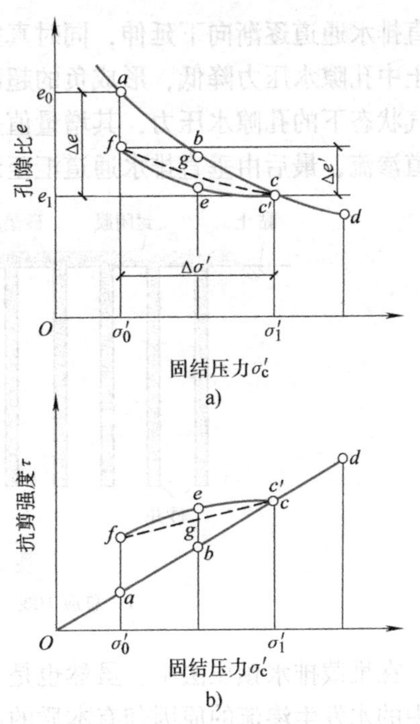

图 3-2 堆载预压加固机理

a）e-σ'_c曲线 b）τ-σ'_c曲线

必须指出，地基土层的排水固结效果除与预压荷载有关外，还与排水边界条件密切相关。根据太沙基一维固结理论，$t=(T_v/C_v)H^2$，即黏性土地基达到一定固结度所需时间与其最大排水距离的平方成正比。当地基的固结土层较厚或者渗透途径较长时，达到设计要求的固结度所需要的时间长达几年甚至几十年之久。为了加速固结，最有效的办法是在天然土层中增加排水途径，缩短排水距离。如图 3-3 所示，在天然地基中设置竖向排水体来增加排水途径，缩短排水距离是加速地基排水固结行之有效的方法。

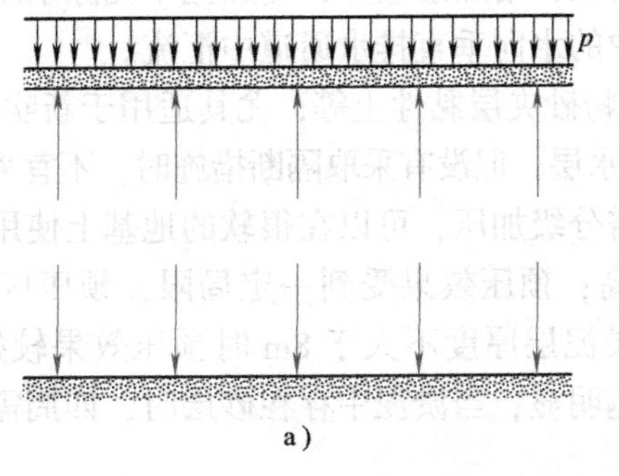

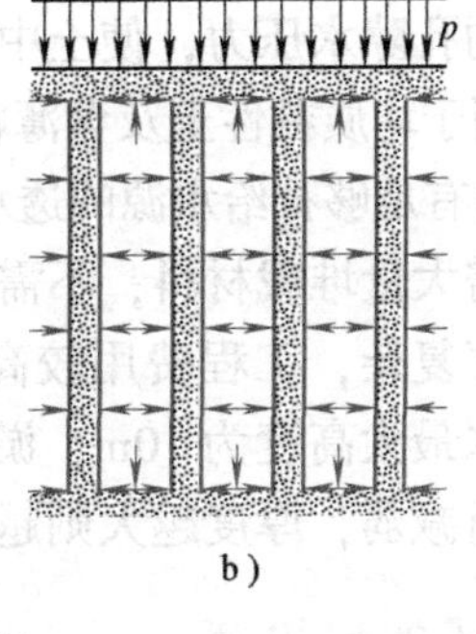

图 3-3 排水法原理

a）竖向排水情况 b）砂井地基排水情况

真空联合堆载预压施工

3.2.2 真空预压加固机理

真空预压（Vacuum Preloading）指在软土地基中打设竖向排水体后，在地面铺设排水用砂垫层（Sand Cushion）和抽气管线，然后在砂垫层上铺设不透气的封闭膜使其与大气隔绝，再用真空泵抽气，使排水系统维持较高的真空度，利用大气压力作为预压荷载，增加地基的有效应力，以利于土体排水固结。

用真空预压法加固软土地基时，在地基上施加的不是实际重物，而是把大气作为荷载。在抽气前，薄膜内外都受大气压力作用，土体孔隙中的气体与地下水面以上都是处于大气压力状态。抽气后，薄膜内砂垫层中的气体首先被抽出，其压力逐渐下降，薄膜内外形成一个压差，使封闭膜紧贴于砂垫层上，这个压差称为“真空度”。砂垫层中形成的真空度，通过垂直排水通道逐渐向下延伸，同时真空度又由垂直排水通道向其四周的土体传递与扩展，引起土中孔隙水压力降低，形成负的超静孔隙水压力。所谓负的是指形成的孔隙水压力小于原大气状态下的孔隙水压力，其增量值是负的。从而使土体孔隙中的气和水由土体向垂直排水通道渗流，最后由垂直排水通道汇至地表砂垫层中被泵抽出（见图 3-4）。

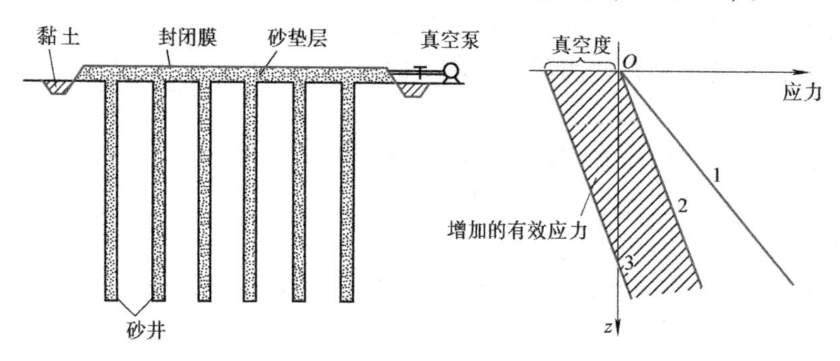

图 3-4　真空预压加固机理

1—总应力线　2—原来水压线　3—降低后的水压线

在堆载排水预压法中，虽然也是土体孔隙中的水向垂直排水通道中汇集，然而二者引起土中的水发生渗流的原因却有本质的不同。真空排水预压法是在不施加外荷的前提下，以降低垂直排水通道中的孔隙水压力，使之小于土中原有的孔隙水压力，形成渗流所需的水力梯度；而堆载排水预压法是通过施加外荷载，增加总应力，增加土中孔隙水压力，并使之超过垂直排水通道中的孔隙水压力，使土中的水向垂直排水通道中汇流。

真空预压适用于均质黏性土及含薄粉砂夹层黏性土等，尤其适用于新吹填土地基的加固。对于在加固范围内有足够补给水源的透水层，但没有采取隔断措施时，不宜采用该法。

该法具有不需大量堆载材料，不需分级加压，可以在很软的地基上使用及工期较短等优点。其缺点是工序复杂，工程费用较高；预压效果受到一定局限，预压区周边效果相对较差；由于真空抽水最大高度为 10m，淤泥层厚度不大于 8m 时预压效果较好，厚度大于 8m 后则预压效果有所减弱，厚度越大则越明显；当淤泥中存在砂层时，四周需增设密封墙。

3.2.3　降水预压加固机理

水土联合加载预压

降水预压是借助于井点抽水降低地下水位，以增加土的有效自重应力，从而达到预压的目的。

井点降水一般是先用高压射水将井管外径为 38～50mm、下端具有长约 1.7m 的滤管沉到所需深度，并将井管顶部用管路与真空泵相连，借助真空泵吸力使地下水位下降，形成漏斗状的水位线，如图 3-5 所示。

井点间距视土质而定，一般为 0.8～2.0m，井点可按实际情况进行布置。滤管长度一般取 1～2m，滤孔面积占滤管表面积的 20%～25%，滤管外包两层滤网及棕皮，以防止滤管被堵塞。降水 5～6m

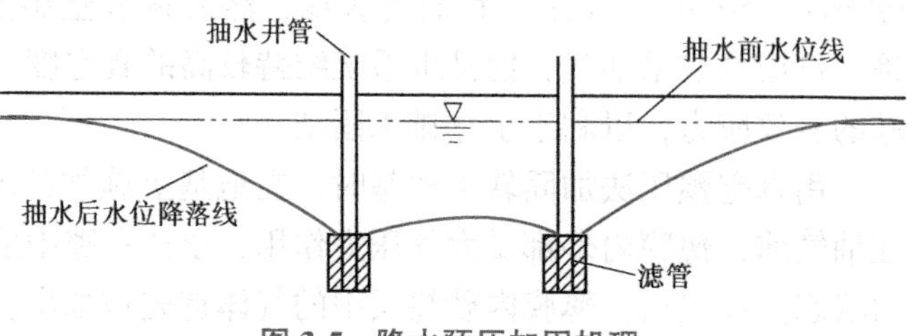

图 3-5　降水预压加固机理

时，预压荷载可达 50~60kPa，相当于堆高 3m 左右的砂石，相对于堆载预压，其工程量小得多。如采用多层轻型井点或喷射井点等其他降水方法，则其效果更为显著。

降水预压法与真空预压一样，不需要用堆载作为预压荷载，通过降水预压使土中孔隙水压力降低，所以不会使土体发生破坏，因而不需要控制加荷速率，可一次降水至预定深度，从而缩短固结时间。

降水预压法最适用于地下水位较高的砂或砂质土，或在软土中存在砂或砂质土的情况。对于深厚的软黏土层，为加速固结，往往设置砂井并采用井点法降低地下水位。

3.2.4 电渗预压加固机理

电渗预压加固（Electro-Osmosis Stabilization）是在土中插入金属电极并通以直流电，由于直流电场作用，土中的水分从阳极流向阴极，将水在阴极排除且无补充水源的情况下，引起土层的压缩固结。电渗预压与降水预压一样，是在总应力不变的情况下，通过减小孔隙水压力来增加土的有效应力作为固结压力的，所以不需要用堆载作为预压荷载，也不会使土体发生破坏。

在饱和粉土或粉质黏土地基、正常固结黏土及孔隙水电解浓度低的情况下，应用电渗预压法是既经济而又有效的。在工程上主要用于降低饱和黏土中的含水量或地下水位，提高土坡或基坑边坡的稳定性，联合堆载预压法加速饱和黏土地基的固结沉降，提高强度等。

3.3 预压法的设计与计算

预压法的设计，实质上是根据上部结构荷载的大小、地基土的性质及工期要求合理安排加压系统与排水系统，使地基在预压过程中快速排水固结，缩短预压时间，从而减小建筑物在使用期间的沉降量和不均匀沉降，同时增加一部分强度，以满足逐级加荷条件下地基的稳定性。

3.3.1 堆载预压法设计计算

堆载预压法一般用填料、砂石等散粒材料作为预压荷载。但为了增加地基强度，加强其稳定性，也可利用建筑物自重作为预压荷载，如水池通常用充水作为预压荷载，堤坝常以其自重有控制地分级逐步加载，直至设计标高。有时为了使地基在受压过程中快速排水固结，可采用大于使用荷载的荷载进行预压，即超载预压。

堆载预压法的设计内容主要包括：选择塑料排水带或砂井，确定其断面尺寸、间距、排列方式和深度；确定预压区范围、预压荷载的大小、荷载分级、加载速率和预压时间；计算地基土的固结度、强度增长、抗滑稳定性和变形。

1. 竖向排水体设计

对深厚软黏土地基，应设置塑料排水带或砂井等竖向排水体。当软土层厚度不大或软土层含较多薄粉砂夹层，且固结速率能满足工期要求时，可不设置竖向排水体。

(1) 竖向排水体材料选择 竖向排水体可采用普通砂井、袋装砂井和塑料排水带，若竖向排水体深度超过 20m，建议采用袋装砂井和塑料排水带。砂井的砂料应选用中粗砂，其黏粒含量不应大于 3%。

(2) 竖向排水体平面布置

1) 竖向排水体直径和间距。竖向排水体直径和间距主要根据土的固结性质和施工期限的要求确定。排水体的截面尺寸取决于能否及时排水，直径过小，施工困难；直径过大，并不能明显增加固结速率。从原则上讲，为达到同样的固结度，缩短排水体间距比增加排水体直径效果要好，即井径和井间距的关系是“细而密”比“粗而稀”好。

一般地，普通砂井直径为300~500mm，袋装砂井直径为70~120mm。塑料排水带的当量换算直径可按下式进行计算

$$d_p=\frac{2(b+\delta)}{\pi} \tag{3-3}$$

式中 d_p——塑料排水带当量换算直径（mm）；

b——塑料排水带宽度（mm）；

δ——塑料排水带厚度（mm）。

设计时，竖向排水体的间距 l 通常按井径比 n 确定（$n=d_e/d_w$，d_e 为有效排水直径，d_w 为竖向排水体的直径，对塑料排水带可取 $d_w=d_p$）。一般普通砂井的间距可按 $n=6\sim8$ 选用，塑料排水带或袋装砂井的间距可按 $n=15\sim22$ 选用。

2）竖向排水体排列。竖向排水体在平面上可布置成正三角形或正方形，其相应的有效排水范围分别为正六边形和正方形（见图3-6）。为简化计算，将其有效排水范围简化为等效圆，则竖井的有效排水直径 d_e 和竖井间距 l 的关系为：

正三角形排列时 $$d_e=\sqrt{\frac{2\sqrt{3}}{\pi}}l=1.05l \tag{3-4}$$

正方形排列时 $$d_e=\sqrt{\frac{4}{\pi}}l=1.13l \tag{3-5}$$

式中 d_e——竖井的有效排水直径（mm）；

l——竖井间距（mm）。

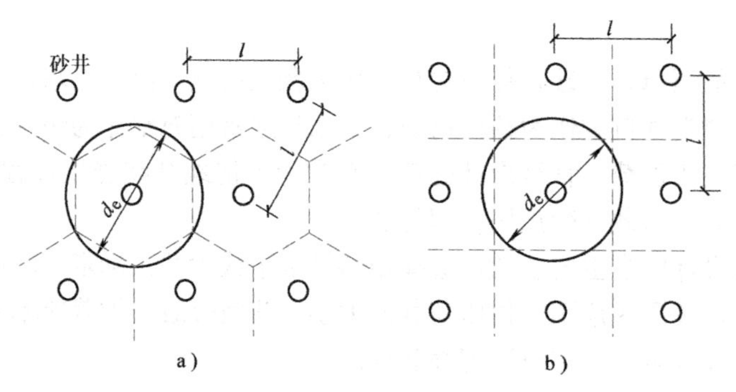

图3-6 竖向排水体平面布置

a）正三角形排列 b）正方形排列

（3）竖向排水体深度和布置范围 竖向排水深度主要根据土层的分布、地基中附加应力的大小、建筑物对地基的稳定性、变形要求及工期来确定，一般为10~25m。

1）软土层不厚、底部有透水层时，竖向排水体应尽可能穿透软土层。

2）当深厚的高压缩土层间有砂层或砂透镜体时，竖向排水体应尽可能打至砂层或砂透镜体，而采用真空预压时应尽量避免竖向排水体与砂层相连，以免影响真空效果。

3）对于无砂层的深厚地基，可根据其稳定性及建筑物在地基中造成的附加应力与自重应力之比值确定（一般为0.1~0.2）。

4）对以地基抗滑稳定性控制的工程，竖向排水体深度通过稳定性分析来确定，且至少应超过最危险滑动面2m。

5）对以变形控制的工程，竖向排水体深度应根据在限定的预压时间内需完成的变形量来确定。竖向排水体宜穿透受压土层。

竖向排水体的布置范围一般比建筑物基础范围稍大为好。扩大的范围可由基础的轮廓线向外增大2~4m。

2. 地表砂垫层设计

在竖向排水体顶部应铺设排水砂垫层，以保证地基固结过程排出的水能够顺利地通过砂垫层迅速排出，使受压土层的固结能够正常进行，以利于提高地基处理效果，缩短固结时间。

（1）垫层材料 垫层材料宜采用透水性良好的中粗砂，黏粒含量不应大于3%，砂料中可含有少量粒径小于50mm的砾石。砂垫层的干密度应大于$1.5g/cm^3$，其渗透系数宜大于$1\times10^{-2}cm/s$。

（2）垫层厚度 排水砂垫层的厚度首先应满足地基对其排水能力的要求；其次，当地基表面承载力很低时，砂垫层还应具备持力层的功能，以承担施工机械荷载。陆上施工时，砂垫层厚度不应小于0.5m；水下施工时，一般为1m。砂垫层的宽度应大于堆载宽度或建筑物底宽，并伸出竖向排水体外边线2倍竖向排水体直径。在砂料贫乏地区，可连通竖向排水体的纵、横砂沟代替整片砂垫层。

3. 预压荷载确定

（1）制订加荷计划 在软弱地基上堆载预压，必然在地基中产生剪应力，当这种剪应力超过地基的抗剪强度时，地基将发生剪切破坏。为此，堆载预压需分级加荷，等到前期荷载作用下地基强度增加到足以满足下一级荷载时，方可施加下一级荷载，直至加到设计荷载。其计算步骤是，首先用简便的方法确定一个初步的加荷计划，然后校核这一加荷计划下地基的稳定性和沉降，具体步骤如下：

1）利用地基的天然地基土抗剪强度计算第一级允许施加的荷载p_1。一般可根据斯开普顿极限荷载的半经验公式作为初步估算，即

$$p_1=\frac{5c_u}{K}\left(1+0.2\frac{B}{A}\right)\left(1+0.2\frac{D}{B}\right)+\gamma D \tag{3-6}$$

对饱和软黏土，可采用下式估算

$$p_1=\frac{5.14c_u}{K}+\gamma D \tag{3-7}$$

对长条形填土，可根据Fellenius公式估算

$$p_1=\frac{5.52c_u}{K} \tag{3-8}$$

式中 K——安全系数，建议采用1.1~1.5；

c_u——天然地基土不排水抗剪强度（kPa），由无侧限、三轴不排水试验或原位十字板剪切试验确定；

D——基础埋深（m）；

A、B——基础的长边和短边长度（m）；

γ——基底标高以上土的重度（kN/m^3）。

2）计算第一级荷载 p_1 作用下地基强度增长值。在 p_1 荷载作用下经过一段时间预压，地基强度逐渐提高，地基强度为

$$c_{u1}=\eta(c_u+\Delta c_u') \tag{3-9}$$

式中　η——强度折减系数，一般取 $\eta=0.75\sim0.9$；

$\Delta c_u'$——p_1作用下因地基固结而增长的强度（kPa）。

3）计算 p_1作用下达到预定固结度（一般取70%）所需要的时间，目的在于确定第一级荷载停歇的时间，或第二级荷载开始施加的时间。

4）根据第二步所得的地基强度 c_{u1}确定第二级所能施加的荷载 p_2，p_2可按下式近似估算

$$p_2=\frac{5.52c_{u1}}{K} \tag{3-10}$$

同样，求出在 p_2作用下地基固结度达70%的强度及所需要的时间，然后计算第三级所施加的荷载。依次按上述步骤计算出每级荷载和每一级荷载的停歇时间，直至达到设计荷载。

5）按上述加荷计划进行每一级荷载下的地基稳定性计算。如果稳定性不满足要求，需调整加荷计划。

6）计算预压荷载下地基的最终沉降量和预压期间的沉降量，以确定预压荷载卸除的时间。如果预压工作期内，地基沉降量不满足设计要求，则应采用超载预压，需调整加荷计划。

（2）地基固结度计算　固结度计算是堆载预压设计中制订加荷计划的一个重要环节，根据每级荷载下不同时间的固结度，可推算地基强度的增长值，分析地基的稳定性，确定相应的加荷计划，估算加荷期间地基的沉降量，确定预压荷载的期限等。

1）瞬时加荷条件下的固结度计算。图3-7所示为堆载预压时竖向排水体固结度计算模型，每个竖向排水体的有效影响范围可用等效圆柱体来表示，等效圆柱体有效影响直径为 d_e，高度为 $2H$，竖向排水体直径为 d_w，饱和软黏土层上、下面均为排水面，在加荷条件下，土层中的孔隙水沿径向和竖向渗流，土层固结。

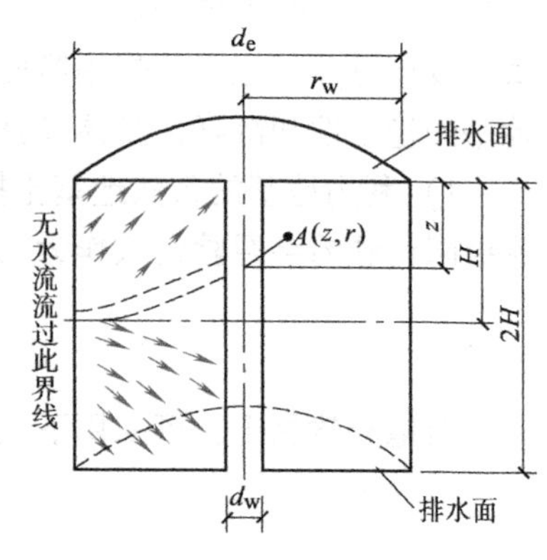

图3-7　地基固结度计算模型

固结度计算是建立在太沙基固结理论和巴伦固结理论基础上的。固结理论假定：① 每个砂井的有效影响范围为一圆柱体，且不考虑施工过程中所引起的井阻和涂抹作用；② 荷载为大面积连续均布荷载，地基中附加应力分布不随深度变化；③ 一次性瞬时施加荷载，加荷开始时，外荷载全部由孔隙水压力承担，固结过程就是孔隙水排出的过程；④ 地基土体仅发生竖向变形，土体的压缩系数和渗透系数为常数。

设圆柱体内任意点 $A(r,z)$处的孔隙水压力为 u，径向渗透系数为 k_h，竖向渗透系数为 k_v，则固结微分方程为

$$\frac{\partial u}{\partial t}=C_v\frac{\partial^2 u}{\partial z^2}+C_h\left[\frac{\partial^2 u}{\partial r^2}+\frac{1}{r}\left(\frac{\partial u}{\partial r}\right)\right] \tag{3-11}$$

式中　t——时间；

C_v——竖向固结系数，$C_v=\dfrac{k_v(1+e)}{a r_w}$，$a$ 为土体压缩系数；

C_h——径向固结系数，$C_h=\dfrac{k_h(1+e)}{a r_w}$。

式（3-11）用分离变量法求解，可分解为

$$\frac{\partial u_z}{\partial t}=C_v\frac{\partial^2 u_z}{\partial z^2} \tag{3-12}$$

$$\frac{\partial u_r}{\partial t}=C_h\left[\frac{\partial^2 u_r}{\partial r^2}+\frac{1}{r}\left(\frac{\partial u_r}{\partial r}\right)\right] \tag{3-13}$$

将式（3-12）、式（3-13）分别求解，得到竖向排水平均固结度 U_z 和径向排水平均固结度 U_r，然后再求出在竖向排水和径向排水联合作用下整个竖向排水体有效影响范围内的总平均固结度 U_{rz}。

a. 竖向排水平均固结度 U_z。某一时间 t 时的竖向排水平均固结度 U_z 可按下式计算

$$U_z=1-\frac{8}{\pi^2}\sum_{m=1,3,\cdots}^{+\infty}\frac{1}{m^2}e^{-\frac{m^2\pi^2}{4}T_v} \tag{3-14}$$

式中 U_z——竖向排水平均固结度（%）；

m——正奇整数（1，3，5，…）；

e——自然对数底；

T_v——竖向固结时间因素，$T_v=\dfrac{C_v t}{H^2}$，其中 t 为固结时间（s）；H 为土层的竖向排水距离，双面排水时为固结土层厚度的一半，单面排水时为固结土层厚度（m）。

图3-8和图3-9为根据不同边界条件绘制的 T_v-U_z 关系曲线。计算竖向固结度时，先求得时间因素 T_v，再根据边界条件查图即可求得 U_z。

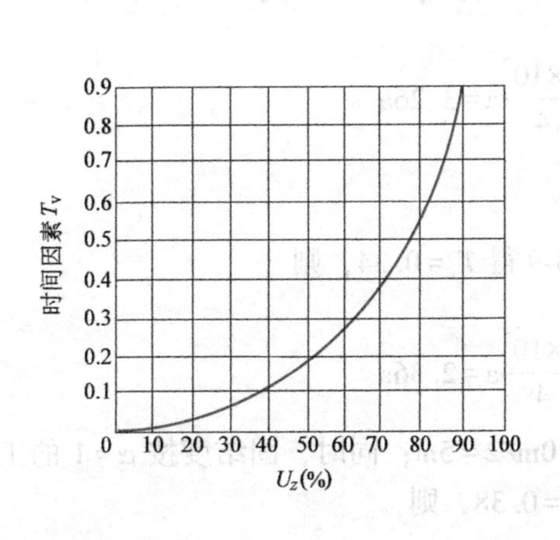

图3-8 双面排水条件下 T_v-U_z 关系曲线

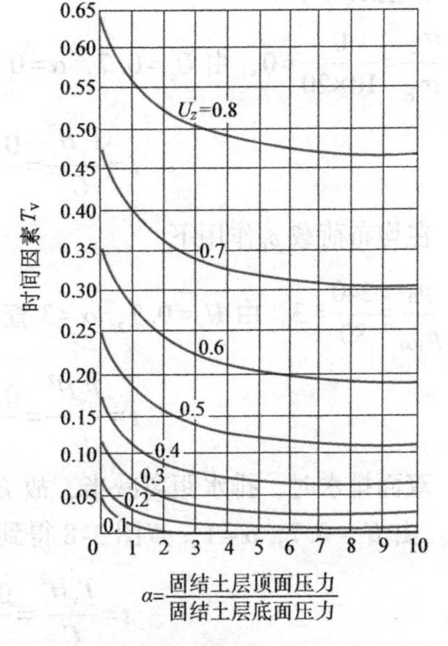

图3-9 各种边界条件下 T_v-U_z 关系曲线

当 U_z>30%时，可采用下式计算

$$U_z = 1-\frac{8}{\pi^2}e^{-\frac{\pi^2}{4}T_v} \tag{3-15}$$

【例 3-1】 厚度 H=10m 黏土层，上覆透水层，下卧不透水层，在均布荷载 p_0作用下其附加应力为：地表处 p_0=240kPa，10m 处 p_{10}=80kPa，如图 3-10 所示。黏土层的初始孔隙比 e_1=0.8，γ_{sat}=20kN/m³，压缩系数 a=0.00025kPa⁻¹，渗透系数 k=0.02m/a。试求：1）在自重条件下固结度达 U_z=0.7 时所需要的历时 t；2）在均布荷载 p_0作用下，U_z=0.7 时所需要的历时 t；3）若将此黏土层下部改为透水层，则 U_z=0.7 时所需历时 t。

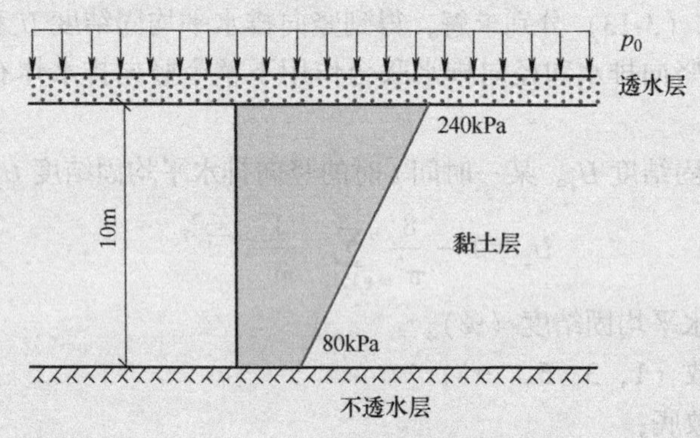

图 3-10 附加应力分布

解：（1）求竖向固结系数 C_v

$$C_v = \frac{k(1+e_1)}{a\gamma_w} = \frac{0.02\times(1+0.8)}{0.00025\times10}\text{m}^2/\text{a} = 14.4\text{m}^2/\text{a}$$

（2）固结所需历时 t

1）自重条件下

$\alpha = \dfrac{\sigma_{上}}{\sigma_{下}} = \dfrac{0}{10\times20} = 0$，由 U_z=0.7，α=0 查图 3-9 得 T_v=0.47，则

$$t = \frac{T_v H^2}{C_v} = \frac{0.47\times10^2}{14.4}\text{a} = 3.26\text{a}$$

2）在均布荷载 p_0作用下

$\alpha = \dfrac{p_0}{p_{100}} = \dfrac{240}{80} = 3$，由 U_z=0.7，α=3 查图 3-9 得 T_v=0.34，则

$$t = \frac{T_v H^2}{C_v} = \frac{0.34\times10^2}{14.4}\text{a} = 2.36\text{a}$$

3）双面排水时，排水距离减半，故 H=10m/2=5m；同时，固结度按 α=1 的工况进行计算。由 U_z=0.7，α=1，查图 3-8 得到 T_v=0.38，则

$$t = \frac{T_v H^2}{C_v} = \frac{0.34\times5^2}{14.4}\text{a} = 0.66\text{a}$$

b. 径向排水平均固结度 U_r。某一时间 t 时的径向排水平均固结度 U_r 计算公式为

$$U_r=1-e^{-\frac{8T_h}{F}} \tag{3-16}$$

$$T_h=\frac{C_h}{d_e^2}t \tag{3-17}$$

$$F=\frac{n^2}{n^2-1}\ln n-\frac{3n^2-1}{4n^2} \tag{3-18}$$

式中 C_h——径向固结系数（cm^2/s）；

t——固结时间（s）；

T_h——径向固结时间因素；

n——井径比（$n=d_e/d_w$）。

图 3-11 为根据式（3-16）、式（3-17）、式（3-18）得到的径向排水平均固结度 U_r 与时间因素 T_h、井径比 n 的关系曲线。计算出时间因素 T_h、井径比 n，可查曲线图或直接计算可得到径向排水平均固结度 U_r。

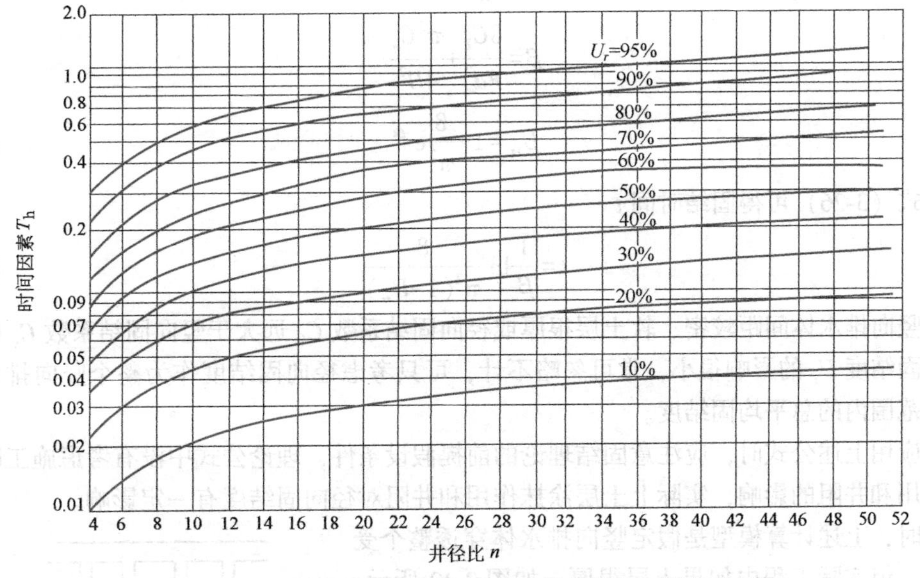

图 3-11 径向固结度 U_r 与时间因素 T_h 及井径比 n 的关系曲线

当竖向排水体采用挤压方式施工时，应考虑涂抹对土体固结的影响。当竖向排水体的纵向通水量 q_w 与天然土层水平向渗透系数 k_h 的比值较小，且长度又较长时，尚应考虑井阻影响。瞬时加载条件下，考虑涂抹和井阻影响时，竖向排水体地基径向排水平均固结度 U_r 可按下式计算

$$U_r=1-e^{-\frac{8C_h}{Fd_e^2}t} \tag{3-19}$$

$$F=F_n+F_s+F_r \tag{3-20}$$

$$F_n=\ln n-\frac{3}{4}\quad(n\geqslant 15) \tag{3-21}$$

$$F_s=\left(\frac{k_h}{k_s}-1\right)\ln s \tag{3-22}$$

$$F_r=\frac{\pi^2L^2}{4}\frac{k_h}{q_w} \tag{3-23}$$

式中 k_h——天然土层水平向渗透系数（cm/s）；

k_s——涂抹区土的水平向渗透系数（cm/s），可取 $k_s=(1/5\sim1/3)k_h$；

s——涂抹区直径 d_s 与竖向排水体直径 d_w 的比值，可取 $s=2.0\sim3.0$，对中等灵敏性黏性土取低值，对高灵敏黏性土取高值；

L——竖向排水体长度（cm）；

q_w——竖向排水体纵向通水量，为单位水力梯度下单位时间的排水量（cm^3/s）。

c. 总平均固结度 U_{rz}。根据卡里罗（Carrillo）理论证明，可得由径向、竖向共同排水引起的总平均固结度，其计算式为

$$U_{rz}=1-(1-U_r)(1-U_z) \tag{3-24}$$

将式（3-15）、式（3-16）代入式（3-24），则得 $U_{rz}>30\%$时总平均固结度为

$$U_{rz}=1-\frac{8}{\pi^2}e^{-\left(\frac{8C_h}{Fd_e^2}+\frac{\pi^2C_v}{4H^2}\right)} \tag{3-25}$$

令

$$\beta=\frac{8C_h}{Fd_e^2}+\frac{\pi^2C_v}{4H^2}$$

则

$$U_{rz}=1-\frac{8}{\pi^2}e^{-\beta t} \tag{3-26}$$

由式（3-26）可得固结时间 t

$$t=\frac{1}{\beta}\ln\frac{8}{\pi^2(1-U_{rz})} \tag{3-27}$$

当竖向排水体间距较密、软土层很厚或径向固结系数 C_h 远大于竖向固结系数 C_v 时，竖向平均固结度 U_z 的影响很小，常可忽略不计，可只考虑径向固结度作为整个竖向排水体有效影响范围内的总平均固结度。

在应用上述公式时，应注意固结理论的前提假设条件，理论公式中没有考虑施工时土层涂抹作用和井阻的影响，实际上土层涂抹作用和井阻对径向固结度有一定影响。

同时，上述计算模型是假定竖向排水体穿透整个受压土层，但实际工程中如果土层很厚，如图3-12所示，竖向排水体往往并未穿透整个受压土层。在这种情况下，固结度的计算可分为两部分：竖向排水体范围内地基的平均固结度按式（3-26）计算；竖向排水体以下部分的受压土层的竖向固结度按式（3-15）计算（假定竖向排水体底面为一排水面）；整个受压土层的平均固结度 U 按下式计算

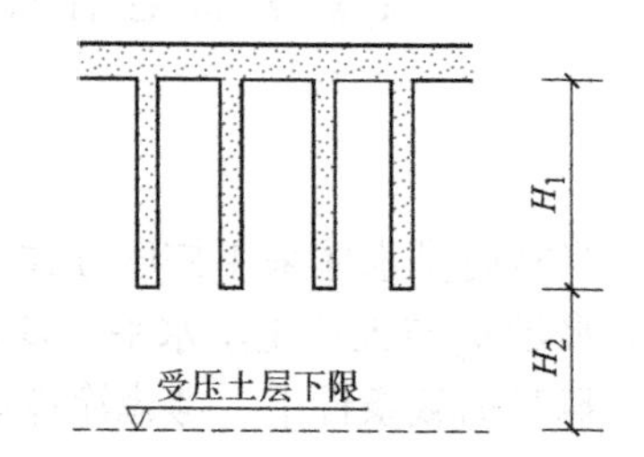

图3-12 竖向排水体未穿透整个受压土层的情况

$$U=QU_{rz}+(1-Q)U_z \tag{3-28}$$

式中 U_{rz}——竖向排水体范围内土层的平均固结度（%）；

U_z——竖向排水体以下部分土层的平均固结度（%）；

Q——竖向排水体深度与整个受压土层厚度的比值，即 $Q=H_1/(H_1+H_2)$；

H_1、H_2——竖向排水体深度及竖向排水体以下部分的受压土层厚度（m）。

【例3-2】 有一厚15m的饱和软黏土层，其下卧层为透水性良好的砂层，砂井在软土层中贯穿至下部砂层，砂井直径 $d_w=350\text{mm}$，砂井间距 $l=2\text{m}$，以正三角形布置，经测定土层的竖向固结系数 $C_v=4.5\text{m}^2/\text{a}$，径向固结系数 $C_h=4.5\text{m}^2/\text{a}$，试求加载预压3个月的平均固结度。

解：(1) 竖向固结度

由于下卧层为透水性良好的砂层，排水距离为 $H=15\text{m}/2=7.5\text{m}$

竖向时间因数 $$T_v=\frac{C_v t}{H^2}=\frac{4.5\times0.25}{7.5^2}=0.02$$

由 $T_v=0.02$，$\alpha=1$ 查图3-8得 $U_z=0.17$

(2) 径向固结度

有效排水直径 $$d_e=1.05l=1.05\times2\text{m}=2.1\text{m}$$

井径比 $$n=\frac{d_e}{d_w}=\frac{2.1}{0.35}=6$$

径向时间因数 $$T_h=\frac{C_h}{d_e^2}t=\frac{4.5}{2.1^2}\times0.25=0.26$$

由 $T_h=0.26$，$n=6$ 查图3-11得 $U_r=0.84$

(3) 根据卡里罗公式(3-24)计算平均固结度

$$U_{rz}=1-(1-U_r)(1-U_z)=1-(1-0.84)\times(1-0.17)=86.7\%$$

(4) 根据式(3-26)计算平均固结度

$$F=\frac{n^2}{n^2-1}\ln n-\frac{3n^2-1}{4n^2}=\frac{6^2}{6^2-1}\times\ln6-\frac{3\times6^2-1}{4\times6^2}=1.1$$

$$\beta=\frac{8C_h}{Fd_e^2}+\frac{\pi^2C_v}{4H^2}=\frac{8\times4.5}{1.1\times2.1^2}+\frac{\pi^2\times4.5}{4\times7.5^2}=7.62$$

$$U_{rz}=1-\frac{8}{\pi^2}e^{-\beta t}=1-\frac{8}{3.14^2}\times e^{-7.62\times0.25}=87.9\%$$

2) 分级加荷条件下的固结度计算。在实际工程中，为保证堆载预压过程中地基的稳定性，其预压荷载多为分级逐渐施加。但以上固结度的计算都是假设荷载是一次瞬间施加的，因此，必须对求得的固结时间关系和沉降时间关系加以修正。修正的方法有改进的太沙基法和改进的高木俊介法，后者为现行《建筑地基处理技术规范》推荐使用的方法。

a. 改进的太沙基法

对于分级加荷的情况，改进的太沙基法假定：①每一级荷载增量 Δp_i 所引起的固结过程是单独进行的，与上一级荷载所引起的固结度无关；②总固结度等于各级荷载增量作用下固结度的叠加；③每一级荷载增量 Δp_i 在等速加荷经过时间 t 的固结度与在 $t/2$ 时瞬间加荷的固结度相同，即计算固结的时间为 $t/2$；④在加荷停止后，在恒载作用期间的固结度，即时间 $t>T_i'$（T_i'为第 i 级荷载增量 Δp_i 加载结束时的时间）的固结度和在$\frac{T_i+T_i'}{2}$瞬时加荷 Δp_i 经过时间$\left(t-\frac{T_i+T_i'}{2}\right)$的固结度相同；⑤所求得的固结度仅是对本级荷载增量而言的，对总荷载还要按荷载的比例进行修正。

图 3-13 为二级等速加荷的情况，图中实线是按瞬时加荷条件用太沙基理论计算的地基固结过程（U_t-t）关系曲线，虚线表示二级等速加荷条件的修正固结过程曲线。

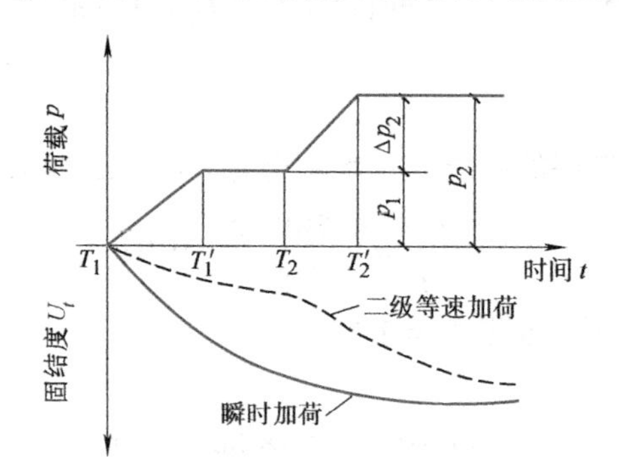

图 3-13　二级等速加荷与瞬时加荷的固结过程

下面推导二级等速加荷的平均固结度公式（见图 3-14）：

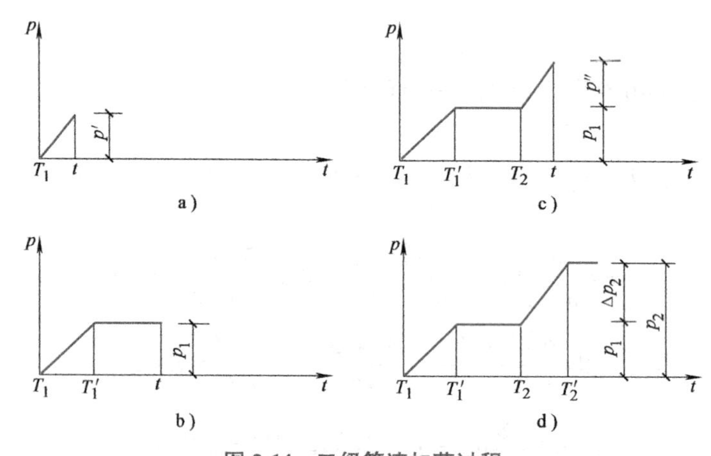

图 3-14　二级等速加荷过程

当 $T_1<t<T'_1(T_1=0)$ 时

$$U'_t=U_{rz\left(\frac{t-T_1}{2}\right)}\frac{p'}{p_2}=U_{rz\left(\frac{t}{2}\right)}\frac{p'}{p_2} \tag{3-29}$$

当 $T'_1<t<T_2$（$p_1=\Delta p_1$）时

$$U'_t=U_{rz\left(t-\frac{T_1+T'_1}{2}\right)}\frac{p_1}{p_2}=U_{rz\left(t-\frac{T'_1}{2}\right)}\frac{p_1}{p_2} \tag{3-30}$$

当 $T_2<t<T'_2$时

$$U'_t=U_{rz\left(t-\frac{T_1+T'_1}{2}\right)}\frac{p_1}{p_2}+U_{rz\left(\frac{t-T_2}{2}\right)}\frac{p''}{p_2}=U_{rz\left(t-\frac{T'_1}{2}\right)}\frac{p_1}{p_2}+U_{rz\left(\frac{t-T_2}{2}\right)}\frac{p''}{p_2} \tag{3-31}$$

当 $t>T'_2$时

$$U'_t=U_{rz\left(t-\frac{T_1+T'_1}{2}\right)}\frac{p_1}{p_2}+U_{rz\left(t-\frac{T_2+T'_2}{2}\right)}\frac{\Delta p_2}{p_2}=U_{rz\left(t-\frac{T'_1}{2}\right)}\frac{p_1}{p_2}+U_{rz\left(t-\frac{T_2+T'_2}{2}\right)}\frac{\Delta p_2}{p_2} \tag{3-32}$$

对多级荷载，可依次类推，并归纳如下式

$$U'_t=\sum_{i=1}^{n}U_{rz\left(t-\frac{T_i+T'_i}{2}\right)}\frac{\Delta p_i}{\sum_{i=1}^{n}\Delta p_i} \tag{3-33}$$

式中 U'_t——多级等速加荷，t 时刻修正后的平均固结度（%）；

U_{rz}——瞬时加荷条件下的平均固结度（%）；

T_i、T'_i——等速加荷的起点和终点时刻（从 0 点起，$T_1=0$），如计算某一级荷载加荷过程中时间 t 的固结度，则 T'_i改为 t；

Δp_i——第 i 级荷载增量，如计算某一级荷载加荷过程中某一时刻 t 的固结度，则这一级荷载加荷过程中与该时刻相对应的荷载。

b. 改进的高木俊介法

该法的特点是不需要求得瞬时加荷条件下地基的固结度，而是直接求得修正后的平均固结度。修正后的平均固结度为

$$U'_t=\sum_{i=1}^{n}\frac{q_i}{\sum_{i=1}^{n}\Delta p_i}\left[\left(T'_i-T_i\right)-\frac{\alpha}{\beta}e^{-\beta t}\left(e^{\beta T'_i}-e^{\beta T_i}\right)\right] \tag{3-34}$$

式中 U'_t——t 时多级等速加荷修正后的平均固结度（%）；

q_i——第 i 级荷载的平均加荷速率（kPa/d）；

T_i、T'_i——等速加荷的起点和终点时刻（从 0 点起，$T_1=0$），如计算某一级荷载加荷过程中时间 t 的固结度，则 T'_i改为 t；

$\sum\Delta p_i$——各级荷载的累计值（kPa）；

α、β——参数（见表 3-1）。

表 3-1 α、β 参数取值

参数	排水固结条件			说　明
	竖向排水条件	径向排水条件	竖向和径向排水固结（竖井穿透土层）	
α	$\frac{8}{\pi^2}$	1	$\frac{8}{\pi^2}$	$F=\frac{n^2}{n^2-1}\ln n-\frac{3n^2-1}{4n^2}$
β	$\frac{\pi^2C_v}{4H^2}$	$\frac{8C_h}{Fd_e^2}$	$\frac{\pi^2C_v}{4H^2}+\frac{8C_h}{Fd_e^2}$	式中 C_h——径向排水固结系数（cm^2/s）； C_v——竖向排水固结系数（cm^2/s）； H——双面排水距离（cm）；

（3）地基土强度增长估算　饱和软土地基在预压荷载的作用下排水固结，其抗剪强度逐渐提高。但预压荷载同时在地基中产生剪应力，当这种剪应力超过地基的抗剪强度时，地基将发生剪切破坏。因此，如果能适当地控制加荷速率，使由于固结而增长的地基强度与剪应力的增长相适应，则地基稳定。

目前常用的估算地基土强度增长的方法有：

1）有效应力法。曾国熙于 1975—1981 年提出有效应力法，认为预压荷载使地基排水固结，从而提高地基土的抗剪强度。但同时随着荷载的增加，地基中的剪应力也在增大，在一定条件下，受剪切蠕动等因素的影响，有可能导致其强度衰减。考虑这一因素的影响和工程

上的实用性，地基强度估算公式可表示为

$$\tau_{\mathrm{ft}}=\eta[\tau_{\mathrm{f0}}+kU_t(\Delta\sigma_1-\Delta u)] \tag{3-35}$$

或

$$\tau_{\mathrm{ft}}=\eta(\tau_{\mathrm{f0}}+kU_t\Delta\sigma_1) \tag{3-36}$$

式中 τ_{ft}——t 时刻地基中该点的抗剪强度（kPa）；

τ_{f0}——地基某点在加荷之前的天然抗剪强度，由无侧限、三轴固结不排水压缩试验或原位十字板剪切试验确定（kPa）；

η——强度折减系数，一般取 $\eta=0.75\sim0.9$；

k——有效内摩擦角的函数，$k=\dfrac{\sin\varphi'\cos\varphi'}{1+\sin\varphi'}$；

U_t——地基中某点在某一时刻的固结度（%）；

Δu——预压荷载引起的地基中某一点的孔隙水压力（kPa）；

$\Delta\sigma_1$——预压荷载引起的地基中某一点的最大主应力（kPa）。

2）按现行《建筑地基处理技术规范》计算。规范规定计算预压荷载下饱和软土地基中某点的抗剪强度时，应考虑土体原来的固结状态。对正常固结饱和黏土，地基中某一点某一时刻的抗剪强度可表示为

$$\tau_{\mathrm{ft}}=\tau_{\mathrm{f0}}+U_t\Delta\sigma_z\tan\varphi_{\mathrm{cu}} \tag{3-37}$$

式中 U_t——该点在某一时刻的固结度（%）；

$\Delta\sigma_z$——预压荷载引起的该点的竖向附加应力（kPa）；

φ_{cu}——三轴固结不排水压缩试验得到的土的内摩擦角（°）。

(4) 地基抗滑稳定性验算 稳定性分析是路堤、土坝、岸坡等由稳定性控制的工程设计中的一项重要内容。在加荷预压过程中，必须验算每级荷载下地基的稳定性，以保证工程安全、经济、合理，达到预期的加固效果。

一般预压地基的失稳多为圆弧剪切破坏，图3-15为软土地基上一个堤坝断面的稳定性分析示意图。Ⅰ表示地基部分，Ⅱ表示填土部分。假定地基破坏时，沿圆心为 O 点，半径为 R 的圆弧 ABC 滑动。考虑地基因预压固结而引起的强度增长，采用瑞典条分法分析地基的稳定性。

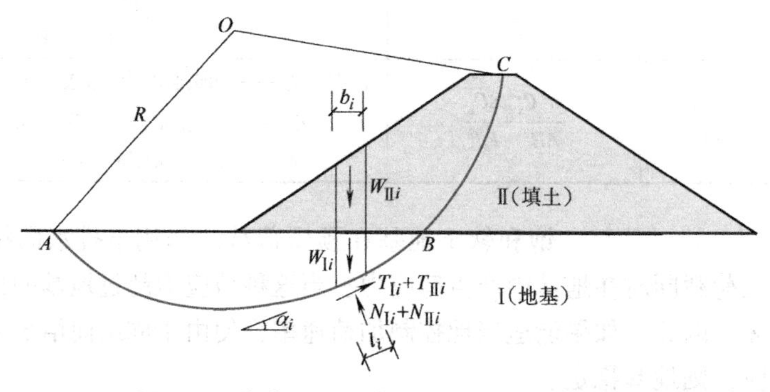

图3-15 堆载预压地基抗滑稳定性分析示意图

滑动力矩为

$$M_{\mathrm{T}}=R\sum(T_{\mathrm{I}}+T_{\mathrm{II}})_i=R\left[\sum_A^B(W_{\mathrm{I}}+W_{\mathrm{II}})_i\sin\alpha_i+\sum_B^C W_{\mathrm{II}\,i}\sin\alpha_i\right] \tag{3-38}$$

抗滑力矩由地基部分抗滑力矩 M_{RAB} 和填土部分抗滑力矩 M_{RBC} 构成，即

$$M_{R}=M_{RAB}+M_{RBC} \tag{3-39}$$

$$M_{RAB}=R\sum_{A}^{B}(c_{u}l_{i}+W_{\mathrm{I}i}\cos\alpha_{i}\tan\varphi_{u}+W_{\mathrm{II}i}U\cos\alpha_{i}\tan\varphi_{cu}) \tag{3-40}$$

$$M_{RBC}=\eta_{m}R\sum_{B}^{C}(c_{u}l_{i}+\eta W_{\mathrm{II}i}\cos\alpha_{i}\tan\varphi_{u}) \tag{3-41}$$

式中 $W_{\mathrm{I}i}$、$W_{\mathrm{II}i}$——土条在地基部分和填土部分的重量（kN）；

α_{i}——土条底面与水平面的夹角（°）；

c_{u}、φ_{u}——不排水剪求得的抗剪强度指标（kPa）、（°）；

φ_{cu}——固结不排水剪求得的内摩擦角（°）；

U——地基平均固结度；

η_{m}——填土部分抗滑力矩折减系数，可取0.6~0.8；

η——强度指标折减系数，可取0.5。

综合式（3-38）~式（3-41）可得地基抗滑稳定安全系数 K，即

$$K=\frac{M_{R}}{M_{T}}=\frac{\sum_{A}^{B}(c_{u}l_{i}+W_{\mathrm{I}i}\cos\alpha_{i}\tan\varphi_{u}+W_{\mathrm{II}i}U\cos\alpha_{i}\tan\varphi_{cu})}{\sum_{A}^{B}(W_{\mathrm{I}}+W_{\mathrm{II}})_{i}\sin\alpha_{i}+\sum_{B}^{C}W_{\mathrm{II}i}\sin\alpha_{i}}+\frac{\eta_{m}\sum_{B}^{C}(c_{u}l_{i}+\eta W_{\mathrm{II}i}\cos\alpha_{i}\tan\varphi_{u})}{\sum_{A}^{B}(W_{\mathrm{I}}+W_{\mathrm{II}})_{i}\sin\alpha_{i}+\sum_{B}^{C}W_{\mathrm{II}i}\sin\alpha_{i}} \tag{3-42}$$

从式（3-42）可以看出，地基抗滑稳定安全系数 K 与堆载重量 W_{I} 和地基固结度 U 有关。如不考虑地基的固结，即式中 $W_{\mathrm{II}i}U\cos\alpha_{i}\tan\varphi_{cu}=0$，根据设定的 K 值可反求得 W_{II}，即为利用天然地基强度所能快速填筑的最大荷载。第一级加荷结束后，根据地基固结度，考虑地基强度提高项 $\sum W_{\mathrm{II}i}U\cos\alpha_{i}\tan\varphi_{cu}$，便可得出第二级填土的重量，依次类推，即可求得以后每一级填土的重量直至达到设计标高。

（5）地基沉降计算 对于以沉降为控制条件的工程，沉降计算的目的在于估计所需堆载预压时间以及各时期沉降量的发展情况，以便调整排水系统和加压系统的设计。对于以稳定为控制条件的工程，通过沉降计算可预估施工期间因地基沉降而增加的土石方以及工程完工后尚未完成的沉降量，以确定预留高度。

预压荷载作用下地基的最终沉降量 s_{∞} 由机理不同的三部分沉降组成，其表达式为

$$s_{\infty}=s_{d}+s_{c}+s_{s} \tag{3-43}$$

式中 s_{d}——瞬时沉降；

s_{c}——固结沉降；

s_{s}——次固结沉降。

瞬时沉降是指加载后立即发生的那部分沉降，它是由剪切变形引起的。固结沉降是指那部分主要由于主固结而引起的沉降，在主固结过程中，沉降速率是由水从孔隙中排出的速率所控制。次固结沉降是土骨架在持续荷载作用下发生蠕变所引起的，次固结大小与土的性质

有关，泥炭土、有机质土或高塑性黏性土土层的次固结沉降所占比例较大，而其他土的次固结沉降所占比例不大。

瞬时沉降 s_d 可采用弹性理论公式计算，当黏土地基厚度很大，作用于其上的圆形或矩形面积上的压力为均布时，s_d 可按下式计算

$$s_d = \frac{1-\mu^2}{E} C_d p b \tag{3-44}$$

式中 p——均布荷载；

b——荷载面积的直径或宽度；

C_d——考虑荷载面积形状和沉降计算点位置的系数，见表3-2；

E、μ——土的弹性模量和泊松比。

表3-2 半无限弹性体表面各种均布荷载面积上各点的 C_d 值

形状		中心点	角点或边点	短边中点	长边中点	平均
圆形		1.00	0.64	0.64	0.64	0.85
圆形（刚性）		0.79	0.79	0.79	0.79	0.79
方形		1.12	0.56	0.76	0.76	0.95
方形（刚性）		0.99	0.99	0.99	0.99	0.99
矩形长宽比	1.5	1.36	0.67	0.89	0.97	1.15
	2	1.52	0.76	0.98	1.12	1.30
	3	1.78	0.88	1.11	1.35	1.52
	5	2.10	1.05	1.27	1.68	1.83
	10	2.53	1.26	1.49	2.12	2.25
	100	4.00	2.00	2.20	3.60	3.70
	1000	5.47	2.75	2.94	5.03	5.15
	10000	6.90	3.50	3.70	6.50	6.60

对于黏性土地基为有限厚度（如厚度为 H），下卧层为基岩等刚性底层时，式（3-44）中 C_d 值改用表3-3中数值。

表3-3 下卧层为基岩的各种均布荷载面积中心点的 C_d 值

H/b	圆形（直径=b）	矩形						条形
		$l/b=1$	$l/b=1.5$	$l/b=2$	$l/b=3$	$l/b=5$	$l/b=10$	$l/b=\infty$
0.0	0.00	0.00	0.00	0.00	0.00	0.00	0.00	0.00
0.1	0.09	0.09	0.09	0.09	0.09	0.09	0.09	0.09
0.25	0.24	0.24	0.23	0.23	0.23	0.23	0.23	0.23
0.5	0.48	0.48	0.47	0.47	0.47	0.47	0.47	0.47
1.0	0.70	0.75	0.81	0.83	0.83	0.83	0.83	0.83
1.5	0.80	0.86	0.97	1.03	1.07	1.08	1.08	1.08
2.5	0.88	0.97	1.12	1.22	1.33	1.39	1.40	1.40
3.5	0.91	1.01	1.19	1.31	1.45	1.56	1.59	1.60
5.0	0.94	1.05	1.24	1.38	1.55	1.72	1.82	1.83
∞	1.00	1.12	1.36	1.52	1.78	2.10	2.53	∞

固结沉降s_c按分层总和法计算，即

$$s_c = \sum_{i=1}^{n} \frac{e_{0i} - e_{1i}}{1 + e_{0i}} h_i \tag{3-45}$$

式中 e_{0i}——第i层土中点自重应力所对应的孔隙比，由室内固结试验e-p曲线查得；

e_{1i}——第i层土中点自重应力和附加应力所对应的孔隙比，由室内固结试验e-p曲线查得；

h_i——第i层土厚度（m）。

次固结沉降s_s按下式计算

$$s_s = \sum_{i=1}^{n} \frac{h_i}{1 + e_{0i}} C_0 \lg \frac{t}{t^*} \tag{3-46}$$

式中 e_{0i}——第i层土的初始孔隙比；

C_0——次固结系数（cm^2/s），见表3-4；

t——固结时间，$t>t^*$；

t^*——主固结达到100%的时间，可根据e-lg$t$关系曲线拐点确定。

表3-4 次固结系数C_0的取值

土类	正常固结黏土			正常固结冲积黏土		超固结黏土（超固结比>2）	泥 炭
	有机质含量（%）						
	0	9	17	1	5		
C_0	0.004	0.008	0.02	0.001	0.003	<0.001	0.02~0.1

如果在建筑物使用年限内，次固结沉降经判断可以忽略的话，则地基最终沉降量s_∞可按下式计算

$$s_\infty = s_d + s_c \tag{3-47}$$

在实际工程中，为计算简便，常以固结沉降量s_c为基准，用经验系数予以修正，得到预压地基的最终沉降量s_∞。按照现行《建筑地基处理技术规范》规定，预压荷载下地基的最终竖向变形量的计算可取附加应力与土自重应力的比值为0.1的深度作为压缩层的计算深度，按下式计算

$$s_\infty = \xi \sum_{i=1}^{n} \frac{e_{0i} - e_{1i}}{1 + e_{0i}} h_i \tag{3-48}$$

式中 e_{0i}——第i层土中点自重应力所对应的孔隙比，由室内固结试验e-p曲线查得；

e_{1i}——第i层土中点自重应力和附加应力所对应的孔隙比，由室内固结试验e-p曲线查得；

h_i——第i层土厚度（m）；

ξ——经验系数，可按地区经验确定，无经验时对正常固结饱和黏性土地基ξ=1.1~1.4，荷载较大或地基软弱土层厚度大时应取较大值，否则取较小值。

【例3-3】 某工程地处沿海，地表以下16m为饱和软土层，其下卧层为透水性良好的砂砾石层。采用堆载预压法加固地基，为加快排水固结，在软土层中打设竖向排水砂井至砂砾石层，砂井直径d_w=350mm，砂井间距l=2.5m，呈正三角形布置。相关勘察资料如下：竖向固结系数C_v=4.8m^2/a，水平向固结系数C_h=9.15m^2/a，不排水抗剪强度c_u=

7kPa，三轴有效强度指标：$c'=0$，$\varphi'=16.5°$。工程设计荷载为110kPa，工期为180d，堆载加荷速率要求不超过8kPa/d，试拟订一个初步加荷预压计划，并计算历时180d后的总平均固结度。（分级加荷条件下的固结度计算采用改进的太沙基法）

解：（1）拟订初步加荷预压计划

1）求出天然地基可能承受的荷载，取$K=1.2$，按式（3-8）估算可施加的第一级荷载p_1，即

$$p_1=\frac{5.52c_u}{K}=\frac{5.52\times7}{1.2}\text{kPa}=32.2\text{kPa}$$

2）求出在p_1作用下地基固结度达到70%时地基强度增长值，由式（3-36）可得第一级荷载作用下的地基强度

$$k=\frac{\sin\varphi'\cos\varphi'}{1+\sin\varphi'}=0.212$$

取$\eta=0.9$，则

$$\tau_{f1}=\eta(\tau_{f0}+p_1U_tk)=0.9\times(7+32.2\times0.7\times0.212)\text{kPa}=10.6\text{kPa}$$

3）计算可施加的第二级荷载p_2

$$p_2=\frac{5.52\tau_{f1}}{K}=\frac{5.52\times10.6}{1.2}\text{kPa}=48.8\text{kPa}$$

4）在第二级荷载p_2作用下，地基固结度达到70%时，地基强度为

$$\tau_{f2}=\eta(\tau_{f1}+p_2U_tk)=0.9\times(10.6+48.8\times0.7\times0.212)\text{kPa}=16.1\text{kPa}$$

5）计算可施加的第三级荷载p_3

$$p_3=\frac{5.52\tau_{f2}}{K}=\frac{5.52\times16.1}{1.2}\text{kPa}=74.1\text{kPa}$$

同上，可得$p_4=112.2\text{kPa}$与工程设计荷载110kPa比较，满足要求。

按以上加荷计划进行每一级荷载下的地基稳定性计算。如果稳定性不满足要求，需调整加荷计划。（略）

（2）固结度计算

1）等效圆直径为

$$d_e=1.05l=1.05\times2.5\text{m}=2.63\text{m}$$

2）井径比为

$$n=\frac{d_e}{d_w}=\frac{2.63}{0.35}=7.51$$

3）根据n值，由式（3-18）得

$$F=\frac{n^2}{n^2-1}\ln n-\frac{3n^2-1}{4n^2}=\frac{7.51^2}{7.51^2-1}\ln7.51-\frac{3\times7.51^2-1}{4\times7.51^2}=1.31$$

4）根据F值，由表3-1得

$$\alpha=\frac{8}{\pi^2}=0.811$$

$$\beta=\frac{8C_h}{Fd_e^2}+\frac{\pi^2C_v}{4H^2}=\left(\frac{8\times9.15}{1.31\times2.63^2}+\frac{\pi^2\times4.8}{4\times8^2}\right)a^{-1}=8.26a^{-1}$$

5）计算自各级荷载加荷结束开始，地基固结度达到70%时所需停歇时间。

a. 各级荷载的加荷时间

令堆载加荷速率 q 为 8kPa/d，则

第一级荷载加荷时间 $$t_{01}=\frac{p_1}{q}=\frac{32.2}{8}d=4d$$

第二级荷载加荷时间 $$t_{02}=\frac{p_2-p_1}{q}=\frac{48.8-32.2}{8}d=2d$$

第三级荷载加荷时间 $$t_{03}=\frac{p_3-p_2}{q}=\frac{74.1-48.8}{8}d=3d$$

第四级荷载加荷时间 $$t_{04}=\frac{p_4-p_3}{q}=\frac{112.2-74.1}{8}d=5d$$

b. 自第一级荷载加荷结束后，地基固结度达到70%时所需停歇时间 t_1，由式(3-33)可得

$$t_1=\frac{1}{\beta}\ln\frac{8}{\pi^2(1-U_t')}-t_{01}/2=\frac{1}{8.26}\times\ln\frac{8}{\pi^2(1-0.7)}a-t_{01}/2=0.1148a=42d$$

c. 自第二级荷载加荷结束开始，地基固结度达到70%时所需停歇时间 t_2，当 $U_t'>30\%$ 时的总平均固结度由式（3-33）可得

$$U_t'=U_{rz(t_1+t_2+t_{01}/2+t_{02})}\frac{p_1}{p_2}+U_{rz(t_2+t_{02}/2)}\frac{p_2-p_1}{p_2}$$

$$=\left[1-\frac{8}{\pi^2}e^{-\beta(t_1+t_2+t_{01}/2+t_{02})}\right]\frac{p_1}{p_2}+\left[1-\frac{8}{\pi^2}e^{-\beta(t_2+t_{02}/2)}\right]\frac{p_2-p_1}{p_2}$$

$$=\left[1-\frac{8}{\pi^2}e^{-8.26(0.126+t_2)}\right]\times\frac{32.2}{48.8}+\left[1-\frac{8}{\pi^2}e^{-8.26(t_2+0.0055/2)}\right]\times\frac{48.8-32.2}{48.8}$$

整理得

$$U_t'=1-\frac{4.525}{\pi^2}e^{-8.26t_2}$$

由上式得第二级荷载作用下地基固结度达到70%时所需停歇时间 t_2 为

$$t_2=\frac{1}{\beta}\ln\frac{4.525}{\pi^2(1-U_t')}=0.0515a(\approx19d)$$

d. 自第三级荷载加荷结束开始，地基固结度达到70%时所需停歇时间 t_3，同上可得

$$U_t'=\left[1-\frac{8}{\pi^2}e^{-\beta(t_1+t_2+t_3+t_{01}/2+t_{02}+t_{03})}\right]\frac{p_1}{p_3}+\left[1-\frac{8}{\pi^2}e^{-\beta(t_2+t_3+t_{02}/2+t_{03})}\right]\frac{p_2-p_1}{p_3}+\left[1-\frac{8}{\pi^2}e^{-\beta(t_3+t_{03}/2)}\right]\frac{p_3-p_2}{p_3}$$

整理得

$$U_t'=1-\frac{4.456}{\pi^2}e^{-8.26t_3}$$

由上式得第三级荷载作用下地基固结度达到70%时所需停歇时间 t_3 为

$$t_3=\frac{1}{\beta}\ln\frac{4.456}{\pi^2(1-U_t')}=0.0496\text{a}(\approx 18\text{d})$$

6）计算历时180d后的地基的最终总平均固结度。因各级荷载作用下地基的平均固结度均达到70%，故可采用式（3-26）计算瞬时加荷条件下地基的平均固结度。但本工程实际上是分级加荷的，为此应予修正，按照改进的太沙基法，修正后地基的最终总平均固结度为

$$U'_t=\sum_{i=1}^{n}\left[1-\frac{8}{\pi^2}\text{e}^{-\beta\left(t-\frac{T_i+T'_i}{2}\right)}\right]\frac{\Delta p_i}{\sum\limits_{i=1}^{n}\Delta p_i}$$

修正后的固结度计算结果列入表3-5。

表3-5　加荷分级及修正后的固结度

项　目	荷载分级				备　注
	Ⅰ	Ⅱ	Ⅲ	Ⅳ	
基底压力/kPa	32.2	48.8	74.1	112.2	
各级荷载增量 Δp_i/kPa	32.2	16.6	25.3	38.1	
各级荷载加荷始终时间 T_i，T'_i/d	0~4	46~48	67~70	88~93	
$t-(T_i+T'_i)/2$/d	178	133	111.5	89.5	$t=180$d
各级荷载下的固结度（%）	98.6	96.3	93.9	89.6	
$\Delta p_i/\sum\limits_{i=1}^{4}\Delta p_i$	0.287	0.148	0.225	0.340	
修正后的固结度 U'_t(%)	28.30	14.25	21.13	30.46	$\sum=94.14$

【例3-4】　工况同例3-3，试拟订一个初步加荷预压计划并计算历时180d后的总平均固结度。(分级加荷条件下的固结度计算采用改进的高木俊介法)

（1）拟订初步加荷预压计划（同上，略）

（2）固结度计算

1）等效圆直径为

$$d_e=1.05l=1.05\times2.5\text{m}=2.63\text{m}$$

2）井径比为

$$n=\frac{d_e}{d_w}=\frac{2.63}{0.35}=7.51$$

3）根据n值，由式（3-18）得

$$F=\frac{n^2}{n^2-1}\ln(n)-\frac{3n^2-1}{4n^2}=\frac{7.51^2}{7.51^2-1}\ln(7.51)-\frac{3\times7.51^2-1}{4\times7.51^2}=1.31$$

4）根据F值，由表3-1得

$$\alpha=\frac{8}{\pi^2}=0.811$$

$$\beta=\frac{8C_h}{Fd_e^2}+\frac{\pi^2 C_v}{4H^2}=\left(\frac{8\times9.15}{1.31\times2.63^2}+\frac{\pi^2\times4.8}{4\times8^2}\right)a^{-1}=8.26a^{-1}=0.0226d^{-1}$$

5）各级荷载加荷结束后，自第一级荷载加荷开始地基固结度达到70%时所需时间

a. 各级荷载的加荷时间。令堆载加荷速率 q 为8kPa/d，则

第一级荷载加荷时间： $t_{01}=\frac{p_1}{q}=\frac{32.2}{8}d=4d$

第二级荷载加荷时间： $t_{02}=\frac{p_2-p_1}{q}=\frac{48.8-32.2}{8}d=2d$

第三级荷载加荷时间： $t_{03}=\frac{p_3-p_2}{q}=\frac{74.1-48.8}{8}d=3d$

第四级荷载加荷时间： $t_{04}=\frac{p_4-p_3}{q}=\frac{112.2-74.1}{8}d=5d$

b. 第一级荷载加荷结束后，地基固结度达到70%时所需时间 t_1 自第一级荷载加荷开始，由式（3-34）得

$$\begin{aligned}U_t'&=\frac{q_1}{p_1}\left[(T_1'-T_1)-\frac{\alpha}{\beta}e^{-\beta t_1}(e^{\beta T_1'}-e^{\beta T_1})\right]\\&=\frac{8}{32.2}\times\left[(4-0)-\frac{0.811}{0.0226}\times e^{-0.0226t_1}\times(e^{0.0226\times4}-e^{0.0226\times0})\right]\\&=1-0.842e^{-0.0226t_1}=70\%\end{aligned}$$

由上式得 $t_1=45.69d\approx46d$

c. 第二级荷载加荷结束后，地基固结度达到70%时所需时间 t_2（自第一级荷载加荷开始），同上可得

$$\begin{aligned}U_t'&=\frac{q_1}{p_2}\left[(T_1'-T_1)-\frac{\alpha}{\beta}e^{-\beta t_2}(e^{\beta T_1'}-e^{\beta T_1})\right]+\frac{q_2}{p_2}\left[(T_2'-T_2)-\frac{\alpha}{\beta}e^{-\beta t_2}(e^{\beta T_2'}-e^{\beta T_2})\right]\\&=\frac{8}{48.8}\times\left[(4-0)-\frac{0.811}{0.0226}e^{-0.0226t_2}\times(e^{0.0226\times4}-e^{0.0226\times0})\right]+\\&\quad\frac{8}{48.8}\left[(48-46)-\frac{0.811}{0.0226}e^{-0.0226t_2}\times(e^{0.0226\times48}-e^{0.0226\times46})\right]\\&=1-1.326e^{-0.0226t_2}=70\%\end{aligned}$$

由上式得 $t_2=65.75d\approx66d$

d. 第三级荷载加荷结束后，地基固结度达到70%时所需时间 t_3（自第一级荷载加荷开始），同上可得

$$\begin{aligned}U_t'&=\frac{q_1}{p_3}\left[(T_1'-T_1)-\frac{\alpha}{\beta}e^{-\beta t_3}(e^{\beta T_1'}-e^{\beta T_1})\right]+\frac{q_2}{p_3}\left[(T_2'-T_2)-\frac{\alpha}{\beta}e^{-\beta t_3}(e^{\beta T_2'}-e^{\beta T_2})\right]+\\&\quad\frac{q_3}{p_3}\left[(T_3'-T_3)-\frac{\alpha}{\beta}e^{-\beta t_3}(e^{\beta T_3'}-e^{\beta T_3})\right]\\&=\frac{8}{74.1}\times\left[(4-0)-\frac{0.811}{0.0226}e^{-0.0226t_3}\times(e^{0.0226\times4}-e^{0.0226\times0})\right]+\end{aligned}$$

$$\frac{8}{74.1}\left[(48-46)-\frac{0.811}{0.0226}e^{-0.0226t_3}\times(e^{0.0226\times48}-e^{0.0226\times46})\right]+$$

$$\frac{8}{74.1}\left[(69-66)-\frac{0.811}{0.0226}e^{-0.0226t_3}\times(e^{0.0226\times69}-e^{0.0226\times66})\right]$$

$$=1-2.081e^{-0.0226t_3}=70\%$$

由上式得　$t_3=85.70\text{d}\approx86\text{d}$

6）历时180d后的地基的最终总平均固结度

同上可得，历时180d后的地基的最终总平均固结度为

$$U_t'=\frac{q_1}{p_4}\left[(T_1'-T_1)-\frac{\alpha}{\beta}e^{-\beta t}(e^{\beta T_1'}-e^{\beta T_1})\right]+\frac{q_2}{p_4}\left[(T_2'-T_2)-\frac{\alpha}{\beta}e^{-\beta t}(e^{\beta T_2'}-e^{\beta T_2})\right]+$$

$$\frac{q_3}{p_4}\left[(T_3'-T_3)-\frac{\alpha}{\beta}e^{-\beta t}(e^{\beta T_3'}-e^{\beta T_3})\right]+\frac{q_4}{p_4}\left[(T_4'-T_4)-\frac{\alpha}{\beta}e^{-\beta t}(e^{\beta T_4'}-e^{\beta T_4})\right]$$

$$=\frac{8}{112.2}\times\left[(4-0)-\frac{0.811}{0.0226}e^{-0.0226\times180}\times(e^{0.0226\times4}-e^{0.0226\times0})\right]+$$

$$\frac{8}{112.2}\left[(48-46)-\frac{0.811}{0.0226}e^{-0.0226\times180}\times(e^{0.0226\times48}-e^{0.0226\times46})\right]+$$

$$\frac{8}{112.2}\left[(69-66)-\frac{0.811}{0.0226}e^{-0.0226\times180}\times(e^{0.0226\times69}-e^{0.0226\times66})\right]+$$

$$\frac{8}{112.2}\left[(91-86)-\frac{0.811}{0.0226}e^{-0.0226\times180}\times(e^{0.0226\times91}-e^{0.0226\times86})\right]$$

$$=1-3.512e^{-0.0226\times180}$$

$$=94\%$$

3.3.2 真空预压法设计计算

真空预压法处理地基必须设置竖向排水体，设计内容包括竖向排水体的断面尺寸、间距、排列方式和深度的选择；预压区面积和分块大小；真空预压工艺；要求达到的真空度和土层的固结度；真空预压和建筑物荷载下地基的变形计算；真空预压后地基土的强度增长计算。

1. 竖向排水体的断面尺寸、间距、排列方式和深度

一般采用袋装砂井或塑料排水带作为竖向排水体，其断面尺寸、间距、排列方式和深度的确定与堆载预压法相同。砂井的砂料应选用中粗砂，其渗透系数应大于1×10^{-2}cm/s。

抽真空的时间与土质条件和竖向排水体的间距密切相关。达到相同的固结度，竖向排水体的间距越小，则所需时间越短，见表3-6。

2. 预压区面积和分块大小

真空预压区边缘应大于建筑物基础轮廓线，每边增加量不得小于3.0m，每块预压面积宜尽可能大且呈方形，分区面积宜为20000~40000m^2。根据加固要求彼此间可搭接或有一定间距。加固面积越大，加固面积与周边长度之比也越大，气密性就越好，真空度就越高，见表3-7。

表 3-6 袋装砂井与所需时间的关系

袋装砂井间距/m	固结度（%）	所需时间/d
1.3	80	40~50
	90	60~70
1.5	80	60~70
	90	85~100
1.8	80	90~105
	90	120~130

表 3-7 真空度与加固面积的关系

加固面积 A/m^2	264	900	1250	2500	3000	4000	10000	20000
周边长度 L/m	70	120	143	205	230	260	500	900
A/L	3.77	7.5	8.74	12.2	13.04	15.38	20	22.2
真空度/mmHg	515	530	600	610	630	650	680	730

3. 膜下真空度和土层的固结度

真空预压效果与密封膜内能达到的真空度密切相关。现行《建筑地基处理技术规范》规定：真空预压的膜下真空度应稳定地保持在 86.7kPa（650mmHg）以上，且应分布均匀。竖向排水体深度范围内土层的平均固结度应大于 90%，预压时间不宜低于 90d。

4. 真空预压工艺

真空预压一般能取得相当于 78~92kPa 的堆载预压效果。当建筑物荷载超过真空预压的压力，且建筑物对地基的变形有严格要求时，可采用真空和堆载联合预压法，其总压力宜超过建筑物荷载。

真空预压的关键在于要有良好的气密性，使预压区与大气隔绝。对于表层存在透气层或处理范围内有充足水源补给的透水层时，应采取有效措施隔断透气层或透水层。一般可在塑料薄膜周边采用另加水泥土搅拌桩的壁式密封措施。

真空预压所需真空设备的数量，可按加固面积的大小、形状、土层结构特点，以一套设备可抽真空的面积为 1000~1500m^2确定。

5. 真空预压固结度和地基强度增长

计算方法与堆载预压法相同。

6. 沉降计算

真空预压地基最终竖向变形可按式（3-48）计算。ξ 可按当地经验取值，无当地经验时，ξ 可取 1.0~1.3。

3.3.3 真空和堆载联合预压法设计计算

当设计地基预压荷载大于 80kPa，且进行真空预压处理地基不能满足设计要求时，可采用真空和堆载联合预压处理地基。

1. 堆载体顶面积、加载时间及加载方式

堆载体的坡肩线宜与真空预压边线一致。

对于一般软黏土，上部堆载施工宜在真空预压膜下真空度稳定地达到 86.7kPa（650mmHg），且抽真空时间不少于 10d 后进行。对于高含水量淤泥类土，上部堆载施工宜在真空预压膜下真空度稳定地达到86.7kPa（650mmHg），且抽真空时间不少于20d后进行。

当堆载较大时，真空和联合预压应采用分级加载，分级数应根据地基土稳定计算确定。分级加载时，应待前期预压荷载下地基的承载力增长满足下一级荷载下地基的稳定性要求时，方可增加堆载。

2. 地基固结度和强度增长计算

真空和堆载联合预压时，固结度和地基强度增长的计算与堆载预压法相同。

3. 沉降计算

真空和堆载联合预压地基最终竖向变形可按式（3-48）计算。ξ可按当地经验取值，无当地经验时，ξ可取1.0~1.3。

3.4 预压法施工

应用预压法加固软土地基是一种比较成熟、应用广泛的方法。要保证预压法的加固效果，施工方面要注意做好以下三个环节：铺设水平排水垫层；设置竖向排水体；施加固结压力。因为每个环节的工艺都有其特殊的要求，它关系到软土地基加固的成败。

3.4.1 水平排水垫层的施工

排水垫层的作用是在预压过程中，作为土体渗流水的快速排除通道与竖向排水体相连，加快土层的排水固结，其施工质量直接关系到加固效果和预压时间的长短。

1. 垫层材料

垫层材料应采用透水性好的砂料，其渗透系数一般不低于1×10^{-2}cm/s，同时能起到一定的反滤作用。通常采用级配良好的中粗砂，含泥量不大于3%。一般不宜采用粉、细砂。砂料不足时，也可采用连通砂井的盲沟来代替整片砂垫层。排水盲沟的材料一般采用粒径为3~5cm碎石或砾石，且满足下式

$$\frac{d_{15}(\text{盲沟})}{d_{85}(\text{排水垫层})}<4\sim5<\frac{d_{15}(\text{盲沟})}{d_{15}(\text{排水垫层})}$$

式中 d_{15}——小于某粒径的含量占总重15%的粒径；

d_{85}——小于某粒径的含量占总重85%的粒径。

2. 垫层尺寸

一般情况下，陆上排水垫层厚度为0.5m，水下垫层为1.0m左右。对新吹填不久的或无硬壳层的软黏土及水下施工的特殊条件，应采用厚的或混合料排水垫层。

排水砂垫层宽度等于铺设场地宽度，如采用盲沟来代替砂垫层，盲沟的宽度为2~3倍砂井直径，一般深度为40~60cm。

3. 垫层施工

常见的排水砂垫层施工方法有：

1）若地基表面承载力较高，能承载一般运输机械时，可采用分堆摊铺法，即先堆成若干砂堆，再采用机械或人工摊平。

2）当地基表面承载力不足时，可采用顺序推进摊铺法。

3）若地基表面很软，可先在地基表面铺设筋网层，再铺设砂垫层。

4）如果对超软弱地基表面采取了加强措施，但承载力仍不足以负担一般机械的压力时，可采用人工或轻便机械顺序推进铺设砂垫层。

不论采用何种施工方法，都应避免对软土表层的过大扰动，以免造成砂和淤泥混合，影响垫层的排水效果。另外，在铺设砂垫层时，应清除干净砂井顶面的淤泥或其他杂物，以利砂井排水。

3.4.2 竖向排水体施工

常见的竖向排水体包括普通砂井、袋装砂井和塑料排水带。

1. 普通砂井施工

砂井施工一般先在地基中成孔，再在孔内灌砂形成砂井。根据成孔工艺的不同，砂井成孔的典型方法有套管法、射水法、螺旋成孔法和爆破法。砂井成孔及灌砂方法可参见表3-8，选用时应尽量选用对周围土体扰动较小且施工效率高的方法。

表3-8 砂井成孔与灌砂方法

<table>
<tr><th>类 型</th><th colspan="2">成孔方法</th><th colspan="2">灌砂方法</th></tr>
<tr><td rowspan="3">使用套管</td><td rowspan="2">管端封闭</td><td>冲击打入
振动打入</td><td>用压缩空气</td><td>静力提拔套管
振动提拔套管</td></tr>
<tr><td>静力压入</td><td>用饱和砂</td><td>静力提拔套管</td></tr>
<tr><td>管端敞口</td><td>射水排土
螺旋钻排土</td><td>浸水自然下沉</td><td>静力提拔套管</td></tr>
<tr><td>不使用套管</td><td>旋转、射水
冲击、射水</td><td colspan="3">用饱和砂</td></tr>
</table>

为了避免砂井施工时产生缩颈、断颈或错位现象，可用灌砂的密实度来控制砂井的灌砂量。砂井的灌砂量一般按砂在中密度时的干重度和井管外径所形成的体积计算，其实际灌砂量按质量控制要求，不得小于计算值的95%；灌入砂袋中的砂宜用干砂，并应灌至密实。同时，平面井距的偏差不应大于井径，垂直度偏差不应大于1.5%。

普通砂井施工方法简单，不需要复杂的机具，其缺点是：采用套管法成孔容易扰动周围土体，产生涂抹作用；射水法应用于含水量高的软土地基难以保证施工质量，砂井中容易混入较多的泥砂；螺旋成孔法无法保证砂井垂直度，需要排除大量废土，耗费大量人力。因此它的适用范围受到一定限制，一般适用于深度为6~7m的浅砂井。对于含水量高的软土地基，采用普通砂井时，砂井容易产生缩颈、断颈和错位现象。

2. 袋装砂井施工

袋装砂井是用具有一定伸缩性和抗拉强度很高的聚丙烯或聚乙烯编织袋装满砂子形成砂井，它基本上解决了大直径砂井中存在的问题，使砂井的设计和施工更加科学化，保证了砂井的连续性，实现了施工设备轻型化，比较适合于在软弱地基上施工；同时用砂量大为减少，施工速度加快。工程造价降低，是一种比较理想的竖向排水体。

（1）成孔方法 在国内，袋装砂井成孔的方法有锤击打入法、水冲法、静力压入法、钻孔法和振动贯入法五种。

（2）砂袋材料的选择 砂袋材料必须选用抗拉力强、抗腐蚀和抗紫外线强、透水性能好、柔韧性好、透气并且能在水中起滤网作用和不外露砂料的材料制作。国内采用过的砂袋材料有麻布袋和聚丙烯编织袋，其力学性能见表3-9。

表3-9 砂袋材料力学性能表

材料名称	拉伸试验		弯曲180°试验			渗透性/(cm/s)
	抗拉强度/MPa	伸长率(%)	弯心直径/cm	伸长率(%)	破坏情况	
麻布袋	1.92	5.5	7.5	4	完整	
聚丙烯编织袋	1.70	25	7.5	23	完整	>0.01

(3) 施工要求 灌入砂袋的砂宜用干砂，并应灌制密实。砂袋长度应比砂井孔长50cm，使其放入井孔内后能露出地面，以便埋入排水砂垫层中。

袋装砂井施工时，所用套管的内径宜略大于砂井直径，不宜过大以减小施工中对地基土的扰动。平面井距的偏差不应大于井径，垂直度偏差不应大于1.5%。深度不得小于设计要求，施工时宜配置能检测其深度的设备。

3. 塑料排水带施工

塑料排水带法是将塑料排水带用插带机插入软土中，然后在地基上堆载预压或采用真空预压，土中水沿塑料带的通道流出，从而使地基得到加固的方法。

(1) 塑料排水带材料 塑料排水带通常由芯板和滤膜组成（见图3-16）。芯板是由聚丙烯或聚乙烯加工而成的两面有间隔沟槽的板体，滤膜一般采用耐腐蚀的涤纶衬布。

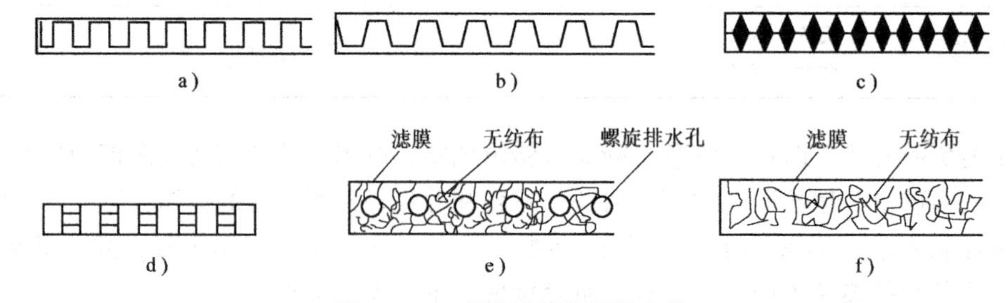

图3-16 几种常见的塑料排水带

a) Π槽塑料带 b) 梯形槽塑料带 c) △槽塑料带 d) 硬透水膜塑料带
e) 无纺布螺旋孔排水带 f) 无纺布柔性排水带

(2) 塑料排水带性能 塑料排水带的特点是：单孔过水断面大，排水畅通、质量轻、强度高、耐久性好，耐酸、耐碱，滤膜与土体接触后有滤土能力，是一种理想的竖向排水体。

选择塑料排水带时，应使其具有良好的透水性和强度（插入土中较短时用小值，较长时用大值），塑料带的纵向通水量不小于$(15\sim40)\times10\text{mm}^3/\text{s}$，滤膜的渗透系数不小于$5\times10\text{mm}^{-3}/\text{s}$；芯带的抗拉强度不小于10~15N/mm，滤膜的抗拉强度，干态时不小于1.5~3.0N/mm，湿态时不小于1.0~2.5N/mm；整个排水带应反复对折5次不断裂才认为合格。

(3) 塑料排水带施工

1) 插带机械。塑料排水带的施工质量在很大程度上取决于施工机械的性质，有时会成为制约施工的重要因素。由于插带机大多在软弱地基上施工，因此要求行走装置具有机械移位迅速，对位准确，整机稳定性好，施工安全，对地基扰动小、接地压力小等性能。插带机按机型分为轨道式、滚动式、履带浮箱式、履带式和步履式等。

2）塑料排水带管靴与桩尖。一般打设塑料带的导管靴有圆形和矩形两种。因为导管靴断面不同，所用桩尖各异，并且一般都与导管分离。桩尖的主要作用是在打设过程中防止淤泥进入导管内，并且对塑料带起锚固作用，防止提管时将塑料带提出。

① 圆形桩尖。此桩尖配圆形管靴，通常为混凝土制品，如图 3-17 所示。

② 倒梯形楔绑扎连接桩尖。此桩尖配矩形管靴，通常为塑料制品，也可用薄金属板，如图 3-18 所示。

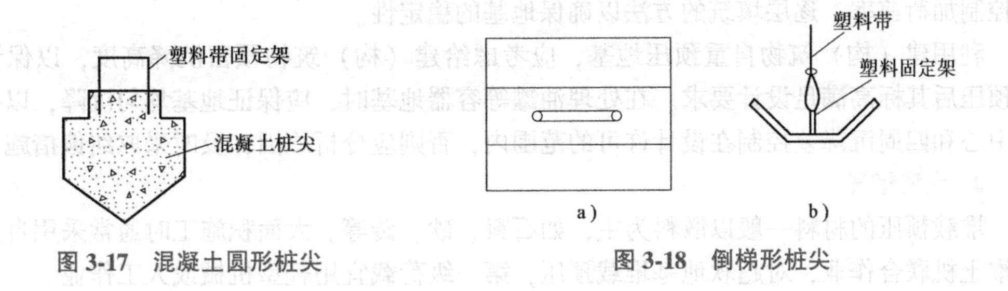

图 3-17 混凝土圆形桩尖　　图 3-18 倒梯形桩尖

③ 倒梯形楔挤压连接桩尖。该桩尖固定塑料带比较简单，一般为塑料制品，也可用金属板，如图 3-19 所示。

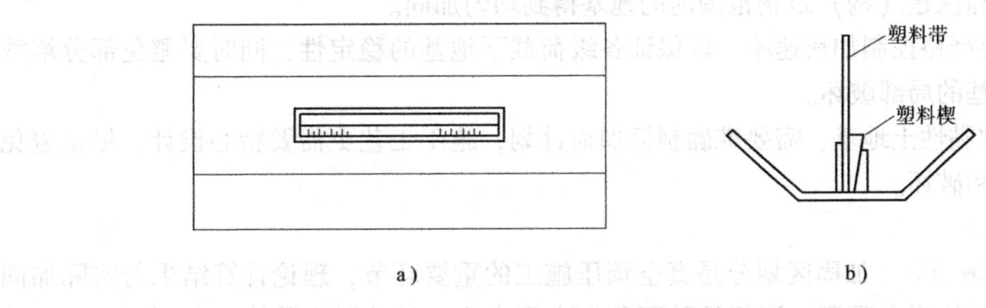

图 3-19 楔形固定桩尖

3）塑料排水带的施工工艺。施工顺序：定位；将塑料带通过导管从管靴穿出；将塑料带与桩尖连接贴紧管靴并对准桩位；插入塑料带；拔管剪断塑料带等。

4）施工注意事项。

① 塑料排水带在施工过程中应妥善保管，避免阳光照射、破损或污染，防止淤泥进入芯带，影响排水效果。

② 塑料带与桩尖连接要牢固，避免提管时脱开，将塑料带带出。

③ 导管尖平端与导管靴配合要适当，避免错缝，防止淤泥在打设过程中进入导管，增大对塑料带的阻力，甚至将塑料带拔出。

④ 严格控制间距和深度，如塑料带拔起 2m 以上应补打；平面井距的偏差不应大于井径，垂直度偏差不应大于 1.5%。深度不得小于设计要求，施工时宜配置能检测其深度的设备。

⑤ 塑料排水施工所用套管应保证插入地基中的塑料带不扭曲。塑料排水带需接长时，应采用滤膜内芯带平搭接的连接方法，搭接长度宜大于 200mm。塑料排水带埋入排水砂垫层中的长度不应小于 500mm。

3.4.3 荷载预压

1. 利用建筑物自重加压

利用建（构）筑物自重对地基加压是一种经济而有效的方法。此法一般应用于以地基的稳定性为控制条件，能适应较大变形的建筑物如路堤、土坝、油罐、水池等。尤其是对油罐、水池等建筑物，在管道连接前通常先充水加压，一方面可检验罐体本身有无渗漏现象；同时，利用分级逐渐充水预压，可使地基土强度提高以满足稳定性的要求。对路堤、土坝等建筑物，由于填土高、荷载大，地基的强度不能满足快速填筑的要求，所以工程上常采用严格控制加荷速率、逐层填筑的方法以确保地基的稳定性。

利用建（构）筑物自重预压地基，应考虑给建（构）筑物预留沉降高度，以保证建筑物预压后其标高满足设计要求。在处理油罐等容器地基时，应保证地基均匀沉降，以确保罐基中心和四周沉降差控制在设计许可的范围内，否则应分析原因，及时采取纠偏措施。

2. 堆载预压

堆载预压的材料一般以散料为主，如石料、砂、砖等。大面积施工时通常采用自卸汽车与推土机联合作业，对超软地基堆载预压，第一级荷载宜用轻型机械或人工作业。

施工过程中应注意的事项：

1）堆载面积要足够大。堆载的顶面积不小于建（构）筑物底面积。堆载的底面积也应适当扩大，以确保建（构）筑物范围内的地基得到均匀加固。

2）堆载要严格控制加荷速率，以保证各级荷载下地基的稳定性，同时要避免部分堆载过高而引起地基的局部破坏。

3）对超软黏性土地基，需要准确制订加荷计划，施工工艺更需要精心设计，尽量避免对地基的扰动和破坏。

3. 真空预压

（1）加固区划分　加固区划分是真空预压施工的重要环节，理论计算结果与实际加固效果均表明，每块真空预压加固场地的面积宜大不宜小。目前国内单块真空预压面积已达30000m^2。但如果受施工能力和场地条件限制，需要把场地分成几个加固区域，分期加固、划分区域时应主要考虑以下五个因素：

1）根据建（构）筑物的分布情况，应确保每个建（构）筑物位于一块加固区域之内，建筑边线距加固区有效边线根据地基加固厚度可取2~4m或更大些。应避免两块加固区的分界线横过建（构）筑物，否则将会由于两块加固分界区域的加固效果不同而导致建（构）筑物产生不均匀沉降。

2）应综合考虑竖向排水体的打设能力，加工大面积密封膜的能力，大面积铺膜的能力和经验及射流装置和滤管的数量等因素。

3）应以满足建筑工期为依据，一般加固面积以6000~10000m^2为宜。

4）在风力很大的地区施工，应在可能情况下适当减小加固区面积。

5）加固区之间的距离应尽量减小或者共用一条封闭沟。

（2）工艺设备　抽真空工艺设备包括真空泵和一套膜内、膜外管路。

1）真空泵。真空泵包括普通真空泵和射流真空泵，常用的射流真空泵由射流箱和离心泵等组成。现行《建筑地基处理技术规范》规定：真空预压的抽气设备宜采用射流真空泵，空抽时必须达到95kPa以上的真空吸力。真空泵的设置应根据地基预压面积、形状、真空泵效率及工程经验确定，一台高质量的射流真空泵在施工初期可负担1000~1200m²的加固面积，后期可负担1500~2000m²的加固面积。但每块加固区设置的真空泵不应少于两台。

2）膜内水平排水滤管。目前常用直径为60~70mm的铁管或硬质塑料管。为了使水平排水滤管标准化并能适应地基沉降变形，滤水管一般加工成5m长一根；滤水部分钻有直径为8~10mm的滤水孔，孔距5cm，三角形排列；滤水管外缠绕3mm的铅丝（圈距5cm），外包一层尼龙窗纱布，再包裹滤水材料构成滤水层。当前常用的滤水材料为土工聚合物，其性能见表3-10。

表3-10 常用滤水材料性能表

项 目		参考数值
渗透系数/(cm/s)		$0.4\times10^{-3}\sim2.0\times10^{-3}$
抗拉强度/(N/cm)	干态	20~44
	湿态	15~30
隔土性/mm		<0.075

3）膜外管路。它由连接着射流装置的回阀、截水阀、管路组成。过水断面应能满足排水量，且能承受100kPa径向力而不变形破坏的要求。

4）滤水管的布置与埋设。水平向分布滤水管可采用条状、梳齿状或羽毛状等形式，如图3-20、图3-21所示。滤水管布置宜形成回路，遇到不规则场地时，应因地制宜进行滤水管的排列设计，保证真空负压快速而均匀地传至场地各个部位。

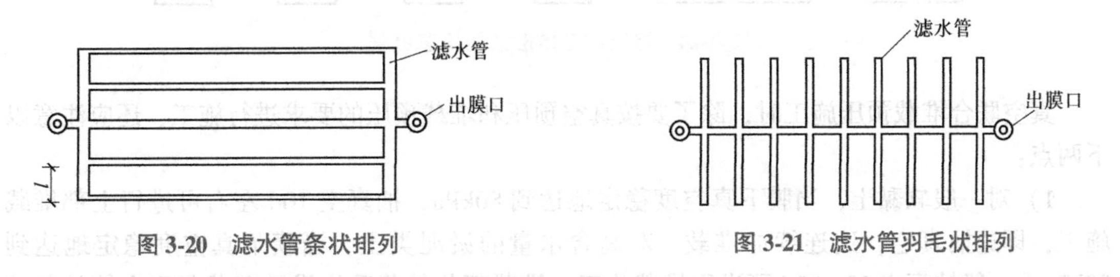

图3-20 滤水管条状排列　　图3-21 滤水管羽毛状排列

滤水管的排距l一般为6~10m，最外层滤水管距场地边2~5m。滤水管之间采用软连接，以适应场地沉降。

现行《建筑地基处理技术规范》规定：滤水管应埋设在砂垫层中，其上覆盖100~200mm的砂层，防止滤水管上尖利物体刺破密封膜。

（3）密封系统　密封系统由密封膜、密封沟和辅助密封措施组成。《建筑地基处理技术规范》规定：密封膜应采用抗老化性好，韧性好，抗穿刺性能强的不透气材料，工程实际中一般选用聚氯乙烯薄膜、聚乙烯专用薄膜，其性能见表3-11。

表3-11 密封膜性能表

抗拉强度/MPa		伸长率（%）		直角断裂强度/MPa	厚度/mm	微孔个数
纵向	横向	断裂	低温			
≥18.5	≥16.5	≥220	20~45	≥4.0	0.12±0.02	≤10

密封膜的施工是真空预压加固法成败的关键问题之一，加工好的密封膜面积要大于加固场地面积，一般要求每边长度应大于加固区相应边长度2~4m。为了保证整个预压过程中的气密性，密封膜热合时宜采用双热合缝的平搭接，搭接宽度应大于15mm。密封膜宜铺设3层，每层膜铺好后应检查并粘补漏处。为保证膜周边的气密性，膜周边可采用挖沟埋膜、平铺并用黏土覆盖压边、围埝沟内及膜上覆水等方法进行密封（见图3-22、图3-23）。

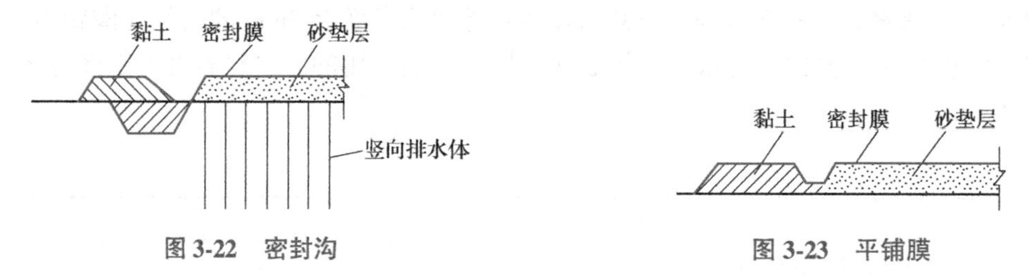

图3-22　密封沟

图3-23　平铺膜

由于某种原因，密封膜和密封沟发生漏气现象，施工中必须采用辅助密封措施，如膜上沟内同时覆水、封闭式板桩墙或封闭式板桩墙内覆水。

4. 真空联合堆载预压

当地基预压荷载大于80kPa，应在真空预压抽空的同时，再施加一定的堆载，这种方法称为真空联合堆载预压。

该工艺既能加固超软土地基，又能较高地提高地基承载力，其工艺流程如图3-24所示。

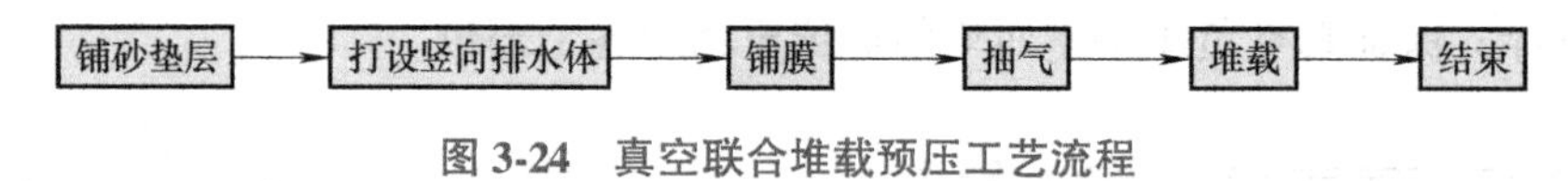

图3-24　真空联合堆载预压工艺流程

真空联合堆载预压施工时，除了要按真空预压和堆载预压的要求进行施工，还应注意以下两点：

1）对一般软黏土，当膜下真空度稳定地达到80kPa，抽真空10d左右可进行上部堆载施工，即边抽真空，边连续加堆载。对高含水量的淤泥类土，当膜下真空度稳定地达到80kPa，一般抽真空20~30d可进行堆载施工。堆载部分的荷重为设计荷载与真空等效荷载之差。如果堆载部分的荷重较小，可一次施加；荷重较大应根据计算分级施加。

2）在进行上部堆载之前，必须在密封膜上铺设防护层，保护密封膜的气密性。防护层可采用编织布或无纺布等，其上铺设100~300mm厚的砂垫层，然后进行堆载。堆载时宜采用轻型运输工具，并不得损坏密封膜。在进行上部堆载施工时，应密切观察膜下真空度的变化，发现漏气，应及时处理。

3.5　施工质量监测与检验

预压法的施工质量监测与检验是保证安全施工和有效加固地基的重要手段。施工中经常进行的观测和检测项目包括孔隙水压力观测、真空度观测、边桩水平位移观测、地基土物理力学指标检测。

3.5.1 施工质量监测

1. 孔隙水压力观测

利用孔隙水压力观测资料，可根据测点孔隙水压力-时间变化曲线，反算土的固结系数、推算该点不同时间的固结度，从而推算强度增长，并确定下一级施加荷载的大小。同时，根据孔隙水压力与荷载的关系曲线判断该点是否达到屈服状态，进而用来控制加荷速率，避免加荷过快而造成地基破坏。

现场常用钢弦式孔隙水压力计和双管式孔隙水压力计来观测孔隙水压力。钢弦式孔隙水压力计的优点是反应灵敏、时间延滞短，适用于荷载变化比较迅速的情况，而且便于实现原位测试技术的数字化、信息化，实践证明，其长期稳定性也较好。双管式孔隙水压力计耐久性能好，但有压力传递滞后的缺点；另外，容易在接头处发生漏气，并能使传递压力的水中逸出大量气泡，影响测读精度。

在堆载预压工程中，一般在场地中央、堆载坡顶及坡脚不同深度处设置孔隙水压力观测仪器；而真空预压工程只需在场内设置若干个测孔，测孔中测点布置垂直距离为1~2m，不同土层也应设测点，测孔的深度应大于待加固地基的深度。

2. 沉降观测

沉降观测是最基本、最重要的观测项目之一。观测内容包括荷载作用范围内地基的总沉降、荷载外地面沉降或隆起、分层沉降及沉降速率等。

堆载预压工程的地面沉降标应沿场地对称轴线上设置，场地中心、坡顶、坡脚和场外10m范围内均设置地面沉降标，以掌握整个场地的沉降情况和场地周围地面隆起情况。

真空预压工程地面沉降标应在场内有规律地布置，各沉降标之间距离一般为20~30m，边界内外适当加密。

深层沉降一般用磁环或沉降观测仪在场地中心设置一个测孔，孔中测点位于各土层的上部。

现行《建筑地基处理技术规范》规定：堆载预压加载过程中，设置有竖向排水体的地基最大竖向变形量不应超过15mm/d，天然地基最大竖向变形量不应超过10mm/d；采用真空联合堆载预压时，堆载加载过程中，地基竖向变形速率不应大于50mm/d。

3. 边桩水平位移观测

边桩水平位移观测包括边桩水平位移和沿深度的水平位移两部分。水平位移观测的主要方法是设置水平位移标，它一般由木桩或混凝土制成，布置在预压场地的对称轴线上场地边线以外。深部水平位移观测则由测斜仪测定。

如果加荷速度过快，引起地基中剪应力超过其抗剪强度，会造成地基土发生较大的侧向挤出，水平位移明显增大，继而发生整体剪切破坏。因此，水平位移观测也是控制堆载预压加荷速率的重要手段。一般的控制原则是：预压地基边缘处水平位移不应超过5mm/d，位移速度加快应停止加荷。真空预压的边桩水平位移指向加固场地，其值大小不会造成加固地基的破坏。

4. 地基土物理力学指标检测

通过对比加固前后地基土的物理力学指标可更直观地反映出预压法加固地基的效果。

现场观测的测试要求见表3-12。

表 3-12　现场观测测试要求

<table>
<tr><th>观测内容</th><th>观测目的</th><th>观测频率/（次/日）</th><th>备　　注</th></tr>
<tr><td>沉降</td><td>推算固结程度
控制加荷速率</td><td>a. 4次/日
b. 2次/日
c. 1次/日
d. 4次/年</td><td rowspan="4">1. a为加荷期间，加荷后一星期内观测次数
2. b为加荷停止后第二个星期至一个月内的观测次数
3. c加荷停止一个月后观测次数
4. d为若软土层很厚，产生次固结情况</td></tr>
<tr><td>坡脚侧向位移</td><td>控制加荷速率</td><td>a、b. 1次/日
c. 1次/2日</td></tr>
<tr><td>孔隙水压</td><td>测定孔隙水压增长和消散情况</td><td>a. 8次/昼夜
b. 2次/日
c. 1次/日</td></tr>
<tr><td>地下水位</td><td>了解水压变化
计算孔隙水压</td><td>1次/日</td></tr>
</table>

3.5.2　施工质量检验

塑料排水带必须在现场随机抽样送往实验室进行性能指标的测试，其性能指标包括纵向通水量、复合体抗拉强度、滤膜抗拉强度、滤膜渗透系数和等效孔径。对不同来源的砂井和砂垫层材料，应取样进行颗粒分析和渗透性试验。

对由抗滑稳定性控制的工程，应在预压区内选择代表性地点预留孔位，在加载不同阶段进行原位十字板剪切试验和室内土工试验；加固前的地基土检测，应在打设塑料排水带之前进行。

对预压工程，应进行地基竖向变形、侧向位移和孔隙水压力等的监测。真空预压、真空和堆载联合预压工程，除应进行地基变形、孔隙水压力监测外，尚应进行膜下真空度和地下水位量测。

预压法竣工验收检验应符合下列规定：竖向排水体深度范围内和竖向排水体以下受压土层的强度，经预压所完成的竖向变形和平均固结度应满足设计要求。应对预压地基进行原位试验和室内土工试验。原位试验可采用十字板剪切试验或静力触探，检验深度不应小于设计处理深度。原位试验和室内土工试验，应在卸载3~5d后进行。检验数量按每个处理分区不少于6点进行检测，对于堆载斜坡处应增加检验数量。预压处理后的地基承载力采用静载荷试验确定，检验数量按每个处理分区不应少于3点进行检测。

3.6　工程实例

3.6.1　堆载预压法加固软土地基工程实例

1. 工程概况

深圳龙岗某厂区工程，占地30万m^2，由办公楼、生产厂房、货运仓库、运输通道等组成。此场地原为水产养殖场，鱼塘遍布、地势相对较平坦。鱼塘底面标高约为+0.500m，其下依次为0.5~0.7m的塘泥，0.5~13.4m的淤泥质粉质黏土，0.7~4.5m淤泥质中砂，1~8m的粉质黏土。土层主要物理力学性能指标见表3-13。

表 3-13 土层主要物理力学性能指标

土层名称	含水量 w(%)	孔隙比 e	重度 γ/(kN/m³)	液性指数 I_L	压缩系数 a_{1-2}/MPa⁻¹	抗剪强度指标		水平固结系数 C_h/(cm²/s)	十字板抗剪强度 c_u/kPa
						c/kPa	φ/(°)		
淤泥	116.6	3.28	12.2	2.70					
淤泥质粉质黏土	52.6	1.45	17.2	1.62	1.4	8.0	25	4.16×10^{-4}	9.52
淤泥质中砂	20.7					18.0	23.2		
粉质黏土	24.56					37	12.1		

工程场地地面设计标高为+4.300～+4.800m。天然地基承载力小，不能满足工程设计要求，因此，必须先进行地基加固处理，以提高地基承载力，控制地基的压缩沉降量。

2. 地基处理方案选择

针对工程和地基的具体条件，可能采用的地基处理方案有：①桩基；②砂垫层堆载预压；③塑料排水带堆载预压；④真空预压；⑤井点降水预压；⑥振冲碎石桩。

桩基在技术上比较可靠，但费用昂贵；工程场地为水产养殖场，水源补给较为充分，且淤泥质中砂土层的透水性很好，采用真空预压法和井点降水预压法处理地基效果可能不理想；由于不排水抗剪强度 c_u<20kPa，若采用振冲碎石桩要起到复合地基的作用，需要耗费大量的碎石；砂垫层堆载预压在经济上比较合理，但预压期太长，影响施工进度。经综合考虑，最终采用塑料排水带堆载预压方案，根据场地不同使用要求，利用回填土自重进行超载预压，超载部分的土方卸载后，回填于非加固区。

3. 砂垫层、竖向排水体设计

由于场地地势低洼，表层淤泥呈流塑状态，施工时适逢雨期，为了改善施工条件，在原塘面上先填铺一层厚1.5m的填土作为工作垫层，设置纵横间距为30m的排水盲沟，并利用原天然河沟铺透水土工材料做成排水暗渠，再铺设0.5m厚的排水砂垫层，将塑料排水带的排水面由+0.800m提高至+2.000m。

竖向排水体采用SPB-1型塑料排水带，呈正三角形布置，间距1.0m。塑料排水带的深度根据淤泥质粉质黏土的厚度布设，但均须打穿淤泥质粉质黏土至淤泥质中砂层。竖向排水体的布置范围比软基加固范围稍大，超出加固范围设两排塑料排水带，以提高加固场地外地基土强度，减少侧向变形。竖向排水体平面布置如图3-25所示。

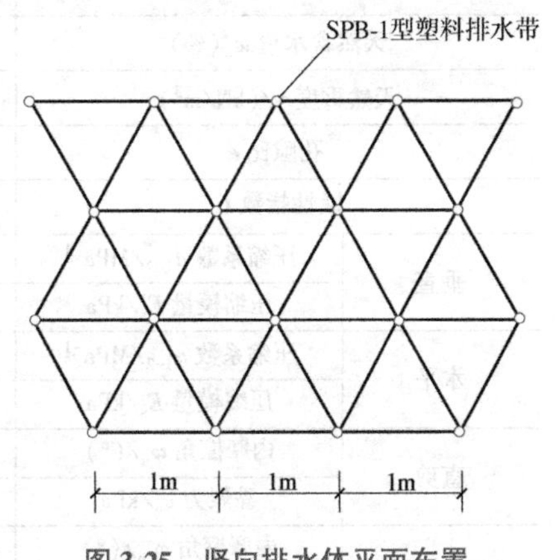

图3-25 竖向排水体平面布置

4. 制订堆载预压加荷计划

根据淤泥质粉质黏土的不排水抗剪强度和Fellenius公式及有效应力法地基抗剪强度增长公式，估算预压后地基土抗剪强度的增长情况并初步制订堆载预压方案。

通过计算，本工程采用三级堆载预压，堆载高度分别为2m、4m、6m。

5. 施工质量控制

实际施工中，为保证施工期地基稳定，减少地基变形，使剪应力的增长与地基强度的提高相适应，经现场试验，对填土加荷速率、地面沉降速率、孔隙水压增加情况做了如下控制：

1）填土加荷速率不超过15~20cm/d。

2）地面沉降速率不超过15mm/d。

3）孔隙水压增加值与荷载应力增加值之比$\Delta u/\Delta\sigma$不大于0.6。

4）边桩位移不大于5mm/d。

经过预压，地基沉降连续10d均小于1mm/d时，认为地基固结度已达到85%~90%，可进行卸载。

6. 工程效果评价

为观察、分析加固效果，在堆载区内共布设了30个沉降观测点，10个孔隙水压力观测测点；同时，加固前后，对淤泥质粉质黏土层进行了三次原位静力触探试验和室内土工试验。表3-14为卸荷前部分测点发生的固结沉降和实测回弹量，由表3-14可知，按卸荷控制标准卸荷时，工程已完成固结压缩90%以上，卸荷后土体产生的回弹量约占总沉降量的3%，因此，该场地在使用期间，土体不会产生过大的压缩变形。表3-15反映了预压加固前后力学性能的变化，这种变化表明，经过预压加固，土体物理性能指标发生改变，含水量、孔隙比、液性指数、压缩系数明显降低；同时，地基土强度和地基承载力明显提高。显然，地基加固取得了良好的效果。

表3-14 实测沉降值和回弹量

测点	中点E3	边点E5	E1、E2、E6、E7	E4
卸荷前实测沉降值/cm	130.9	115.9	110.3	128.7
平均固结度（%）	97.11	96.79	96.4	94.3
回弹量/cm	3.2	3.8	2.55	

表3-15 加固前后力学性能对比

项目		预压加固前	预压加固后	增长（降低）率（%）
天然含水量w（%）		52.6	39.5	-24.9
天然重度γ/(kN/m^3)		17.2	17.8	-3.4
孔隙比e		1.45	1.095	-24.5
液性指数I_L		1.62	1.13	-30.2
垂直	压缩系数a_{1-2}/MPa^{-1}	1.4	0.84	-40.0
	压缩模量E_s/kPa	1710	2422	29.4
水平	压缩系数a_{1-2}/MPa^{-1}	1.34	1.00	-25.3
	压缩模量E_s/kPa	1880	2080	10.64
直剪	内摩擦角φ_u/(°)	1.89	8.7	243.5
	黏聚力c_u/kPa	4.0	11.0	175.0
三轴固结快剪	内摩擦角φ_{cu}/(°)	25.0	24.86	-0.6
	黏聚力c_{cu}/kPa	8.0	14.8	85
地基承载力特征值f_a/kPa		56	109	94.6

3.6.2 真空预压法加固软土地基工程实例

1. 工程概况

某海滩度假村一期工程加固区顺海堤向约为1450m，横向为300~830m，总面积约为57.62万m^2。场地是近年新淤积的海滩，土的主要物理力学性能指标见表3-16。

表3-16 各土层物理力学性能指标

土层名称	埋深/m	重度γ/(kN/m^3)	含水量w(%)	塑性指数I_P	塑性指数I_L	孔隙比e	压缩系数a_{1-2}/MPa^{-1}	压缩模量E_s/MPa
淤泥质粉土	0.0~9.5	17.5	43.6	9.2	2.82	1.296	0.838	2.86
淤泥	9.5~13.2	14.6	85.2	21.8	2.39	2.354	1.528	2.06
淤泥质粉土	13.2~15.1	16.6	55.0	20.2	1.54	1.474	1.305	1.90
粉质黏土	15.1~17.5	18.9	32.2	16.5	0.43	0.903	0.331	5.75
黏土	17.5~18.9	20.3	17.9	17.1	0.05	0.580	0.196	8.06
砾质黏土	18.9~20.0	18.2	21.0			0.788	0.304	5.88

该场地自地表以下19~20m为淤泥或淤泥质土层，含水量高（普遍大于30%，最大达85.2%），压缩性大，抗剪强度低，天然地基承载力小，不能满足构筑物场地的设计要求，需进行地基加固处理。

地基处理采用真空预压排水固结法，竖向排水通道采用塑料排水带，根据饱和软黏土特性，塑料排水带间距0.9m，采取正三角形布置，平均打设深度为20m。地表铺30cm厚砂垫层作为水平向排水通道。

根据该区软土地基的工程特点及荷载大小，主要的技术要求是：

1）真空预压荷载不小于80kPa。

2）预压加固平均固结度大于85%，连续3天沉降速率小于3mm/d，可停止抽真空。

3）预压加固后消除有害沉降，工后沉降不大于35cm。

4）排水砂垫层采用级配良好的中粗砂，其含泥量不大于5%，且不含有机质、垃圾等。

2. 施工工艺

1）在130m×80m加固场地内清理干净地基表面的杂物，填筑70cm素土及30cm排水砂垫层，并碾压密实，同时埋设好监测仪器。

2）打设塑料排水带，塑料排水带全部打设完成后，再在砂垫层中铺设直径100mm的波纹管，这些波纹管将塑料排水带与真空加压设备相连。波纹管上设有小孔，用土工织物缠绕形成过滤层。

3）场地整平。

4）铺设3层塑料膜进行密封。在加固区四周用机械或人工开挖沟槽，随后进行薄膜铺设，并回填软黏土使薄膜四周严密地埋入土中，以确保密封性。

完成上述工序后，将膜下管道伸出薄膜，与射流泵相连，采用射流泵施加真空压力。由于施加真空压力时，总应力大小不变，减少的只是孔隙压力，孔隙压力是球应力，在土体中不产生剪应力，因此土体不会产生剪切破坏。真空压力在两天后就能达到 80kPa。施工中，真空压力将始终保持在 80kPa 以上，荷载施加时间设计为 100d。

3. 现场施工监测

为了更好地指导施工，验证软基加固效果，试验区进行了 3 个关于软基变形的项目测试：

1）测膜表面沉降，以了解土体沉降和总体平均固结情况。

2）对土体分层沉降测试，以了解分层土的固结与变形情况。

3）测斜观测，以了解土体水平位移情况，仪器埋设情况如图 3-26 所示。

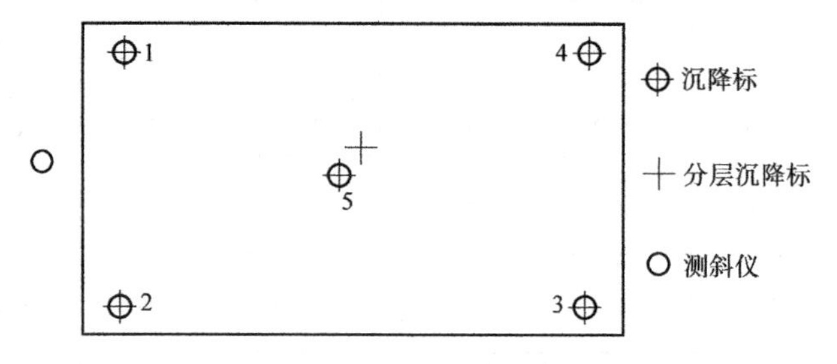

图 3-26 量测点平面布置

（1）地表沉降 从沉降时程曲线图（见图 3-27）中可看出，整个沉降过程的曲线上有两个拐点，可分为三个阶段：

1）铺设砂垫层阶段。由于土中孔隙水来不及排出，孔隙体积没有变化即土体不产生体积变化，但荷载使土体产生了剪切变形。5 个地表沉降标的平均沉降值为 55mm。

2）打设塑料排水带阶段。在打设排水带的施工过程中，观测到的平均沉降值为 451mm，这主要是因为打设的塑料排水带为土体提供了竖向排水通道，减少了排水路径。同时土体在砂垫层荷载作用下产生了排水固结，由曲线斜率可以看出沉降速率明显变大。

3）真空预压阶段。在加载的 100d 内，真空压力始终保持在 80kPa 以上。平均日沉降最大值 75mm，随着真空预压时间的增长，沉降速率逐渐收敛。观测到此阶段地表最大沉降量值 1675mm，最小为 1438mm，平均沉降值为 1535mm。停抽真空前 5 天，平均日沉降值已小于 2mm。停抽真空后，地表有所回弹，回弹值为 8mm。

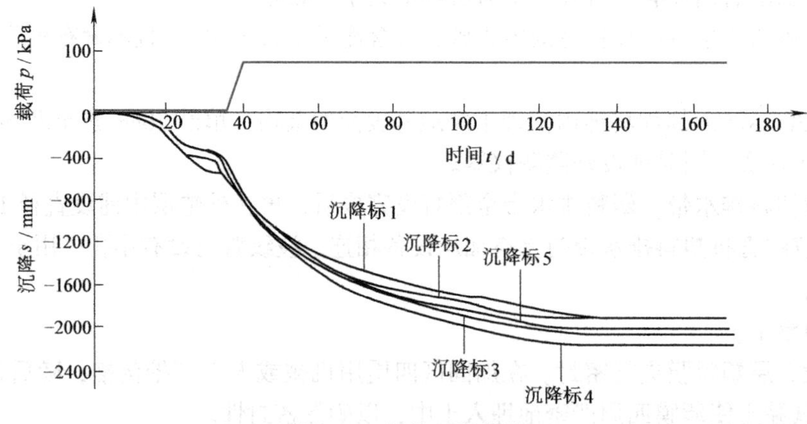

图 3-27 沉降时程曲线

(2) 深层沉降 监测资料表明在抽真空期间内测点处的土体累积压缩量为1618mm，这与附近沉降标3的地表沉降值1675mm非常接近。其中淤泥层压缩了1574mm，黏土层压缩了441mm，说明真空预压对淤泥层的排水固结作用是显著的。从所监测到的数据中可以看出，在真空预压后期，上层淤泥质粉土（膜下2.8~9.2m）的压缩量已经很小，而下层土（膜下9.2~16.1m）还在进一步压缩，这说明上层土的排水固结已基本完成，土体固结的深度在不断延伸。

(3) 水平位移 观测发现（见图3-28），在未抽真空前，土体由于表面开始堆载砂垫层，水平位移向外，为挤出变形。由于最大水平位移不超过2cm，因此对土体的稳定性不构成危害。在真空压力的作用下，加固区地表以下16m的土体都发生了向内侧的水平位移；当深度在7m时，土体发生了明显的向外的侧向变形。由于挤出变形与收缩变形相抵消，侧向位移随距离明显减少。地面最大水平位移达50mm以上，距加固区数米外的土体在地表附近发生开裂，由于试验区附近没有邻近建筑物和其他设施，水平向的位移不会导致不良后果。但是水平向产生的位移，应该引起足够的重视，特别是当场地附近有建筑物时，这种位移是相当不利的。

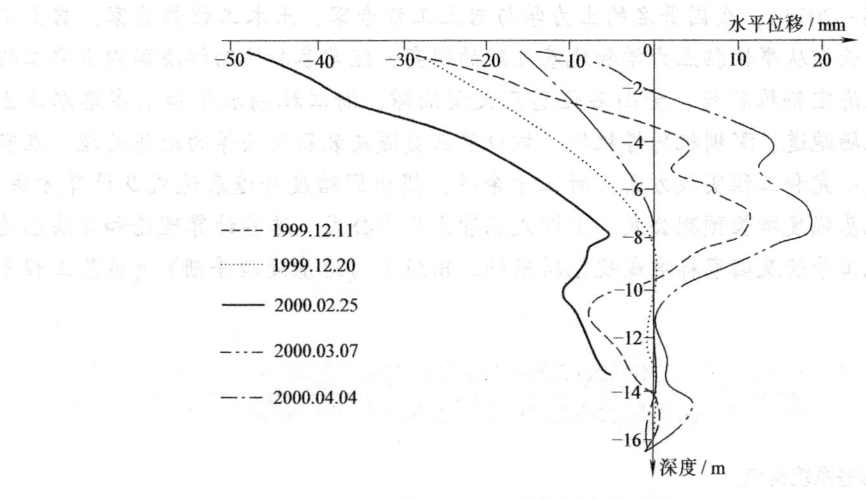

图3-28 水平位移变化曲线

4. 加固效果评价

真空预压排水固结法可显著加快地基的固结速度，在较短时间内消除大部分固结沉降量和次固结沉降量，同时能显著提高地基的承载力。与一般堆载预压法相比，地基的稳定性更好，经济效益明显。

水袋预压施工

典型地基处理工程——南益高速水袋预压软土地基

南益高速是交通运输部批准的2015年“绿色公路”主题性示范项目工程，也是首条纵贯洞庭湖腹地的高速公路。南益高速公路全86km，设计为双向四车道，是湖南省高速公路“七纵九横”的第四纵，起点接岳常高速，终点接长常高速，并对接益阳绕城高速，拉通南县至常宁高速公路全线，对于完善高速公路网络结构，促进区域经济发展具有重要意义。

南益高速地处洞庭湖腹地，软土地基分布广泛。软土地基具有难以压实、水稳定性较差、强度低、易冲刷等缺点，施工难度大，原设计为借土堆载，预压期3个月，堆载土方量达$40\times10^4m^3$。综合考虑洞庭湖地区土资源匮乏，且后期卸载时间长，需要寻找弃土场等不利因素，以及当地水资源丰富、取水便捷的有利条件，经方案比选，因地制宜，最终选定水袋预压法进行路基预压施工。

水袋式水载预压法采用高强度PVC水袋或橡胶水袋充水进行预压，每个水袋相当于400多吨土方重量，是近年来发展起来的一种新工艺。由于无须修筑围堰、加载和卸载较快，材料可回收利用等优点，近年来大多数路基水载预压工程均采用了这一工艺。南益高速全国首次大规模使用路基水袋预压技术，既有效利用了洞庭湖区丰富的水资源，又克服了平原地区土资源稀缺的不利条件，避免了大规模取土对生态环境的破坏，同时降低了工程造价，节省了工期所需时间，杜绝了后期二次转运和弃土处治等问题。

地基处理工程相关专家简介

曾国熙（1918—2014），我国著名的土力学与岩土工程专家、土木工程教育家，岩土工程学科先驱之一。长期从事软黏土力学和地基处理的研究，经常参加协助解决国内重要工程的地基问题，如上海宝钢堆料场、金山石化总厂大型油罐、浙江杜湖水库和十字路水库土坝、宁波和温州机场跑道、深圳机场停机坪、蛇口第三突堤集装箱码头等的地基处理。在竖井排水地基的理论研究和工程实践方面历时三十余年，提出固结度普遍表达式及计算方法、新的固结理论、地基强度增长预测公式、上埋式涵管土压力公式，这些计算理论和方法已为有关工程设计和施工手册及国家标准或规范所采纳。出版了《地基处理手册》《桩基工程手册》等著作。

思考题与习题

3-1　排水固结法由哪些系统构成？

3-2　排水固结法加固地基的机理是什么？

3-3　在制订堆载预压加荷计划时，如何确定每级施加的荷载以及在该级荷载作用下达到某一固结度所需要的停歇时间？

3-4　试述普通砂井、袋装砂井、塑料排水带的优缺点及适用条件。

3-5　在什么情况下求得的地基固结度需要进行修正？如何修正？

3-6　如何估算地基土的强度增长？

3-7　为什么要对每一级荷载作用下的地基进行稳定性分析？通常采用哪些方法？

3-8　采用何种排水固结法不需要控制加荷速率？为什么？

3-9　某新建机场停机坪，分布有17m厚的饱和软黏土层，其下为透水性良好的砂砾石层，采用堆载预压法加固地基。在软土层中打砂井贯穿至砂砾石层，井径$d_w=0.35m$，井间距$s=2.0m$，采用正三角形布置。由勘察资料可知，土的竖向固结系数$C_v=4.5m^2/a$，水平向固结系数$C_h=8.5m^2/a$。试求在瞬时施加的大面积均布荷载作用下，历时120d的固结度。

（答案：99.23%）

3-10　某港口堆料场，软土厚15m，其下为粉细砂层，采用砂井排水。井径$d_w=0.4m$，间距2.5m，等边三角形布置，土的固结系数 $C_h = C_v = 1.5\times10^{-3}cm^2/s$，在大面积荷载作用下，试计算固结度达 80%所需时间。

（答案：105d）

3-11 某 20m 厚淤泥质黏土，$C_h = C_v = 1.8\times10^{-3}cm^2/s$，采用堆载预压加固，预压地基中砂井直径为 70mm，等边三角形布置，间距 1.4m，深 20m，砂井底部为不透水层，预压荷载分两级施加，第一级 60kPa，10d 内完成，预压 20d，第二级 40kPa，10d 内完成，试求第一级加荷开始后 120d 受压土层的平均固结度。（采用改进高木俊介法计算平均固结度）

（答案：93.4%）

3-12 某厚度为 28m 的淤泥质黏土层，$C_h = 8.5\times10^{-4}cm^2/s$，$C_v = 1.1\times10^{-3}cm^2/s$，黏土层底部为不透水层；采用塑料排水板（宽 b=100mm，厚 δ=4.5mm）排水，排水板为等边三角形布置，间距 1.1m；用真空预压（80kPa）和堆载预压（120kPa）相结合方法。真空预压 80kPa，1d 内加完，预压 60d；然后开始堆载预压，堆载分两级，第一级 60kPa，10d 内加完，预压 60d，第二级 60kPa，10d 内完成，试求真空预压开始后 220d 受压土层的平均固结度。（采用改进高木俊介法计算平均固结度）

（答案：98.1%）

强夯法和强夯置换法 第4章

4.1 概述

强夯（Dynamic Consolidation）法是法国 Menard 技术公司于 1969 年首创的一种地基加固方法，又名动力固结法或动力压实法。这种方法是反复将夯锤［质量一般为（1.0~6.0）×10^4kg］提到一定高度使其自由落下（落距一般为 10~40m），给地基以冲击和振动能量，从而提高地基的承载力，降低土的压缩性，改善砂土的抗液化条件，消除湿陷性黄土的湿陷性等。同时，夯击能还可提高土层的均匀强度，减小将来可能出现差异沉降。由于强夯法具有加固效果显著，适用土类广，施工简单、经济、快速等特点，我国自 20 世纪 70 年代引进此法后迅速在全国推广使用。大量工程实践证明，强夯法用于处理碎石土、砂土、低饱和度的粉土与黏性土、湿陷性黄土、素填土和杂填土等地基，一般均能取得较好的效果。对于软土地基，一般说来处理效果不显著。

国外关于强夯法的适用范围有比较一致的看法。Smoltczyk 在第八届欧洲土力学及基础工程学术会议上的深层加固总报告中指出，强夯法只适用于塑性指数 $I_P \leqslant 10$ 的土。现行《建筑地基处理技术规范》中规定：强夯法适用于处理碎石土、砂土、低饱和度的粉土与黏性土、湿陷性黄土、素填土和杂填土等地基。

强夯置换法是采用在夯坑内回填块石、碎石等粗颗粒材料，用夯锤夯击形成连续的强夯置换墩。强夯置换法是 20 世纪 80 年代后期开发的方法，适用于高饱和度的粉土与软塑~流塑的黏性土等地基上对变形控制要求不严的工程。强夯置换法具有加固效果显著、施工期短、施工费用低等特点。强夯置换法一般处理效果良好，个别工程因设计、施工不当，加固后会出现下沉较大或墩体与墩间土下沉不等的情况。因此，现行《建筑地基处理技术规范》特别强调，采用强夯置换法前必须通过现场试验确定其适用性和处理效果，否则不得采用。

目前，强夯法已应用于工业与民用建筑、仓库、油罐、储仓、公路和铁路路基、飞机场跑道及码头等工程地基问题的处理。在某种程度上比机械的、化学的和其他力学的加固方法更为广泛和有效。国外有研究资料表明，经强夯处理的砂性土地基，其承载力可提高 200%~500%，压缩性可降低 200%~1000%。它的适用范围十分广泛，不但能在陆地上施工，而且可在水下夯实。其缺点是施工时噪声和振动较大，不宜在人口密集的城市内使用。

4.2 加固机理

强夯法虽然已在工程中得到广泛的应用，但有关强夯加固机理的研究，至今尚未取得满意的结果。在第10届国际土力学和基础工程会议上，美国学者Mitchell在“地基处理”的科技发展水平报告中认为：当强夯法应用于非饱和土时，压密过程基本上与实验室中的击实实验相同；对于饱和无黏性土，其压密过程与爆破和振动密实的过程相近；对饱和软黏土，需要破坏土的结构，产生超孔隙水压力及通过裂隙形成排水通道，孔隙水消散，土体才会压密。目前，关于强夯加固饱和软黏土地基的机理存在两种理论解释：一种是Menard提出的新的动力固结理论；另一种是震动压密波理论。综上所述，强夯法加固地基按土的类别和施工工艺有如下四种不同的加固机理：动力密实、动力固结、震动波压密和动力置换。

4.2.1　动力密实

采用强夯加固多孔隙、粗颗粒、非饱和土是基于动力密实的机理，即用冲击型动力荷载，使土体中的孔隙减小，土体变得密实，从而提高地基土强度。在采用强夯法加固多孔隙、粗颗粒、非饱和土的过程中，高能量的夯击对土的作用不同于机械碾压、振动压实和重锤夯实，巨大的夯击能量产生的冲击波和动应力在土中传播，使颗粒破碎或使颗粒产生瞬间的相对运动，从而孔隙中气泡迅速排出或压缩，孔隙体积减小，形成较密实的结构。实际工程表明，在冲击动能作用下，地面会立即产生沉降，一般夯击一遍后，夯坑深度可达0.6~1.0m，夯坑底部形成一层超压密硬壳层，承载力可提高2~3倍。非饱和土在中等夯击能量1.0~2.0MN·m的作用下，主要是产生冲切变形。由于在加固深度范围内的气体体积将大大减少（最大可减少60%），从而使非饱和土变成饱和土，或者使土体的饱和度提高。

湿陷性黄土性质比较特殊，其湿陷是由于其内部架空孔隙多、胶结强度差、遇水微结构强度迅速降低而突变失稳，造成孔隙崩塌引起附加沉降。用强夯法处理湿陷性黄土破坏其结构，使微结构在遇水前崩塌，减少其孔隙。

4.2.2　动力固结

用强夯法处理细颗粒饱和土时，则是借助于动力固结的理论，即巨大的冲击能量在土中产生很大的应力波，破坏了土体原有的结构，使土体局部发生液化并产生许多裂隙，增加了排水通道，使孔隙水顺利逸出，孔隙水压力消散后，土体固结，强度得到提高。Menard根据强夯法的实践，提出了与太沙基静力固结理论不同的、新的动力固结模型和理论。图4-1为太沙基静力固结理论和Menard动力固结理论的模型对比图。两者的不同之处主要表现在表4-1所列的四个特性上。

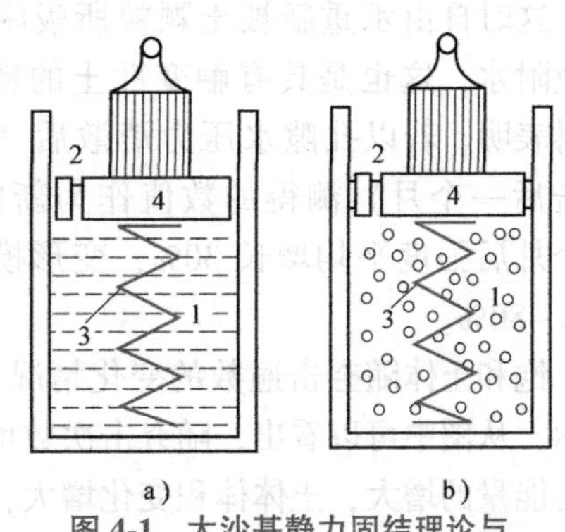

图4-1　太沙基静力固结理论与Menard动力固结理论模型比较

a）太沙基静力固结模型　b）Menard动力固结模型

1—液体　2—活塞　3—弹簧　4—孔径

表4-1　静力固结理论和动力固结理论对比

静力固结理论（图4-1a）	动力固结理论（图4-1b）
① 可压缩的液体	① 含有少量气泡的可压缩液体
② 固结时液体排出，所通过的小孔，其孔径不变	② 固结时液体排出所通过的小孔，其孔径是变化的
③ 弹簧刚度是常数	③ 弹簧刚度是变数
④ 活塞无摩阻力	④ 活塞有摩阻力

1. 饱和土的压缩性

由于土体中有机物的分解，土中总存在一些微小气泡，其体积占土体总体积的1%~4%。进行强夯时，气体体积压缩，孔隙水压力增大，随后气体有所膨胀，孔隙水排出，孔隙水压力减少，固相体积不变。这样每夯击一遍，液相和气相体积有所减少。根据实验，每夯击一遍，气相体积可减少40%。

2. 产生液化

在重复夯击作用下，施加于土体的夯击能迫使土结构破坏，孔隙水压力上升，使土体中的气体逐渐受到压缩。因此，土体的沉降量与夯击能成正比。当气体体积的百分比接近零时，土体便变得不可压缩。当孔隙水压力上升到与覆盖压力相等的能量时，土体即产生液化。

应当指出，天然土的液化常常是逐渐发生的，绝大多数沉积物是层状和结构性的。粉质土层和砂质土层比黏性土层先进入液化。尚应注意的是，强夯时所出现的液化，它不同于地震时液化，只是土体的局部液化。

3. 渗透性变化

当土体出现液化或接近液化时，土体中将产生裂隙，土的渗透性骤增，孔隙水得以顺利排出。当孔隙水压力的消散到小于土颗粒之间的横向压力时，土中裂隙闭合，土中水的运动又恢复常态。

4. 触变恢复

当土体液化或接近液化时，抗剪强度为零或最小，吸附水变成自由水。随着孔隙水压力的消散，土颗粒间接触较夯击前更为紧密，土的抗剪强度和变形模量会有较大幅度增长。这时自由水重新被土颗粒所吸附而变成了吸附水，这也是具有触变性土的特性。有资料表明。若以孔隙水压力消散后（一般在夯击后一个月）测得的数值作为新的基值，六个月后强度平均增长30%，变形模量增加30%~80%。

饱和土体随夯击遍数的变化情况如图4-2所示。从图中可以看出，随夯击次数增加，即夯击能量的增大，土体体积变化增大，即沉降量增加；而地基承载力的变化趋势则是随夯击遍数增加的。但就夯击一遍的变化情况而言，地基土强度变化规律与液化度（即孔隙水压力与液化压力之比）密切相关。当随夯击能量增大（夯击次数增加），液化度达到100%，即孔隙水压力达到最大值（等于液化压力）时，土体的强度降到最低点，土体发生液化，在夯完一遍后的间歇阶段，孔隙水压力不断降低，土体强度则不断增长。

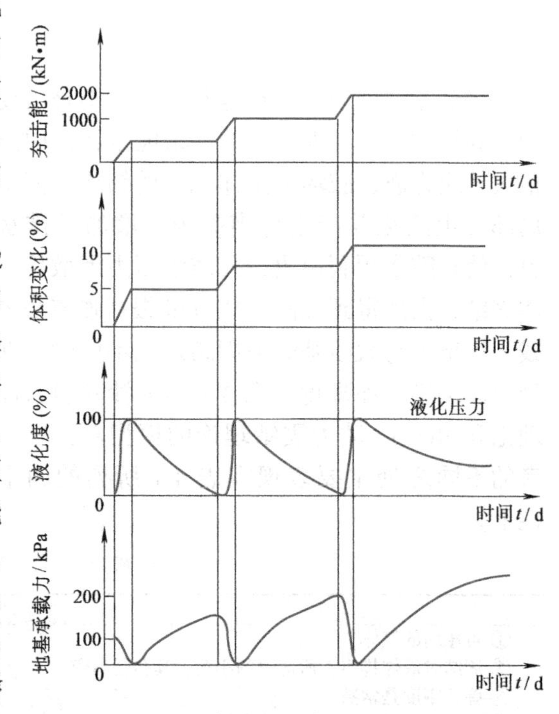

图4-2 强夯阶段土的强度增长过程

4.2.3 震动波压密

除了 Menard 对强夯加固饱和软黏土地基的机理做了解释外，有学者用震动波理论的原理对强夯加固饱和软黏土地基的机理进行了分析。

由弹性波的传播理论知，强夯产生的夯击能转化为压缩波（P 波）、剪切波（S 波）和瑞利波（R 波）在土体中传播（见图 4-3）。其中压缩波和剪切波均属体波，它们沿一个半球形波阵面径向向外传播；而瑞利波属面波，它沿一个圆柱形波阵面径向向外在地表层附近传播。

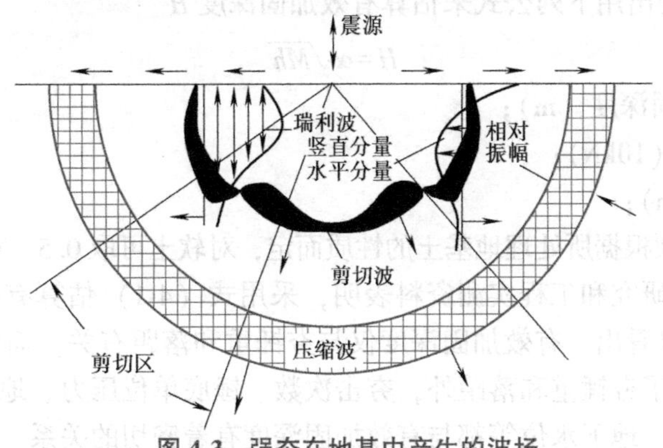

图 4-3 强夯在地基中产生的波场

压缩波即纵波，其质点运动方向和波的传播方向一致，属于平行于波阵面方向的一种前后推拉运动。这种波约占总波动能量的 7%。压缩波振幅小，周期短，传播速度快。它导致孔隙水压力增加，同时使土粒错位。剪切波即横波，其质点运动方向和波的传播方向垂直，是一种横向位移运动。它约占总波动能量的 26%。剪切波振幅较大，周期较长，波速为压缩波的 1/3~1/2。它使土粒受剪切，具有密实作用。瑞利波向外传播时，其质点在波的前进方向与地表面法向构成的平面内做椭圆运动，转动方向与波的前进方向相反，在地面呈滚动形式。瑞利波携带了总波动能量的 67%。它具有振幅大、周期长的特点，其波速低于压缩波，与剪切波相近。瑞利波的水平分量有使土粒剪切和密实作用，但其纵向分量导致地表附近土的松动。

4.2.4 动力置换

动力置换可分为整式置换和桩式置换，如图 4-4 所示。整式置换是采用强夯将碎石整体挤入淤泥中，其作用机理类似于换土垫层。桩式置换是通过强夯将碎石填筑土体中，部分碎石桩（或墩）间隔地夯入软土中，形成桩式（或墩式）的碎石墩（或桩）。其作用机理类似于振冲法等形成的碎石桩，它主要是靠碎石内摩擦角和桩（或墩）间土的侧限来维持桩体的平衡，并与桩（或墩）间土起复合地基的作用。

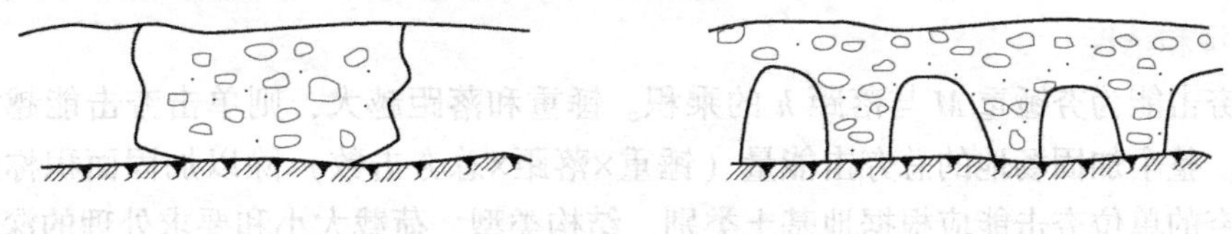

图 4-4 动力置换类型

a）整式置换 b）桩式置换

4.3 设计

4.3.1 强夯法设计

1. 有效加固深度

有效加固深度既是选择地基处理方法的重要依据，又是反映处理效果的重要参数。强夯法创始人 Menard 曾提出用下列公式来估算有效加固深度 H

$$H=\alpha\sqrt{Mh} \tag{4-1}$$

式中 H——有效加固深度（m）；

M——夯锤重（10kN）；

h——落距（m）；

α——系数，须根据所处理地基土的性质而定，对软土可取 0.5，对黄土可取 0.34~0.5。

国内外大量试验研究和工程实测资料表明，采用式（4-1）估算有效加固深度，其值偏大。从式（4-1）可以看出，有效加固深度仅与夯锤重和落距有关。而实际上影响有效加固深度的因素很多，除了夯锤重和落距外，夯击次数、锤底单位压力、地基土的性质、不同土层的厚度和埋藏顺序、地下水位等都与有效加固深度有着密切的关系。鉴于有效加固深度问题的复杂性，以及目前尚无适用的公式，现行《建筑地基处理技术规范》规定：强夯的有效加固深度应根据现场试夯或当地经验确定。在缺少经验或试验资料时，可按表 4-2 预估。

表 4-2 强夯的有效加固深度

单击夯击能 E/kN·m	有效加固深度/m	
	碎石土、砂土等粗颗粒土	粉土、黏性土、湿陷性黄土等细颗粒土
1000	4.0~5.0	3.0~4.0
2000	5.0~6.0	4.0~5.0
3000	6.0~7.0	5.0~6.0
4000	7.0~8.0	6.0~7.0
5000	8.0~8.5	7.0~7.5
6000	8.5~9.0	7.5~8.0
8000	9.0~9.5	8.0~8.5
10000	9.5~10.0	8.5~9.0
12000	10.0~11.0	9.0~10.0

注：强夯法的有效加固深度应从最初起夯面算起。单击夯击能 E>12000kN·m 时，有效加固深度应通过试验确定。

2. 夯锤和落距

单击夯击能为夯锤重 M 与落距 h 的乘积。锤重和落距越大，则单击夯击能越大，加固效果越好。整个加固场地的总夯击能量（锤重×落距×总夯击数）除以加固面积称为单位夯击能。强夯的单位夯击能应根据地基土类别、结构类型、荷载大小和要求处理的深度等综合考虑，并可通过试验确定。在一般情况下，对粗颗粒土可取 1000~3000kN·m/m^{2}时，对细颗粒土可取 1500~4000kN·m/m^2。

一般国内夯锤可取（1.0～6.0）×10^4kg。我国至今采用的最大夯锤质量已超过6.0×10^4kg。夯锤的平面一般有圆形和方形等形状，其中有气孔式和封闭式两种。实践证明，圆形和带有气孔的锤较好，它可克服方形锤由于上下两次夯击着地并不完全重合造成夯击能量损失和着地时倾斜的缺点。夯锤中宜设置若干个上下贯通的气孔，孔径可取300～400mm，它可减小起吊夯锤时的吸力，又可减少夯锤着地前的瞬时气垫的上托力，从而减少能量的损失。锤底面积对加固效果有直接的影响，对同样的锤重，当锤底面积较小时，夯锤着地压力过大，会形成很深的夯坑，尤其是饱和细颗粒土，这既增加了继续起锤的阻力，又不能提高夯击的效果。因此，锤底面积宜按土的性质确定，锤底静压力值可取25～80kPa，对细颗粒土锤底静压力宜取较小值。国内外资料报道，对砂性土和碎石填土，一般锤底面积为2～4m^2；对黏性土不宜小于3～4m^2；对于淤泥质土建议采用4～6m^2；对于黄土建议采用4.5～5.5m^2。同时应控制夯锤的高宽比，以防止产生偏锤现象，如黄土，高宽比可采用1∶2.5～1∶2.8。有的文献也提出，夯坑深度不超过夯锤宽度的一半，否则将有一部分能量损失在土中。由此可见，细颗粒土在强夯时预计会产生较深的夯坑，因而事先要求加大锤底的面积。

国内外夯锤材料，特别是大吨位的夯锤，多数采用以钢板为外壳、内灌混凝土的锤。目前也有为了运输的方便和根据工程需要，浇筑成在混凝土锤上能临时装配钢板的组合锤。由于锤重的日益增加，锤的材料已趋向于由钢材铸成。夯锤确定后，根据要求的单点夯击能量，就能确定夯锤的落距。国内通常采用的落距是8～25m。对相同的夯击能量，常选用大落距方案，这是因为增大落距可获得较大的接地速度，能将大部分能量有效地传到地下深处，增加深层夯实效果，减少消耗在地表土层塑性变形的能量。

3. 最佳夯击能

在夯击过程中，地基中的孔隙水压力增大到等于土的上覆压力时的夯击能称为最佳夯击能。

对黏性土而言，夯击过程中孔隙水压力消散慢，随夯击能逐渐增加，孔隙水压力也相应地快速叠加，因而在黏性土中，可根据孔隙水压力的叠加值来确定最佳夯击能。由于孔隙水压力沿深度的分布规律是上大下小，土的自重压力则是上小下大，因此，最佳夯击能宜按有效加固深度确定为宜。

与黏性土不同，无黏性土中孔隙水压力增长及消散过程仅为几分钟，因此，孔隙水压力不能随夯击能增大而叠加，为此可绘制孔隙水压力增量与夯击击数（夯击能）的关系曲线（见图4-5）来确定最佳夯击能。当孔隙水压力增量随着夯击击数（夯击能）增加而逐渐趋于恒定时，可认为该无黏性土所能接受的能量已达到饱和状态，此能量即最佳夯击能。

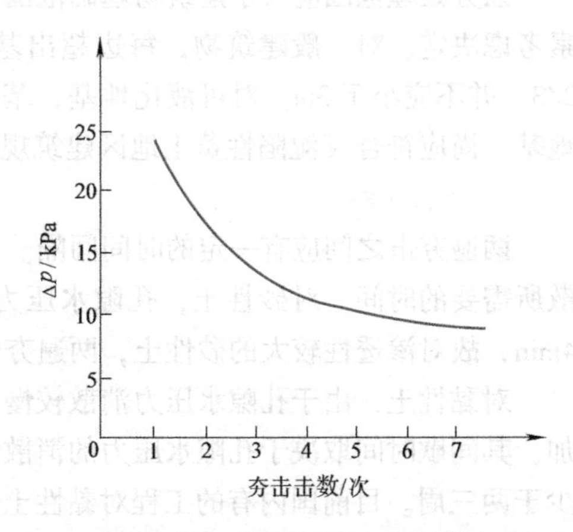

图4-5 孔隙水压力增量与夯击击数的关系曲线

4. 夯击击数与遍数

夯点的夯击击数，应按现场试夯得到的夯击击数和夯沉量关系曲线确定，且应同时满足下列条件：

1）最后两击的平均夯沉量，宜满足表 4-3 的要求，当单击夯击能 E 大于 12000kN · m 时，应通过试验确定。

2）夯坑周围地面不应发生过大隆起。

3）不因夯坑过深而发生起锤困难。

国内确定夯击击数的方法有所不同：有的以孔隙水压力达到液化压力为准则；有的以最后一击的夯沉量达某一数值为限值；也有的以上、下两击所产生的沉降差小于某一数值为标准。总之，各夯击点的夯击数，应使土体竖向压缩最大，而侧向位移最小为原则，一般为 4~10 击。

表 4-3 强夯法最后两击平均夯沉量

单击夯击能 E/kN · m	最后两击平均夯沉量不大于/mm
E<4000	50
4000≤E<6000	100
6000≤E<8000	150
8000≤E<12000	200

夯击遍数应根据地基土的性质确定，可采用点夯 2~4 遍，对于渗透性质较差的细颗粒土，应适当增加夯击遍数；最后以低能量满夯 2 遍，满夯可采用轻锤或低落距多次夯击，锤印搭接。

5. 夯击点布置及间距

夯击点位置可根据基础底面形状，采用等边三角形、等腰三角形或正方形布置。对某些基础面积较大的建筑物或构筑物，可按等边三角形或正方形布置夯击点；对办公楼和住宅建筑等，可根据承重墙位置布置夯点，一般可采用等腰三角形布点；对工业厂房可根据柱网来布置夯击点。布置夯击点时应考虑施工时起重机的行走通道。第一遍夯击点间距可取夯锤直径的 2.5~3.5 倍，第二遍夯击点位于第一遍夯击点之间。以后各遍夯击点间距可适当减少。对处理深度较大的工程，第一遍夯击点间距适当增大。

强夯处理范围应大于建筑物基础范围，具体的放大范围可根据建筑物类型和重要性等因素考虑决定。对一般建筑物，每边超出基础外缘的宽度宜为基底下设计处理深度的 1/2~2/3，并不应小于 3m。对可液化地基，基础边缘的处理宽度，不应小于 5m；对湿陷性黄土地基，尚应符合《湿陷性黄土地区建筑规范》（GB 50025—2018）有关规定。

6. 间歇时间

两遍夯击之间应有一定的时间间隔。各遍间的间歇时间取决于加固土层中孔隙水压力消散所需要的时间。对砂性土，孔隙水压力的峰值出现在夯完后的瞬间，消散时间只有 2~4min，故对渗透性较大的砂性土，两遍夯击间的间歇时间很短，即可连续夯击。

对黏性土，由于孔隙水压力消散较慢，故当夯击能逐渐增加时，孔隙水压力也相应地叠加，其间歇时间取决于孔隙水压力的消散情况，对于渗透性差的黏性土地基，间隔时间不应少于两三周。目前国内有的工程对黏性土地基的现场埋设了袋装砂井（或塑料排水带），以便加速孔隙水压力的消散，缩短间歇时间。有时根据施工流程顺序先后，两遍间也能达到连续夯击的目的。

7. 现场试夯

根据初步确定的强夯参数，提出强夯试验方案，进行现场试夯。应根据不同土质条件待试夯结束一至数周后，对试夯场地进行检测，并与试夯前数据进行对比，检验强夯效果，确定工程采用的各项强夯参数。

8. 强夯地基承载力特征值

强夯地基承载力特征值应通过现场荷载试验确定，初步设计时也可根据夯后原位测试和土工试验指标按现行《建筑地基基础设计规范》有关规定确定。

9. 沉降计算

强夯地基变形计算应符合现行《建筑地基基础设计规范》的有关规定。夯后有效加固深度内土层的压缩模量应通过原位测试或土工试验确定。

4.3.2　强夯置换法设计

1. 处理深度

强夯置换墩的深度由土质条件确定。除厚层饱和粉土外，应穿透软土层，到达较硬土层上，深度不宜超过10m。

2. 单位夯击能

强夯置换法的单位夯击能应根据现场试验确定。

3. 墩体材料

墩体材料可采用级配良好的块石、碎石、矿渣、建筑垃圾等坚硬粗颗粒材料，且粒径大于300mm的颗粒含量不宜超过全重的30%。

4. 夯击击数

夯点的夯击击数应通过现场试夯确定，且应同时满足下列条件：

1）墩底穿透软弱土层，且达到设计墩长。

2）累计夯沉量为设计墩长的1.5~2.0倍。

3）最后两击的平均夯沉量可按表4-3确定。

5. 墩位布置及间距

墩位布置宜采用等边三角形或正方形。对独立基础或条形基础可根据基础形状与宽度相应布置。

墩间距应根据荷载大小和原土的承载力选定，当满堂布置时，可取夯锤直径的2~3倍。对独立基础或条形基础可取夯锤直径的1.5~2.0倍。墩的计算直径可取夯锤直径的1.1~1.2倍。当墩间净距较大时，应适当提高上部结构和基础的刚度。

强夯置换处理范围应大于建筑物基础范围。每边超出基础外缘的宽度宜为基底下设计处理深度的1/2~2/3，并不宜小于3m。

6. 垫层铺设

墩顶应铺设一层厚度不小于500mm的压实垫层，垫层材料可与墩体相同，粒径不宜大于100mm。

7. 现场试夯

强夯置换设计时，应预估地面抬高值，并在试夯时校正。试夯按强夯法设计中现场试夯的有关规定进行。检测项目除进行现场载荷试验检测承载力和变形模量外，尚应采用超重型或重型动力触探等方法，检查置换墩着底情况及承载力与密度随深度的变化。

8. 强夯置换地基承载力特征值

软黏土地基中强夯置换墩地基承载力特征值应通过现场单墩静载荷试验确定；对饱和粉土地基，当处理后形成2.0m以上厚度的硬层时，其承载力可通过现场单墩复合地基载荷试验确定。

9. 沉降计算

强夯置换地基的变形宜按单墩静载荷试验确定的变形模量计算加固区的地基变形，对墩下地基土的变形可按置换墩材料的压力扩散角计算至墩下土层的附加应力，按现行《建筑地基基础设计规范》的有关规定确定。对饱和粉土地基，当处理后形成2.0m以上厚度的硬层时，强夯置换墩复合地基变形计算应符合现行《建筑地基基础设计规范》的有关规定。计算深度必须大于复合土层的深度。复合土层的分层与天然地基相同，各复合土层的压缩模量按现行《建筑地基处理技术规范》规定的确定竖向增强体复合地基复合土层压缩模量的方法确定。

4.4 施工

强夯法与强夯置换法

4.4.1 施工机械

强夯宜采用带有自动脱钩装置的履带式起重机或其他专用起吊设备。采用履带式起重机时，为防止起重臂在较大的仰角下突然释重而有可能发生后倾，宜在履带起重机的臂杆端部设置辅助门架，或采取其他安全措施，防止落锤时臂杆后仰摆动，甚至倾覆。西欧国家所用的起重设备大多为大吨位的履带式起重机，稳定性好，行走方便。国外除使用现成的履带式起重机外，还制造了专用轮胎式起重机和三脚架起重设备用于强夯施工，不仅性能优异，而且起重能力大。国外所用起吊设备吨位大，通常在1.0×10^5kg以上。由于1.0×10^5kg的起重机的卷扬机能力达2.0×10^4kg左右，故对2.0×10^4kg的重锤可采用单绳起吊和下落的锤击法。而国内起吊设备吨位普遍较低，单绳起吊锤重有限。为了实现用较小吨位起重机起吊较大的重锤，可采用滑轮组多绳起吊夯锤，同时利用自动脱钩装置使锤体达到预定高度后实现自由落体下落。国内使用较多的一种自动脱钩装置如图4-6所示。拉动脱钩器的钢丝绳，其一端拴在桩架的盘上，以钢丝绳的长短控制夯锤的落距，夯锤挂在脱钩器的钩上，当吊钩提升到要求的高度时，张紧的钢丝绳将脱钩器的伸臂拉转一个角度，致使夯锤突然下落。自动脱钩装置应具有足够的强度，且施工时要求灵活。

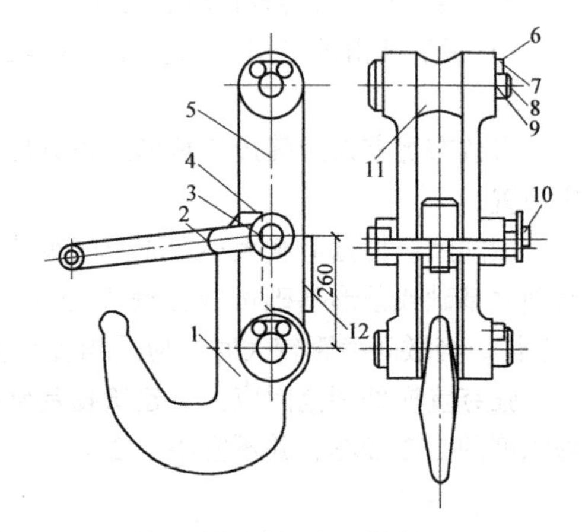

图4-6 强夯脱钩装置

1—吊钩 2—锁卡焊合件 3、6—螺栓 4—开口销 5—架板 7—垫圈 8—止动板 9—销轴 10—螺母 11—鼓形轮 12—护板

4.4.2 施工要点

1. 施工前场地准备工作

1）强夯和强夯置换施工前，应在有代表性的场地选取一个或几个试验区，进行试夯或试验性施工。每个试验区面积不宜小于20m×20m，试验区数量应根据建筑场地复杂程度、建筑规模及建筑类型确定。强夯置换处理地基，必须通过现场试验确定其适用性和处理效果。

2）强夯前应查明场地范围内的地下构筑物和各种地下管线的位置和标高，并采取必要的措施，以免因施工而造成破坏。

3）当强夯施工所产生的振动对邻近建筑物或设备产生有害的影响时，应设置监测点，并采取挖隔振沟等隔振或防振措施。

4）当场地表土软弱或地下水位较高，夯坑底积水影响施工或夯实效果时，宜采用人工降低地下水位或铺填一定厚度的松散材料，使地下水位低于坑底面以下2m。坑内或场地积水应及时排除。

2. 施工步骤

（1）强夯法施工步骤

1）清理平整施工场地。

2）标出第一遍夯点位置，并测量场地高程。

3）起重机就位，夯锤置于夯击点位置。

4）测量夯前锤顶高程。

5）将夯锤起吊到预定高度，开启脱钩装置，待夯锤脱钩自由下落后放下吊钩，测量锤顶高程；若发现因坑底倾斜而造成夯锤歪斜时，应及时将坑底整平。

6）重复步骤5），按设计规定的夯击次数及控制标准，完成一个夯点的夯击。

7）重复步骤的3）~6），完成第一遍全部夯点的夯击。

8）用推土机将夯坑填平，并测量场地高程。

9）在规定的间隔时间后，按上述步骤逐次完成全部夯击遍数，最后用低能量满夯，将场地表层土夯实，并测量夯后场地高程。

（2）强夯置换法施工步骤

1）清理平整施工场地，当表土松软时可铺设一层厚1.0~2.0m的砂石施工垫层。

2）标出夯点位置，并测量场地高程。

3）起重机就位，夯锤置于夯击点位置。

4）测量夯前锤顶高程。

5）夯击并逐击记录夯坑深度。当夯坑过深发生起锤困难时停夯，向坑内填料直至与坑顶平，记录填料数量，如此重复直至满足规定的夯击次数及控制标准，完成一个墩体的夯击。当夯点周围软土挤出，影响施工时，应随时清理，并宜在夯点周围铺垫碎石后，继续施工。

6）按照“由内而外，隔行跳打”的原则，完成全部夯点的施工。

7）推平场地，采用低能量满夯，将场地表层松土夯实，并测量夯后场地高程。

8）铺设垫层，并分层碾压密实。

（3）施工监测 施工过程中应有专人负责下列监测工作：

1）开夯前应检查夯锤质量和落距，以确保单击夯击能量符合设计要求。

2）在每一遍夯击前，应对夯点放线进行复核，夯完后检查夯坑位置，发现偏差或漏夯应及时纠正。

3）按设计要求，检查每个夯点的夯击次数和每击的夯沉量。对强夯置换尚应检查置换深度。

4）施工过程中，应对各项参数及情况进行详细记录。

4.5 质量检查

检查施工过程中的各项测试数据和施工记录，不符合设计要求时应补夯或采取其他有效措施。强夯置换施工中可采用超重型或重型圆锥动力触探检查置换墩着底情况。

强夯处理后的地基竣工验收承载力检验，应在施工结束后间隔一定时间方能进行，对于碎石土和砂土地基，其间隔时间可取7~14d；粉土和黏土地基可取14~28d。强夯置换地基间隔时间可取28d。

强夯处理后的地基竣工验收时，承载力检验应采用原位测试和室内土工试验。强夯置换后的地基竣工验收时，承载力检验除应采用单墩载荷试验检验外，尚应采用动力触探等有效手段检查置换墩着底情况及承载力与密度随深度的变化，对饱和粉土地基允许采用单墩复合地基载荷试验代替单墩载荷试验。

竣工验收承载力检验的数量，应根据场地的复杂程度和建筑物的重要性确定，对于简单场地上的一般建筑物，每个建筑地基的载荷试验检验点不应少于3点；对于复杂场地或重要建筑地基应增加检验点数。强夯置换地基载荷试验检验和置换墩着底情况检验数量均不应少于墩点数的1%，且不应少于3点。

4.6 工程实例

4.6.1 强夯工程实例

1. 工程地质概况

洛阳石化总厂化纤工程场地地层为第四系冲积、洪积黏性土、砂土及卵石。场地经回填碾压整平，地面标高150.42~147.46m，地貌单元属黄河二级阶地。土层自上而下分为8层：

① 层素填土：以褐黄色粉质黏土为主，局部夹杂褐红色粉质黏土，含少量砖块及瓦片。经过碾压，土质不均。层厚1.6~4.0m，可塑~硬塑。

② 层黄土状粉质黏土：褐黄~黄褐色，为新近堆积黄土，具湿陷性，层厚0.5~3.4m，可塑~硬塑。该层形成时间短，土质较差，强度低。

③ 层黄土状粉质黏土：黄褐~褐色，局部具湿陷性，层厚0.50~2.50m，硬塑。该层土质较好，但厚度较小。

④ 层黄土状粉质黏土：褐黄色，具湿陷性，层厚7.80~10.80m，可塑~硬塑。

⑤-1层粉质黏土：浅棕~褐红色，局部褐黄色，层厚3.60~6.90m，可塑~硬塑。

⑤-2层粉质黏土：褐红色，层厚1.3~4.0m，可塑，局部硬塑。

⑥-1层粉质黏土、部分黏土：红褐色，层厚2.80~7.50m，硬塑。

⑥-2层粉质黏土夹粉砂：褐红色，层厚6.90~9.90m，硬塑，很湿，中密。

⑦层粉土及粉砂：灰黄~青灰，层厚7.90~12.80m。

⑧层卵石：杂色，以沉积岩为主，夹杂岩浆岩，很湿，密实。

地下水位埋深27.85~30.17m。

该场地内湿陷性土层厚13m左右，湿陷等级为Ⅰ级（轻微）~Ⅱ级（中等）非自重湿陷，总体趋势由东向西湿陷程度渐轻，且西部地层不具自重湿陷性。

2. 地基处理方案

装置区大型设备多，大型钢构架多，其中的二甲苯塔、抽余液塔和烟囱为装置区三大构筑物，对地基承载力和变形有较高要求。而场地湿陷性土层较厚，不能满足建（构）筑物对地基的要求。采用垫层法，一般只适用于消除1~3m厚土层的湿陷性，不能满足设计要求。采用桩基方案，因种种原因，桩位确定难度大，工期紧，且投资较多，还需考虑轻型设备及建（构）筑物地基处理费用。因此，采用强夯方案比较理想。强夯施工便捷、节省材料、工期短、效果直观，费用比桩基方案节省37%。地质报告也建议采用强夯方案。设计方经过研究，确定对该场地采用高能级强夯法处理。

（1）夯击能的选择　强夯能级的选择以消除黄土湿陷性为主要目的。针对建（构）筑物的不同要求，设计确定对芳烃、PX罐区采用6000kN·m能级强夯，约11000m^2，加固深度预计8~12m；对装置区采用8000kN·m能级强夯，约35000m^2，加固深度预计9~14m。在消除黄土湿陷性的同时，要求处理后的地基承载力特征值$f_a \geqslant 200$kPa，部分区域$f_a \geqslant 250$kPa，降低地基土的压缩性。由于二甲苯塔是该装置区重要设备，塔高度为85m，基础承受荷载较大，要求地基具有足够的承载力。因此，在二甲苯塔夯点内填入一定厚度的砂石料再夯实，以提高地基表层承载力，减少地基不均匀沉降。

（2）夯点布置、夯点间距及夯击击数　夯点呈梅花形布置，如图4-7所示。夯前在强夯区进行了单击夯击能为8000kN·m和3000kN·m能级的现场试夯，试夯时夯坑四周仅有微小的隆起现象。单击夯击能为8000kN·m时，夯击击数可选11~12击，强夯的影响范围约4m。

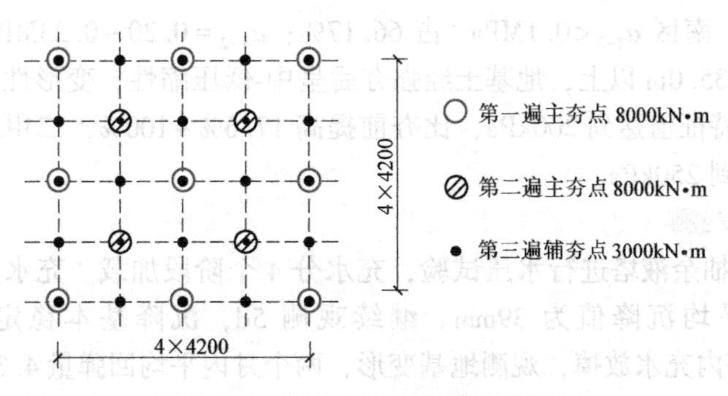

图4-7　芳烃、PX罐区夯点布置

（3）强夯施工参数　强夯施工分四遍进行，其中两遍主夯，一遍辅助夯和主夯点加固，一遍满夯。装置区第一、二遍主夯能级均为8000kN·m，主夯点间距8.4m×8.4m，以加固深层，击数不少于12击。第三遍辅助夯能级为3000kN·m，以加固中层土，击数不少于8击，夯点间距4.2m×4.2m。第四遍满夯能级为2000kN·m，主要加固表层土，击数为2击，锤印彼此搭接1/3。6000kN·m强夯区施工参数除两遍主夯点能级改为6000kN·m以外，其他参数与8000kN·m强夯区相同。强夯施工的控制标准按击数和最后两击平均夯沉量控制。对湿陷性黄土，最后两击夯沉量不易控制，后又增加一项标准，即夯坑深度超过4m。

3. 强夯施工与夯后效果检测

（1）强夯施工　施工主要设备为5.0×10^4kg、1.5×10^4kg履带式起重机，夯锤采用4.3×10^4kg钢球锤和1.8×10^4kg铸钢锤，另有脱钩器及门式刚架。

强夯施工历时3个月，完成8000kN·m能级主夯点983个，6000kN·m主夯点319个，3000kN·m辅夯点2603个，2000kN·m满夯面积46000m^2。装置区单位夯击能为6691kN·m/m^2，罐区单位夯击能为5943 kN·m/m^2。

二甲苯塔区面积1300m^2，主夯点与辅夯点共63个，填入粒径小于200mm的砂石料多达2000m^3，经4遍夯击后，已形成平均厚度约3m、直径3.2m左右的63个圆柱群体，从整体上提高了地基土表层的承载力。强夯完成后，各遍主夯点、辅夯点平均夯沉量见表4-4。PX、芳烃装置场地北半部总夯沉量平均为98.3cm左右，罐区累计夯沉量75.9cm左右。由于南半部场地在满夯前回填土方，其平均总夯沉量不易计算。

表4-4　主夯点、辅夯点平均夯沉量

施工步骤	能级/kN·m	间距/m	锤底面积/m^2	夯沉量/m	平均击数/击	平均夯沉量/m	最后两击平均夯沉量/cm
主夯第一遍	8000	8.4	4.9，5.3	2.102~5.130	13.1	3.34	16.9
主夯第二遍	8000	8.4	4.9，5.3	2.090~4.272	13.0	3.15	17.5
主夯第一遍	6000	8.4	4.9	2.101~5.110	13.6	3.66	19.6
主夯第二遍	6000	8.4	4.9	1.850~4.100	12.5	2.98	17.4
辅夯第三遍	3000	4.2	5.3	0.719~2.452	10.0	1.30	4.93

（2）效果检测　检测内容包括钻孔勘察、标准贯入试验、钻孔取原状土样、载荷试验、室内土工试验等。强夯后原黄土层的湿陷性已消除，仅就消除湿陷性而言，强夯的影响已达13m。从整体上看，南区$a_{1-2}<0.1\text{MPa}^{-1}$占66.17%；$a_{1-2}=0.20\sim0.23\text{MPa}^{-1}$，仅有2个点，占1.5%。在标高135.0m以上，地基土经强夯后呈中-低压缩性，变形性质有较大改变。夯后场地地基承载力特征值达到200kPa，比夯前提高17.6%~100%，二甲苯塔区加石料表层的承载力特征值达到250kPa。

4. 构筑物沉降观测

1999年3月，抽余液塔进行水压试验，充水分4个阶段加载。充水完毕，基底压力达到136kPa，实测平均沉降值为39mm。继续观测5d，沉降基本稳定，平均沉降值为41.3mm。然后将塔内充水放掉，观测地基变形，两个月内平均回弹量4.38mm，回弹量只占总压缩量的10.6%。整个充水试压过程地基沉降情况良好。

1999年7月，二甲苯塔充水分6阶段进行（充水前，塔内固定件已调整好水平度），每阶段加载后期，沉降曲线出现下滑坡度，当充水停止并保持1d时，曲线也保持水平段不变；

如此情形，直到第6阶段充水完毕。上水时间共16d，基础底面压力达到169kPa，累计沉降量平均为30.25mm，基础倾斜值为1.127‰，地基沉降较均匀。塔上满水后观测3d，基础沉降值一直保持不变，达到基本稳定后用2d时间放完水。地基在突然卸载后，5d内回弹3mm，且回弹较均匀，显示出地基与基础良好的弹性性能。

与抽余液塔地基相比，二甲苯塔地基在水压试验中的特点是：

1）沉降值小。抽余液塔地基在水压试验中沉降平均为11.5mm，二甲苯塔地基仅沉降了7.75mm，说明夯入砂石料的地基性能优于未填石料的地基。

2）沉降稳定时间短。抽余液塔充满水后，地基5d才达到基本稳定，而二甲苯塔充满水后，地基便停止沉降，沉降值始终稳定在3.25mm。

3）二甲苯塔试水时间要比抽余液塔晚3个多月，地基固结时间相对来说更有利。

二甲苯塔放完水后，塔内固定件水平度偏差仍在允许范围内。1999年8月初对塔体垂直度进行测量，仅向西偏2mm，向南偏2mm，至装置运行前，地基沉降值仍保持在27.25mm左右，倾斜值为1.127‰，说明地基处理后的效果非常显著。

2000年1月，两套装置进入稳定试生产阶段。正常操作时，二甲苯塔介质重4000kN，抽余液塔介质重2000kN。此后多次对三大构筑物作沉降观测，二甲苯塔和抽余液塔地基沉降值与充水试压后的沉降值相比，基本未有变化，烟囱地基总沉降量为31.5mm。

PX、芳烃罐区共有20台储罐，容量110~1000m^3，罐体直径5.3~11.0m，部分罐基础沉降观测值为12~18mm，基础环墙最大沉降量22mm，最小沉降量9mm，最大沉降差6mm，小于规范允许值。

该油罐充水预压后，通过75d观测，罐周最大沉降量为26mm，平均沉降量为16mm，最大不均匀沉降差为15mm，罐顶倾斜0.0035，远小于规定的标准，投产十几年来，使用情况良好。

4.6.2　强夯置换工程实例

1. 工程地质概况

秦皇岛港戊己码头己堆场原位于浅海滩，后经人工吹填形成陆地，面积293500m^2，其中利用强夯置换方法施工的面积为157200m^2。场地地形起伏较大，地质情况较为复杂，分布着较大面积的淤泥，其地质情况分布如下：

① 人工填土：厚0.70~2.90m，杂色、中密，由砂砾、碎砖、碎石、炉渣及硬杂物组成。

② 淤泥质粉质黏土：厚3.20~6.10m，灰黑色、饱和、软塑，含有机质砂砾等。

③ 细砂：厚3.60~4.80m，黑色、饱和、中密，由长石、石英组成，局部含有机质。

④ 中粗砂：厚4.60~6.10m，灰色、饱和、中密，由石英、长石组成，局部含有机质。

为保证施工的顺利进行，满足竣工后的正常使用，必须对含有淤泥质的地基采取加固处理措施，通过多方案的比较论证，采用强夯置换法对其进行加固。

2. 技术要求

由于该工程用于大型杂货码头堆场，如果只进行浅层加固，影响深度不足，达不到地基承载力的要求。为满足使用要求，有必要采用大夯击能，进行深层的加固处理，使影响深度达到6~7m。对粗砂、人工填土、中粗砂等土质来说，承载力高，夯沉量小，采用强夯法；

对于含有淤泥层的地基部分采用建筑垃圾置换的方法形成复合地基，置换的对象主要是厚度为3~4m及一部分厚度为3~6m的淤泥质土。要求强夯置换处理后场区的有效加固深度不小于4m，地基承载力的基本要求为：置换层厚度1.0~3.0m的复合地基，其地基承载力标准值f_a≥150kPa，置换层厚度3.0~6.0m的复合地基，其地基承载力标准值f_a≥130kPa；最后两击的平均沉降量不大于20~30cm。

3. 强夯置换施工要素

（1）强夯置换施工参数 根据实际情况，工程采用主夯和辅夯相结合的加固技术，起吊装置用3.0×10^4kg履带式起重机，夯锤为圆台形铸钢夯锤，锤底直径3m，质量1.5×10^4kg。可通过调整夯锤高度来获得不同的夯击能，夯点的具体布置如图4-8所示，具体施工参数见表4-5。

表4-5 施工参数

夯点布置（梅花形）	遍数		一	二	三	四
	主夯	次数	2~3	2~3	2~3	2~3
		夯击能/(kN·m)	3200	3200	4800	4800
5m×5m方形网格	辅夯	次数	2	2	2	—
		夯击能/(kN·m)	800	800	800	—

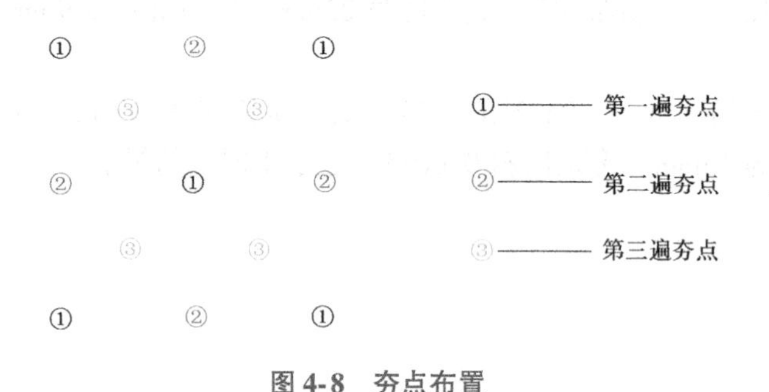

图4-8 夯点布置

（2）夯击收锤标准及间隔时间 根据施工的具体情况，大面积施工时的收锤标准为：

1）最后两击的平均沉降量不大于20cm，后一击的夯沉量明显小于前一击夯沉量。

2）在强夯施工过程中，如夯坑周围有大的隆起，则停止施工，间歇一周左右，孔隙水压力消散后再继续施工或增加施工遍数以减小隆起，以达到较好的加固效果。

3）每遍夯完后，待孔隙水压力消散再进行下一遍夯击，视地基土性质，将间隔时间控制在8~10d。

4）强夯施工要达到设计击数要求，以满足影响深度要求。

5）辅夯施工时，锤印相互搭接1/4面积。

4. 强夯置换加固效果检测

在施工结束半个月后对复合地基进行了动力触探试验、标准贯入试验及荷载试验，检测深度6.0~6.5m，每1000m²布置一个检测点。从动力触探试验结果来看，地表4m范围内加固效果最好，6m范围内加固效果也相当明显，以下逐渐减弱。一次检测合格率98%。强夯置换区域强度很高，硬壳厚度达2.9~3.5m，复合地基承载力特征值f_a=150~160kPa，满足地基承载力设计要求。

拓展阅读

典型地基处理工程——延安新区绿色生态建设

地处陕北的延安城坐落在黄土高原的中南部，这里拥有全世界最厚的黄土层，黄土沟壑纵横，就是在这样恶劣的生态环境中，一座绿色的高原新城——延安新区在陕北拔地而起，成为全世界第一座在黄土地区通过工程造地建设起来的现代化城市。

随着延安经济的快速发展，城区人口承载压力剧增，革命老区人民的生产生活、经济建设和旅游业发展严重受限，陕北地区也急需一座城市来容纳大规模城市化的人口。土地拓展和生态改善，已经成为延安基础设施建设的紧迫任务。

山地地区“挖山填沟”进行城市建设在国际上并不鲜见，在延安却遇到了不小的挑战。新区建设主要面临三个国际性难题：一是黄土结构疏松，大面积大厚度填土将导致显著的地基沉降和差异沉降；二是黄土对水极为敏感，遇水产生湿陷变形或流态化，可能导致大范围地面塌陷；三是土沟壑区生态脆弱，生态环境改善困难。面对这些难题，最终通过对上百层填土的分层碾压、强夯，布设9012个监测点进行严格的沉降监测，设置96km长的树枝状地下排水盲沟和33口水位监测井等措施，有效解决了沉降控制问题和地下水引起的黄土湿陷性问题，较好地消除了流域水土流失和地质灾害。

经过10年建设，延安新区让黄土高原焕发新生，平整出的21.38km^2土地实现了快速复绿。目前数万名居民和部分企业已率先搬入新区，整个延安进入了城市高质量发展阶段。延安新区不只是荒凉黄土高原现代化建设的故事，更是一个绿色生态建设的故事，它对于我国乃至全球黄土地区城市建设都具有很高的借鉴价值。

地基处理工程相关专家简介

汪闻韶（1919—2007），我国著名的水利工程和岩土工程学家，中国科学院院士，我国土动力学研究的奠基人和创建者之一。主持研制了中国国内第一台振动三轴仪，首先将振动三轴试验应用于土的地震液化研究；首先发现了砂土结构性的影响；首先阐述了饱和砂土在振动荷载下动孔隙水压力产生机理，考虑消散和扩散的影响；提出了“地震总应力抗剪强度”地震稳定性分析方法；发现和首先研究了少黏性土地震液化问题，提出了少黏性土地震液化评价方法；系统阐明了土的液化机理及其与土体极限平衡和破坏间的区别和关系；提出了剪切波速在评价砂土液化中的应用；广泛总结地震震害资料和工程经验，建立了中国土坝及地基抗震设计理论和原则。

思考题与习题

4-1 试述强夯法加固地基的机理。

4-2 强夯时为减少对周围邻近建筑物的振动影响，在夯区周围常采用何种措施？

4-3 何谓最佳夯击能？如何确定在黏性土及无黏性地基中进行强夯施工时的最佳夯击能？

4-4 在砂性土地基与黏性土地基中进行强夯施工，各遍间的间歇时间有何不同？

第5章 复合地基理论

5.1 概述

当天然地基不能满足建（构）筑物对地基的要求时，需要对地基进行处理形成人工地基，以满足建（构）筑物对地基的要求，保证建（构）筑物的安全与正常使用。因地基处理方法不同，天然地基经处理形成的人工地基大致可以分为均质地基、双层地基和复合地基（Composite Ground/Foundation）三种形式。

均质地基是指天然地基在处理过程中加固区土体性质得到全面改良，加固区土体的物理力学性质基本上是相同的，加固区范围，无论是加固面积还是深度，与荷载作用下对应的持力层或压缩范围相比较都已满足一定的要求，如图5-1a所示。采用预压法处理天然地基形成的人工地基属于此类地基。

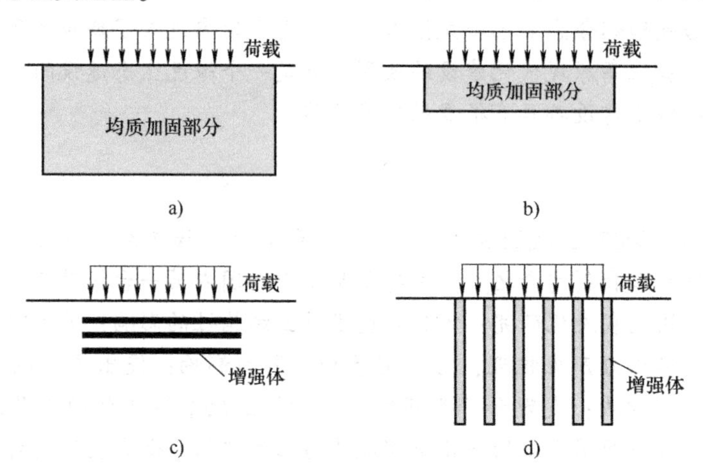

图5-1 人工地基分类

a）均质人工地基 b）双层地基 c）水平向增强体复合地基 d）竖向增强体复合地基

双层地基是指天然地基经地基处理形成的均质加固区的厚度与荷载作用面积与其相应持力层或压缩范围相比较为较小时，在荷载作用影响区域内，地基由两层性质相差较大的土体组成，如图5-1b所示。采用换填法或表层压实法处理形成的人工地基属于双层地基。

复合地基是指天然地基处理过程中部分土体得到增强，或被置换（Replacement），或设置加筋（Reinforcement），加固区是由基体（天然地基土体或被改良的天然地基土体）和增强体两部分组成的人工地基。基体和增强体共同承担荷载作用，达到提高地基承载力，改变其变形性质和或工程特性的目的。

根据地基中增强体的方向，复合地基分为竖向增强体复合地基和水平向增强体复合地基，如图5-1c、图5-1d所示。竖向增强体复合地基中，桩体是由散体材料组成，还是由黏结材料组成，以及黏结材料的刚度大小，都将影响复合地基荷载传递性状。根据复合地基的工作机理，可以对复合地基进行分类，如图5-2所示。

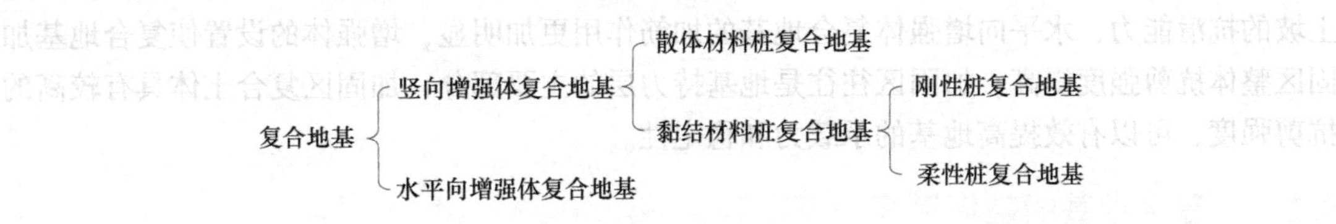

图5-2　复合地基分类

竖向增强体地基又称为桩土复合地基或简称为复合地基。与均质地基和桩基础相比，复合地基具有以下两个基本特征：

1）加固区是由基体和增强体两部分组成的，是非均质的和各向异性的。

2）在荷载作用下，基体和增强体共同承担荷载的作用。

前一特征使复合地基区别于均质地基，后一特征使复合地基区别于桩基础。

5.2　复合地基的作用机理与破坏模式

5.2.1　复合地基的作用机理

复合地基的作用机理应根据地基处理形式、组成复合地基增强体的材料、复合地基增强体的施工方法及天然地基的地质条件等作具体分析。对于某一具体的复合地基，可能具有一种或多种作用。概括起来，复合地基的作用机理主要体现在以下五个方面：

1. 桩体作用

由于复合地基中桩体的刚度比周围土体大，在荷载作用下等量变形时，地基中的应力将按材料模量重新分配，桩体产生应力集中，承担大部分荷载，使得复合地基承载力和整体刚度高于原有地基，沉降量有所减小。随着复合地基中桩体刚度增加，其桩体作用更为明显。

2. 垫层作用

桩与桩间土形成复合地基，在加固深度范围内形成复合土层，可起到类似垫层的换土效应，减少浅层地基中的附加应力，或者说增大应力扩散角。在桩体没有贯穿整个软弱土层的地基中，垫层的作用尤其明显。

3. 振密、挤密作用

对砂桩、碎石桩、土桩、灰土桩和石灰桩等，在施工过程中由于振动、沉管挤密或振冲挤密、排土等原因，可使桩间土起到一定的密实作用，改善土体物理力学性能。采用生石灰桩，由于其材料遇水产生水化反应，具有吸水、发热和膨胀等作用，对桩间土同样可起到挤密作用。

4. 加速固结作用

不少竖向增强体或水平向增强体，如碎石桩、砂桩、土工织物加筋体间的粗粒土等都具有良好的透水性，是地基中的排水通道。在荷载作用下，地基土中会产生超静孔隙水压力。由于这些排水通道有效地缩短了排水距离，加速了桩间土的排水固结，桩间土在排水固结过程中土体抗剪强度得到增长。

5. 加筋作用

复合地基不但能够提高地基的承载力和整体刚度，而且可以提高土体的抗剪强度，增加土坡的抗滑能力，水平向增强体复合地基的加筋作用更加明显，增强体的设置使复合地基加固区整体抗剪强度提高。加固区往往是地基持力层的主要部分，加固区复合土体具有较高的抗剪强度，可以有效提高地基的承载力和稳定性。

5.2.2 复合地基的破坏模式

1. 竖向增强体复合地基的破坏模式

竖向增强体复合地基的破坏可以分成下述两种情况：一种是桩间土首先发生破坏进而发展成复合地基全面破坏；另一种是桩体首先发生破坏进而发展成复合地基全面破坏。在实际工程中，桩间土和桩体同时达到破坏是很难遇到的。在刚性基础下的桩土复合地基，大多数情况下都是桩体先破坏，进而引起复合地基全面破坏；在路堤下的桩土复合地基，大多数情况下都是土体先破坏，进而引起复合地基全面破坏。

竖向增强体复合地基中桩体破坏模式可以分为下述四种形式：刺入破坏、鼓胀破坏、桩体剪切破坏和滑动剪切破坏，如图 5-3 所示。

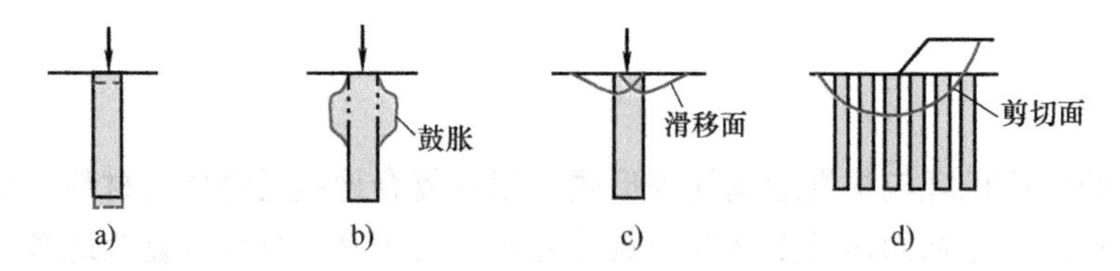

图 5-3 竖向增强体复合地基桩体破坏模式

a) 刺入破坏 b) 鼓胀破坏 c) 桩体剪切破坏 d) 滑动剪切破坏

桩体刺入破坏模式如图 5-3a 所示。桩体刚度大、地基土承载力较低的情况下较易发生刺入破坏。桩体发生刺入破坏，承担的荷载大幅度降低，进而引起复合地基桩间土破坏，造成复合地基全面破坏。刚性桩复合地基（Composite Foundation of Rigid Piles）较易发生刺入破坏，特别是柔性基础（填土路堤）下的刚性桩复合地基更容易发生刺入破坏。若处在刚性基础下，则可能发生较大沉降，造成复合地基失效。

桩体鼓胀破坏模式如图 5-3b 所示。在荷载作用下，桩周土不能给桩体提供足够的围压，不能阻止桩体发生过大的侧向变形，就会产生桩体鼓胀破坏。桩体发生鼓胀破坏进而引起复合地基全面破坏，散体材料桩复合地基（Composite Foundation of Granular Material Piles）较易发生鼓胀破坏，刚性基础和柔性基础下的散体材料桩复合地基均可能发生桩体鼓胀破坏。

桩体剪切破坏模式如图 5-3c 所示。在荷载作用下，复合地基中的桩体发生剪切破坏，进而引起复合地基全面破坏。低强度的柔性桩较容易产生桩体剪切破坏，刚性基础和柔性基础下的低强度柔性桩复合地基（Composite Foundation of Flexible Piles）均可产生桩体剪切破坏，且柔性基础下发生桩体剪切破坏的可能性更大。

滑动剪切破坏模式如图 5-3d 所示。在荷载作用下，复合地基沿某一滑动面产生滑动破坏，在滑动面上，桩体和桩间土均发生剪切破坏。各种复合地基均可能发生滑动破坏，柔性基础下的复合地基比刚性基础下的复合地基发生滑动剪切破坏的可能性更大。

在荷载作用下，复合地基发生何种模式破坏，其影响因素很多。它不仅与复合地基中增强体的材料性质有关，还与复合地基上的基础结构形式有关。此外，还与荷载形式有关。竖向增强体本身的刚度对竖向增强体复合地基的破坏模式有较大影响。桩间土的性质与增强体的性质差异程度也会对复合地基的破坏模式产生影响。若两者相对刚度较大，较易发生桩体刺入破坏。但是筏形基础下的刚性桩复合地基，由于筏板的作用，复合地基中的桩体也不易发生刺入破坏。显然复合地基上的基础结构形式对复合地基的破坏模式也有较大影响。总之，对于具体的桩土复合地基的破坏模式应考虑上述各种影响因素，通过综合分析加以估计。

顺便指出，刚性基础下复合地基的失效主要不是地基失稳，而是产生的沉降过大，或者产生过大的不均匀沉降。路堤或堆场下的复合地基首先要重视地基稳定性问题，防止地基失稳，然后是变形问题。

2. 水平向增强体复合地基的破坏模式

与竖向增强体复合地基的破坏模式不同，水平向增强体复合地基通常的破坏模式为整体剪切破坏。受天然地基土体强度、加筋体强度和刚度以及加筋体的布置形式等因素的影响而具有多种破坏模式。Jean Binquet 等学者（1975 年）根据土工织物的加筋复合土层模型试验的结果分析，认为有图 5-4 所示的三种破坏模式。

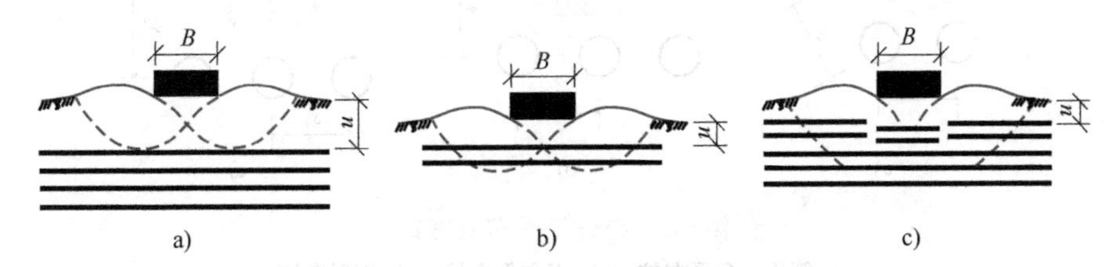

图 5-4　水平向增强体复合地基破坏模式

a) $\frac{u}{B}>\frac{2}{3}$　b) $\frac{u}{B}<\frac{2}{3}$，$N<2$ 或 3　c) $\frac{u}{B}<\frac{2}{3}$，$N>4$

（1）加筋体以上的土体剪切破坏　如图 5-4a 所示。在荷载作用下，剪切破坏发生在最上层加筋体以上土体。也有学者称这一破坏为薄层挤出破坏。这种破坏通常发生在第一层加筋体埋置较深、筋体强度大，且具有足够锚固长度，加筋层上部土体强度较弱的情况。发生这种破坏，上部土层中的剪切面未通过加筋层，剪切破坏局限于最上层加筋体以上土体中。若基础宽度为 B，第一层加筋体埋深为 u，当 $\frac{u}{B}>\frac{2}{3}$ 时，发生这种破坏的可能性比较大。

（2）加筋体在剪切过程中被拉出或与土体产生过大相对滑动发生破坏　如图 5-4b 所示。在荷载作用下，加筋体与土体之间产生过大的相对滑动，甚至加筋体被拉出，加筋复合土体发生破坏进而引起整体剪切破坏。这种破坏多发生加筋体埋置较浅、加筋层数较少，加筋体强度高但锚固长度过短，两端加筋体与土体界面不能够提供足够的摩阻力阻止加筋体拉出的情况。相关试验表明，这种破坏多发生在 $\frac{u}{B}<\frac{2}{3}$ 和加筋层数 $N<2$ 或 3 的情况。

（3）加筋体在剪切过程中被拉断而发生剪切破坏　如图5-4c所示。在荷载作用下，加筋体在剪切过程中被绷断，引起整体剪切破坏。这种破坏多发生加筋体埋置较浅、加筋层数较多，加筋体足够长，两端加筋体与土体界面能够提供足够的摩阻力阻止加筋体被拉出的情况。发生破坏时，最上层加筋体首先被绷断，然后逐层向下发展。相关试验结果表明，加筋体绷断破坏多发生在$\frac{u}{B}<\frac{2}{3}$，且加筋体较长，加筋体层数$N>4$情况。

5.3 复合地基承载力

5.3.1 复合地基置换率和桩土荷载分担比

1. 复合地基置换率

竖向增强体复合地基中，竖向增强体习惯上称为桩体，基体称为桩间土体。桩体在平面上最常用的布置形式有两种：等边三角形和正方形。此外，还有长方形布置。桩体在平面上的布置形式如图5-5所示。

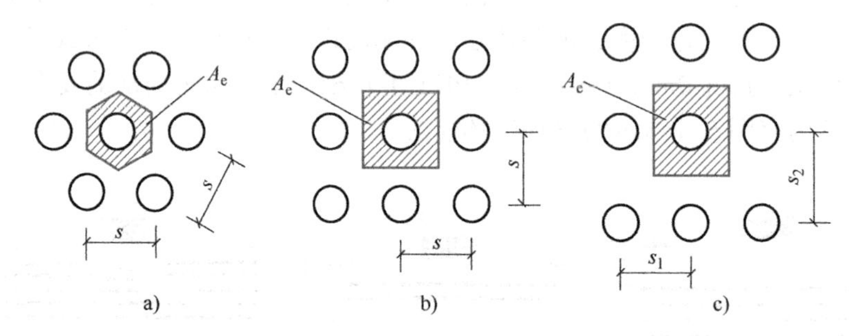

图5-5　桩体平面布置形式

a）等边三角形布桩　b）正方形布桩　c）矩形布桩

若桩体的横截面积为A_p，该桩体所承担的加固面积为A_e，则复合地基置换率（Replacement Ratio of Composite Foundation）m定义为

$$m=\frac{A_p}{A_e}=\frac{d^2}{d_e^2} \tag{5-1}$$

式中　d——桩体平均直径（m）；

d_e——一根桩分担的处理地基面积的等效圆直径（m），等边三角形布桩$d_e=1.05s$，正方形布桩$d_e=1.13s$，长方形布桩$d_e=1.13\sqrt{s_1s_2}$，s、s_1、s_2分别为桩间距、纵向桩间距和横向桩间距。

2. 复合地基桩土荷载分担比

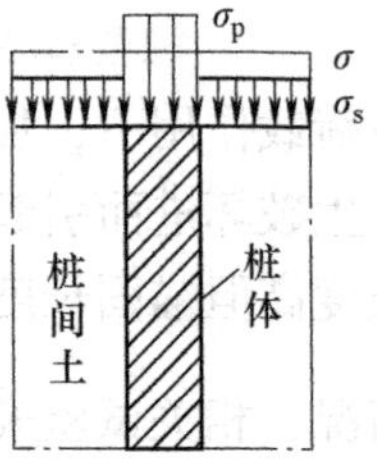

桩土受力如图5-6所示。在荷载作用下，复合地基中桩体承担的荷载与桩间土承担的荷载之比称为桩土荷载分担比（Load Distribution Ratio）。有时也用复合加固区中桩体的竖向应力与桩间土的竖向应力之比来衡量，称为桩土应力比（Stress Ratio of Pile to Soil）。桩土荷载分担比与桩土应力比可以相互换算。

图5-6　桩土受力示意

桩土应力比 n 可按下式计算

$$n=\frac{\sigma_p}{\sigma_s} \tag{5-2}$$

式中　σ_p——作用于桩上的应力（kPa）；

σ_s——作用于桩间土上的应力（kPa）。

桩土荷载分担比 N 为

$$N=\frac{P_p}{P_s} \tag{5-3}$$

式中　P_p——作用于桩上的荷载（kN）；

P_s——作用于桩间土上的荷载（kN）。

桩土应力比 n 与荷载分担比 N 的换算关系为

$$N=\frac{nm}{1-m} \tag{5-4}$$

5.3.2　竖向增强体复合地基承载力特征值的确定

竖向增强体复合地基承载力特征值应通过复合地基静载荷试验或采用增强体静载荷试验结果和其周边土的承载力特征值结合经验确定。初步设计时，可采用现行《建筑地基处理技术规范》推荐的经验公式进行计算。

1. 按复合地基静载荷试验确定

（1）试验目的　复合地基静载荷试验用于测定承压板下应力主要影响范围内复合土层的承载力。在实际工程中，复合地基静载荷试验是检验加固效果和工程质量的一种有效而常用的方法。一般可分为工程类载荷试验和试验类载荷试验两大类。工程类载荷试验是对工程质量和效果的检验，其检测数据不直接作为设计的依据，只是用以判断设计方案的正确性和施工质量。试验类载荷试验是提供工程设计的参数和确定质量检验的标准，其检测数据要求做到准确、可靠和有代表性，即试验要求比工程类载荷试验要更加严格。

（2）试验准备

1）复合地基静载荷试验承压板应具有足够的刚度。单桩复合地基静载荷试验的承压板可用圆形或方形，面积为一根桩承担的处理面积；多桩复合地基静载荷试验的承压板可用方形或矩形，其尺寸按实际桩数所承担的处理面积确定。单桩复合地基静载荷试验桩的中心或多桩复合地基静载荷试验桩的形心应与载荷板中心保持一致，并与荷载作用点重合。

2）试验应在桩顶设计标高进行。承压板以下宜铺设粗砂或中砂垫层，垫层厚度可取100~150mm。如采用设计的垫层厚度进行试验，试验承压板的宽度对独立和条形基础应采用基础的设计宽度；对大型基础试验有困难时，应考虑承压板尺寸和垫层厚度对试验结果的影响。垫层施工的夯填度应满足设计要求。

3）试验标高处的试坑宽度和长度不应小于承压板尺寸的3倍。基准梁和加荷平台支点（或锚桩）宜设在试坑外，且与承压板边的净距不应小于2m。

4）试验前应采取防水和排水措施，防止试验场地地基土含水量变化或地基土扰动，影响试验结果。

（3）静载荷试验装置　复合地基静载荷试验装置如图5-7所示。一般由加荷稳压装置、反力装置及观测装置组成。加荷装置包括承压板、千斤顶及稳压器等；反力装置常用平台堆载或锚桩；观测系统包括百分表及基准梁等。

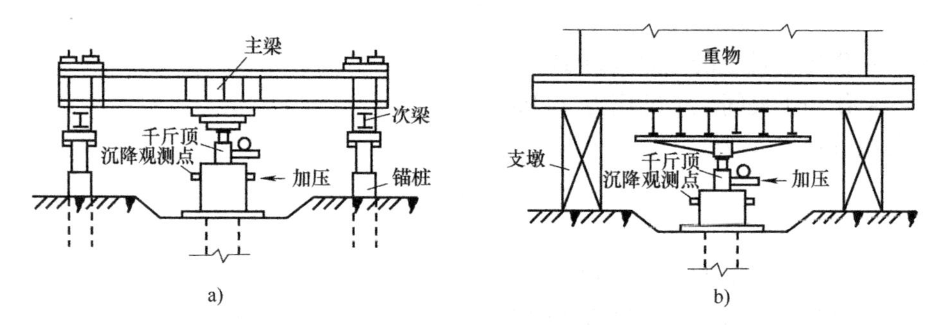

图 5-7 复合地基静载荷试验装置

a）锚桩横梁反力装置 b）压重平台反力装置

（4）静载荷试验要点

1）加载等级可分为 8~12 级。测试前为校核试验系统整体工作性能，预压荷载不得大于总加载量的 5%。最大加载压力不应小于设计要求承载力特征值的 2 倍。

2）每加一级荷载前后均应读记承压板沉降量一次，以后每 0.5h 读记一次。当 1h 内沉降量小于 0.01mm 时，即可加下一级荷载。

3）当出现下列现象之一时可终止试验：

① 沉降急剧增大，土被挤出或承压板周围出现明显的隆起。

② 承压板的累计沉降量已大于其宽度或直径的 6%。

③ 当达不到极限荷载，而最大加载压力已大于设计要求承载力特征值的 2 倍。

4）卸载级数可为加载级数的一半，等量进行，每卸一级，间隔 0.5h，读记回弹量，待卸完全部荷载后间隔 3h 读记总回弹量。

复合地基静载荷试验如图 5-8 所示。

图 5-8 复合地基静载荷试验

（5）复合地基承载力特征值的确定　复合地基承载力特征值的确定应符合下列规定：

1）如图 5-9a 所示，当压力-沉降曲线上极限荷载能确定，而其值不小于对应比例界限的 2 倍时，可取比例界限；当其值小于对应比例界限的 2 倍时，可取极限荷载的一半。

2）如图 5-9b 所示，当压力-沉降曲线是平缓的光滑曲线时，可按相对变形值确定，并应符合下列规定：

① 沉管砂石桩、振冲碎石桩或柱锤冲扩桩复合地基，可取 s/b 或 s/d 等于 0.01 所对应的压力。

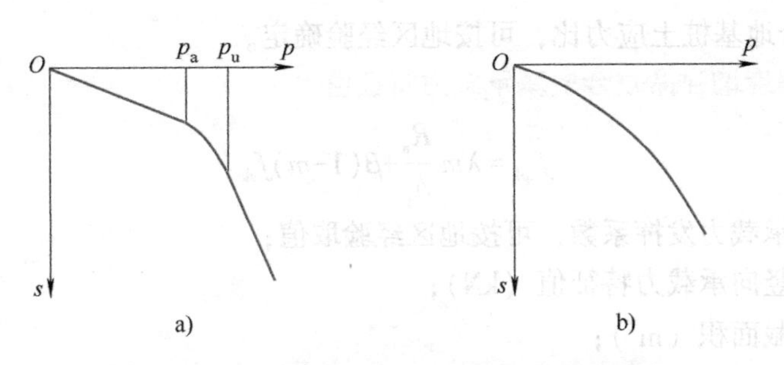

图 5-9　复合地基静载荷试验的压力-沉降曲线

a）曲线上有比例界限　b）曲线上无比例界限

② 对灰土挤密桩、土挤密桩复合地基，可取 s/b 或 s/d 等于 0.008 所对应的压力。

③ 对水泥粉煤灰碎石桩或夯实水泥土桩复合地基，对以卵石、圆砾、密实中粗砂为主的地基，可取 s/b 或 s/d 等于 0.008 所对应的压力；对以黏性土、粉土为主的地基，可取 s/b 或 s/d 等于 0.01 所对应的压力。

④ 对水泥搅拌桩或旋喷桩复合地基，可取 s/b 或 s/d 等于 0.006~0.008 所对应的压力，桩身强度大于 1.0MPa 且桩身质量均匀时可取高值。

⑤ 对有经验的地区，可按当地经验确定相对变形值，但原地基为高压缩性土层时，相对变形值的最大值不应大于 0.015。

⑥ 复合地基载荷试验，当采用边长或直径大于 2m 的承压板进行试验时，b 或 d 按 2m 计。

⑦ 按相对变形确定的地基承载力特征值不应大于最大加载压力的一半。

3）试验点的数量不应小于 3 点，当满足其极差不超过平均值的 30%时，可取其平均值为复合地基承载力特征值。当极差超过平均值的 30%时，应分析极差过大的原因，需要时应增加试验数量，并结合工程具体情况确定复合地基承载力特征值。工程验收时应视建筑物结构、基础形式综合评价，对于桩数少于 5 根的独立桩基础或桩数少于 3 排的条形基础，复合地基承载力特征值应取最低值。

2. 按经验参数确定

依据单桩和处理后桩间土承载力特征值用经验公式估算地基承载力特征值是沿用多年的一种简便而经济的传统方法。复合地基强调由地基土和增强体共同承担荷载，对于地基土为欠固结土、湿陷性黄土、可液化土等特殊土，必须选用适当的增强体和施工工艺，消除欠固结性、湿陷性、液化性等，才能形成复合地基。但受桩间土特性、增强体材料、基础刚度、垫层厚度及施工工艺等因素的影响，用经验公式估算地基承载力特征的可靠性受到限制，这种方法一般只适用于初步设计阶段。

（1）散体材料增强体复合地基承载力特征值

$$f_{spk}=[1+m(n-1)]f_{sk} \tag{5-5}$$

式中　f_{spk}——复合地基承载力特征值（kPa）；

f_{sk}——处理后桩间土承载力特征值（kPa），可按地区经验确定，如无经验时，可取天然地基承载力特征值；

m——桩土面积置换率；

n——复合地基桩土应力比，可按地区经验确定。

(2) 有黏结强度增强体复合地基承载力特征值

$$f_{spk}=\lambda m\frac{R_a}{A_p}+\beta(1-m)f_{sk} \tag{5-6}$$

式中 λ——单桩承载力发挥系数，可按地区经验取值；

R_a——单桩竖向承载力特征值（kN）；

A_p——桩的截面积（m^2）；

β——桩间土承载力发挥系数，可按地区经验取值。

增强体单桩竖向承载力特征值 R_a 的取值，应符合下列规定：①当采用单桩载荷试验时，应将单桩竖向极限承载力除以安全系数 2；②当无单桩载荷试验资料时，可按下式计算

$$R_a=u_p\sum_{i=1}^{n}q_{si}l_{pi}+\alpha_p q_p A_p \tag{5-7}$$

式中 u_p——桩的周长（m）；

q_{si}——桩周第 i 层土的侧阻力特征值（kPa），可按地区经验确定；

l_{pi}——桩长范围内第 i 层土的厚度（m）；

α_p——桩端阻力发挥系数，应按地区经验确定；

q_p——桩端阻力特征值（kPa），可按地区经验确定，水泥搅拌桩、旋喷桩应取未经修正的桩端地基土承载力特征值。

按照式（5-7）确定增强体单桩竖向承载力特征值，增强体桩身强度应满足下式要求

$$f_{cu}\geqslant 4\frac{\lambda R_a}{A_p} \tag{5-8}$$

式中 f_{cu}——桩体试块（边长 150mm 立方体）标准养护 28d 的立方体抗压强度平均值（kPa），对水泥土搅拌桩，规范另有规定。

当复合地基承载力特征值需进行基础埋深的深度修正时，增强体桩身强度应满足下式要求

$$f_{cu}\geqslant 4\frac{\lambda R_a}{A_p}\left[1+\frac{\gamma_m(d-0.5)}{f_{spa}}\right] \tag{5-9}$$

式中 γ_m——基础底面以上土的加权平均重度（kN/m^3），地下水位以下取有效重度；

d——基础埋置深度（m）；

f_{spa}——深度修正后的复合地基承载力特征值（kPa）。

5.3.3 水平向增强体复合地基承载力的计算

水平向增强体复合地基主要是指在地基中铺设各种加筋材料如土工织物、土工格栅等形成的复合地基，又称为加筋地基。复合地基的工作性状与加筋体长度、强度、加筋层数，以及加筋体与土体间的黏聚力和摩擦系数有关。水平向增强体复合地基承载力特征值可通过载荷试验或其他原位测试、公式计算，并结合工程实践经验等方法综合确定。水平向增强体复合地基破坏具有多种形式，影响因素也很多。到目前为止，水平向增强体复合地基的计算理论尚不成熟。在第 8 章 8.5.3 节介绍了王钊（2000 年）条形浅基础加筋土地基承载力计算公式，以供借鉴。

5.4　复合地基稳定性分析

在进行复合地基设计时有时不仅要计算地基的承载力，还需进行地基的稳定性分析。分析复合地基稳定性的方法有很多，如瑞典圆弧法、Bishop 法、Janbu 法、不平衡推力系数传递法等，一般可采用圆弧滑动法进行计算。

圆弧滑动法的计算原理如图 5-10 所示。在圆弧滑动面上，总剪切力记为 T，总抗剪力记为 S，则沿该圆弧滑动面发生滑动破坏的安全系数 K 为

$$K=\frac{S}{T} \tag{5-10}$$

选取不同的圆心，可以得到不同圆弧滑动面，进而可以计算不同圆弧滑动面发生滑动破坏的安全系数值，通过反复试算可以找到最危险的圆弧滑动面，也就是安全系数最小的滑动面，即最可能发生滑动破坏的面。通过圆弧滑动法既可根据要求的安全系数计算地基承载力，也可以按确定的荷载计算地基在该荷载作用下的安全系数。

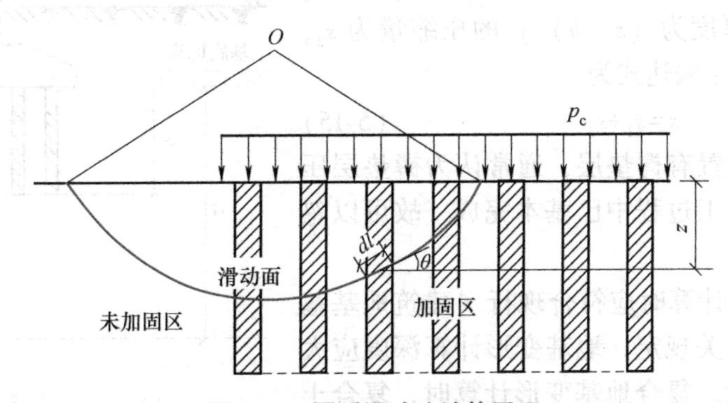

图 5-10　圆弧滑动法计算原理

在圆弧滑动法中，假设的圆弧滑动面往往既要经过加固区又要经过未加固区，地基土的强度应分区计算，分别采用不同的强度指标。未加固区采用天然土体强度指标；加固区土体应采用复合土体强度指标，或者分别采用桩体和桩间土的强度指标。

$$\begin{aligned}\tau_{sp}&=(1-m)\tau_s+m\tau_p\\&=(1-m)\left[c_s+(\mu_s p_c+\gamma_s z)\tan\varphi_s\cos^2\theta\right]+m\left[c_p+(\mu_p p_c+\gamma_p z)\tan\varphi_p\cos^2\theta\right]\end{aligned} \tag{5-11}$$

式中　τ_s、τ_p——桩间土、桩体的抗剪强度（kPa）；

c_s、c_p——桩间土、桩体的黏聚力（kPa）；

φ_s、φ_p——桩间土、桩体的内摩擦角（°）；

γ_s、γ_p——桩间土、桩体的重度（kN/m^3）；

p_c——作用在复合地基上的荷载（kPa）；

z——分析中所取单元弧段自地表面起算的计算深度（m）；

θ——滑弧在地基某深度处剪切面与水平面的夹角（°）；

μ_s——应力集中系数，$\mu_s=\dfrac{1}{1+(n-1)m}$；

μ_p——应力集中系数，$\mu_p=\frac{n}{1+(n-1)m}$。

对于砂土地基，$\varphi_s=0$，则式（5-11）可改写为

$$\tau_{sp}=(1-m)c_s+mc_p+m(\mu_p p_c+\gamma_p z)\tan\varphi_p\cos^2\theta \tag{5-12}$$

复合地基土体抗剪强度指标可采用面积比法计算，复合地基土体黏聚力 c_c 和内摩擦角 φ_c 的表达式为

$$c_c=(1-m)c_s+mc_p \tag{5-13}$$

$$\tan\varphi_c=(1-m)\tan\varphi_s+m\tan\varphi_p \tag{5-14}$$

5.5 复合地基沉降计算

在各类复合地基沉降实用计算方法中，通常将复合地基沉降量分为两部分，如图 5-11 所示。图中 h 为复合地基加固区厚度，z_n 为地基变形计算深度。复合地基加固区的压缩量为 s_1，加固区下卧层土体［厚度为（z_n-h）］的压缩量为 s_2，复合地基总沉降量 s 表达式为

$$s=s_1+s_2 \tag{5-15}$$

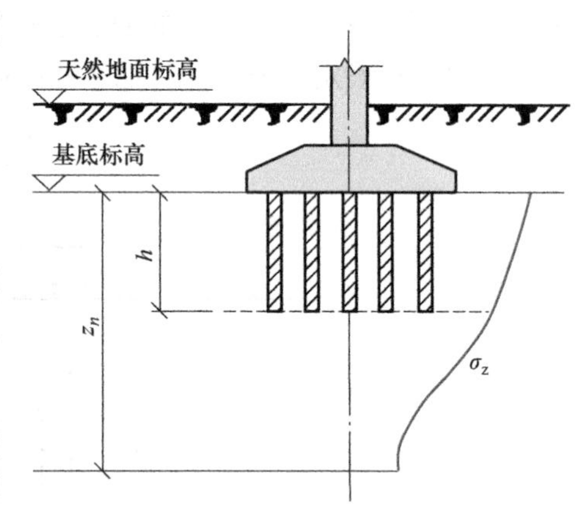

图 5-11 复合地基沉降计算

若复合地基设置有褥垫层，通常认为褥垫层压缩量很小，且在施工过程中已基本完成，故可以忽略不计。

复合地基沉降计算时应符合现行《建筑地基基础设计规范》的有关规定，地基变形计算深度应大于复合土层的深度。复合地基变形计算时，复合土层的分层与天然地基相同，复合土层的压缩模量按下列公式计算

$$E_{spi}=\zeta E_{si} \tag{5-16}$$

$$\zeta=\frac{f_{spk}}{f_{ak}} \tag{5-17}$$

式中 E_{spi}——第 i 层复合土层的压缩模量（MPa）；

E_{si}——第 i 层天然土层的压缩模量（MPa）；

ζ——复合土层的压缩模量提高系数；

f_{spk}——复合地基承载力特征值（kPa）；

f_{ak}——基础底面以下天然地基承载力特征值（kPa）。

采用分层总和法计算复合地基变形。地基内的应力分布，可采用各向同性均质线性变形体理论。其最终变形量可按下式计算

$$s=\psi_s(s_1'+s_2')=\psi_s\left[\sum_{i=1}^{m}\frac{p_0}{E_{spi}}(z_i\overline{\alpha_i}-z_{i-1}\overline{\alpha_{i-1}})+\sum_{i=m+1}^{n}\frac{p_0}{E_{si}}(z_i\overline{\alpha_i}-z_{i-1}\overline{\alpha_{i-1}})\right] \tag{5-18}$$

式中 s_1'——按分层总和法计算出的复合地基加固区的变形量（mm）；

s_2'——按分层总和法计算出的复合地基加固区下卧层土体的变形量（mm）；

ψ_s——复合地基沉降计算经验系数，可根据地区沉降观测资料统计值及经验确定；无地区经验时，可根据地基变形计算深度范围内压缩模量的当量值$\overline{E_s}$，按表5-1取值；

p_0——相应于作用的准永久荷载组合时基础底面的附加压力（kPa）；

m——地基变形计算深度范围内加固区所划分的土层数；

n——地基变形计算深度范围内所划分的土层数；

z_i、z_{i-1}——基础底面至第i层土、第$i-1$层土底面的距离（m）；

$\overline{\alpha_i}$、$\overline{\alpha_{i-1}}$——基础底面计算点至第i层土、第$i-1$层土底面范围内的平均附加应力系数。

地基变形计算深度范围内压缩模量的当量值$\overline{E_s}$，应按下式计算

$$\overline{E_s}=\frac{\sum_{i=1}^{n}A_i}{\sum_{i=1}^{m}\frac{A_i}{E_{spi}}+\sum_{i=m+1}^{n}\frac{A_i}{E_{si}}} \tag{5-19}$$

式中 A_i——第i层土附加应力系数沿土层厚度的积分值。

表5-1 沉降计算经验系数ψ_s

$\overline{E_s}$/MPa	4.0	7.0	15.0	20.0	35.0
ψ_s	1.0	0.7	0.4	0.25	0.2

典型地基处理工程——渝昆高铁软土路基CFG桩处理

连接重庆市与云南省昆明市的渝昆高速铁路，是国家《中长期铁路网规划》中“八纵八横”高速铁路主通道之一“京昆通道”的重要组成部分，途经重庆市、四川省、贵州省和云南省，由重庆西站至昆明南站，全长698.96km，设计速度350km/h，全线铺设无砟轨道。

高速铁路对路基工程工后沉降要求十分严格，无砟轨道一般地段工后沉降不超过15mm，路基与桥梁、隧道或横向结构物交界处的差异沉降不超过5mm。因此，当地基为软土、松软土时，必须采取工程措施以控制工后沉降。渝昆高铁沿线软土、松软土分布广泛，多属山间沟谷、湖积平原沉积，以淤泥、淤泥质土及软黏土为主，全线软土、松软土路基累计长度约10.9km。因CFG桩（水泥粉煤灰碎石桩）复合地基具有刚度大、工效高、工后变形小、沉降稳定快等特点，在渝昆高铁路基软基处理中得到了广泛的应用，沿线软土路基采用CFG桩、挖除换填为主的地基处理方案，浅层软土采取挖除换填合格填料，深层软土地基处理措施以CFG桩为主。

渝昆高铁应用CFG桩处治沿线软土路基保证了渝昆高铁的顺利通车，进一步完善国家综合立体交通网，强化成渝地区双城经济圈与滇中地区之间的联系，大幅压缩重庆至昆明的铁路旅行时间，极大改善沿线群众出行条件，促进沿线经济社会高质量发展。

地基处理工程相关专家简介

龚晓南（1964—），土木工程学专家，中国工程院院士。长期从事土力学及基础工程理论研究和工程实践，主要研究方向有地基处理技术及复合地基理论、基坑工程、岩土工程施工环境效应及对策、软黏土力学、既有建筑物地基加固及纠倾。在1992年出版的《复合地基》专著中，首次提出了广义复合地基理论框架和系统的复合地基理论体系，并于2002年出版了《复合地基理论及工程应用》，进一步发展了广义复合地基理论。2003年出版了《复合地基设计与施工指南》，促进复合地基技术应用。在水泥土桩荷载传递机理，强夯和强夯置换法、真空预压法加固地基机理等领域的研究成果推动了地基处理技术的发展。

思考题与习题

5-1 简述复合地基的定义和分类。

5-2 试述复合地基的作用机理。

5-3 简述复合地基的破坏模式。

5-4 何谓面积置换率？何谓桩土应力比？如何确定？

5-5 简述竖向增强体复合地基承载力的计算思路。

5-6 简述复合地基沉降计算方法。

挤密桩法 第6章

挤密桩法是以振动、冲击或带套管等方法成孔，然后向孔中填入砂、石、土（或灰土、二灰、水泥土）、石灰或其他材料，再加以振实而成为直径较大桩体的方法。按填入材料和施工工艺的不同，可分为砂石桩、土（或灰土）桩、石灰桩、水泥粉煤灰碎石桩、夯实水泥土桩和柱锤冲扩桩。挤密砂桩的“砂桩”与堆载预压的“砂井”在作用上也是有区别的。砂桩的作用主要是地基挤密，因而桩径较大，桩距较小。而砂井的作用主要是排水固结，所以井径较小，井距较大。

挤密桩属于柔性桩，而木桩、钢筋混凝土桩和钢桩属于刚性桩，两者的区别见表6-1。与后者不同，挤密桩主要靠桩管打入地基时对地基土的横向挤密作用，在一定的挤密功能作用下土粒彼此移动，小颗粒填入大颗粒的孔隙，颗粒间彼此紧靠，孔隙减小，此时土的骨架作用随之增强，从而使土的压缩性减小、抗剪强度提高。由于桩身本身具有较高的承载能力和较大的变形模量，且桩体断面较大，占松软土加固面积的20%~30%，故在黏性土地基加固时，桩体与桩周土组成复合地基，可共同承担建筑物的荷载。

表6-1 刚性桩与柔性桩的区别

刚性桩	柔性桩
应力大部分从桩尖开始扩散	应力从地基开始扩散，组成桩与土的复合地基
应力传到下卧层时还是很大	应力传到下卧层时很小
如松软土层很厚时，若无较好持力层，则沉降还可能会很大，沉降速度较慢	创造了排水条件，初期沉降快而大，而后期沉降小，并加快了沉降速度

6.1 砂石桩法

6.1.1 概述

碎石桩、砂桩和砂石桩总称为砂石桩，又称粗颗粒土桩，是指采用振动、冲击或水冲等方式在软弱地基中成孔后，再将碎石、砂或砂石挤压入已成的孔中，形成砂石所构成的密实桩体，并和原桩周土组成复合地基的地基处理方法。

砂石桩适用于挤密松散砂土、粉土、粉质黏土、素填土、杂填土等地基，以及用于可液化地基。饱和黏土地基，如对变形控制不严格，可采用砂石桩置换处理。对大型、重要的或场地地层复杂的工程，以及对于处理不排水抗剪强度不小于20kPa的饱和黏性土和饱和黄土地基，应在施工前通过现场试验确定其适用性。

砂石桩早期主要用于挤密砂土地基，随着研究和实践的深化，特别是高效能专用机具如振冲器出现后，应用范围不断扩大，砂石桩填料也由砂扩展到砾及碎石。砂石桩处理可液化地基的有效性已为国内外不少实际地震和实验研究成果所证实。砂石桩用于处理软土地基，国内外也有较多的工程实例。但由于软黏土含水量高、透水性差，砂石桩很难发挥挤密效用，其主要作用是部分置换与软黏土构成复合地基，同时加速软土的排水固结，从而增大地基土的强度，提高软基的承载力。在软黏土中应用砂石桩有成功的经验，也有失败的教训。因而不少人对砂石桩处理软黏土持有异议，认为黏土透水性差，特别是灵敏度高的土在成桩过程中，土中产生的孔隙水压力不能迅速消散，同时天然结构受到扰动将导致其抗剪强度降低，如置换率不够高是很难获得可靠的处理效果的；此外，认为如不经过预压，处理后地基仍将发生较大的沉降，对沉降要求严格的建筑物结构难以满足允许的沉降要求。所以，用砂石桩处理饱和软黏土地基，应按建筑结构的具体条件区别对待，最好是通过现场试验后再确定是否采用。

6.1.2 加固机理

1. 对松散砂土和粉土的加固机理

砂石桩法加固砂性土地基的主要目的是提高地基土承载力、减少变形和增强抗液化性。

砂石桩加固砂土地基抗液化的机理主要有下列三方面作用：

（1）挤密作用　砂土和粉土属于单粒结构，其组成单元为松散粒状体，渗透系数大，一般大于 10^{-4}cm/s。单粒结构在松散状态时，颗粒的排列位置是极不稳定的，在动力和静力作用下会重新进行排列，趋于较稳定的状态。即使颗粒的排列接近较稳定的状态，在动力和静力作用下也将发生位移，改变其原来的排列位置。松散砂土在振动力作用下，其体积可减少20%。

对挤密砂桩和碎石桩的沉管法或干振法，由于在成桩过程中桩管对周围砂层产生很大的横向挤压力，桩管中的砂挤向桩管周围的砂层，使桩管周围的砂层孔隙比减小，密实度增大，这就是挤密作用。有效挤密范围可达3~4倍桩直径。

对振冲挤密法，在施工过程中由于水冲使松散砂土处于饱和状态，砂土在强烈的高频强迫振动下产生液化并重新排列致密，且在桩孔中填入大量粗骨料后，被强大的水平振动力挤入周围土中，这种强制挤密使砂土的密实度增加，孔隙比降低，干密度和内摩擦角增大，土的物理力学性能改善，使地基承载力大幅度提高，一般可提高2~5倍。同时，由于地基密实度显著提高，其抗液化的性能也得到改善。

（2）排水减压作用　对砂土液化机理的研究证明，当饱和松散砂土受到剪切循环荷载作用时，将发生体积的收缩和趋于密实，在砂土无排水条件时体积的快速收缩将导致超静孔隙水压力来不及消散而急剧上升。当砂土中有效应力降低为零时便形成了完全液化。碎石桩加固砂土时，桩孔内充填碎石（卵石、砾石）等反滤性好的粗颗粒料，在地基中形成渗透性能良好的人工竖向排水减压通道，可有效地消散和防止超静孔隙水压力的增大而导致砂土产生液化，并可加快地基的排水固结。

（3）砂基预震效应　美国 H. B. Seed 等人（1975 年）的试验资料表明，相对密度 D_r = 0.54 但受过预震影响的砂样，其抗液化能力相当于相对密度 D_r = 0.80 的未受过预震的砂样。即在一定应力循环次数下，当两试样的相对密度相同时，要造成经过预震的试样发生液化，所需施加的应力要比施加未经预震的试样引起液化所需应力值提高46%。从而得出了砂土液化特性除了与砂土的相对密度有关外，还与其振动应变史有关的结论。在振冲法施工时，振冲器以1450次/min振动频率、98m/s^{2}水平加速度和90kN激振力喷水沉入土中，施工过程使填土料和地基土在挤密的同时获得强烈的预震，这对砂土增强抗液化能力是极为有利的。

国外报道中指出只要小于0.074mm的细颗粒含量不超过10%，都可得到显著的挤密效应。根据经验数据，土中细颗粒含量超过20%时，振动挤密法对挤密而言不再有效。

2. 对黏性土的加固机理

（1）置换作用　密实的砂石桩在软弱黏性土中取代部分软弱黏性土，形成复合地基，使承载力有所提高，地基沉降减少。载荷试验和工程实践证明，砂石桩复合地基承受外荷载时，发生压力向砂石桩集中的现象，使桩周围土层承受的压力减少，沉降也相应减小。砂石桩复合地基与天然软弱黏性土地基相比，地基承载力增大率和沉降减小率与置换率成正比关系。根据日本的经验，地基沉降减少70%~90%；根据我国在淤泥质亚黏土和淤泥质黏土中形成的砂石桩复合地基的载荷试验，在同等荷载作用下，其沉降可比天然地基减少20%~30%。

（2）排水作用　如果在选用砂石桩材料时考虑级配，则所制成的砂石桩是黏土地基中一个良好的排水通道，它能起到排水砂井的效能，且大大缩短了孔隙水的水平渗透路径，加速软土的排水固结，使沉降稳定加快。

总之，采用砂石桩加固地基，除了能提高地基承载力、减少地基的沉降量，还能提高土体的抗剪强度，增大土坡的抗滑稳定性。国外通常将这类加固归属于“加筋法”范畴。

不论对疏松砂性土或软弱黏性土，砂石桩的加固作用有挤密、置换、排水、垫层和加筋五种作用。

6.1.3 设计计算

1. 处理范围

地基处理范围应根据建筑物的重要性和场地条件确定，宜在基础外缘扩大1~3排桩。对可液化地基，在基础外缘扩大宽度应不应小于可液化土层厚度的1/2，且不应小于5m。

2. 桩位布置

对大面积满堂基础和独立基础，可采用三角形、正方形、矩形布桩；对条形基础，可沿基础轴线采用单排布桩或对称轴线多排布桩；对于圆形或环形基础（如油罐基础）宜用放射形布置，如图6-1所示。

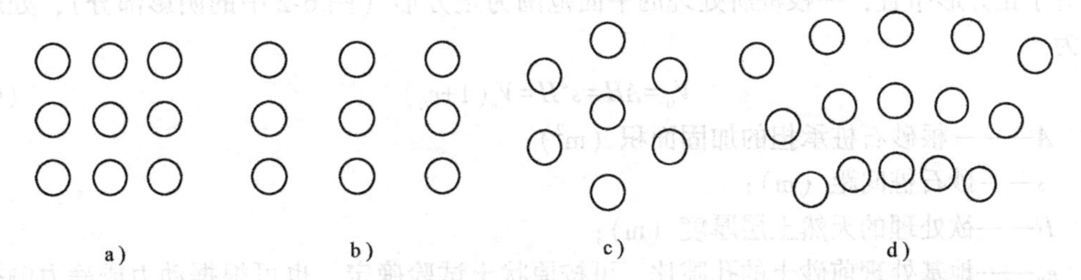

图6-1　桩位布置

a）正方形　b）矩形　c）等腰三角形　d）放射形

3. 桩长

砂石桩桩长可根据工程要求和工程地质条件，通过计算确定并应符合下列规定：

1）当相对硬土层埋深较浅时，可按相对硬层埋深确定。

2）当相对硬土层埋深较大时，应按建筑物地基变形允许值确定。

3）对按稳定性控制的工程，桩长应不小于最危险滑动面以下 2.0m 的深度。

4）对可液化地基，桩长应按要求处理液化的深度确定。

5）桩长不宜小于 4m。

4. 桩径

砂石桩直径可根据地基土质情况、成桩方式和成桩设备等因素确定，桩的平均直径可按每根桩所用填料量计算。振冲碎石桩桩径宜为 800~1200mm，沉管砂石桩桩径宜为 300~800mm。

5. 桩间距

砂石桩间距应通过现场试验确定。振冲碎石桩的桩间距应根据上部结构荷载大小和场地土层情况，并结合所采用的振冲器功率大小综合考虑。30kW 振冲器布桩间距可采用 1.3~2.0m；55kW 振冲器布桩间距可采用 1.4~2.5m；75kW 振冲器布桩间距可采用 1.5~3.0m；不加填料振冲挤密孔距可为 2.0~3.0m。沉管砂石桩的桩间距，不宜大于砂石桩直径的 4.5 倍。初步设计时，砂石桩的间距可按下述方法估算。

（1）松散粉土和砂土地基 对于砂性土地基，主要是从挤密的观点出发考虑地基加固中的设计问题。首先根据工程对地基加固的要求（如提高地基承载力、减少变形或抗地震液化等），确定要求达到的密实度和孔隙比，并考虑桩位布置形式，计算桩的间距。

考虑振密和挤密两种作用，平面布置为正三角形和正方形时，其加固剖面如图 6-2 所示。

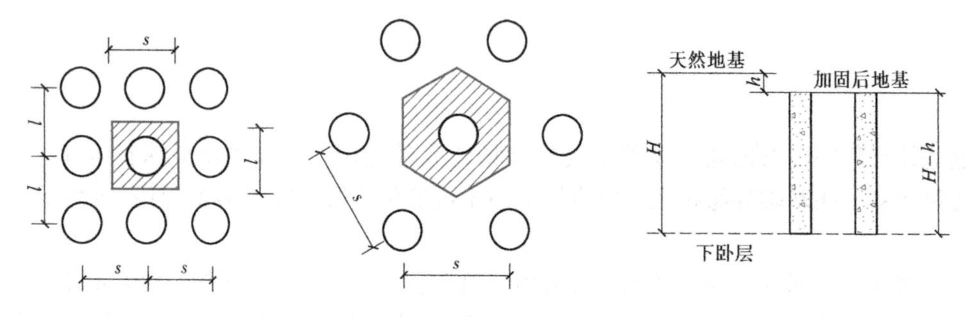

图 6-2 砂石桩挤密效果计算

对于正方形布置，一根桩所处理的平面范围为正方形（图 6-2 中的阴影部分），处理前体积为

$$V_0 = AH = s^2 H = V_s(1+e_0) \tag{6-1}$$

式中 A——一根砂石桩承担的加固面积（m^2）；

s——砂石桩间距（m）；

H——欲处理的天然土层厚度（m）；

e_0——地基处理前砂土的孔隙比，可按原状土试验确定，也可根据动力或静力触探等对比试验确定；

V_s——一根桩所承担处理范围内的土粒体积（m^3）。

处理后体积为

$$V_1=(A-A_p)(H-h)=\left(s^2-\frac{\pi}{4}d^2\right)(H-h)=V_s(1+e_1) \tag{6-2}$$

$$A_p=\frac{\pi d^2}{4} \tag{6-3}$$

式中 A_p——砂石桩的截面积（m^2）；

d——砂石桩平均直径（m）；

e_1——地基挤密后达到的孔隙比；

h——竖向变形（m），下沉时取正值，隆起时取负值，不考虑振动下沉密实作用时，$h=0$。

由式（6-1）~式（6-3）可得

$$\frac{V_1}{V_0}=\frac{1+e_1}{1+e_0}=\frac{\left(s^2-\frac{\pi}{4}d^2\right)(H-h)}{s^2H} \tag{6-4}$$

整理后得

$$s=\sqrt{\frac{\pi}{4}}d\sqrt{\frac{H-h}{\frac{e_0-e_1}{1+e_0}H-h}}=0.89d\sqrt{\frac{H-h}{\frac{e_0-e_1}{1+e_0}H-h}} \tag{6-5}$$

同理，正三角形布桩时

$$s=0.95d\sqrt{\frac{H-h}{\frac{e_0-e_1}{1+e_0}H-h}} \tag{6-6}$$

地基挤密后要求达到的孔隙比 e_1 可由下面两种方法确定：

1）按工程对地基承载力的要求，结合设计规范，给出砂土地基加固后要求达到的密实度，推算出加固后土的孔隙比。

2）根据工程对抗震的要求，确定砂石桩加固地基要求达到的相对密实度 D_r，按下式求得

$$e_1=e_{max}-D_r(e_{max}-e_{min}) \tag{6-7}$$

式中 D_r——地基挤密后要求砂土达到的相对密实度，可取 0.70~0.85；

e_{max}、e_{min}——砂土的最大、最小孔隙比，可按《土工试验方法标准》（GB/T 50123—2019）的有关规定确定。

现行《建筑地基处理技术规范》规定，按下列公式确定桩间距：

正方形布桩
$$s=0.89\xi d\sqrt{\frac{1+e_0}{e_0-e_1}} \tag{6-8}$$

正三角形布桩
$$s=0.95\xi d\sqrt{\frac{1+e_0}{e_0-e_1}} \tag{6-9}$$

式中 ξ——修正系数，当考虑振动下沉密实作用时，可取 1.1~1.2，不考虑振动下沉密实作用时，可取 1.0。

（2）黏性土地基

正方形布桩
$$s=\sqrt{A_e} \tag{6-10}$$

正三角形布桩
$$s=1.08\sqrt{A_e} \tag{6-11}$$

$$A_e=\frac{A_p}{m} \tag{6-12}$$

$$m=\frac{d^2}{d_e^2} \tag{6-13}$$

式中 m——面积置换率，一般为 0.2~0.4；

d_e——一根桩承担的地基处理面积的等效圆直径（m），正方形布桩时 $d_e=1.13s$，正三角形布桩时 $d_c=1.05s$，矩形布桩时 $d_e=1.13\sqrt{s_1s_2}$；

s、s_1、s_2——桩的间距、纵向间距和横向间距（m）。

6. 桩体材料

砂石桩桩体材料可就地取材。振冲桩桩体材料可采用含泥量不大于5%的碎石、卵石、矿渣或其他性能稳定的硬质材料，不宜使用风化易碎的石料。对30kW振冲器，填料粒径宜为20~80mm；对55kW振冲器，填料粒径宜为30~100mm；对75kW振冲器，填料粒径宜为40~150mm。沉管桩桩体材料可用含泥量不大于5%的碎石、卵石、角砾、圆砾、砾砂、粗砂、中砂或石屑等硬质材料，最大粒径不宜大于50mm。

7. 填料量

砂石桩桩孔内的填料量应通过现场试验确定，估算时可按设计桩孔体积乘以充盈系数 β 确定，β 可取 1.2~1.4。如施工中地面有下沉或隆起现象，则填料量应根据现场具体情况予以增减。

8. 垫层

桩顶和基础之间宜铺设厚度为300~500mm的垫层。垫层材料宜用中砂、粗砂、级配砂石和碎石等，最大粒径不宜大于30mm，其夯填度（夯实后的厚度与虚铺厚度的比值）不应大于0.9。

9. 砂石桩复合地基承载力特征值

砂石桩复合地基承载力特征值应通过现场复合地基荷载试验确定。初步设计时可采用式（5-5）估算，处理后桩间土承载力特征值，可按地区经验确定，如无经验时，对于一般黏性土地基，可取天然土地基承载力特征值，松散的砂土、粉土可取原天然地基承载力特征值的 1.2~1.5 倍；复合地基桩土应力比 n，宜采用实测值确定，无实测资料时，对于黏性土可取 2.0~4.0，对于砂土、粉土可取 1.5~3.0。

10. 沉降计算

砂石桩复合地基变形计算应符合现行《建筑地基基础设计规范》的有关规定。地基变形计算深度必须大于复合土层的深度。复合土层的分层与天然地基相同，各复合土层的压缩模量按现行《建筑地基处理技术规范》规定的确定竖向增强体复合地基复合土层压缩模量的方法确定。

11. 稳定性分析

对处理堆载场地地基，应进行稳定性计算。

【例 6-1】 已知某细砂土地基，测得土的天然重度 $\gamma=16\text{kN/m}^3$，含水量 $w=22.5\%$，土粒相对密度 $d_s=2.65$，最大孔隙比 $e_{max}=1.24$，最小孔隙比 $e_{min}=0.54$。该场地采用砂石桩加固后要求达到的相对密实度 $D_r=0.8$，若桩径 $d=0.7$m，采用正三角形布桩且不考虑振动下沉密实作用，试问桩间距 s 应该是多少？

解：(1) 计算初始孔隙比 e_0

$$e_0=\frac{d_s\gamma_w(1+w)}{\gamma}-1=\frac{2.65\times(1+22.5\%)\times10}{16}-1=1.03$$

(2) 地基挤密后达到的孔隙比 e_1

$$e_1=e_{max}-D_r(e_{max}-e_{min})=1.24-0.8\times(1.24-0.54)=0.68$$

(3) 桩间距 s

不考虑振动下沉密实作用，取 $\xi=1.0$

$$s=0.95\xi d\sqrt{\frac{1+e_0}{e_0-e_1}}=0.95\times1.0\times0.7\times\sqrt{\frac{1+1.03}{1.03-0.68}}\text{m}=1.60\text{m}$$

【例 6-2】 某地基土为淤泥质土，采用振冲碎石桩处理地基，桩间土地基承载力特征值 $f_{sk}=80\text{kPa}$，桩土应力比 n 为 3，要求砂石桩复合地基承载力特征值 f_{spk} 达到 120kPa，假定桩径 $d=0.8\text{m}$，若采用正方形布桩，试问桩间距 s 应该是多少？采用正三角形布桩，试问桩间距 s 又应该是多少？

解：(1) 求置换率 m

由式（5-5）得
$$m=\frac{\frac{f_{spk}}{f_{sk}}-1}{n-1}=\frac{\frac{120}{80}-1}{3-1}=0.25$$

(2) 一根砂石桩承担的加固面积 A_e

砂石桩截面积 A_p
$$A_p=\frac{\pi}{4}d^2=\frac{\pi}{4}\times0.8^2\text{m}^2=0.50\text{m}^2$$

由式（6-12）得
$$A_e=\frac{A_p}{m}=\frac{0.502}{0.25}\text{m}^2=2.01\text{m}^2$$

(3) 桩间距 s

正方形布桩，由式（6-10）得 $s=\sqrt{A_e}=\sqrt{2.01}\text{m}=1.42\text{m}$

正三角形布桩，由式（6-11）得 $s=1.08\sqrt{A_e}=1.08\times\sqrt{2.01}\text{m}=1.53\text{m}$

6.1.4 施工

碎石桩振动法施工

砂石桩施工可以采用振冲法、沉管法、冲击法、振动法等。下面主要介绍以下两种施工方法：振冲法和沉管法。

1. 振冲法

振冲法是指在振冲器和高压水的共同作用下，使松砂土层振密，或在软弱土层中成孔，然后回填碎石等粗粒料形成桩柱，并和原地基组成复合地基的处理方法。

振冲法适用于处理松散砂土、粉土、粉质黏土、素填土和杂填土等地基。对于处理不排水抗剪强度不小于 20kPa 的饱和黏性土和饱和黄土地基，应在施工前通过现场试验确定其适用性。不加填料振冲挤密法适用于处理黏粒含量不大于 10%的中砂、粗砂地基，在初步设计阶段宜进行现场工艺试验，确定不加填料振密的可行性。对大型的、重要的或场地地层复杂的工程，在施工前应通过现场试验确定其适用性。

振冲法是砂石桩的主要施工方法之一。它是以起重机吊起振冲器（见图6-3），起动潜水电动机后，带动偏心块，使振冲器产生高频振动，同时开动水泵，使高压水通过喷嘴喷射高压水流，在边振边冲的联合作用下，将振冲器沉到土中的设计深度。经过清孔后，就可从地面向孔中逐段填入碎石，每段填料均在振动作用下被振挤密实，达到所要求的密实度后提升振冲器，如此重复填料和振密，直至地面，从而在地基中形成一根大直径的和很密实的桩体。

图6-3 振冲器

（1）施工机具 振冲器是振冲法施工的主要机具，国产振冲器主要技术参数见表6-2。振冲施工时可根据设计荷载的大小、原土强度的高低、设计桩长等条件选用不同功率的振冲器。施工前应在现场进行试验，以确定水压、振密电流和留振时间等各种施工参数。在临近既有建筑物场地施工时，为减少振动对建筑物的影响，宜用功率较小的振冲器。

表6-2 国产振冲器主要技术参数

技术指标		型号					
		ZCQ13	ZCQ30	ZCQ55	ZCQ75C	ZCQ100	ZCQ125
潜水电机	功率/kW	13	30	55	75	100	125
	转速/(r/min)	1450	1450	1460	1460	1460	1480
振动机体	偏心力矩/(N·m)	14.89	38.5	55.4	68.3	83	90
	激振力/kN	35	90	130	160	190	220
	头部振幅/mm	3	4.2	5.6	7.5	7	6
振冲器外径/mm		273	351	351	426	402	402
全长/mm		1965	2150	2790	3162	3214	3638
总质量/kg		800	980	1040	1220	1520	1800

升降振冲器的机械可用起重机、自行井架式施工平车或其他合适的设备。一般常用8~25t的汽车式起重机，可振冲5~20m长桩。施工设备应配有电流、电压和留振时间自动信号仪表。

（2）施工步骤

1）清理平整施工场地，布置桩位。

2）施工机具就位，使振冲器对准桩位。

3）起动水泵和振冲器，水压宜为200~600kPa，水量宜为200~400L/min，将振冲器徐徐沉入土中，成孔速度宜为0.5~2.0m/min，直至达到设计深度。记录振冲器经各深度的水压、电流和留振时间。

4）成孔后边提升振冲器边冲水至孔口，再放至孔底，重复2~3次，扩大孔径并使孔内泥浆变稀，开始填料制桩。

5）大功率振冲器投料不提出孔口，小功率振冲器下料困难时，可将振冲器提出孔口投料，每次填料厚度不宜大于500mm。将振冲器沉入填料中进行振密制桩，当电流达到规定的密实电流值和规定的留振时间后，将振冲器提升300~500mm。

6）重复以上步骤，自下而上逐段制作桩体直至孔口，记录各段深度的填料量、最终电流值和留振时间，并均应符合设计规定。

7）关闭振冲器和水泵。

（3）施工顺序 施工顺序如图6-4所示，宜按直线逐点逐行进行。

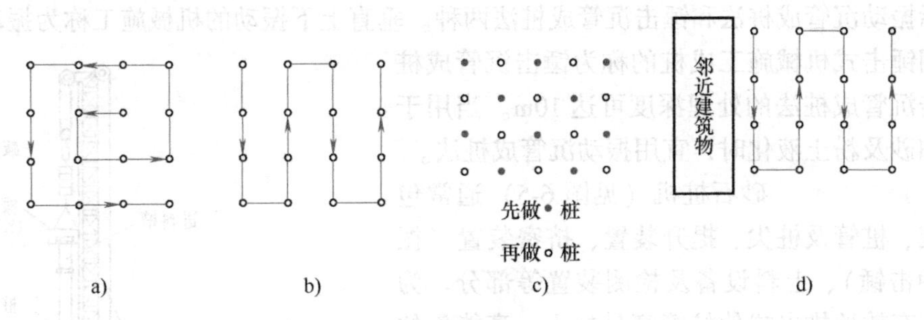

图6-4 桩位布置

a）由里向外 b）一边向另一边 c）间隔跳打 d）减少对邻近建筑物的影响

（4）施工要点

1）为了保证桩顶部的密实，振冲前开挖基坑时应在桩顶高程以上预留一定厚度的土层。一般30kW振冲器应留0.7~1.0m，75kW振冲器应留1.0~1.5m，当基槽不深时可振冲后开挖。

2）采用不加填料振冲挤密，30kW功率振冲器振密深度不宜超过7m，75kW功率振冲器振密深度不宜超过15m。不加填料振冲挤密宜采用大功率振冲器，为了避免成孔时塌砂将振冲器抱住，下沉速度宜快，成孔速度宜为8~10m/min，到达深度后，宜将射水量减至最少，留振至密实电流达到规定值时，上提0.5m，逐段振密直至孔口，每米振密时间约1min。在粗砂中施工，如遇下沉困难，可在振冲器两侧增焊辅助水管，加大成孔水量，降低成孔水压。

3）要保证振冲桩的质量，必须控制好密实电流、填料量和留振时间。

首先，控制加料振密过程中的密实电流。成桩时勿将振冲器刚接触填料时的瞬时电流作为密实电流，瞬时电流并不能真正反映填料的密实程度。只有让振冲器在某一深度处振动一定时间（称为留振时间）而电流稳定在某一数值，这一稳定电流才能代表填料的密实程度。只有稳定电流超过规定的密实电流值，该段桩体才算制作完毕。

其次，控制填料量。加料时宜“少吃多餐”，即勤加料，但每批不宜加得过多。在制作最深处桩体时，为达到规定的密实电流所需的填料远比制作其他部分桩体多。有时这段桩体的填料量可占整根桩总填料量的1/4~1/3。这是因为初始阶段加的料有相当一部分从孔口向孔底下落过程中黏附在孔壁上，只有少量能落到孔底。另一个原因是如果控制不当，压力水有可能造成超深，从而导致填料量剧增。再有一个原因就是孔底遇到了事先不知的局部软弱土层，这也能使填料数量超过正常用量。

4）在有些砂垫层中施工，常要连续快速提升振冲器，电流始终保持密实电流。如广东新沙港水中吹填的中砂，振前标准贯入击数N为3~7击，设计要求振冲后$N \geqslant 15$击，采用正三角形布孔，桩距为2.5m，密实电流为100A，经振冲后达到$N > 20$击。

5）施工现场应事先开设泥水排放系统，或组织好运浆车辆将泥浆运至预先安排好的存放地点，应设置沉淀池，重复使用上部清水。

6）桩体施工完毕后，应将顶部预留的松散桩体挖除，铺设垫层并压实。

2. 沉管法

沉管法过去主要用于制作砂桩，近年来已开始用于制作碎石桩，这是一种干法施工。沉管法包括振动沉管成桩法和锤击沉管成桩法两种。垂直上下振动的机械施工称为振动沉管成桩法，用锤击式机械施工成桩的称为锤击沉管成桩法，锤击沉管成桩法的处理深度可达10m。当用于消除粉细砂及粉土液化时，宜用振动沉管成桩法。

（1）施工机具 砂石桩机（见图6-5）通常包括桩机架、桩管及桩尖、提升装置、挤密装置（振动锤或冲击锤）、上料设备及检测装置等部分。为了使砂石有效地排出或使桩管容易打入，高能量的振动式砂石桩机配有高压空气或水的喷射装置，同时配有自动记录桩贯入深度、提升量、压入量、管内砂石位置及变化（灌砂石量和排砂石量）、电动机电流变化等检测装置。

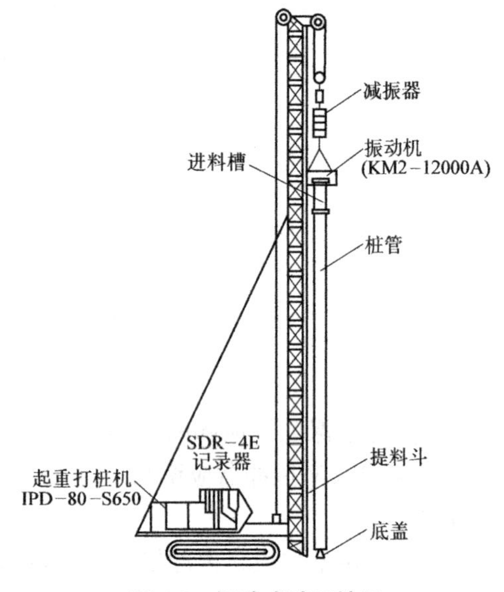

图6-5 振动式砂石桩机

可用的砂石桩施工机械类型很多，除专用机械外，还可利用一般的打桩机改装，砂石桩机械主要可分为两类，即振动式砂石桩机和锤击式砂石桩机。此外，也有振捣器或叶片状加密机，但应用较少。常用成孔机械的性能见表6-3。

表6-3 常用成孔机械的性能

分类	型号名称	技术性能		适用桩孔直径/cm	最大桩孔深度/m	备注
		锤质量/t	落距/cm			
柴油锤打桩机	D_1-6	0.6	187	30~35	5~6.5	安装在拖拉机或履带式起重机上行走
	D_1-12	1.2	170	35~45	6~7	
	D_1-18	1.8	210	45~57	6~8	
	D_1-25	2.5	250	50~60	7~9	
电动落锤	电动落锤	锤质量（0.75~1.5）×10^3kg		30~45	6~7	
	打桩机	落距100~200mm				
振动沉桩机	7~8t振动沉桩机	激振力70~80kN		30~35	5~6	安装在拖拉机或履带式起重机上行走
	10~15t振动沉桩机	激振力100~150kN		35~40	6~7	
	15~20t振动沉桩机	激振力150~200kN		40~50	7~8	
冲击成孔机	YKC-30	卷筒提升力30kN	冲击重25kN	50~60	>10	轮胎式行走
	YKC-20	卷筒提升力15 kN	冲击重10 kN	40~50	>10	

（2）施工步骤

1）振动沉管成桩法施工有一次拔管法、逐步拔管法和重复压拔管法三种，比较常用的是重复压拔管法。其成桩步骤如下：

① 移动桩机及导向架，桩管及桩尖对准桩位。

② 起动振动锤，桩管下沉至规定的深度。

③ 向桩管内投入规定数量的砂石料（根据施工试验的经验，为了提高施工效率，装砂石也可在桩管下沉到便于装料的位置时进行）。

④ 将桩管提升一定的高度（下砂石顺利时提升高度不超过1~2m），提升时桩尖自动打开，桩管内的砂石料流入孔内。

⑤ 降落桩管，利用振动及桩尖的挤压作用使砂石密实。

⑥ 重复④、⑤工序，桩管上下运动，砂石料不断补充，砂石桩不断增高。

⑦ 桩管提至地面，砂石桩完成。

施工中，电动机工作电流的变化反映挤密程度及效率。电流达到一定不变值，继续挤压不会产生挤密效能。施工中不可能及时进行效果检测，因此按成桩过程的各项参数对施工进行控制是重要的环节，必须予以重视，有关记录是质量检验的重要资料。

2）锤击沉管成桩法施工有单管法和双管法两种，但单管法难以发挥挤密作用，故一般宜用双管法。双管法的施工根据具体条件选定施工设备，也可临时组配。其施工成桩过程如图6-6所示：

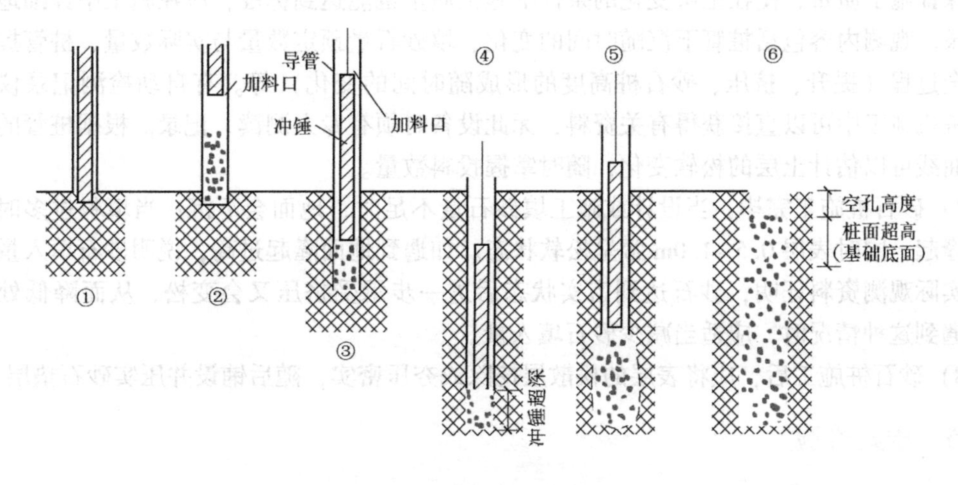

图6-6 锤击沉管法制桩工艺

① 将内外管安放在预定的桩位上，将用作桩塞的砂石投入外管底部。

② 以内管为锤，冲击砂石塞，靠摩擦力将外管打入预定的深度。

③ 固定外管，将砂石塞压入土中。

④ 提升内管，并向外管投入砂石料。

⑤ 边提外管边用内管将砂石冲出，挤压土层。

⑥ 重复④、⑤工序，待外管拔出地面，砂石桩完成。

其他施工控制和检测记录参照振动法施工的有关规定。

此法优点是砂石的压入量可随意调节，施工灵活，特别适合小规模工程。

(3) 施工顺序 对砂土地基，砂石桩主要起挤密作用，应间隔（跳打）进行，并宜由外围或两侧向中间推进；对黏性土地基，砂石桩主要起置换作用，为了保证设计的置换率，宜从中间向外围或隔排施工；在既有建（构）筑物邻近施工时，为了减少对邻近既有建（构）筑物的振动影响，应背离建（构）筑物方向进行。

（4）施工要点

1）施工前应进行成桩工艺和成桩挤密试验。当成桩质量不能满足设计要求时，应调整施工参数后，重新进行试验或设计。

2）振动沉管法施工，应根据沉管和挤密情况，控制填砂石量、提升高度和速度、挤压次数和时间、电动机的工作电流等。锤击沉管成桩法挤密应根据锤击能量，控制分段的填砂石量和成桩的长度。

3）砂石桩顶部施工时，由于上覆压力较小，因而对桩体的约束力较小，桩顶形成一个松散层，加载前应加以处理（挖除或碾压）才能减少沉降量，有效地发挥地基作用。

4）施工时桩位偏差不应大于套管外径的30%，套管垂直度允许偏差应为±1%。

5）施工中应选用能顺利出料和有效挤压桩孔内砂石料的桩尖结构。当采用活瓣桩靴时，对砂土和粉土地基宜选用尖锥形；对黏性土地基宜选用平底形；一次性桩尖可采用混凝土锥形。

6）施工场地土层可能不均匀，土质多变，处理效果不能直接看到，也不能立即测出。为了保证施工质量，使在土层变化的条件下施工质量也能达到标准，应在施工中详细地观测和记录。观测内容包括桩管下沉随时间的变化、填砂石量预定数量与实际数量、桩管提升和挤压全过程（提升、挤压、砂石桩高度的形成随时间的变化）等。有自动检测记录仪器的砂石桩机施工中可以直接获得有关资料，无此设备时须有专人测读、记录。根据桩管的下沉时间曲线可以估计土层的松软变化，随时掌握投料数量。

7）砂石桩施工完毕，当设计或施工填砂石量不足时，地面会下沉；当填料过多时，地面会隆起，同时表层0.5~1.0m常呈松软状态。如遇到地面隆起过高，说明砂石填入量不适当。实际观测资料证明，砂石达到密实状态后进一步承受挤压又会变松，从而降低处理效果。遇到这种情况时，应适当减少砂石填入量。

8）砂石桩施工后，应将表层的松散层挖除或夯压密实，随后铺设并压实砂石垫层。

6.1.5 质量检验

应在施工期间及施工结束后，检查砂石桩的施工记录。对沉管法，尚应检查套管往返挤压振动次数与时间，套管升降幅度和速度，每次填砂石料量等各项施工记录。如有遗漏或不符合规定的桩或振冲点，应补桩或采取有效的补救措施。

施工后，应间隔一定时间方可进行质量检验。对粉质黏土地基不宜少于21d，对粉土地基不宜少于14d，对砂土和杂填土地基，不宜少于7d。

施工质量的检验，对桩体可采用重型动力触探试验；对桩间土可采用标准贯入、静力触探、动力触探或其他原位测试等方法；对消除液化的地基检验应采用标准贯入试验。桩间土质量的检测位置应在等边三角形或正方形的中心。检验深度不应小于地基处理深度，检测数量不应少于桩孔总数的2%。

竣工验收时，地基承载力检验应采用复合地基静载荷试验，试验数量不应少于总桩数的1%，且每个单体建筑不应少于3点。对不加填料振冲加密处理的砂土地基，竣工验收承载力检验应采用标准贯入、静力触探、动力触探、载荷试验或其他合适的试验方法。检验点应选择在有代表性或地基土质较差地段，并位于振冲点围成的单元形心处及振冲点中心处。检验数量可为振冲点数量的1%。总数不应少于5点。

6.1.6 砂石桩加固地基工程实例

1. 砂石桩加固砂性土地基工程实例

（1）工程概况　茂名石油化工公司拟在南海之滨的2个储油码头兴建2座30000m³（编号为15和16）、6座20000m³（编号为17~22）和4座50000m³（编号为9~12）的油罐，罐体直径分别为37m、44m、60m，均属于浮顶罐。对于容量为20000~50000m³的油罐，基底压力一般为200~250kPa。油罐地基变形允许值应满足以下条件：①对于直径为30~40m（或40~60m）的油罐，其平面倾斜——指过油罐中心两端不均匀沉降与油罐直径之比$\Delta s/d$（d为油罐直径）必须小于0.5%（或0.4%）；②非平面倾斜——指沿罐壁圆周方向任意10m周长沉降差不应大于25mm。如果径向不均匀沉降超过允许值，则阻碍浮顶升降，影响油罐正常使用。沿周边不均匀沉降超过允许值时，则可导致罐底板与壁板焊缝拉裂，发生漏油事故。因此，对于建在软弱地基上的大型浮顶油罐，关键是寻求一种经济合理、技术可靠的地基处理方法，以满足油罐正常使用对地基变形的严格要求。

（2）工程地质条件　工程位于广东茂名地区，地震基本烈度为Ⅶ度，工程地质勘察报告表明场地水文地质条件较复杂，岩土工程条件属中等偏复杂类型，地基上部以松散的砂性土为主。其中50000m³油罐场地各土层的主要物理力学性质指标见表6-4。20000m³、30000m³油罐场地土层组成与50000m³油罐场地基本相似，不同之处在于：前者的①层厚度较薄，①-1层为细砂，②层淤泥质土只有在16号油罐局部存在，同时，基岩面起伏较大，埋藏较浅。另外，17号油罐场地上有一个池塘，用砂土回填压实后再加固。由标准贯入试验资料判定，2个场地大部分细砂层不易产生液化，只有少数点可能产生液化。

（3）振冲挤密砂桩地基处理设计　根据工程地质勘察报告，油罐场地地基上部有较厚的松散、稍密~中密的细砂层存在，该层承载力较低，局部可能产生液化现象，部分油罐地基夹有软土层。因此，地基处理的主要目的是：提高上部砂层的承载力，消除液化可能性，减少地基总沉降和不均匀沉降。

表6-4　地基各土层物理力学性质指标

<table>
<tr><th>层号</th><th>土层名称</th><th>状　态</th><th>厚度/m</th><th>重度γ/(kN/m³)</th><th>含水量w(%)</th><th>孔隙比e</th><th>压缩模量E_s/MPa</th><th>黏聚力c/kPa</th><th>内摩擦角φ/(°)</th></tr>
<tr><td>①-1</td><td>中砂</td><td>松散</td><td>2.6~6.5</td><td rowspan="3">19.4</td><td rowspan="3">20.9</td><td rowspan="3">0.668</td><td>10.00</td><td></td><td></td></tr>
<tr><td>①-2</td><td>细砂</td><td>松散~稍密</td><td>1.9~10.2</td><td>25.59</td><td></td><td></td></tr>
<tr><td>①-3</td><td>细砂</td><td>中密</td><td>1.35~7.4</td><td>30.00</td><td></td><td></td></tr>
<tr><td>①-4</td><td>粉土、粉质黏土</td><td></td><td>局部</td><td>18.0</td><td>37.7</td><td>1.059</td><td>3.45</td><td>30.7</td><td>12.3</td></tr>
<tr><td>②</td><td>淤泥质、粉质黏土</td><td>流塑，局部软塑</td><td>0~3.3</td><td>17.3</td><td>41.6</td><td>1.199</td><td>0.580</td><td>9.1</td><td>10.1</td></tr>
<tr><td rowspan="2">③</td><td rowspan="2">粉土或含砂粉土</td><td rowspan="2">中密~密实</td><td rowspan="2">0.5~5.0</td><td>20.7</td><td>17.2</td><td>0.520</td><td>8.12</td><td>35.5</td><td>12.7</td></tr>
<tr><td>20.3</td><td>19.2</td><td>0.585</td><td>10.70</td><td>59.4</td><td>14.4</td></tr>
<tr><td>④</td><td>细砂、含黏土粉细砂</td><td>较密实</td><td>0.5~3.5</td><td>21.2</td><td>14.1</td><td>0.456</td><td>11.48</td><td>28.3</td><td>27.1</td></tr>
</table>

（续）

层号	土层名称	状 态	厚度/m	重度γ/(kN/m^3)	含水量w(%)	孔隙比e	压缩模量E_s/MPa	黏聚力c/kPa	内摩擦角φ/(°)
⑤	粉土、粉质黏土	可塑~硬塑	1.2~4.1	21.5	14.8	0.424	7.88	40.8	12.1
⑥	砂质黏性土	硬塑~坚硬	0.9~15.8	19.2	21.5	0.698	5.38	24.7	22.7
⑦-1	强风化基岩	半岩半土状	1.2~17.4						

确定砂性地基承载力和判断是否液化，在我国较多地借助于标准贯入试验，因其直观性和便于操作，地基处理后加固效果的检测也常用此方法，同时，标贯击数N与地基承载力和土体压缩模量E_s等存在着一定的关系，目前已经给出了一些经验公式。因此，设计以地基处理前后的标贯击数来进行桩距计算，并对沉降量进行验算。对于20000m^{3}油罐地基处理后要求达到的标贯击数N_1为16；而对于30000m^3、50000m^{3}油罐，N_1为18。

参考以往的工程经验和施工设备条件，挤密砂石桩的直径定为0.48m，桩长以穿透疏松土层为准。由于部分油罐地基淤泥质粉质黏土埋藏较深，在某些局部，桩长由淤泥质粉质黏土层的埋深决定。桩距由以下3种方法确定：

1）不考虑施工过程竖向振动密实影响的桩距设计。

2）考虑施工过程竖向振动密实影响的桩距设计。

3）考虑多因素影响的挤密砂石桩距设计。

振冲挤密砂石桩采用正三角形布置，油罐范围内桩长见表6-5，另在油罐以外5m范围内布置桩长为7m的挤密砂石桩，油罐环墙基础下的振动挤密砂石桩桩长增加为16~18m，以加强地基的稳定性和抗液化能力。

表6-5　各油罐振动挤密砂石桩设计计算结果

油罐编号	桩距/m	置换率（%）	桩长/m
9	1.6	8.2	12.0
10	1.5	9.3	12.0
11	1.7	7.2	13.0
12	1.7	7.2	13.5
15	1.7	7.2	12.5
16	1.6	8.2	13.0
17	1.4	10.7	12.5
18	1.6	8.2	13.0
19	1.5	9.3	14.0
20	1.6	8.2	15.0
21	1.5	9.3	14.0
22	1.6	8.2	13.0

（4）加固效果检测与分析

1）标准贯入试验。图6-7为50000m^{3}油罐地基处理前、后标贯击数N值的变化规律。对处理前、后标贯击数N的变化进行比较，可以看出：

① 处理后加固深度范围内的砂性土 N 值明显增大，远远大于处理前的相应值，表明加固效果是明显的。

② 对于黏性土层以及含有淤泥的软弱夹层，处理后土层结构受扰动较大，标贯击数有不同程度的下降，一般均低于处理前的标贯击数。主要原因是该土层一般黏粒含量较高，挤密效果不明显，反而受扰动影响，出现标贯击数下降。

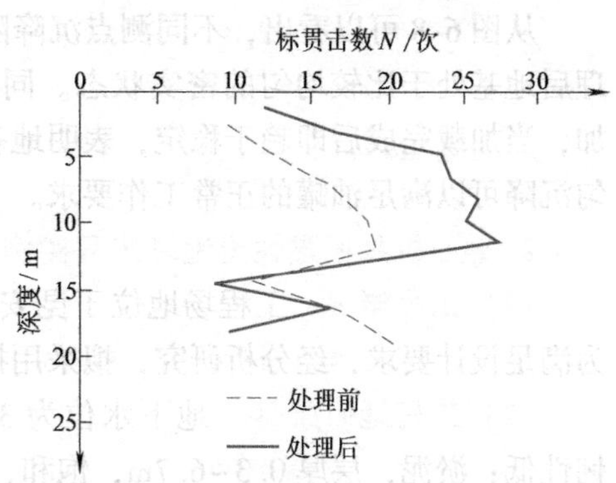

图 6-7 50000^3 油罐处理前、后 N 值变化规律

2）表面波法。表面波试验结果表明，地基处理后土体模量有明显提高，加固效果较好。但由于淤泥质粉质黏土层较薄，表面波法未能体现出夹层处变形模量的变化。与天然地基相比，加固后地基的压缩模量提高了 0.5~1 倍，尤其对下层砂土效果更为明显。

3）复合地基载荷试验。为了检验振动挤密砂桩加固效果，在现场进行了复合地基载荷试验，使用的载荷板尺寸为 70.7cm×70.7cm×3cm，压物重 280kN。利用 p-s 曲线，采用相对沉降法来确定复合地基承载力特征值。根据现行《建筑地基处理技术规范》，对以粉土、砂土或杂填土为主的地基，可取 $s/b=0.015$ 所对应的荷载为复合地基承载力特征值，为安全起见，偏于保守地取 $s/b=0.01$ 对应的荷载为复合地基承载力特征值，此时对应的沉降 $s=7$mm。由 p-s 曲线图求出的复合地基承载力特征值见表 6-6。处理后的地基承载力特征值均大于设计要求的 220kPa，而且从试验得到的 p-s 曲线图可以看出，地基处理后各处的承载力相差不大，土体处于均匀的密实状态。

表 6-6 各油罐地基处理后地基承载力

油罐编号	16	19	20	21	22
复合地基承载力特征值/kPa	350	355	370	330	420

4）沉降观测。为了保证油罐在施工和使用过程中的稳定和安全，对处理后的地基进行了沉降观测。图 6-8 为 15 号油罐充水预压期间的沉降-时间关系曲线，测点沿罐壁圆周方向均匀布置。

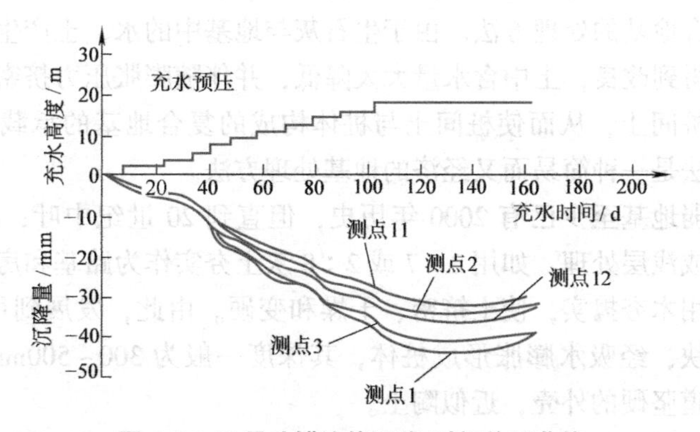

图 6-8 15 号油罐边缘沉降-时间关系曲线

从图6-8可以看出，不同测点沉降随时间变化规律基本相似，各测点沉降相差很小，处理后地基处于比较均匀的密实状态。同时，由图6-8可见，沉降随加载过程基本以线性增加，当加载完成后即趋于稳定，表明地基处理后土体的压缩性有明显的改善，其沉降和不均匀沉降可以满足油罐的正常工作要求。

2. 砂石桩加固黏性土地基工程实例

(1) 工程概况　工程场地位于昆安高速公路L标，该标段软土分布广泛且面积较大。为满足设计要求，经分析研究，拟采用振动沉管挤密砂石桩处理方案。

(2) 工程地质条件　地下水位为3.0m，各层土的特性如下：粉土，层厚0.3~2.5m，韧性低；淤泥，层厚0.3~6.7m，饱和，软塑；淤泥质粉土，层厚0.9~7.5m，饱和，稍密；圆砾，揭露最大层厚3.6m，饱和，稍密~中密。软基在未处理前，通过检测得知该处承载力特征值仅85kPa，不能满足设计所需。

(3) 设计计算

1) 桩身材料。桩身选用级配良好的中粗砾石，直径为5~60mm，不均匀系数不小于5，曲率系数为1~3。

2) 桩径、桩长。桩径为500mm，桩长8.5m。

3) 桩间距。根据类似经验和试桩确定桩间距为1.1m。

4) 桩位布置。为了使地基挤密较为均匀，采用等边三角形满堂布置。

5) 施工顺序。为了减少桩间土向外的侧向变形限制、大面积土体的隆起、断桩以及连续施打可能造成的桩径被挤扁或缩颈等现象的出现，采用从中心向外推进，隔桩跳打的施工顺序。

(4) 质量检验　根据实际情况和研究需要，采用现场原位载荷试验和重型动力触探对地基处理的效果进行检验和评定。检测结果表明，处理后的复合地基承载力可达220kPa，比天然软土地基承载力大，满足设计需要。

6.2 石灰桩法

6.2.1 概述

石灰桩法是指由生石灰与粉煤灰等掺合料拌和均匀，在孔内分层夯实形成竖向增强体，并与桩间土组成复合地基的处理方法。由于生石灰与地基中的水、土产生一系列化学、物理作用，使土的结构得到改良，土中含水量大大降低，并伴随膨胀压力挤密土体。又由于桩体结硬后强度远高于桩间土，从而使桩间土与桩体构成的复合地基的承载力提高，沉降量减少。因此，石灰桩法是一种简易而又经济的地基处理方法。

用石灰加固软弱地基至少已有2000年历史，但直到20世纪中叶，不论在我国或在国外，大多属于表层或浅层处理，如用3∶7或2∶8灰土夯实作为路基和房基；或将生石灰块直接投入软土层，用木夯捣实，使土挤密、干燥和变硬。由此，发展到用木槌在土中冲孔，在孔中投入生石灰块，经吸水膨胀形成桩体，其深度一般为300~500mm，形状上大下小，桩周土往往形成一道坚硬的外壳，近似陶土。

我国于1953年开始对石灰桩进行了研究，当时天津大学与天津市等单位对生石灰的基本性质、加固机理、设计和施工等方面进行了系统的研究，限于当时条件，施工为手工操作，桩径仅100~200mm，长度仅为2m，又因发现桩中心软弱等问题，研究未能继续。直到1981年，江苏省建筑设计院对东南沿海地区的大面积软土地基采用生石灰与粉煤灰掺合料进行了加固研究；其后，浙江省建筑科学研究所和湖北省、陕西省建筑科学研究设计院等单位相继开展了石灰桩的试验和工程应用研究。此外，陕西省于1986年将石灰桩与碱液灌注桩组合用于消除黄土的湿陷性，达到良好的效果。铁四院于1984年研究开发了“深层搅拌法”——石灰柱法，试制成功深层喷射搅拌机，成功的用于加固铁路路基和涵洞地基。据不完全统计，我国目前有超过千栋建（构）筑物采用了石灰桩复合地基，建筑面积近300万m^2。

在国外，20世纪60年代期间，美、德、英、法、苏联、日、瑞典、澳大利亚等国纷纷开展石灰桩处理软土地基的研究和应用。其中石灰桩应用最多，技术最发达的是日本，其石灰桩施工自动化程度高，桩长和桩径都很大，拓宽了应用领域。

我国广泛分布的江、河、滨海冲积层、滨湖区近代湖积层及冲积层多为黏性软弱土、颗粒细小、有机物含量高，上部有较厚的淤泥或泥炭土，下部为砂土或黏土互层。这类地区的地基采用石灰桩加固最适宜。

按用料特征和施工工艺的分类方法如下：

（1）石灰桩法（块灰灌入法） 石灰桩法是采用钢套管成孔，然后在孔中灌入新鲜生石灰块，或在生石灰块中掺入适量的水硬性掺和料和火山灰，一般的经验配合比为8∶2或7∶3。在拔管的同时振密或捣密，利用生石灰吸取桩周土体中水分进行水化反应，此时生石灰的吸水、膨胀、发热及离子交换作用，使桩四周土体的含水量降低、孔隙比减小，使土体挤密和桩体硬化。桩和桩间土共同承受荷载，成为一种复合地基。

（2）石灰柱法（粉灰搅拌法） 粉灰搅拌法是粉体喷射搅拌法的一种。所用的原材料是石灰粉，通过特制的搅拌机将石灰粉加固料与原位软土搅拌均匀，促使软土硬结，形成石灰（土）柱。

（3）石灰浆压力喷注法 石灰浆压力喷注法是压力注浆法的一种，它是采用压力将石灰浆或石灰—粉煤灰浆喷注于地基的孔隙内或预先钻好的钻孔内，使灰浆在地基土中扩散和硬凝，形成不透水的网状结构层，从而达到加固目的。此法可用于处理膨胀土，借以减少膨胀潜势和隆起；加固破坏的堤岸岸坡；整治易松动下沉的铁路路基等，此法在国内很少应用。

6.2.2 加固机理

石灰桩的加固机理可从桩间土、桩身和复合地基三方面进行分析。

1. 桩间土加固机理

石灰桩成孔过程中，对桩间土的挤密及生石灰吸水发生的消化反应、胶凝反应，均能改善桩间土的结构，提高土体强度。

（1）成孔挤密 石灰桩施工时是由振动钢管下沉而成孔，使桩间土产生挤压和排土作用，其挤密效果与土质、上覆压力及地下水状况等有密切关联。一般地基土的渗透性越大，打桩挤密效果越好；挤密效果在地下水位以上比地下水位以下为好。然而，对灵敏度高的饱和软弱黏土，成桩过程中非但不能挤密桩间土，而且还会破坏土的结构，促使土的强度降低。室内模拟试验表明：对于饱和软黏土，石灰桩成桩后地面隆起占总灌灰体积的70%~90%，如加上侧向挤出，则成桩过程中桩对软黏土挤密效果更小。

（2）膨胀挤密　生石灰桩打入土中，首先发生消化反应，吸水、发热、产生体积膨胀，直到桩内的毛细吸力达到平衡为止，使桩间土受到强大的挤压力，这对地下水位以下软黏土的挤密起主导作用。生石灰体积膨胀的主要原因是固体崩解，颗粒表面积增大，表面附着物增多，使固体颗粒体积也增大。体积膨胀与生石灰磨细度、水胶比、熟化温度、有效钙含量和外部约束有关。生石灰越细，膨胀就越小；熟化温度高时体积膨胀也大；有效钙含量高的石灰体积膨胀大，外部约束小时体积膨胀大。测试结果表明：根据生石灰质量高低，在自然状态下熟化后其体积可增大为原来的1.5~3.5倍。

（3）脱水挤密　软黏土的含水量一般为40%~80%，1kg生石灰的消解反应要吸收0.32kg的水。同时，由于反应中放出大量热量提高了地基土的温度，实测桩间土的温度在50℃以上，使土产生一定的汽化脱水，从而使土中含水量下降，孔隙比减小，土颗粒靠拢挤密，在所加固区的地下水位也有一定的下降。

（4）胶凝作用　由于生石灰吸水生成的$Ca(OH)_2$中一部分与土中二氧化硅和氧化铝产生化学反应，生成水化硅酸钙、水化铝酸钙等水化产物。水化物对土颗粒产生胶结作用，使土聚集体积增大，并趋于紧密。同时加固土黏粒含量减少，说明颗粒胶结作用从本质上改变了土的结构，提高了土的强度，而土体的强度将随龄期的增长而增加。

（5）离子交换　土的微小颗粒具有一定的胶体性质，它们一般带有负电荷，表面吸附一定数量的钠、氢、钾等低价阳离子（N_a^+、H^+、K^+）。石灰是一种强电解质，在土中加入石灰后，$Ca(OH)_2$水化生成的钙离子（Ca^{2+}）与黏土矿物中的钠、氢、钾离子产生离子交换作用，原来的钠（钾）土变成钙土，土颗粒表面所吸附的离子由一价变成了二价，减少了土颗粒表面吸附水膜的厚度，使土粒相互之间更为接近，分子引力增加，许多单个土粒聚成小团粒，组成一个稳定结构，在石灰桩表层形成一个强度很高的硬壳层。

2. 桩身加固机理

以纯生石灰做原料的石灰桩，生石灰水化后，石灰桩的直径可膨胀到原来所填直径的1.1~1.5倍，如充填密实、纯氧化钙的含量很高，则生石灰重度可达11~12kN/m³。

在古老建筑中所挖出来的石灰桩里，曾发现过桩周呈硬壳而中间呈软膏状态的石灰桩。这是因为石灰桩的脱水挤密作用使桩周土的孔隙比减少，含水量降低，加上石灰桩和桩间土的化学作用，在桩周形成一圈类似空心桩的较硬土壳。这类桩的作用是使土脱水挤密加固，而不是使桩起承重作用。因此，对形成石灰桩的要求，应既要能把桩周土中的水吸干，又要能防止桩自身的软化。为此，可通过下述途径来提高石灰桩的强度，克服桩中心软弱的问题：

1）必须要求石灰桩应具有一定的初始密度，而且吸水过程中有一定的压力，限制其自由胀发。当填充的初始重度为11.7kN/m³，上覆压力大于50kPa时，石灰吸水并不软化。

2）加大充盈系数（如1.6~1.7），提高石灰含量或缩短桩距，进一步约束桩的胀发，也可提高桩的密实度。

3）桩顶采用黏土封顶，可限制由于石灰膨胀而隆起，同样可起到提高桩身密实度的作用。

4）利用砂填石灰桩的孔隙，使胀发后的石灰桩本身比胀发前密实，但并不减弱桩身的排水固结作用。

5）采用掺合料（粉煤灰、火山灰、钢渣或黏性土）也可防止石灰桩的软心，粉煤灰的掺入量一般占石灰桩质量的15%~30%。当桩身由生石灰和粉煤灰组成时，由于生石灰与含有较多的Al_2O_3、SiO_2和Fe_2O_3的粉煤灰混合后，生石灰吸水膨胀，放热及离子交换作用，促进化学反应生成具有强度和水硬性的水化硅酸钙、水化铝酸钙和水化铁酸钙，埋在土中的强度随龄期增长，这种方法既利用了工业废料，又克服了石灰桩桩身的软化，还解决了石灰桩在地下水位以下的硬化问题。

根据试验分析结果，石灰桩桩体的渗透系数一般为10^{-5}~10^{-3}cm/s，即相当于细砂。由于石灰桩桩距较小，一般为2~3倍桩体直径，水平排水路径很短，具有较好的排水固结作用。建筑物沉降观测记录表明，建筑竣工开始使用，其沉降已基本稳定，沉降速率在0.04mm/d左右。

3. 复合地基

由于石灰桩桩体较桩间土具有更大的强度（抗压强度约为500kPa），在与桩间土形成复合地基中具有桩体作用。当承受荷载时，桩上将产生应力集中现象。根据国内实测数据，石灰桩复合地基的桩土应力比一般为2.5~5.0。

石灰桩法适用于处理饱和黏性土、淤泥、淤泥质土、素填土和杂填土等地基，用于地下水位以上的土层时，宜增加掺合料的含水量并减少生石灰用量，或采取土层浸水等措施。

6.2.3 设计计算

1. 桩径、桩位及布置

石灰桩成孔直径应根据设计要求及所选用的成孔方法确定，常用300~400mm，可按等边三角形或矩形布桩，桩中心距可取2~3倍成孔直径。石灰桩可布置在基础底面下，当基底土的承载力特征值小于70kPa时，宜在基础以外布置1~2排围护桩。

2. 桩长

桩的长度取决于石灰桩的加固目的、上部结构条件及成孔机具。

1）若石灰桩加固只是为了形成一层压缩性较小的垫层，则桩长可较小，一般可取2~4m。

2）若加固是为了减少沉降，则需要较长的桩。如果为了解决深层滑动问题，也需要较长的桩，保证桩长穿过滑动面。

3）洛阳铲成孔时桩长不宜超过6m；机械成孔管外投料时，桩长不宜超过8m，螺旋钻成孔及管内投料时，可适当增加桩长。

4）石灰桩桩端宜选在承载力较高的土层中。在深厚的软弱地基中采用“悬浮桩”时，应减少上部结构重心与基础形心的偏心，必要时宜加强上部结构及基础的刚度。

5）地基处理深度应根据岩土工程勘察资料及上部结构设计要求确定。应按现行《建筑地基基础设计规范》验算下卧层承载力和地基变形。

3. 桩体材料

石灰桩的主要固化剂为生石灰，掺合料宜优先选用粉煤灰、火山灰、炉渣等工业废料。生石灰与掺合料的配合比宜根据地质情况确定，生石灰与掺合料的配合比可选用1∶1或1∶2，对于淤泥、淤泥质土等软土可适当增加生石灰用量，桩顶附近生石灰用量不宜过大。

当掺石膏和水泥时，掺加量为生石灰用量的3%~10%。

4. 垫层

当地基需要排水通道时，可在桩顶上设200~300mm厚的砂石垫层。

5. 石灰桩桩复合地基承载力特征值

石灰桩复合地基承载力特征值不宜超过160kPa，当土质较好并采取保证桩身强度的措施，经过试验后可以适当提高。石灰桩复合地基承载力特征值应通过单桩或多桩复合地基静载荷试验确定，初步设计时也可采用单桩和处理后桩间土承载力特征值，按下式估算

$$f_{spk}=mf_{pk}+(1-m)f_{sk} \tag{6-14}$$

式中　f_{spk}——石灰桩复合地基承载力特征值（kPa）；

f_{pk}——石灰桩桩身抗压强度比例界限值，宜通过单桩竖向载荷试验测定，初步设计时，可取350~500kPa，土质软弱时取低值（kPa）；

f_{sk}——桩间土承载力特征值，取天然地基承载力特征值的1.05~1.2倍，土质软弱或置换率大时取高值（kPa）；

m——面积置换率，桩面积按1.1~1.2倍成孔直径计算，土质软弱时取高值。

6. 沉降计算

石灰桩处理后的地基变形应按现行《建筑地基基础设计规范》的有关规定进行计算。变形经验系数ψ_s可按地区沉降观测资料及经验确定。

石灰桩复合土层的压缩模量宜通过桩身及桩间土压缩试验确定，初步设计时可按下式估算

$$E_{sp}=\alpha[1+m(n-1)]E_s \tag{6-15}$$

式中　E_{sp}——复合土层压缩模量（MPa）；

α——系数，可取1.1~1.3，成孔对桩周土挤密效应好或置换率大时取高值；

E_s——天然土压缩模量（MPa）；

n——桩土应力比，可取3~4，长桩取大值。

6.2.4　施工

1. 成桩

（1）成孔　石灰桩施工可采用洛阳铲或机械成孔。机械成孔方法分为沉管法、冲击法及螺旋钻进法。

1）沉管法是最常用的成孔方法。使用柴油或振动打桩机将带有特制桩尖的钢管桩打入土层中，达到设计深度后，缓慢拔出桩管即成桩孔。沉管法成孔的孔壁光滑规整，挤密效果和施工技术都比较容易控制和掌握，成孔最大深度由于受桩架高度所限制，一般不超过8m。

2）冲击法成孔是使用冲击钻机将质量为$(0.6\sim3.2)\times10^3$kg的锥形钻头提升0.5~2.0m高度后自由落下，反复冲击，使土层成孔。冲击法成孔的孔径大，孔深不受机架高度的限制，同一套设备既可成孔，又可填夯。

3）螺旋钻进法成孔的优点是：不使用冲洗液，符合石灰桩施工要求；钻进时不断向孔壁挤压，可使孔壁保持稳定；可一次成孔，不需要升降工序；可进行深孔钻进，桩孔深度不受设备限制；钻进效率高，每小时效率可高达几十米。

（2）填夯　成桩时可采用人工夯实、机械夯实、沉管反插、螺旋反压等工艺。填料时

必须分段压（夯）实，人工夯实时，每段填料厚度不应大于400mm。管外投料或人工成孔填料时应采取措施减少地下水渗入孔内的速度，成孔后填料前应排除孔底积水。

（3）封顶 石灰桩宜留500mm以上的孔口高度，并用含水量适当的黏性土封口，封口材料必须夯实，封口标高应略高于原地面。石灰桩桩顶施工标高应高出设计桩顶标高100mm以上。

2. 施工顺序

石灰桩一般是在加固范围内施工时，先外排后内排；先周边后中间；单排桩应先施工两端后中间，并按每间隔1~2孔的施工顺序进行，不允许由一边向另一边平行推移。

如是对既有建筑物地基加固，其施工顺序应由外及里地进行；如邻近建筑物或紧贴水源边，可先施工部分“隔断桩”将其施工区隔开；对很软的黏性土地基，应先在较大间距打石灰桩，过四周后再按设计间距补桩。

3. 施工要点

1）施工前应做好场地排水设施，防止场地积水。

2）石灰材料应选用新鲜生石灰块，有效氧化钙含量不宜低于70%，粒径不应大于70mm，含粉（消石灰）量不宜超过15%。掺合料应保持适当的含水量，使用粉煤灰或炉渣时含水量宜控制在30%左右。无经验时宜进行成桩工艺试验，确定密实度的施工控制指标。

3）进入场地的生石灰应有防水、防雨、防风、防火措施，宜做到随用随进。

4）桩位偏差不宜大于$0.5d$（d为石灰桩直径）。

5）应建立完善的施工质量和施工安全管理制度，根据不同的施工工艺制定相应的技术保证措施。及时做好施工记录，监督成桩质量，进行施工阶段的质量检测。

6）石灰桩施工时应采取防止冲孔伤人的有效措施，确保施工人员的安全。

6.2.5 质量检验

石灰桩施工检测宜在施工7~10d后进行；竣工验收检测宜在施工28d后进行。

施工检测可采用静力触探、动力触探或标准贯入试验。检测部位为桩中心及桩间土，每两点为一组。检测组数不少于总桩数的1%。

石灰桩地基竣工验收时，承载力检验应采用复合地基载荷试验。载荷试验数量宜为地基处理面积每$200m^2$左右布置1个点，且每一单体工程不应少于3点。

6.3 土挤密桩法和灰土挤密桩法

6.3.1 概述

土挤密桩法或灰土挤密桩法是指利用横向挤压成孔设备，使桩间土得以挤密，用素土或灰土填入桩孔内分层夯实形成土桩或灰土桩，并与桩间土组成复合地基的地基处理方法。

土挤密桩法1934年首创于苏联，主要用以消除黄土地基的湿陷性，至今仍为俄罗斯及东欧一些国家处理湿陷性黄土地基的主要方法。我国自20世纪50年代中期在西北黄土地区开始土挤密桩法的试验和应用，并于60年代中期在土挤密桩法的基础上试验成功灰土挤密桩法。自70年代初期以来，土挤密桩法和灰土挤密桩法逐步在陕、甘、晋和豫西等省区推广应用，取得了显著的技术经济效益。同时，各地区又结合当地条件，在桩孔填料、施工工艺和应用范围等方面有所发展，如利用工业废料的粉煤灰掺石灰（二灰桩）、矿渣掺石灰（灰渣桩）及废砖渣桩等。目前，灰土挤密法已成功地用于50m以上高层建筑地基的处理，基底压力超过400kPa，处理深度有的超过15m。

土（或灰土）挤密桩适用于处理地下水位以上的粉土、黏性土、素填土、杂填土和湿陷性黄土等地基，可处理地基的厚度宜为3~15m。当以消除地基土的湿陷性为主要目的时，可选用土挤密桩。当以提高地基土的承载力或增强其水稳性为主要目的时，宜选用灰土挤密桩。当地基土的含水量大于24%，饱和度大于65%时，应通过试验确定其适用性。对重要工程或在缺乏经验的地区，施工前应按设计要求在有代表性的地段进行现场试验。

6.3.2 加固机理

1. 挤密作用

土（或灰土）桩挤压成孔时，桩孔位置原有土体被强制侧向挤压，使桩周一定范围内的土层密实度提高。单个桩孔外侧土挤密效果试验表明，孔壁附近土的干密度ρ_d接近或超过其最大干密度ρ_{dmax}，即压实系数$\lambda_c>1$。其挤密影响半径通常为（1.5~2.0）d（d为桩孔直径）。相邻桩孔间挤密效果试验表明，在相邻桩孔挤密区交界处挤密效果相互叠加，桩间土中心部位的密实度增大，且桩间土的密度变得均匀，桩距越近，叠加效果越显著。合理的相邻桩孔中心距为2~3倍桩孔直径。

土的天然含水量和干密度对挤密效果影响较大，当含水量接近最优含水量时，土呈塑性状态，挤密效果最佳。当含水量偏低，土呈坚硬状态，有效挤密区变小。当含水量过高时，由于挤压引起超静孔隙水压力，土体难以挤密，且孔壁附近土的强度因受扰动而降低，拔管时容易出现缩颈等情况。土的天然干密度越大，则有效挤密范围越大；反之，则有效挤密区较小，挤密效果较差。土质均匀则有效挤密范围大，土质不均匀则有效挤密范围小。

土体的天然孔隙比对挤密效果有较大影响，当$e=0.90\sim1.20$时，挤密效果好，当$e<0.8$时，一般情况下土的湿陷性已消除，没有必要采用挤密地基，故应持慎重态度。

2. 灰土性质作用

（1）灰土桩 灰土桩是用石灰和土按一定体积比例（2∶8或3∶7）拌和，并在桩孔内夯实挤密后形成的桩，这种材料在化学性能上具有气硬性和水硬性，由于石灰内带正电荷钙离子与带负电荷黏土颗粒相互吸附，形成胶体凝聚，并随灰土龄期增长，土体固化作用提高，使土体强度逐渐增加。在力学性能上，它可达到挤密地基效果，提高地基承载力，消除湿陷性，使沉降均匀并减小沉降量。

（2）双灰桩 在地基加固中采用火电厂的粉煤灰，多数采用湿灰。粉煤灰中含有较多的焙烧后的氧化物。粉煤灰与一定量的石灰和水拌和后，由于石灰的吸水膨胀和放热反应，产生一系列复杂的硅铝酸和水硬性胶凝物质，使其相互填充于粉煤灰孔隙间，胶结成密实坚硬类似水泥水化物块体，从而提高了双灰桩的强度，同时由于双灰中氢氧化钙晶体的作用，有利于石灰粉煤灰的水稳性。

3. 桩体作用

在灰土桩挤密地基中，由于灰土桩的变形模量远大于桩间土的变形模量（灰土的变形模量为$E_0=29\sim36$MPa，相当于夯实素土的2~10倍），荷载向桩上产生应力集中，从而降低了基础底面以下一定深度内土中的应力，消除了持力层内产生大量压缩变形和湿陷变形的不利因素。此外，由于灰土桩对桩间土能起侧向约束作用，限制土的侧向移动，桩间土只产生竖向压密，使压力与沉降始终呈线性关系。

土桩挤密地基由桩间挤密土和分层填夯的素土桩组成，土桩桩体和桩间土均为被机械挤密的重塑土，两者属于同类土料，物理力学指标无明显差异。土桩挤密地基可视为厚度较大的素土垫层。

6.3.3　设计计算

1. 处理范围

土挤密桩和灰土挤密桩处理地基的面积，应大于基础或建筑物底层平面的面积，并应符合下列规定：

1）当采用局部处理时，超出基础底面的宽度：对非自重湿陷性黄土、素填土和杂填土等地基，每边不应小于基底宽度的0.25倍，并不应小于0.5m；对自重湿陷性黄土地基，每边不应小于基底宽度的75%倍，并不应小于1.0m。

2）当采用整片处理时，超出建筑物外墙基础底面外缘的宽度，每边不宜小于处理土层厚度的1/2，并不应小于2.0m。

2. 处理深度

土挤密桩和灰土挤密桩处理地基的深度，应根据建筑场地的土质情况、工程要求和成孔及夯实设备等综合因素确定。对湿陷性黄土地基，应符合现行《湿陷性黄土地区建筑规范》的有关规定，见表6-7。

表6-7　土（或灰土）桩处理深度

建筑物分类	处理深度规定
甲类建筑	① 消除地基全部湿陷量或穿透全部湿陷性地基； ② 非自重湿陷性黄土场地，应将基础底面以下附加压力与上覆土的饱和自重压力之和大于湿陷起始压力的所有土层进行处理，或处理至地基压缩层的深度止； ③ 自重湿陷性黄土场地，应处理基础底面以下的全部湿陷性黄土层
乙类建筑	① 非自重湿陷性黄土场地，不应小于地基压缩层深度的2/3，且下部未处理湿陷性黄土层的湿陷起始压力值不应小于100kPa； ② 自重湿陷性黄土场地，不应小于湿陷性土层深度的2/3，且下部未处理湿陷性黄土层的剩余湿陷量不应大于150mm； ③ 如基础宽度大或湿陷性黄土层厚度大，处理地基压缩层深度的2/3或全部湿陷性黄土层深度的2/3确有困难时，在建筑物范围内应采用整片处理。其处理厚度：在非自重湿陷性黄土场地不应小于4m，且下部未处理湿陷性黄土层的湿陷起始压力值不宜小于100kPa；在自重湿陷性黄土场地不应小于6m，且下部未处理湿陷性黄土层的剩余湿陷量不宜大于150mm
丙类建筑	① 当地基湿陷等级为Ⅰ级时：对单层建筑可不处理地基；对多层建筑，地基处理厚度不应小于1m，且下部未处理湿陷性黄土层的湿陷起始压力值不宜小于100kPa； ② 当地基湿陷等级为Ⅱ级时：在非自重湿陷性黄土场地，对单层建筑，地基处理厚度不应小于1m，且下部未处理湿陷性黄土层的湿陷起始压力值不宜小于80kPa；对多层建筑，地基处理厚度不宜小于2m，且下部未处理湿陷性黄土层的湿陷起始压力值不宜小于100kPa；在自重湿陷性黄土场地，地基处理厚度不应小于2.50m，且下部未处理湿陷性黄土层的剩余湿陷量，不应大于200mm； ③ 当地基湿陷等级为Ⅲ级或Ⅳ级时，对多层建筑宜采用整片处理，地基处理厚度分别不应小于3m或4m，且下部未处理湿陷性黄土层的剩余湿陷量，单层及多层建筑均不应大于200mm

3. 桩间距及桩位布置

桩孔直径宜为300~600mm，并可根据所选用的成孔设备或成孔方法确定。

桩孔宜按等边三角形布置（见图6-9），桩孔之间的中心距离可取桩孔直径的2~3倍，也可按下式估算

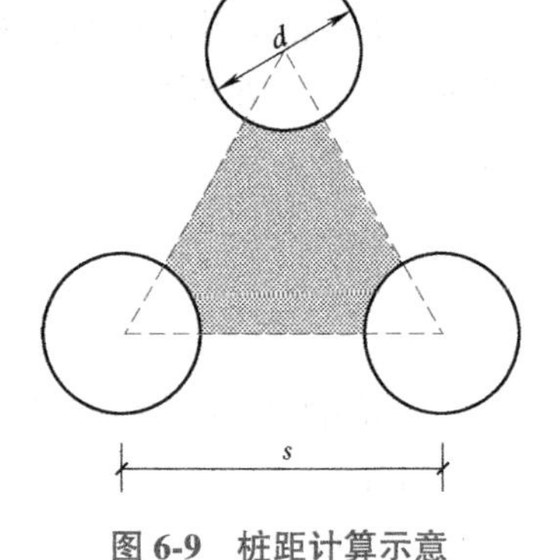

图6-9 桩距计算示意

$$s=0.95d\sqrt{\frac{\bar{\eta}_c\rho_{dmax}}{\bar{\eta}_c\rho_{dmax}-\bar{\rho}_d}} \tag{6-16}$$

$$\bar{\eta}_c=\frac{\bar{\rho}_{d1}}{\rho_{dmax}} \tag{6-17}$$

式中 s——桩孔之间的中心距离（m）；

d——桩孔直径（m）；

ρ_{dmax}——桩间土的最大干密度（10^3kg/m^3）；

$\bar{\rho}_d$——地基处理前土的平均干密度（10^3 kg/m^3）；

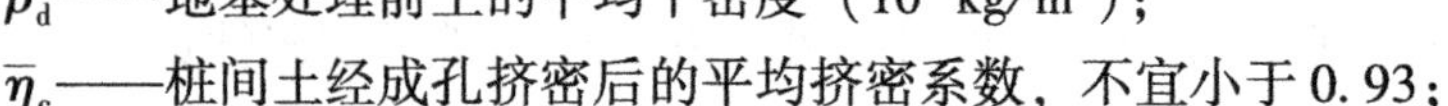

$\bar{\eta}_c$——桩间土经成孔挤密后的平均挤密系数，不宜小于0.93；

$\bar{\rho}_{d1}$——在成孔挤密深度内，桩间土的平均干密度（10^3 kg/m^3），平均试样数不应少于6组。

4. 桩孔数量

桩孔数量可按下式估算

$$n=\frac{A}{A_e} \tag{6-18}$$

$$A_e=\frac{\pi}{4}d_e^2 \tag{6-19}$$

式中 n——桩孔数量；

A——拟地基处理面积（m^2）；

A_e——一根土（灰土）挤密桩所承担的地基处理面积（m^2）；

d_e——一根桩所承担的地基处理面积的等效直径（m），桩孔按等边三角形布置时，$d_e=1.05s$，桩孔按正方形布置时，$d_e=1.13s$。

5. 桩体填料夯实密度及配合比

桩孔内的填料，应根据工程要求或处理地基的目的确定，桩体的夯实质量宜用平均压实系数$\bar{\lambda}_c$控制。当桩孔内用灰土或素填土分层回填、分层夯实时，桩体内的平均压实系数$\bar{\lambda}_c$不应小于0.97，其中压实系数最小值不应低于0.93。

桩孔内的灰土填料，其消石灰与土的体积配合比，宜为2∶8或3∶7。土料宜选用粉质黏土，土料中的有机质含量不应超过5%，且不得含有冻土，渣土垃圾粒径不超过15mm。石灰可选用新鲜的消石灰或生石灰粉，粒径不应大于5mm。消石灰的质量应合格，有效CaO和MgO的含量不低于60%。

6. 垫层

桩顶标高以上应设置300~600mm厚的2∶8灰土垫层，其压实系数不应低于0.95。

7. 土（或灰土）挤密桩复合地基承载力特征值

土（或灰土）挤密桩复合地基承载力特征值应通过复合地基静载荷试验或采用增强体

静载荷试验结果和其周边土的承载力特征值结合经验确定。初步设计时，可采用式（5-5）及式（5-6）进行估算。桩土应力比应按试验或地区经验确定。灰土挤密桩复合地基的承载力特征值，不宜大于处理前天然地基承载力特征值的2.0倍，且不宜大于250kPa；对土挤密桩复合地基的承载力特征值，不宜大于处理前天然地基承载力特征值的1.4倍，且不宜大于180kPa。

8. 沉降计算

土挤密桩和灰土挤密桩复合地基变形计算应符合现行《建筑地基基础设计规范》的有关规定。地基变形计算深度必须大于复合土层的深度。复合土层的分层与天然地基相同，各复合土层的压缩模量按现行《建筑地基处理技术规范》规定的确定竖向增强体复合地基复合土层压缩模量的方法确定。

【例6-3】 某自重湿陷性黄土地基上建一座7层住宅，外墙基础底面边缘尺寸15m×45m，采用等边三角形布置灰土挤密桩，满堂处理其湿陷性，处理厚度4m，孔径0.4m，已知桩间土 $\rho_{dmax}=1.75\times10^3 kg/m^3$，地基处理前土的平均干密度 $\bar{\rho}_d=1.35\times10^3 kg/m^3$，要求桩间土经成孔挤密后的平均挤密系数 $\bar{\eta}_c$ 达0.95，试求所需桩孔数？

解：由式（6-16）得桩孔中心距 s

$$s=0.95d\sqrt{\frac{\bar{\eta}_c\rho_{dmax}}{\bar{\eta}_c\rho_{dmax}-\bar{\rho}_d}}=0.95\times0.4\times\sqrt{\frac{0.95\times1.75\times10^3}{0.95\times1.75\times10^3-1.35\times10^3}}=0.88m$$

拟地基处理面积 A $\quad A=(15+2\times2)\times(45+2\times2)=931m^3$

一根桩所承担的地基处理面积的等效直径 d_e $\quad d_e=1.05s=1.05\times0.88m=0.92m$

一根桩所承担的地基处理面积 A_e $\quad A_e=\frac{\pi}{4}d_e^2=\frac{3.14}{4}\times0.92^2m^2=0.66m^2$

所需桩孔数 n $\quad n=\frac{A}{A_e}=\frac{931}{0.66}=1410.6\approx1411$

6.3.4 施工

灰土挤密桩施工

1. 成桩

（1）施工准备

1）成孔施工时，地基土宜接近最优（或塑限）含水量，当土的含水量低于12%时，宜对拟处理范围内的土层进行增湿，应于地基处理前4~6d将需增湿的水通过一定数量和一定深度的渗水孔，均匀地浸入拟处理范围的土层中。增湿土的加水量可按下式估算

$$Q=V\bar{\rho}_d(w_{op}-\bar{w})k \tag{6-20}$$

式中 Q——计算加水量（kg）；

V——拟加固土的总体积（m^3）；

$\bar{\rho}_d$——地基处理前土的平均干密度（kg/m^3）；

w_{op}——土的最优含水量（%），通过室内击实试验求得；

$\bar{w}$——地基处理前土的平均含水量（%）；

k——损耗系数，可取1.05~1.10。

2）桩顶设计标高以上的预留覆盖土层厚度宜符合下列要求：沉管（振动或锤击）成孔不宜小于0.5m；冲击成孔和钻孔夯扩法成孔不宜小于1.2m。

（2）成孔和孔内回填夯实　成孔应按设计要求、成孔设备、现场土质和周围环境等情况选用沉管（振动或锤击）、冲击或钻孔等方法。成孔和孔内回填夯实施工应符合下列要求：

1）成孔和孔内回填夯实的施工顺序：当整片处理地基时，宜从内（或中间）向外间隔1~2孔依次进行，对大型工程，可采取分段施工；当局部处理地基时，宜从外向内间隔1~2孔依次进行。

2）向孔内填料前，孔底应夯实，并应检查桩孔的直径、深度和垂直度。孔中心距允许偏差应为桩距的±5%；桩孔的垂直度允许偏差应为±1%。

3）经检验合格后，应按设计要求，向孔内分层填入筛好的素土、灰土或其他填料。土料的有机质含量不应大于5%，且不得含有冻土和膨胀土，使用时应过10~20mm筛，混合料含水量应满足最优含水量要求，允许偏差应为±2%，土料和水泥要拌和均匀，并应分层夯实至设计标高。

桩孔填料夯实机目前有两种：一种是偏心轮夹杆式夯实机；另一种是采用电动卷扬机提升式夯实机。前者可上、下自动夯实，后者需用人工操作。

夯锤一般采用下端呈抛物线形、锤体呈梨形或长形的锤，其质量不小于100kg。夯锤直径应小于桩孔直径100mm左右，使夯锤自由下落时将填料夯实。填料时，每一锹料夯击一次或两次，夯锤落距一般在600~700mm，每分钟夯击25~30次，桩长6m的桩可在15~20min内完成夯击。

4）铺设灰土垫层前，应按设计要求将桩顶标高以上的预留松动土层挖除或夯（压）密实。

2. 施工要点

1）夯打时桩孔内有渗水、涌水、积水现象可将孔内水排出地表，或将水下部分改为混凝土桩或碎石桩，水上部分仍为土（或灰土、二灰）桩。

2）沉管成孔过程中遇障碍物时可采取以下措施处理：①洛阳铲探查并挖除障碍物，也可在其上面或四周适当增加桩数，以弥补局部处理深度的不足，或从结构上采取适当措施进行弥补；②对未填实的墓穴、坑洞、地道等，当其面积不大，但挖除不便时，可将桩打穿通过，并在此范围内增加桩数，或从结构上采取适当措施进行弥补。

3）夯打时造成缩径、堵塞、挤密成孔困难、孔壁坍塌等情况，可采取以下措施处理：①当含水量过大，缩颈比较严重时，可向孔内填干砂、生石灰块、碎砖渣、干水泥、粉煤灰；如含水量过小，可预先浸水，使之达到或接近最优含水量；②遵守成孔顺序，由外向内间隔进行（硬土由内向外）；③施工中宜打一孔，填一孔，或隔几个桩位跳打夯实；④合理控制桩的有效挤密范围。

4）铺设灰土垫层前，应按设计要求将桩顶标高以上的预留松动土层挖除或夯压密实。

5）施工过程中，应有专人监督成孔及回填夯实的质量，并应做好施工记录。如发现地基土质与勘察资料不符，应立即停止施工，待查明情况或采取有效措施处理后，方可继续施工。

6）雨期或冬期施工，应采取防雨或防冻措施，防止灰土和土料受雨水淋湿或冻结。

【例 6-4】 某湿陷性黄土厚 8m，地基处理前土的平均干密度 $\overline{\rho}_d = 1.15 \times 10^3 kg/m^3$，平均含水量 $w = 10\%$，地基土最优含水量 w_{op} 为 18%，采用灰土挤密桩处理地基，处理面积为 $200m^2$，当含水率低于 12%时，应对土增湿，试计算需加水量。($k = 1.1$)

解：由式（6-20）得

$$Q = V\overline{\rho}_d(w_{op} - \overline{w})k$$

式中，V 为拟加固土的总体积，$V = 200 \times 8m^3 = 1600m^3$

需加水量 Q：$Q = V\overline{\rho}_d(w_{op} - \overline{w})k = 1600 \times 1.15 \times (18\% - 10\%) \times 1.1 \times 10^3 kg = 1.6192 \times 10^5 kg$

6.3.5 质量检验

桩孔质量检验应在成孔后及时进行，所有桩孔均需检验并做记录，检验合格或经处理后方可进行夯填施工。

应随机抽样检测桩长范围内灰土或土填料的平均压实系数 $\overline{\lambda}_c$，抽检的数量不应少于桩总数的 1%，且不得少于 9 根。对灰土桩桩身强度有怀疑时，尚应检验消石灰与土的体积配合比。

应抽样检验处理深度内桩间土的平均挤密系数 $\overline{\eta}_c$，检测探井数不应少于总桩数的 0.3%，且每项单体工程不得少于 3 个。

对消除湿陷性的工程，除应检测上述内容外，尚应进行现场浸水静载荷试验，试验方法应符合现行《湿陷性黄土地区建筑规范》的规定。

承载力检验在成桩后 14~28d 后进行，检测数量不应少于桩总数的 1%，且每项单体工程复合地基载荷试验不应少于 3 点。

竣工验收时，灰土挤密桩地基、挤密桩复合地基的承载力检验应采用复合地基静载荷试验。

6.4 夯实水泥土桩法

6.4.1 概述

夯实水泥土桩法是指将水泥和土按设计的比例拌和均匀，在孔内夯实至设计要求的密实度而形成的加固体，并与桩间土组成复合地基的处理方法。它是中国建筑科学研究院地基基础研究所与河北省建筑科学研究院在北京、河北等旧城区危改小区工程中，为了解决施工场地条件限制和满足住宅产业化的需求而开发出的一种施工周期短，造价低、施工文明、质量容易控制的地基处理方法。该技术经过大量的室内试验、原位试验和工程实践，已日臻完善。目前，夯实水泥土桩法已在北京、河北等地 1200 多项工程中应用，产生了巨大的经济效益和社会效益。

由于施工机械的限制，夯实水泥土桩法适用于处理地下水位以上的粉土、黏性土、素填土和杂填土等地基，处理地基的深度不宜大于 15m。

6.4.2 加固机理

1. 桩体作用

夯实水泥土桩混合料的含水量可以控制，可通过洒水和晾晒使之接近最优含水量，从而使桩体有较高的密实度。桩身强度除水泥土因水泥与土相互作用发生离子交换等一系列物理化学反应而产生的胶结硬化强度外，尚存在因桩身夯实挤密而增加的强度。在荷载作用下夯实水泥土桩的压缩性明显比其周围软土小，基础传给复合地基的附加应力随地基的变形逐渐集中到桩体上，出现应力集中现象，因此复合地基的夯实水泥土桩起到了桩体作用。已有的资料表明，在相同的水泥掺量下，夯实水泥土桩强度比水泥土搅拌桩高，经检测对比约为水泥土搅拌桩的2~10倍，桩身无侧限抗压强度f_{cu}可达3~5MPa；由于夯实水泥土桩成孔、桩身填料及夯实均可人为控制且较直观，因此成桩质量容易保证，现场桩身实际强度f_{cu}与室内试验相差较小。

2. 挤密作用

夯实水泥土桩按照桩的成孔方式可分为挤土桩和排土桩两种。前者是利用振动沉管或冲击成孔，在成孔及夯实成桩过程中对桩间土有横向挤密作用；后者是采用洛阳铲或钻机成孔，只在夯填过程中对桩间土形成挤密效应。但不论是挤土还是排土夯实水泥土桩，对桩间土都有侧向深层挤密加固作用，使桩间土承载力提高。

3. 褥垫层作用

（1）桩、土通过褥垫层的变形协调共同承担上部荷载　褥垫层技术是夯实水泥土桩的核心技术。在荷载作用下，夯实水泥土桩与桩间土通过褥垫层的变形协调来共同承担上部荷载，褥垫层的厚度决定了桩土荷载分担比。研究表明，当褥垫层厚度$\Delta H=0$时，桩土应力比很大，$n=15\sim20$，此时，桩承担大部分荷载，桩间土承载力几乎不能发挥。当褥垫层厚度$\Delta H=10\sim30$cm时，桩土应力比$n=4\sim8$，此时桩、土共同作用，复合地基中桩与土的承载潜能得到充分发挥，复合地基沉降变形也得到较好控制。大量工程实践和试验研究表明，褥垫层厚度一般取10~30cm为宜。

（2）调整桩、土水平荷载分担　研究表明，当褥垫层厚度$\Delta H=0$时，水平荷载主要由桩承担，当褥垫层厚度$\Delta H>10$cm时，桩承受的水平力很小，水平荷载基本在褥垫层内剪切滑动，桩体没有产生破坏，水平荷载主要由桩间土承担。所以当夯实水泥土桩复合地基设置的褥垫层厚度超过10cm时，一般不考虑桩体的水平荷载作用。

（3）增加桩顶围压，提高桩体竖向承载力　在上部荷载作用下，夯实水泥土桩桩顶首先刺入其上的褥垫层，褥垫层通过变形协调与桩间土体一起对桩顶产生围压作用，从而提高桩体竖向承载力，避免了一般桩基中由于桩顶沉降与桩间土的沉降不一致而产生的桩顶应力集中致使桩头破坏的情况。

6.4.3 设计计算

1. 处理范围

由于夯实水泥土桩具有一定的黏结强度，在荷载作用下不会产生大的侧向变形，因此夯实水泥土桩宜在基础范围内布桩；基础边缘距离最外一排桩中心的距离不宜小于1.0倍桩径。

2. 桩长

夯实水泥土桩处理地基的深度，应根据土质情况、工程要求和成孔设备等因素确定。当相对硬土层的埋藏较浅时，应按相对硬土层的埋藏深度确定；当相对硬土层的埋藏较深时，可按建筑物地基的变形允许值确定。

3. 桩孔直径、桩孔布置及桩间距

桩孔直径宜为300~600mm；桩孔宜按等边三角形或方形布置，桩间距可为桩孔直径的2~4倍。

4. 桩身材料

桩孔内的填料，应根据工程要求进行配比试验，并应满足式（5-8）和式（5-9）的要求；水泥与土的体积配合比宜为1∶8~1∶5。

孔内填料应分层回填夯实，填料的平均压实系数 $\overline{\lambda}_c$ 不应低于0.97，压实系数最小值不应低于0.93。

5. 垫层

桩顶标高以上应设置厚度为100~300mm的褥垫层；垫层材料可采用粗砂、中砂或碎石等，垫层材料最大粒径不宜大于20mm；褥垫层的夯填度不应大于0.9。

6. 夯实水泥土桩复合地基承载力特征值

夯实水泥土桩复合地基承载力特征值应通过复合地基静载荷试验或采用增强体静载荷试验结果和其周边土的承载力特征值结合经验确定。初步设计时，可采用式（5-6）进行估算；桩间土承载力发挥系数 β 可取0.9~1.0；单桩承载力发挥系数 λ 可取1.0。

7. 沉降计算

夯实水泥土桩复合地基变形计算应符合现行《建筑地基基础设计规范》的有关规定。地基变形计算深度必须大于复合土层的深度。复合土层的分层与天然地基相同，各复合土层的压缩模量按现行《建筑地基处理技术规范》规定的确定竖向增强体复合地基复合土层压缩模量的方法确定。

【例6-5】 某场地地基土层为两层：第一层为黏土，厚度为5m，地基承载力特征值为100kPa，桩侧阻力特征值为20kPa，桩端阻力特征值为150kPa；第二层为粉质黏土，厚度为12m，地基承载力特征值为120kPa，桩侧阻力特征值为25kPa，桩端阻力特征值为250kPa，无软弱下卧层。采用夯实水泥土桩进行加固，桩径0.5m，桩长15m，要求复合地基承载力特征值达到320kPa，若采用正三角形布桩，试计算桩间距。（桩间土承载力发挥系数 β 取0.95、单桩承载力发挥系数 λ 取1.0）

解：查现行《建筑地基处理技术规范》得，$\alpha_p=1.0$，则单桩承载力特征值为

$$R_a = u_p \sum_{i=1}^{n} q_{si} l_{pi} + \alpha_p q_p A_p$$

$$= \pi \times 0.5 \times (20 \times 5 + 25 \times 10)\text{kN} + 1.0 \times 250 \times \frac{\pi}{4} \times 0.5^2\text{kN} = 598.6\text{kN}$$

面积置换率

$$m=\frac{f_{spk}-\beta f_{sk}}{\lambda \frac{R_a}{A_p}-\beta f_{sk}}=\frac{320-0.95\times100}{1.0\times\frac{598.6}{\frac{\pi}{4}\times0.5^2}-0.95\times100}=0.076$$

一根桩所承担的地基处理面积的等效直径 $d_e=\frac{d}{\sqrt{m}}=\frac{0.5}{\sqrt{0.076}}\text{m}=1.81\text{m}$

桩间距 $s=\frac{d_e}{1.05}=\frac{1.81}{1.05}\text{m}=1.72\text{m}$

6.4.4 施工

1. 成孔

成孔应根据设计要求、成孔设备、现场土质和周围环境等，选用钻孔、洛阳铲成孔等方法。当采用洛阳铲成孔工艺时，深度不宜超过6m。

成孔施工应符合下列要求：

1）桩孔中心的偏差不应超过桩径设计值的1/4，对条形基础不应超过桩径设计值的1/6。

2）桩孔垂直度偏差不应大于1.5%。

3）桩孔直径不得小于设计桩径。

4）桩孔深度不应小于设计深度。

2. 填料夯实

（1）填料　土料中有机质含量不应大于5%，不得含有冻土或膨胀土，使用时应过10~20mm筛，混合料含水量应满足土料的最优含水量 w_{op}，其允许偏差应为±2%。土料与水泥应拌和均匀，人工拌和不少于3次，机械拌和时间不少于1min。水泥土拌后放置时间不应大于2h，水泥用量不得小于按配比试验确定的数量。

（2）夯填　夯填桩孔时，宜用机械夯实。分段夯填时，夯锤的落距和填料厚度应满足夯填密实度的要求，混合料的压实系数 λ_c 不应低于0.93。目前工程上采用的夯实机械有吊锤式夯实机，夹板锤夯实机及HS30型钻机改装的夯实机，如出现坍孔时也可采用螺旋反压夯填。人工夯填可用于场地狭窄的中小型工程中，夯实机具及方法可参照石灰桩法。选用的夯锤与成孔直径相适应，一般锤孔比（锤直径/成孔直径）可采用0.8~0.9。

相同水泥掺量条件下，桩体密实度是决定桩体强度的主要因素，当 $\lambda_c \geq 0.93$ 时，桩体强度为最大密度下桩体强度的50%~60%。实际施工时，桩体密实度也可按表6-8用最小干密度控制。

表6-8　桩体不同配比下控制最小干密度　　（单位：g/cm³）

土料种类	体积配合比			
	1∶5	1∶6	1∶7	1∶8
粉细砂	1.72	1.71	1.71	1.67
粉土	1.69	1.69	1.69	1.69
粉质黏土	1.58	1.58	1.58	1.57

3. 施工要点

1）桩顶设计标高以上的预留覆盖层厚度不宜小于0.3m。铺设垫层前，应按设计要求将桩顶设计标高以上的预留土层挖除。

2）成孔和孔内回填夯实的施工顺序，整片处理时，宜从内向外施工；局部处理时，宜从外向内施工；软土地基间隔成桩。

3）向孔内填料前孔底必须夯实。桩顶夯填高度应大于设计桩顶标高200~300mm。垫层施工时应将多余桩体凿除，桩顶面应水平。

4）施工过程中，应有专人监测成孔及回填夯实的质量，并做好施工记录。如发现地基土质与勘察资料不符，应立即停止施工，待查明情况和采取有效措施处理后，方可继续施工。

5）垫层材料应级配良好，不含植物残体，垃圾等杂质。垫层施工避免扰动基底土层。

6）雨期或冬期施工，应采取防雨或防冻措施，防止土料和水泥受雨水淋湿或冻结。

6.4.5 质量检验

成桩后，应及时抽样检验水泥土桩的质量。夯填桩体的干密度质量检验应随机抽样检测，抽检的数量不应少于总桩数的2%。

复合地基静载荷试验和单桩静载荷试验检验数量不应少于桩总数的1%，且每项单体工程复合地基载荷试验检验数量不应少于3点。

竣工验收时，夯实水泥土桩复合地基的承载力检验应采用单桩复合地基静载荷试验和单桩静载荷试验；对重要和大型工程，尚应进行多桩复合地基静载荷试验。

6.4.6 夯实水泥土桩法处理地基工程实例

1. 工程概况

石家庄某原油库区拟建4个50000m^{3}的内浮顶油罐，直径60m，环墙式基础，基础埋深0.5m。上部结构设计要求地基承载力特征值为250kPa，同时要求环墙基础相邻点沉降差（Δs）与相邻点间的弧长（l）之比不大于0.0025，对径点的沉降差不大于0.004D（D为油罐内径）。

2. 工程地质条件

库区地层均属第四系冲洪积层，主要为黏性土、粉土和砂土，各土层物理力学指标见表6-9。该场地地下水位为26m，其主要加固层为①~④层。①层为粉质黏土，黄褐~褐黄色，土层不均，含姜石，局部为粉土；②层为粉土，褐黄~黄褐色，土层不均，湿，中密、夹有薄层粉质黏土；③层为粉质黏土，黄褐色，土质较软，软塑~可塑，局部为粉土；④层为粉质黏土，黄褐~褐黄色，土质不均，局部为粉土，土质自上而下逐渐变硬。

表6-9 地基各土层物理力学性质指标

层号	地层描述	层厚/m	重度γ/(kN/m^3)	含水量w(%)	孔隙比e	压缩模量E_s/MPa	黏聚力c/kPa	内摩擦角φ/(°)	承载力特征值/kPa
①	粉质黏土	1.3~2.5	20.0	17.7	0.587	5.5	48	27	150
②	粉土	1.4~3.0	19.0	17.3	0.678	7.5	31	28	160
③	粉质黏土	0.5~2.1	19.0	28.5	0.852	4.5	14	23	100
④	粉质黏土	0.5~1.7	20.0	20.1	0.625	8.0	35	28	180
⑤	粉质黏土	3.7~5.8	21.0	17.5	0.525	13.5	70	26	230
⑥	粉质黏土	0.7~1.7	20.0	19.0	0.633	7.5	36	27	170
⑦	粉质黏土	3.5~5.5	20.0	19.0	0.589	18.0	55	31	250

3. 地基处理方案

根据工程地质条件及钻孔柱状图，油罐地基处理可采用桩基础、换土垫层法及夯实水泥土桩法三种方案。

桩基础可采用人工挖孔桩形式，桩径800mm，桩长8m，以⑤层为桩端持力层，单桩承载力设计值为875kN，每罐布桩810根，工程造价为185万元，工期30d。

换土垫层法，即深度6m以上土层换成灰土，使基础底面压力扩散，每罐需要费用98万元，工期25d。

天然地基承载力特征值150kPa，与设计要求相差100kPa。为充分发挥地基土的承载力，可采用夯实水泥土桩复合地基。其主要加固层为浅部土层，桩长6.5m，桩径400mm，布桩3000根，每罐造价60万元，工期18d。

由以上分析可知，夯实水泥土桩复合地基是桩基础工程造价的1/3，是换土垫层法造价的60%，工期最短，因此确定采用夯实水泥土桩复合地基。

4. 设计、施工及检测

（1）试桩　对于大型工程，设计前应进行试桩，以确定合理的设计参数和施工工艺参数。试桩的设计参数为：桩径400mm，桩长为6.5m，置换率为12.6%，水泥强度等级为P.S 32.5，水泥与土的体积比为1∶6或1∶7，单位夯击能取100或200kN·m/m^3，即每虚填0.018m^{3}混合料夯击2~3击。

进行单桩静载荷试验4组，其Q-s曲线如图6-10所示，其中1-5桩因单位夯击能取100kN·m/m^3，其单桩极限承载力为120kN，单位夯击能明显偏低，不能采用，其余3根2-5、3-3、4-1单位夯击能取200kN·m/m^3，单桩极限承载力分别为300kN、240kN、270kN，可确定单桩承载力特征值为164kN。另外进行单桩复合地基载荷试验试验3组，其p-s曲线如图6-11所示。各单桩复合地基承载力特征值分别为270kPa、275kPa和335kPa，整个复合地基承载力特征值为293kPa，大于上部结构设计要求的地基承载力特征值250kPa，满足设计要求。在自然环境下养护15d，在桩体上取7.07cm×7.07cm×7.07cm试块进行室内抗压强度试验，各组试验强度见表6-10。由表6-10可知，试块强度并未随水泥与土的比例发生明显规律性变化。

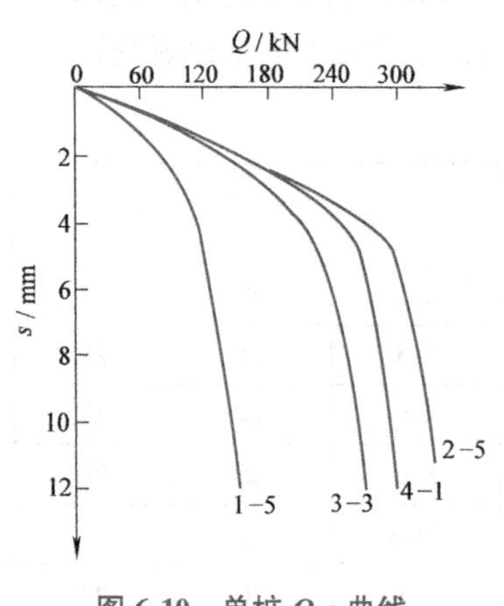

图6-10　单桩Q-s曲线

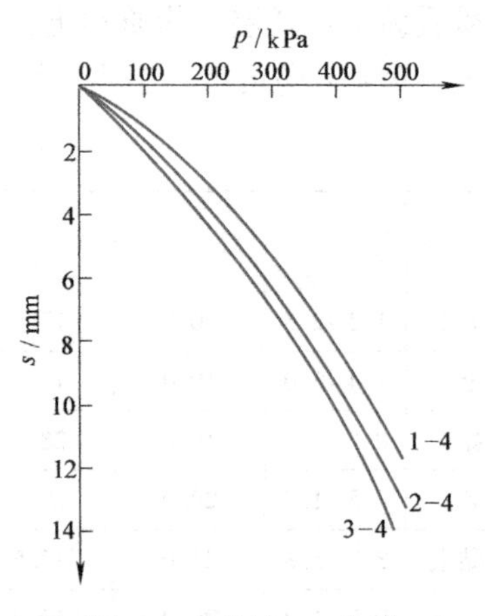

图6-11　单桩p-s曲线

表6-10 桩体试块室内抗压强度试验数据

试块编号	试块重度/(kN/m³)	抗压强度/MPa	平均值/MPa	水泥：土（体积比）
2-1	1.77	3.10	3.08	1：6
2-2	1.63	2.93		
2-3	1.65	3.20		
7-1	1.75	3.56	3.24	1：7
7-2	1.83	3.54		
7-3	1.81	2.63		
3-1	1.70	3.35	3.22	
3-2	1.73	3.17		
3-3	1.73	3.15		
4-1	1.83	3.21	2.94	

工艺试桩进行了螺旋钻成孔、人工洛阳铲和机械洛阳铲成孔的对比。人工成孔速度太慢；螺旋钻速度快，但出土变为“泥块”，不利于水泥和土的拌和，一方面要清除“泥块”，另一方面要从场外补充土方；而机械洛阳铲属冲击钻进，出土块小，可直接用于拌和，且比人工洛阳铲效率高。夯实采用夹杆式夯实机，锤的质量为100kg，落距60~90cm，成桩过程中对桩体进行了轻型动力触探试验，以检验桩体质量，试验结果见表6-11。

表6-11 试桩桩体轻型动力触探实测值 （单位：击）

深度/m	桩号					
	1-2	1-6	2-6	2-7	3-1	3-6
0.3~0.6	80	82	91	84	93	85
1.5~1.8	85	92	87	83	90	100

（2）设计 通过试桩可确定如下设计参数：单桩承载力特征值为160kPa，桩长为6.5m，桩径为400mm，置换率为12.6%，桩间距为1.0m，正方形网格布桩，在基础范围内布桩，每罐共布桩2696根，水泥强度等级为P.S 32.5，水泥与土的体积比为1：7。施工每虚填一锹混合料夯3击，桩体轻型动力触探锤击数大于80击，成孔用机械洛阳铲，夯实用夹杆式夯机。桩顶褥垫层采用碎石屑，厚度为100mm。

（3）施工 夯实水泥土桩的施工工艺流程如图6-12所示。

图6-12 夯实水泥土桩的施工工艺流程

钻孔执行干作业钻孔质量标准；孔底虚土要夯实，一般夯4~5击；土料的含水量应接近最优含水量 w_{op}，否则应视含水量大小洒水或晾晒，混合料拌和要均匀，一般拌和两遍后过2.5cm筛；填料和夯实要均匀，每锹料夯3击，严禁突击填料；施工桩长一般要比设计长200mm，以确保桩顶强度达到设计值。施工过程中，桩体应用轻型动力触探 N_{10} 进行检测，抽检数量应达到2%。桩施工结束后，将桩顶清至设计标高，铺设碎石屑垫层，用平板振捣器振实，其夯填度应不大于0.87。

（4）检测 完工15d后，进行复合地基承载力检测，每罐随机抽取10个点进行复合地基载荷试验，其承载力特征值均大于250kPa。

5. 地基处理效果

罐体安装完毕后，采用连续加水，达到设计液面后以稳压的方式试水，环墙布置了18个沉降观测点，试水期间进行了观测，以2号罐为例，荷载、沉降与时间关系曲线如图6-13所示。

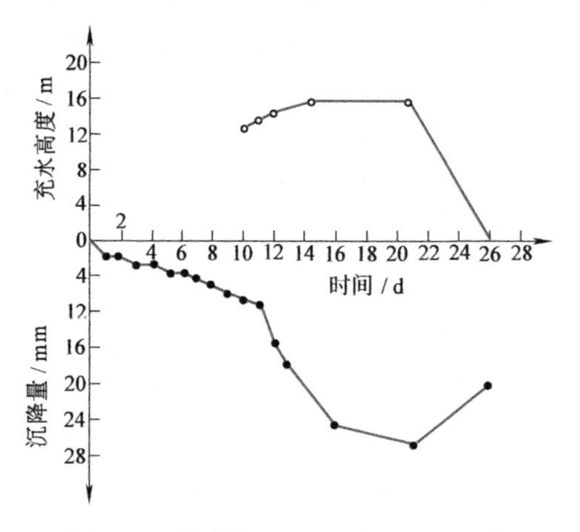

图6-13　荷载与沉降随时间变化曲线

各罐环墙相邻观测点沉降差最大为12mm，对径点的沉降差最大为16mm，均在规范允许范围内。各罐总沉降量见表6-12，其天然地基沉降量可用规范法计算，其值为330mm，用夯实水泥桩处理后，地基变形最大为29mm，减少约300mm，该库区投入使用时间已6年，情况良好。

表6-12　各罐基础沉降观测结果　（单位：mm）

测点	罐号				测点	罐号			
	01	02	03	04		01	02	03	04
1	13	27	30	21	11	19	24	29	15
2	21	23	27	23	12	22	22	29	17
3	20	22	25	19	13	18	25	28	14
4	23	24	30	30	14	13	24	31	21
5	24	28	27	18	15	13	24	31	21
6	23	28	27	18	16	22	30	35	28
7	24	29	30	15	17	20	32	30	30
8	23	27	28	18	18	17	31	29	27
9	16	25	29	24	平均	20	26	29	22
10	19	19	26	21					

6.5　水泥粉煤灰碎石桩法

6.5.1　概述

水泥粉煤灰碎石桩法又称为CFG桩法，是指由水泥、粉煤灰、石屑或砂等混合料加水拌和形成高黏结强度桩，并由桩、桩间土和褥垫层一起组成复合地基的地基处理方法。

水泥粉煤灰碎石桩法于1988年开始立项研究，1994年开始推广应用，目前已在23个省市1000多项工程中使用，近年逐渐在高层建筑中应用。它吸取了振冲碎石桩和水泥搅拌桩的优点。第一，施工工艺与普通振动沉管灌注桩一样，工艺简单，与振冲碎石桩相比，无场地污染，振动影响也较小。第二，所用材料仅需少量水泥，便于就地取材，基础工程不会与上部结构争“三材”，这也是比水泥搅拌桩优越之处。第三，受力特性与水泥搅拌桩类似。它与一般碎石桩的差异见表6-13。

水泥粉煤灰碎石桩（CFG桩）法适用于处理黏性土、粉土、砂土和已自重固结的素填土等地基。对淤泥质土应按地区经验或通过现场试验确定其适用性。

表6-13 碎石桩与CFG桩的对比

对比项目	碎石桩	CFG桩
单桩承载力	桩的承载力主要靠桩顶以下有限场地范围内桩周土的侧向约束，当桩长大于有效桩长时，增加桩长对承载力的提高作用不大。以置换率10%计，桩承担荷载占总荷载的15%~30%	桩的承载力主要来自全桩长的摩阻力及桩端承载力，桩越长则承载力越高，以置换率10%计，桩承担荷载占总荷载的40%~75%
复合地基承载力	加固黏性土复合地基承载力的提高幅度较小，一般为0.5~1倍	承载力提高幅度有较大的可调性，可提高4倍或更高
变形	减少地基变形的幅度较小，总的变形量较大	增加桩长可有效地减少变形，总的变形量小
三轴应力-应变曲线	应力-应变曲线不呈直线关系，增加围压，破坏主应力差增大	应力-应变曲线呈直线关系，围压对应力-应变曲线没有多大影响
适用范围	多层建筑物地基	多层和高层建筑物地基

6.5.2 加固机理

CFG桩加固软弱地基，桩和桩间土一起通过褥垫层形成CFG桩复合地基，如图6-14所示。**CFG桩加固软弱地基主要有三种作用：桩体作用；挤密作用；褥垫层作用。**

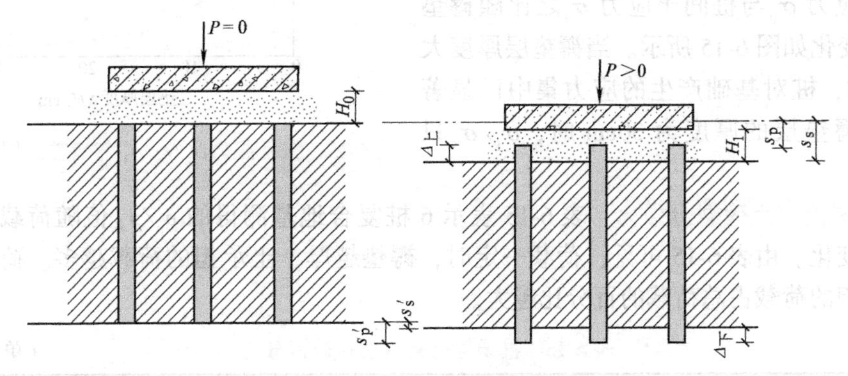

图6-14 CFG桩复合地基变形

1. 桩体作用

CFG桩不同于碎石桩，是具有一定黏结强度的混合料。在荷载作用下CFG桩的压缩性明显比其周围软土小，因此基础传给复合地基的附加应力随地基的变形逐渐集中到桩体上，出现应力集中现象，复合地基的CFG桩起到了桩体作用。据南京造纸厂复合地基载荷实验结果，在无褥垫层情况下，CFG桩单桩复合地基的桩体应力比$n=24.3\sim29.4$；四桩复合地基桩土应力比$n=31.4\sim35.2$；而碎石桩复合地基的桩土应力比$n=2.2\sim2.4$，可见CFG桩复合地基的桩土应力比明显大于碎石桩复合地基的桩土应力比，即其桩体作用更显著。

2. 挤密作用

CFG 桩采用振动沉管法施工，由于振动和挤压作用使桩间土得到挤密。南京造纸厂地基采用 CFG 桩加固，加固前后取土进行物理力学指标试验，由表 6-14 可见，经加固后地基土的含水量、孔隙比、压缩系数均有所减小，重度、压缩模量均有所增加，说明经加固后桩间土已挤密。

表 6-14 加固前后的物理力学指标对比

类别	土层名称	含水量(%)	重度/(kN/m³)	干密度/(10³kg/m³)	孔隙比	压缩系数/MPa⁻¹	压缩模量/MPa
加固前	淤泥质粉质黏土	41.8	17.8	1.25	1.178	0.80	3.00
	淤泥质粉土	37.8	18.1	1.32	1.069	0.37	4.00
加固后	淤泥质粉质黏土	36.0	18.4	1.35	1.010	0.60	3.11
	淤泥质粉土	25.0	19.8	1.58	0.710	0.18	9.27

3. 褥垫层作用

由级配砂石、粗砂、碎石等散体材料组成的褥垫，在复合地基中有如下三种作用：

（1）保证桩、土共同承担荷载 褥垫层的设置为 CFG 桩复合地基在受荷后提供了桩上、下刺入的条件，即使桩端落在坚硬土层上，至少可以提供上刺入条件，以保证桩间土始终参与工作。

（2）减少基础底面的应力集中 在基础底面处桩顶应力 σ_p 与桩间土应力 σ_s 之比随褥垫层厚度的变化如图 6-15 所示。当褥垫层厚度大于 10cm 时，桩对基础产生的应力集中已显著降低。当褥垫层的厚度为 30cm 时，σ_p/σ_s 只有 1.23。

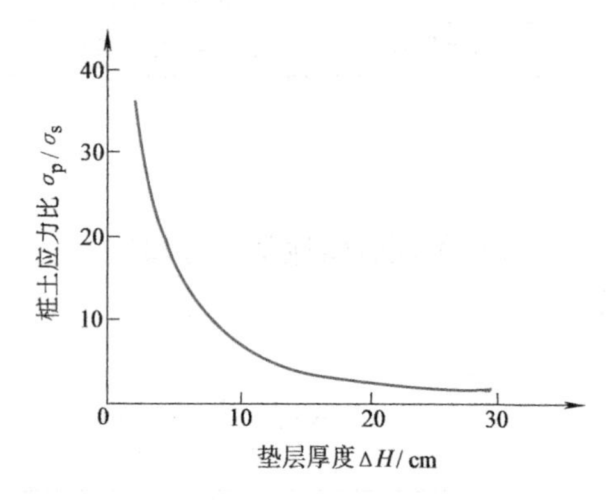

图 6-15 桩土应力比 σ_p/σ_s 与褥垫层厚度关系曲线

（3）调整桩土荷载分担比 表 6-15 表示 6 桩复合地基测得的 $p_p/p_{总}$ 值随荷载水平和褥垫厚度的变化。由表 6-15 可见，荷载一定时，褥垫越厚，土承担的荷载越多。荷载水平越高，桩承担的荷载占总荷载的百分比越大。

表 6-15 桩承担荷载占总荷载百分比 （单位：%）

荷载/kPa	垫层厚度/cm			备注
	2	10	30	
20	65	27	14	桩长 2.25m，桩径 16cm，荷载板 1.05m×1.6m
60	72	32	26	
100	75	39	38	

（4）褥垫层厚度可以调整桩、土水平荷载分担比 图 6-16 表示基础承受水平荷载时，不同褥垫厚度、桩顶水平位移 U_p 和水平荷载 Q 的关系曲线，褥垫厚度越大，桩顶水平位移越小，即桩顶受的水平荷载越小。

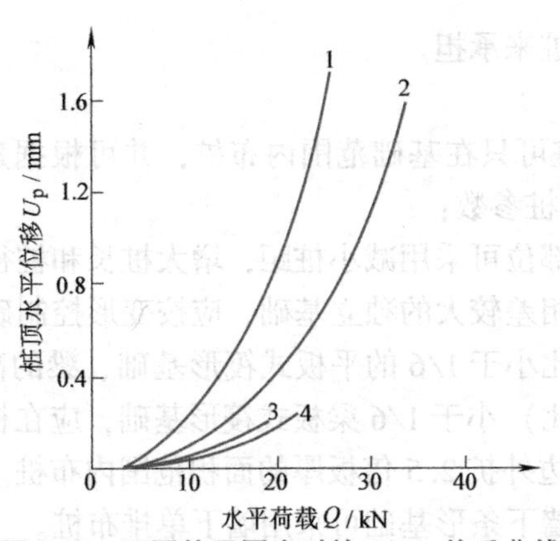

图 6-16 不同垫层厚度时的 Q-U_p 关系曲线

1—垫层厚 2cm 2—垫层厚 10cm 3—垫层厚 20cm 4—垫层厚 30cm

6.5.3 设计计算

1. 设计思路

当 CFG 桩桩体强度较高时，具有刚性桩的性状，但在承担水平荷载方面与传统的桩基有明显的区别。桩基础是一种常用的基础类型，桩在基础中既可承受垂直荷载也可承受水平荷载，它传递水平荷载的能力远远小于传递垂直荷载的能力。而 CFG 桩复合地基通过褥垫层把桩和承台（基础）断开，改变了过分依赖桩承担垂直荷载和水平荷载的传统设计思想。

如图 6-17 所示的独立基础，当基础承受水平荷载 Q 时有三部分力与 Q 平衡。其一为基础底面摩阻力 T_t；其二为基础两侧面摩阻力 T_l；其三为与水平荷载 Q 方向相反的土的抗力 E。

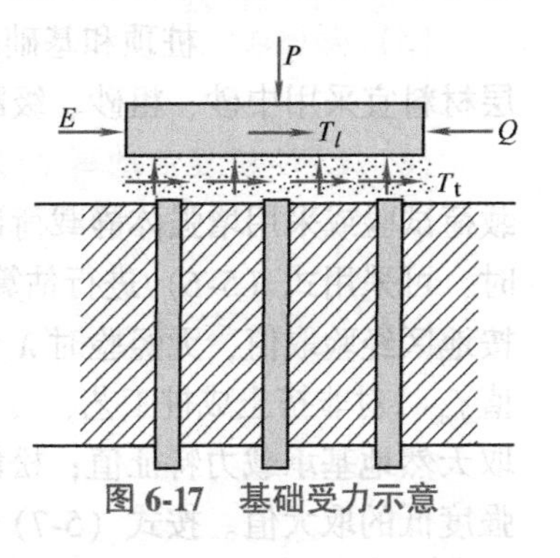

图 6-17 基础受力示意

T_t与基底和褥垫层之间的摩擦系数 μ 以及建筑物荷载 P 有关，P 数值越大则 T_t越大。

基底摩阻力 T_t传递到桩和桩间土上，桩顶应力为 τ_p、桩间土应力为 τ_s。由于 CFG 桩复合地基置换率一般不大于 10%，则有不低于 90% 的基底面积的桩间土，承担了绝大部分水平荷载，桩承担的水平荷载只占很小一部分。根据试验结果，桩、土剪应力比随褥垫层厚度增大而减少。设计时可通过改变褥垫层厚度调整桩、土水平荷载分担比。

按照这一设计思想，复合地基水平承载力比按照传统桩基设计有相当大的增值。至于垂直荷载的传递，如何在桩基中发挥桩间土的承载能力是大家都在探索的课题。大桩距布桩的“疏桩理论”就是为调动桩间土承载能力而形成的新的设计思想。传统桩基中只提供了桩可能向下刺入变形的条件，而 CFG 桩复合地基通过褥垫与基础连接，并有上下双向刺入变形模式，保证桩间土始终参与工作。因此垂直承载力设计首先是将土的承载能力充分发挥，不足部分由 CFG 桩来承担。显然，与传统的桩基设计思想相比，桩的数量可以大大减少。

需要特别指出的是：CFG 桩不只是用于加固软弱的地基，对于较好的地基土，若建筑物荷载较大，天然地基承载力不足时，就可以用 CFG 桩来补足。如德州医药管理局三栋 17 层住宅楼，天然地基承载力为 110kPa，设计要求 320kPa，利用 CFG 桩复合地基，其中有

210kPa 以上的荷载由 CFG 桩来承担。

2. 参数确定

（1）布桩范围　CFG 桩可只在基础范围内布桩，并可根据建筑物荷载分布、基础形式和地基土性状，合理确定布桩参数：

1）内筒外框结构内筒部位可采用减小桩距，增大桩长和桩径布桩。

2）对相邻柱荷载水平相差较大的独立基础，应按变形控制确定桩长和桩距。

3）筏板厚度和跨距之比小于 1/6 的平板式筏形基础、梁的高跨比大于 1/6 且板的厚跨（筏板厚度与梁的中心距之比）小于 1/6 梁板式筏形基础，应在柱（平板式筏形基础）和梁（梁板式筏形基础）边缘每边外扩 2.5 倍板厚的面积范围内布桩。

4）对荷载水平不高的墙下条形基础可采用墙下单排布桩。

（2）桩长　水泥粉煤灰碎石桩，应选择承载力和压缩模量相对较高的土层作为桩端持力层。

（3）桩径　长螺旋钻中心压灌、干成孔和振动沉管灌注成桩宜为 350~600mm；泥浆护壁钻孔成桩宜为 600~800mm；钢筋混凝土预制桩宜为 300~600mm。

（4）桩间距　桩间距应根据基础形式、设计要求的复合地基承载力和变形、土性及施工工艺确定：

1）采用非挤土成桩工艺和部分挤土成桩工艺，桩间距宜为 3~5 倍桩径。

2）采用挤土成桩工艺和墙下条形基础单排布桩的桩间距宜为 3~6 倍桩径。

3）桩长范围内有饱和粉土、粉细砂、淤泥、淤泥质土层，采用长螺旋钻中心压灌成桩施工中可能发生串孔时宜采用较大桩距。

（5）褥垫层　桩顶和基础之间应设置褥垫层，褥垫层厚度宜为桩径的 40%~60%。褥垫层材料宜采用中砂、粗砂、级配砂石或碎石等，最大粒径不宜大于 30mm。

（6）CFG 桩复合地基承载力特征值　CFG 桩复合地基承载力特征值应通过复合地基静载荷试验或采用增强体静载荷试验结果和其周边土的承载力特征值结合经验确定。初步设计时，可采用式（5-6）进行估算，其中单桩承载力发挥系数 λ 和桩间土承载力发挥系数 β 应按地区经验取值，无经验时 λ 可取 0.8~0.9，β 可取 0.9~1.0。处理后桩间土的承载力特征值 f_{sk}，对非挤土成桩工艺，可取天然地基承载力特征值；对挤土成桩工艺，一般黏性土可取天然地基承载力特征值；松散砂土、粉土可取天然地基承载力特征值 1.2~1.5 倍，原土强度低的取大值。按式（5-7）估算单桩承载力时，桩端承载力发挥系数 α_p 可取 1.0；桩身强度应满足式（5-8）、式（5-9）的要求。

（7）沉降计算　CFG 桩复合地基变形计算应符合现行《建筑地基基础设计规范》的有关规定。计算深度必须大于复合土层的深度。复合土层的分层与天然地基相同，各复合土层的压缩模量按现行《建筑地基处理技术规范》规定的确定竖向增强体复合地基复合土层压缩模量的方法确定。

【例 6-6】　某 28 层住宅，地下 2 层，基础埋深 7m，相应于荷载效应准永久组合作用下基底的附加压力 p_0 = 316kPa，采用 CFG 桩复合地基，桩径 0.4m，桩长 21m，基础板厚 0.7m，尺寸 30m×35m。土层分布：0~7m 黏土；7~14m 粉质黏土，E_s = 6.4MPa；14~28m 粉土，E_s = 12MPa；28m 以下粉细砂，E_s = 18.2MPa。复合地基承载力特征值 339kPa，基础底面下土的承载力特征值 f_{ak} = 140kPa，试计算基础中心点沉降。

解：(1) 不考虑相邻荷载影响，确定地基变形计算深度 z_n

$$z_n=b(2.5-0.4\ln b)=34.2\text{m}$$

因 $b=30\text{m}>8\text{m}$，查《建筑地基基础设计规范》表 5.3.7 得

$$\Delta z=1.0\text{m}$$

(2) 沉降计算

桩长范围内复合土层压缩模量将原来土层压缩模量乘以系数 ζ，$\zeta=\dfrac{f_{\text{spk}}}{f_{\text{sk}}}=\dfrac{339}{140}=2.42$

沉降计算见表 6-16。

表 6-16 沉降计算

z/m	l/b	z/b	$\overline{\alpha}_i$	$\overline{\alpha}_i z_i$	$\overline{\alpha}_i z_i-\overline{\alpha}_{i-1}z_{i-1}$	E_{si}/MPa	ξE_{si}/MPa	$\Delta s_i'$/mm	$\sum\Delta s_i'$/mm
0	1.17	0	1						
7	1.17	0.23	0.9852	6.896	6.896	6.4	15.49	140.68	140.68
21	1.17	0.7	0.8372	17.581	10.685	12	29.04	116.27	256.95
33.2	1.17	1.11	0.6913	22.951	5.508	18.2		95.63	352.58
34.2	1.17	1.14	0.6802	23.263	0.174	18.2		3.02	355.60

因 $\Delta s'_4=5.42\text{mm}\leqslant 0.025\sum_{i=1}^{4}\Delta s'_i=0.025\times 355.62\text{m}=8.89\text{mm}$，变形计算深度满足要求。

(3) 压缩模量当量值 $\overline{E}_s$

$$\overline{E}_s=\frac{\sum_{i=1}^{n}A_i}{\sum_{i=1}^{m}\frac{A_i}{E_{\text{sp}i}}+\sum_{i=m+1}^{n}\frac{A_i}{E_{si}}}=\frac{p_0\times(6.896+10.685+5.508+0.173)}{\left(\frac{p_0\times 6.896}{15.49}+\frac{p_0\times 10.685}{29.04}\right)+\left(\frac{p_0\times 5.370}{18.2}+\frac{p_0\times 0.312}{18.2}\right)}\text{MPa}=20.67\text{MPa}$$

由 $\overline{E}_s=20.67\text{MPa}$，查表 5-1 得 $\psi_s=0.25$。

(4) 基础中心点沉降 s

$$s=\psi_s s'=0.25\times 355.63\text{mm}=88.91\text{mm}$$

【例 6-7】 某工程场地为软土地基，采用 CFG 桩进行处理，桩间土承载力特征值为 80kPa。桩径 $d=0.5\text{m}$，按等边三角形布桩，桩距 $s=1.1\text{m}$，桩长 $l=15\text{m}$，要求复合地基承载力特征值 $f_{\text{spk}}=180\text{kPa}$，试求单桩承载力 R_a 及桩体试块立方体抗压强度平均值 f_{cu}（$\lambda=0.9$，$\beta=0.9$）。

解：(1) 面积置换率 m

$$m=\frac{d^2}{d_e^2}=\frac{d^2}{(1.05s)^2}=\frac{0.5^2}{(1.05\times 1.1)^2}=0.187$$

(2) 单桩承载力特征值 R_a

由式 (5-6) 得

$$R_a=\frac{A_P}{\lambda m}\left[f_{spk}-\beta(1-m)f_{sk}\right]$$

$$=\frac{\frac{\pi}{4}\times0.5^2}{0.9\times0.187}\times[180-0.9\times(1-0.187)\times80]\text{ kN}=141.63\text{kN}$$

(3) 桩体试块立方体抗压强度平均值 f_{cu}

由式 (5-8) 得 $$f_{cu}\geqslant4\frac{\lambda R_a}{A_p}=4\times\frac{0.9\times141.63}{\frac{3.14}{4}\times0.5^2}\text{kPa}=2598\text{kPa}=2.598\text{MPa}$$

6.5.4 施工

CFG 桩施工

1. 成桩

水泥粉煤灰碎石桩的施工，应根据现场条件选用下列施工工艺：

1) 长螺旋钻孔灌注成桩，适用于地下水位以上的黏性土、粉土、素填土、中等密实以上的砂土地基。

2) 长螺旋钻孔中心压灌成桩，适用于黏性土、粉土、砂土和素填土地基，对噪声或泥浆污染要求严格的场地可优先选用。穿越卵石夹层时应通过试验确定其适用性。

3) 振动沉管灌注成桩，适用于粉土、黏性土及素填土地基。挤土造成地面隆起量大时，应采用较大桩距施工。

4) 泥浆护壁成孔灌注成桩，适用于地下水以下的黏性土、粉土、砂土、填土、碎石土及风化岩层地基。桩长范围和桩端有承压水的土层应通过试验确定其适用性。

长螺旋钻孔中心压灌成桩施工和振动沉管灌注成桩施工应符合下列规定：

1) 施工前应按设计要求在试验室进行配合比试验，施工时按配合比配制混合料。长螺旋钻孔中心压灌成桩施工的坍落度宜为 160~200mm，振动沉管灌注成桩施工的坍落度宜为 30~50mm，振动沉管灌注成桩后桩顶浮浆厚度不宜超过 200mm。

2) 施工垂直度偏差不应大于 1%；对满堂布桩，桩位偏差不应大于 0.4 倍桩径；对条形基础，桩位偏差不应大于 0.25 倍桩径，对单排桩基础，桩位偏差不应大于 60mm。

3) 长螺旋钻孔中心压灌成桩施工钻至设计深度后，应控制提拔钻杆时间，混合料泵送量应与拔管速度相配合，不得在饱和砂土或饱和粉土层内停泵待料。振动沉管灌注成桩施工拔管速度应宜为 1.2~1.5m/min，如遇淤泥或淤泥质土，拔管速度应适当减慢。当遇有松散饱和粉土、粉细砂或淤泥质土时，如桩距较小，宜采取隔桩跳打方案。

4) 施工桩顶标高宜高出桩顶设计标高 0.5m 以上。当施工作业面高出桩顶设计标高较大时，宜增加混凝土灌注量。

5) 成桩过程中，应抽样做混合料试块，每台机械每台班不应少于一组。

6) 冬期施工时混合料入孔温度不得低于 5℃，对桩头和桩间土应采取保温措施。

2. 施工顺序

连续施打可能造成的缺陷是桩径被挤扁或缩颈，但很少发生桩完全断开；跳打一般很少发生已打桩桩径被挤小或缩颈现象，但土质较硬时，在已打桩中间补打新桩时，已打桩可能被振断或振裂。

在软土中，桩距较大可采用隔桩跳打方案；在饱和的松散粉土中施打，如桩距较小，不宜采用隔桩跳打方案；满堂布桩，无论桩距大小，均不宜从四周向内推进施工。施打新桩时与已打桩间隔时间不应少于7d。

3. 桩头处理

CFG桩施工完毕待桩体达到一定强度（一般为7d左右），方可进行基槽开挖。在基槽开挖中，如果设计桩顶标高距地面不深（一般不大于1.5m），宜采用人工开挖，不仅可防止对桩体和桩间土产生不良影响，而且经济可行；如果基槽开挖较深，开挖面积大，采用人工开挖不经济，可采用机械和人工联合开挖，但人工开挖留置厚度一般不宜小于700mm；桩头凿平，并适当高出桩间土1~2cm。清土和截桩时，不得造成桩顶标高以下桩身断裂和扰动桩间土。

4. 褥垫铺设

褥垫层铺设宜采用静力压实法，当基础底面下桩间土含水量较小时也可采用动力夯实法。夯填度（夯实后的褥垫层厚度与虚铺厚度的比值）不得大于0.9。

6.5.5 质量检验

施工质量检验应检查施工记录、混合料坍落度、桩数、桩位偏差、褥垫层厚度、夯填度和桩体试块抗压强度等。

CFG桩复合地基竣工验收时，承载力检验应采用复合地基静载荷试验和单桩静载荷试验。承载力检验宜在施工结束后28d进行，其桩身强度应满足试验荷载条件。复合地基静载荷试验和单桩静载荷试验的数量不应少于桩总数的1%，且每项单体工程复合地基载荷试验数量不应少于3点。

采用低应变动力试验检测桩身完整性，检测数量不低于总桩数的10%。

6.5.6 水泥粉煤灰碎石桩法加固地基工程实例

1. 工程地质概况

天津蓟县电厂是国家“七五”期间重点项目，设计装机容量为220万kW。电厂设6500m²、高100余米的双曲线冷却塔两座，塔身±0.000处直径105m，建筑场地内地表绝对标高约为20.000m，场地内自上而下各土层分别为：

① 耕土层，平均层厚约0.5m；

② 粉质黏土层，平均层厚约2.0m，承载力约180kPa；

③ 饱和粉质黏土层，平均层厚约4.5m，承载力约120kPa；

④ 黏土、粉质黏土层，平均层厚约4.0m，承载力约200kPa。

冷却塔原设计为ϕ800mm和ϕ600mm的钻孔灌注桩，桩尖支撑于强风化或中风化基岩上。根据初步设计方案，于1987年10月至1988年2月做了3组共6根静载试桩，其结果见表6-17。

表 6-17 冷却塔区单桩静载试验结果汇总

试桩号	桩径/mm	有效桩长/m	持力层状况	桩尖入持力层深度/m	竖向承载力			水平承载力	
					特征值/kN	对应位移/mm	安全系数K	位移6mm对应水平力/kN	位移10mm对应水平力/kN
1	800	11.3	强风化	1.6	2280	5.0	2	/	/
2	800	12.10	强风化	2.0	1850	8.8	2	190	240
3A	600	11.70	强风化	2.0	1600	7.3	2	90	130
4A	600	13.60	强风化	3.0	1600	2.6	2	100	130
3B	600	10.16	强风化 中风化	0.7 0.45				110	130
4B	800	12.75	强风化	2.35				190	230

由于冷却塔塔身高度很高，大于100m，上部结构水平荷载较大，而根据桩基的载荷试验结果可见，桩基的水平承载力相对较小，其水平承载力与垂直承载力之比仅为0.013~0.056，距要求的水平承载力与垂直承载力之比0.218甚远。因此，冷却塔若采用灌注桩作为基础，则受水平承载力的控制而使桩数大大超过承受垂向荷载要求的桩数，造成极大的浪费。另一方面，场地地基土的承载力较高，而且比较均匀。如果不采用桩基础而采用环梁基础，要求的地基垂直与水平承载力分别为220kPa和48kPa，即便是地基中最软弱的粉质黏土层，其垂直承载力也达120kPa，超过设计要求的55%，不考虑利用和发挥地基土上的承载力显然是不经济的，由于CFG桩等黏结强度较高的柔性桩复合地基中铺设有与基础底面和地基土面水平摩阻力较大的散体材料的褥垫层，当基础承受竖向及水平荷载时，基底与垫层能产生较大的水平摩阻力，因而具有比相应群桩更强的抵抗水平荷载的能力，具有更高的水平承载力与垂直承载力的比值，因此，经对多种地基加固方案的分析比较后决定采用CFG桩对冷却塔地基进行加固处理。

2. 地基加固方案的设计

（1）桩径和桩距 为了使天然地基的承载力能得到最大程度的发挥，CFG桩应尽可能采用较小的桩经、较大的桩距的原则，一般置换率控制在5%~10%。因此，根据钻孔机械的情况，工程中CFG桩的桩径采用ϕ350mm，桩距1.3m，按梅花形布桩，置换率为6.57%。

根据冷却塔环梁基础的埋深（绝对标高为18.000m）和冷却塔场地内的钻孔资料（见表6-18）除49号探孔附近土层较软、低于设计要求的承载力外，其余各地段绝对高程12.00m以下土层的承载力均大于220kPa，鉴于桩间土的分载作用和基础的应力扩散作用，认为49号探孔段复合地基承载力可以大于220kPa的要求，基于安全的考虑，将桩长确定为7.5m。

表 6-18 冷却塔场地内钻孔资料

孔号	饱和粉质黏土埋藏范围（绝对标高）/m	饱和粉质黏土下黏土、粉质黏土层承载力/kPa	基岩标高（绝对标高）/m
46	14.300~18.000	>360	9.800
49	12.100~16.600	>180	8.200

（续）

孔号	饱和粉质黏土埋藏范围（绝对标高）/m	饱和粉质黏土下黏土、粉质黏土层承载力/kPa	基岩标高（绝对标高）/m
162	13.200~17.300	>400	8.300
163	15.000~18.100	>320	9.000
164	12.900~18.100	>250	8.200
165	13.700~18.000	>260	8.000
168	14.300~18.000	>320	8.200
169	13.700~17.900	>280	8.000
170	12.700~17.600	>360	8.000
171	14.100~17.000	>430	9.800

（2）**CFG 桩桩身强度的设计** 考虑到冷却塔塔身±0.000m 处直径为 105m，塔身高度大于 100m，而塔体最薄处仅为 16cm，其整体刚度较弱。因此桩的强度宜选得高一些。另一方面，若桩身强度过高对发挥桩间土的作用不利。综合考虑后，确定 CFG 桩桩身强度为 C15。

（3）**褥垫层的厚度** 考虑到冷却塔塔身直径较大，塔身较高，而塔体壁厚较薄，整体刚度较小，沉降控制要求较严的特点，同时考虑到场地土质相对较好的状况，褥垫层设计厚度为 15cm，以 5~10mm 的级配碎石铺设。

（4）**复合地基承载力的估算** 根据场地的土质情况，取桩土应力比 n 为 20，桩间土强度提高系数 α 为 1.0，桩间土强度承载力折减系数 β 为 0.85，则由复合地基承载力估算公式可推算出

$$f_{spk}=\alpha\beta f_{sk}[1+m(n-1)]=1.0\times0.85\times120\times[1+0.0657\times(20-1)]\text{kPa}$$
$$=229.34\text{kPa}>220\text{kPa}$$

3. 复合地基的加固效果

由于施工的原因，CFG 桩实际桩长 6.0m，低于原设计的 7.5m。施工后在现场进行了大型复合地基静载荷试验、单桩复合地基、单桩及天然地基静载荷试验。试验结果见表 6-19。尽管桩长未达到设计长度，但复合地基的承载力均满足设计要求，特别是复合地基水平承载力较高，其水平承载力与垂直承载力之比达到了 0.318。由于复合地基的水平刚度的大大提高，因而可使冷却塔基础上的钢筋混凝土环梁和塔身配筋大大减少，显示出较原灌注桩优越得多的经济效益。

表 6-19 静载荷试验结果汇总

试验名称	载荷板长×宽/mm×mm	承载力		对应变形/mm	备注
群桩复合地基	4800×4200	垂直	255kPa	21	置换率 0.0625
		水平	75kPa	6	垂直荷载 210kPa
			78kPa	6	垂直荷载 245kPa
天然地基	1000×1000	垂直	180kPa	5	地表下 2.5m 内粉质黏土层
单桩复合地基	1200×1200	垂直	260kPa	12	置换率 0.0872
单桩		垂直	180kN		桩长 6.0m
单桩		垂直	180kN		桩长 6.0m

6.6 柱锤冲扩桩法

6.6.1 概述

柱锤冲扩桩法是指反复将柱状重锤提到高处使其自由落下冲击成孔，然后分层填料夯实形成扩大桩体，与桩间土组成复合地基的地基处理方法。该法施工简便易行，振动及噪声小。尤其重要的是，当桩身填料使用以建筑垃圾、拆房土为主的碎砖三合土时，不仅避免了建筑垃圾占用土地，而且减少污染、保护环境。目前，这项地基处理新技术已大量应用于工程实践，河北、山东、天津等省市采用该项技术的工程已有几百个，处理面积近 100 万 m^2，取得了良好的经济效益和社会效益，1996 年列入建设部科技成果重点推广项目。

柱锤冲扩桩法适用于处理杂填土、粉土、黏性土、素填土和黄土等地基，对地下水位以下饱和松软土层应通过现场试验确定其适用性。地基处理深度不宜超过 10m，复合地基承载力特征值不宜超过 160kPa。对大型的、重要的或场地复杂的工程，在正式施工前应在有代表性的场地上进行试验。

6.6.2 加固机理

柱锤冲扩桩法的加固机理主要有以下四点：

1. 成孔及成桩过程中对原土的动力挤密作用

当质量为 $(1\sim8)\times10^3$kg 的柱锤，提升 5~10m 高自由下落冲击成孔及夯实成桩过程中，其冲击能可达 50~800kN · m，较大的夯击能量产生的冲击波和动应力在土中传播，使颗粒破碎或使颗粒产生瞬间的相对运动，导致柱锤底土体被竖向挤密的同时桩周围土体被侧向挤密。与此同时，夯实成桩过程中强大的夯击振动迫使部分碎砖挤入桩周围土中，使桩间土孔隙比减少，土体性质得到改善。

2. 对原土的动力固结作用

对于饱和软土地基，柱锤冲孔时，夯击能使土体产生动力固结。因为饱和土体中一些微小气泡中的气体受到夯击时被排出，土体产生瞬时沉降变形，体积被压缩。当气体体积的百分比接近零时，土体变得不可压缩。经过多次夯击，土中孔隙水压力迅速升高。当施加到相应于孔隙水压力上升到与覆盖压力相等的能量时，土体局部发生液化并产生触变。当孔隙水压力消散，土触变恢复后，土体固结，桩底及桩间土的强度便得到了提高。在实际施工中，地面开裂，地下水沿裂隙喷冒的现象多次出现，从而证明了动力固结作用的存在。

3. 冲扩桩充填置换作用

柱锤冲扩桩法成桩过程也是柱锤冲扩桩对原有地基进行充填置换的过程。不仅桩身具有一定的强度，桩间土强度也得到提高，两者形成柱锤冲扩桩复合地基。

这种充填置换作用按软土性状及分布厚度可分为桩式置换和整式置换。当软土厚度不大且坍孔不十分严重时，主要是桩式置换，它主要依靠桩身强度和桩间土体的侧向约束力来维持桩体的平衡。当饱和土层深厚且极其松软时，则主要是整式置换，经施工现场开挖检验，其桩身断面自上而下逐渐加大，至一定深度后，基本连成一体，桩与桩间土已没有明显界限。

4. 生石灰的水化和胶凝作用

对于含水量较高的软土地基，碎砖三合土中的石灰将发挥加固作用。

（1）膨胀挤密 夯入桩孔侧壁及桩体中的生石灰，遇水后消解成熟石灰。在这一过程中，生石灰固体崩解，孔隙体积增大；同时颗粒表面积增大，表面附着物增多，使固相颗粒体积增大。测试结果表明，熟化后其体积增大到原来的1.5~3.5倍，从而对桩间土产生较大的膨胀挤密作用。

（2）脱水挤密 1kg生石灰的消解反应要吸收0.32kg的水，并放出大量的热，因此碎砖三合土中的生石灰将使土体产生一定的汽化脱水。同时，碎砖三合土中的碎砖及土也可吸收一部分桩间土的水分。桩间土在上述两种作用下，其含水量下降，孔隙比减小，土颗粒靠拢挤密，从而达到脱水挤密效果。

（3）胶凝作用 当成桩一定时间后，桩身填料中的生石灰发生水化反应的部分产物与土中原有的二氧化硅和氧化铝产生化学反应，生成具有强度和水硬性的水化硅酸钙和水化铝酸钙等水化产物。水化物使土粒黏结，土聚集体增大，改变了土的结构，提高了桩身及桩间土的强度，土体的强度将随龄期的增长而增加。

此外，石灰与桩间土会产生化学反应，使土体强度具有一定的安全储备。这种化学反应主要是生石灰水化后的$Ca(OH)_2$遇水电离生成Ca^{2+}和OH^-，OH^-使土中pH值升高，Ca^{2+}与土中黏土颗粒表面吸附的钠、氢、钾等低价阳离子（Na^+、H^+、K^+）进行交换并吸附在颗粒表面，改变了黏土颗粒带电状态，使土颗粒表面弱结合水膜减薄，土粒凝聚，团粒增大，从而产生水胶连接作用。同时，Ca^{2+}与黏土中的SiO_2、Al_2O_3化合物发生化学固结反应，这些反应进行得很缓慢，在土中形成胶结剂后，土的强度就会提高，并且这个强度具有长期性。

6.6.3 设计计算

1. 处理范围

处理范围应大于基底面积，主要作用在于增强地基的稳定性，防止基底下被处理土层在附加应力作用下产生侧向变形，因此原天然土层越软，加宽的范围应越大。通常按压力扩散角$\theta=30°$来确定加固范围的宽度。对一般地基，在基础外缘应扩大1~3排桩，且不应小于基底下处理土层厚度的1/2；对可液化地基，在基础外缘扩大的宽度，不应小于基底下可液化土层厚度的1/2，且不应小于5m。

2. 处理深度

地基处理深度的确定应考虑以下因素：①软弱土层厚度；②可液化土层厚度；③地基变形等因素。

对相对硬土层埋藏较浅地基，应达到相对硬土层深度；对相对硬土层埋藏较深地基，应按下卧层地基承载力及建筑物地基的变形允许值确定；对可液化地基，应按《建筑抗震设计规范（2016年版）》（GB 50011—2010）的有关规定确定。

限于设备条件，柱锤冲扩桩法适用于处理10m以内的地基处理，因此当软弱土层较厚时应进行地基变形计算或下卧层地基承载力验算。

3. 桩位布置

桩位布置宜为正方形和等边三角形。桩距宜为1.2~2.5m或取桩径的2~3倍。

对于可塑状态黏性土、黄土等，因靠冲扩桩的挤密来提高桩间土的密实度，所以采用等边三角形布桩有利，可使地基挤密均匀。对于软黏土地基，主要靠置换。考虑施工方便，以正方形或等边三角形的布桩形式最为常用。

4. 桩径

柱锤冲扩桩法施工有以下三个直径：

（1）柱锤直径　它是柱锤实际直径，现已形成系列，常用直径为300~500mm，如ϕ377公称锤，就是377mm直径的柱锤。

（2）冲孔直径　它是冲孔达到设计深度时，地基被冲击成孔的直径，对于可塑状态黏性土其成孔直径往往比锤直径大。

（3）桩径　它是桩身填料夯实后的平均直径，它比冲孔直径大，如ϕ377柱锤夯实后形成的桩径可达600~800mm。因此，桩径不是一个常数，当土层松软时，桩径就大，当土层较密时，桩径就小。

设计时一般先根据经验假设桩径，假设时应考虑柱锤规格、土质情况及复合地基的设计要求，一般常取500~800mm，经试成桩后再调整桩径。桩孔内填料量应通过现场试验确定。

5. 垫层

柱锤冲扩桩法是从地下向地表加固，由于地表约束减少，加之成桩过程中桩间土隆起造成桩顶及槽底土质松动，因此为保证地基处理效果及基底扩散压力，对低于槽底的松散桩头及松软桩间土应予以清除，换填砂石垫层，采用振动压路机或其他设备压实。

桩顶部应铺设200~300mm厚砂石垫层，垫层的夯填度不应大于0.9；对湿陷性黄土，垫层材料应采用2：8或3：7的灰土，其压实系数均不应低于0.95。

6. 桩体材料

桩体材料推荐采用以拆房为主组成的碎砖三合土，主要是为了降低工程造价，减少杂土丢弃对环境的污染。有条件时也可采用级配砂石、矿渣、灰土、水泥混合土等。当采用其他材料缺少足够的工程经验时，应通过试验确定其适用性和配合比等有关参数。

碎砖三合土的配合比（体积比）除设计有特殊要求外，一般可采用1：2：4（生石灰：碎砖：黏性土）。对于地下水位以下呈流塑状态的松软土层，宜适当加大碎砖及生石灰用量。碎砖三合土中的石灰宜采用块状生石灰，CaO含量应在80%以上。碎砖三合土中的土料，尽量选用就地基坑开挖出的黏性土料，不应含有机物料（如油毡、苇草、木片等），不应使用淤泥质土、盐渍土和冻土。土料含水量对桩身密实度影响较大，因此应采用最佳含水量施工，考虑实际施工时土料来源及成分复杂，根据大量工程实践经验，采用目力鉴别，即手握成团，落地开花。

为了保证桩身均匀及触探试验的可靠性，碎砖粒径不宜大于120mm，如条件允许，碎砖粒径控制在60mm左右最佳，成桩过程中严禁使用粒径大于240mm砖料及混凝土块。

7. 柱锤冲扩桩复合地基承载力特征值

柱锤冲扩桩属散体材料桩（或柔性桩），桩身密实度及承载力因受桩间土影响而较离散，因此柱锤冲扩桩复合地基承载力特征值应通过现场复合地基载荷试验确定，初步设计时，可采用式（5-5）进行估算，该式是根据桩和桩间土通过刚性基础共同承担上部荷载而推导出来的。式中，m 宜取0.2~0.5；桩土应力比 n 应通过试验或按地区经验确定，无经验值时，可取2~4，桩间土承载力低时取大值；加固后桩间土承载力特征值 f_{sk} 应根据土质条件及设计要求确定，当天然地基承载力特征值 $f_{ak} \geqslant 80\text{kPa}$ 时，可取加固前天然地基承载力特征值进行估算；对于新填沟坑、杂填土等松软土层，可按当地经验或经现场试验根据重型动力触探平均击数 $\overline{N}_{63.5}$ 参考表6-20确定。

表6-20 桩间土 $\overline{N}_{63.5}$ 与 f_{sk} 的关系

$\overline{N}_{63.5}$	2	3	4	5	6	7
f_{sk}/kPa	90	110	130	140	150	160

注：1. 计算平均值 $N_{63.5}$ 时应去掉10%的极大值和极小值，当触探深度大于4m时，$N_{63.5}$ 乘以0.9折减系数。
2. 杂填土及饱和松软土层，表中 f_{sk} 乘以0.9折减系数。

8. 沉降计算

柱锤冲扩桩复合地基变形计算应符合现行《建筑地基基础设计规范》的有关规定。地基变形计算深度必须大于复合土层的深度。复合土层的分层与天然地基相同，各复合土层的压缩模量按现行《建筑地基处理技术规范》规定的确定竖向增强体复合地基复合土层压缩模量的方法确定。加固后桩间土压缩模量，可按当地经验取值或根据加固后桩间土重型动力触探平均击数 $\overline{N}_{63.5}$ 参考表6-21选用。

表6-21 桩间土 $\overline{N}_{63.5}$ 与 E_s 的关系

$\overline{N}_{63.5}$	2	3	4	5	6
E_s/kPa	4.0	6.0	7.0	7.5	8.0

【例6-8】 某工程地基天然地基承载力特征值 $f_{ak}=100\text{kPa}$，采用柱锤冲扩桩进行处理，桩径 $d=0.7\text{m}$，按正方形布桩，桩距 $s=1.2\text{m}$，桩长 $l=8\text{m}$，桩土应力比 $n=3.5$，桩设置后，桩间土承载力特征值提高20%，试求复合地基承载力特征值 f_{spk}。

解：(1) 面积置换率 m

$$m=\frac{d^2}{d_e^2}=\frac{d^2}{(1.13s)^2}=\frac{0.7^2}{(1.13\times1.2)^2}=0.266$$

(2) 桩间土承载力特征值 f_{sk}

$$f_{sk}=(1+20\%)f_{ak}=(1+20\%)\times100\text{kPa}=120\text{kPa}$$

(3) 加固后复合地基承载力特征值 f_{spk}

由式(5-5)得 $f_{spk}=[1+m(n-1)]f_{sk}=[1+0.266\times(3.5-1)]\times120\text{kPa}=199.8\text{kPa}$

6.6.4 施工

柱锤冲扩桩施工

1. 施工机具

柱锤冲扩桩法宜用直径300~500mm、长度2~6m、质量为 $(2\sim10)\times10^3\text{kg}$ 的柱状锤（柱锤）进行施工。现行《建筑地基处理技术规范》建议采用的柱锤及自动脱钩装置为沧州市机械施工有限公司的产品。目前生产上采用的系列柱锤见表6-22。

表6-22　柱锤明细表

序　号	规　格			锤底形状
	直径/mm	长度/m	挤土质量/10^3kg	
1	325	2~6	1.0~4.0	凹形底
2	377	2~6	1.5~5.0	凹形底
3	500	2~6	3.0~9.0	凹形底

注：封顶或拍底时，可采用质量（2~10）×10^3kg的扁平锤。

柱锤可用钢材制作或用钢板作为外壳内部浇筑混凝土制成，也可用钢管为外壳内部浇铸铁制成。为了适应不同工程的要求，钢制柱锤可制成装配式，由组合块和锤顶两部分组成，使用时用螺栓连成整体，调整组合块数（一般为500kg/块），即可按工程需要组合成不同质量和长度的柱锤。柱锤应按土质软硬、处理深度及成桩直径经试桩后加以确定，柱锤长度不宜小于处理深度。

升降柱锤的设备可用（1.0~3.0）×10^4kg自行杆式起重机、步履式夯扩桩机或其他专用机具设备，采用自动脱钩装置，起重能力应通过计算（按锤质量及成孔时土层对柱锤的吸附力）或现场试验确定，一般不应小于锤质量的3~5倍。

2. 施工步骤

柱锤冲扩桩法施工可按下列步骤进行：

1）清理平整场地，布置桩位。

2）施工机具就位，使柱锤对准桩位。

3）柱锤冲孔，根据土质及地下水情况可分别采用下述三种成孔方式：

① 冲击成孔。将柱锤提升到一定高度，自动脱钩下落冲击土层，如此反复冲击，接近设计成孔深度时，可在孔内填少量粗骨料继续冲击，直到孔底被夯密实。

② 填料冲击成孔。成孔时将出现缩颈或坍孔时，可分次填入碎砖和生石灰块，边冲击边将填料挤入孔壁及孔底，当孔底接近设计成孔深度时，夯入部分碎砖挤密桩端土。

③ 复打成孔。当坍孔严重难以成孔时，可提锤反复冲击至设计孔深，然后分次填入碎砖和生石灰块，待孔内生石灰吸水膨胀，桩间土性质有所改善，再进行二次冲击复打成孔。

当采用上述方法仍难以成孔时，也可采用套管法成孔，即用柱锤边冲孔边将套管压入土中，直至桩底设计标高。

4）成桩。用料斗或运料车将拌和好的填料分层填入桩孔夯实。当采用套管成孔时，边分层填料夯实，边将套管拔出。锤的质量、锤长、落距、分层填料量、分层夯实厚度、夯击次数、总填料量等，应根据试验或按当地经验确定。每个桩孔应夯填至桩顶设计标高以上至少0.5m，其上部桩孔用原槽土夯封。施工中应做好记录，并对发现的问题及时进行处理。

5）施工机具移位，重复上述步骤进行下一根桩施工。

6）基槽开挖后，应晾槽拍底或碾压，随后铺设垫层并压实。

3. 施工顺序

柱锤冲扩桩法夯击能量较大，易发生地面隆起，造成表层桩和桩间土出现松动，从而降低处理效果，因此成孔及填料夯实宜采用间隔跳打施工顺序。

6.6.5　质量检验

施工过程中应随时检查施工记录及现场施工情况，并对照预定的施工工艺标准，对每根桩进行质量评定。

柱锤冲扩桩施工结束后7~14d内，可采用重型动力触探或标准贯入试验对桩身及桩间土进行抽样检验，检验数量不应少于冲扩桩总数的2%，每个单体工程桩身及桩间土总检验点数均不应少于6点。

柱锤冲扩桩复合地基竣工验收时，承载力检验应采用复合地基静载荷试验。复合地基载荷试验数量不应少于总桩数的1%，且每个单体工程复合地基静载荷试验不应少于3点。静载荷试验应在成桩14d后进行。

基槽开挖后，应检查桩位、桩径、桩数、桩顶密实度及槽底土质情况。如发现漏桩、桩位偏差过大、桩头及槽底土质松软等质量问题，应采取补救措施。

6.6.6　柱锤冲扩桩法加固地基工程实例

1. 工程概况

北京燕山石化公司拟建4台100000m^{2}大型油罐，油罐底面积很大，直径为81m。由于首次采用国产钢板焊接这类大油罐，设计要求油罐地基承载力特征值大于300kPa，变形模量大于280kPa，不均匀沉降小于直径的3/1000，地基刚度均匀。

2. 工程地质条件

场地内地层主要有粉质黏土、粉质黏土夹石、角砾、砂卵石、燕山期花岗石、奥陶系灰岩、矽卡岩等，岩性风化差异大，裂隙发育明显，并有溶洞、裂隙及泉眼多处存在，天然地基承载力为140kPa，与设计要求的油罐地基承载力特征值300kPa相差很大，地基土层变化为1~15m，且不均匀，无法满足100000m^{2}大型油罐设计要求。各油罐场地的工程地质条件见表6-23。

表6-23　油罐区场地工程地质条件

油罐编号	V-301A	V-301B	V-301C	V-301D
地质条件	位于Ⅰ区和Ⅱ区两个地质单元上，当场地平整标高达到64m以后，位于Ⅰ区部分的罐基将露出⑧层矽卡岩，位于Ⅱ区部分的罐基将露出⑥层全风化花岗岩，最大厚度约12m	位于Ⅱ区，当场地平整标高达到64m以后，地基土层自上而下依次分布：②层粉质黏土，在罐基周围分布，厚度1.5~5.3m；④层粉质黏土夹碎石，仅在罐基北部分布，最大厚度6m；⑥层全风化花岗岩分布普遍，厚度1.4~10m	位于Ⅱ区，当场地平整标高达到62m以后，地基土层自上而下依次分布：人工填土，厚度0~2.4m，分布在罐基东部；②层粉质黏土厚度1.5~7.4m；④层粉质黏土夹碎石，仅在罐基北部分布，厚度0~7.0m；⑥层全风化花岗岩分布普遍，厚度1.0~9.7m	位于Ⅱ区，当场地平整标高达到62m以后，地基土层自上而下依次分布：②层粉质黏土，在罐基周围分布，厚度0~3.75m，③层粉角砾，在罐基中心部位分布，厚度0~2.13m

3. 地基处理方案

由于场地的地质条件十分复杂，地基土分布不均匀，拟对地基进行处理，并提出了以下四种地基处理方案：

（1）大直径人工挖孔灌注桩　它是一种比较可靠的地基处理方案，桩端进入基岩，桩身强度高、抗震、抗剪性能均较好。但造价高，工期较长，又因地基基岩起伏变化大，桩长不一，再加上桩身遇到大块孤石时，桩位产生偏移，很难达到预期的处理效果。

（2）振冲碎石桩　采用此法，碎石桩与桩间土共同作用形成复合地基，总体变形可大幅度减少。但由于场地地质条件复杂，基岩起伏、高低不平，会造成承载力不均，并产生大量的泥浆污染，给施工管理造成一定困难。

（3）强夯　采用8000kN·m能级重锤强夯。由于场地基岩埋深达到15m，且深浅不一，无法达到地基处理深度，且含水量高达20%~27%的黏性土地基极易夯成橡皮土，影响工程质量，难以施工。

（4）柱锤冲扩桩　该方法具有8000kN·m“强夯”所不具备的优点，通过（1.2~1.5）×10^4kg锥形锤“超压强”冲击成孔，直至基岩或采用贯入控制满足设计要求，其影响深度比8000kN·m强夯法大大加深，在这种复杂的地质条件下，既可以解决强夯影响深度不够的问题，又可避免橡皮土的出现，还可以解决承载力低以及地基刚度不均的难题。

上述四种地基处理方案的技术经济社会效益比较见表6-24。综合上述方案的优缺点及通过经济、社会效益的比较，最终确定采用柱锤冲扩桩法为本工程的地基处理方案。

表6-24　四种地基处理方案的技术经济社会效益对比

方案名称	技术效果	地基处理费用		社会效益	施工效率	经济效益
		需投资/万元	与柱锤冲扩桩法相比节约/万元			
人工挖孔灌注桩	桩长不一、承载力不均、刚度不一	800	-401	0	速度慢，成孔难	费用高
振冲碎石桩	承载力低、变形模量小，刚度不均匀	500	-201	0	泥浆污染施工现场	费用高
8000kN·m强夯	无法处理15m及高含水量地基	390	9	0	含水量高，无法施工	节约200万~400万元
柱锤冲扩桩	承载力高、变形模量大、压缩变形小、地基刚度均匀	399	0	消纳工业废料碎石8.0万m^3	有效工期23d/罐	节约201万~401万元

4. 地基处理方案设计

柱锤冲扩桩设计参数见表6-25。桩体材料采用开山后的碎石，要求含土量小于30%，最大粒径为500~1000mm，成孔深度至基岩。如达不到基岩面，以最后3击落锤度小于150mm，其夯击动能$E=18000\text{kN}\cdot\text{m/m}^2$为准。施工期间孔内每次填料2~3$m^3$，成孔及成桩均以18000kN·$m/m^2$的高动能冲击挤压强夯，成桩直径达2.4m左右。油罐基础采用2.7m厚的碎石垫层，使上部荷载更加均匀地分布在桩及桩间土上。

表 6-25 柱锤冲扩桩设计参数

名　　称	油罐编号		
	V-301A 罐	V-301B 罐	V-301D 罐
成孔直径/m	1.7	1.7	1.7
桩间距/m	3.3	3.8	3.3
平面处理范围（直径）/m	101	95	95
桩处理深度/m	13	9.5	11

注：V-301C 罐基因土质较好，没有采用柱锤冲扩桩法加固地基。

5. 地基处理效果

（1）复合地基承载力特征值　复合地基承载力特征值见表 6-26～表 6-28 及图 6-18。从表及 *p-s* 曲线可以看出，柱锤冲扩桩处理后的地基不但承载力远远超过设计指标，而且承载力均匀，压缩变形小。

（2）地基处理后的均匀性

1）瑞利波检测结果。从 V-301B 罐基 52 个点实测瑞利波速度测试结果得知，最小波速为 158m/s，最大波速为 285m/s，平均波速为 222m/s。桩间土承载力最小值为 301kPa，最大值为 397kPa，平均值为 352kPa，变异系数为 0.07。

2）标准贯入试验结果。从 V-301B 罐基标准贯入试验结果可以看出，在地基处理的范围和深度内，其桩间土测试击数均在 30 左右，承载力特征值≥886kPa。

以上测试结果各自反映了罐基处理后的承载力和均匀性。

表 6-26 V-301A 油罐地基载荷试验结果（2m×2m 载荷板）

点　　号	最大加载/kPa	总沉降量/mm	按规范 2%取值/mm	承载力特征值/kPa
3 号单桩	1389	28.20	40	>1000
5 号单桩	972	60.87	40	>900
2 号桩间土	600	19.06	40	>600
4 号桩间土	540	56.15	40	>500
1 号复合地基	675	22.09	40	>675
8 号复合地基	600	24.24	40	>600
6 号复合地基	662	62.74	40	<600
7 号复合地基	662	51.01	40	<600

表 6-27 V-301B 油罐地基载荷试验结果（2m×2m 载荷板）

点　　号	最大加载/kPa	总沉降量/mm	按规范 2%取值/mm	承载力特征值/kPa
1 号复合地基	600	14.75	40	>600
2 号复合地基	600	11.03	40	>600
3 号复合地基	600	25.5	40	>600
4 号复合地基	600	13.05	40	>600
5 号单桩	700	10.31	40	>700
6 号桩间土	600	15.45	40	>600

表 6-28 V-301D 油罐地基载荷试验结果（2m×2m 载荷板）

点　号	最大加载/kPa	总沉降量/mm	按规范 2%取值/mm	承载力特征值/kPa
5 号复合地基	600	42.68	40	>600
6 号桩间土	600	37.48	40	>600
7 号单桩	1250	32.76	40	>1250
8 号复合地基	675	60.28	40	>300
1 号复合地基	750	32.76	40	>600
4 号复合地基	600	60.28	40	<600
3 号桩间	500	32.24	40	>750
2 号单桩	1111	43.48	40	>1000

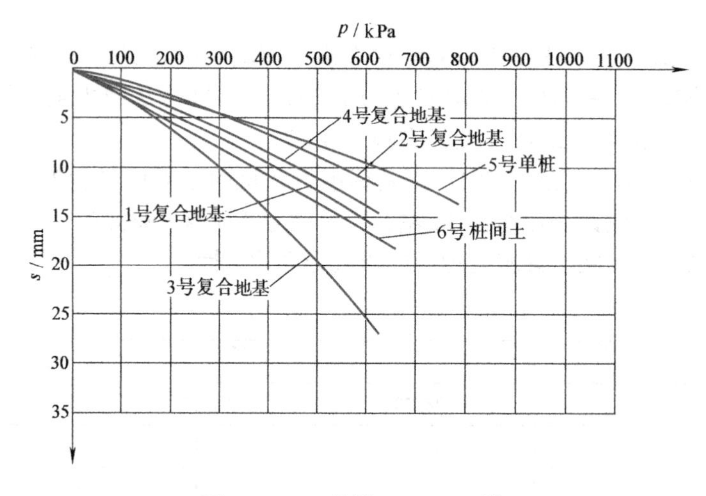

图 6-18 *p-s* 曲线（V-301B 罐）

注：1 号、2 号、3 号、4 号压板尺寸为 2m×2m，5 号、6 号压板尺寸为 1m×1m。

（3）变形模量　通过载荷试验按 $E_0=\omega(1-\mu^2)QB/s$ 计算，三个罐基的变形模量是：V-301A，$E_0=51.40$MPa；V-301B，$E_0=66.44$MPa；V-301D，$E_0=41.96$MPa。以上三个变形模量均满足设计要求。

（4）沉降观测　为了保证油罐在施工和使用过程中的稳定和安全，对处理后的地基进行了沉降观测。V-301B 罐注水试验产生的沉降值仅为 30mm，不均匀沉降 18mm。三台油罐投产三年后的沉降见表 6-29。

表 6-29 油罐基础实测沉降

序　号	油 罐 编 号	最大沉降/mm	最小沉降/mm	差异沉降/mm	倾　斜
1	V-301A	90	65	25	0.00031
2	V-301B	120	90	30	0.00038
3	V-301D	100	65	35	0.00044

6.7 多型桩法

6.7.1 概述

多型桩法是指采用两种或两种以上不同材料增强体，或采用同一材料、不同长度增强体加固形成复合地基的地基处理方法。该法采用刚柔性桩组合的方式对地基进行处理，不仅可以协调桩土变形，合理发挥其承载力，而且组合灵活，可以优化设计方案、节约投资、缩短工期。目前多型桩复合地基在广东、江苏等地区大量采用，取得了良好的经济效益和社会效益。

多型桩法适用于处理不同深度存在相对硬层的正常固结土，或浅层存在欠固结土、湿陷性黄土、可液化土等特殊土，以及地基承载力和变形要求较高的地基。

6.7.2 加固机理

当岩土工程条件较为复杂或建筑物对地基要求较高时，采用单一的地基处理方法处理地基，往往满足不了设计要求或造价较高，而由两种或多种地基处理措施组成的综合处理方法很可能是最佳选择。多型桩复合地基正是基于这一设计思想而产生的。

选用多型桩复合地基，一般情况下是因为场地土具有特殊性，采用一种增强体处理后达不到设计要求的承载力或变形要求，而先采用一种增强体处理特殊性土，减少其特殊性的工程危害，再采用另一种增强体处理使之达到设计要求。当基底以下存在厚度不大的软弱或不良土层时，采用短桩对该区域土层进行加固，可提高基底软弱、不良土层的承载力，消除软弱、不良土层引起的不均匀沉降与不良特性。短桩的加固深度、加固范围可视地基土的物理力学特性及其分布情况而定。一般情况下短桩可采用夯实水泥桩、旋喷桩等形式与刚性长桩间作形成组合桩型复合地基；对于建筑物地基存在中等、严重液化场地，可采用短桩（如碎石桩）消除场地土的液化，采用刚性长桩落在较好的桩端持力层，以提高地基承载力和满足建筑物对地基变形要求；对于厚填土或欠固结的湿陷性黄土类，可采用振动沉管挤密施工工艺施工短桩，如生石灰桩、灰土挤密桩等，使桩间土挤密，再利用长桩提高复合地基承载力。多型桩在空间布置上常采用图6-19所示形式。

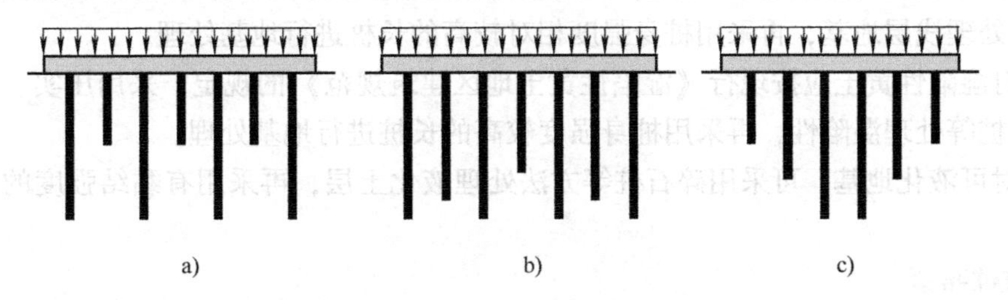

图6-19 多型桩布置形式

在荷载作用下，地基中的附加应力随深度增加而减小，为了更有效地利用复合地基中桩体的承载潜能，竖向增强体（桩体）复合地基中，可以取不同长度的桩体以适应附加应力由上而下减小的特征。从复合地基应力场和位移特性分析可知，由于复合地基加固区的存在，高应力区向地基深处移动，地基压缩土层变深。为了减少沉降，有必要对较深的土层进行处理。采用沿深度变强度和变模量的多型桩复合地基可以有效减小沉降，降低加固成本。在多型桩复合地基中，加固区浅层地基中既有长桩，又有短桩，复合地基置换率高。不仅地基承载力高，而且加固区复合模量大，可以满足加固要求。在加固区深层地基中，附加应力相对较小，只有长桩，也可达到满足承载力要求，有效减小沉降的目的。可以说多型桩复合地基加固区的特性比较符合荷载作用下地基中应力场和位移场特性。多型桩工作原理如图6-20所示。

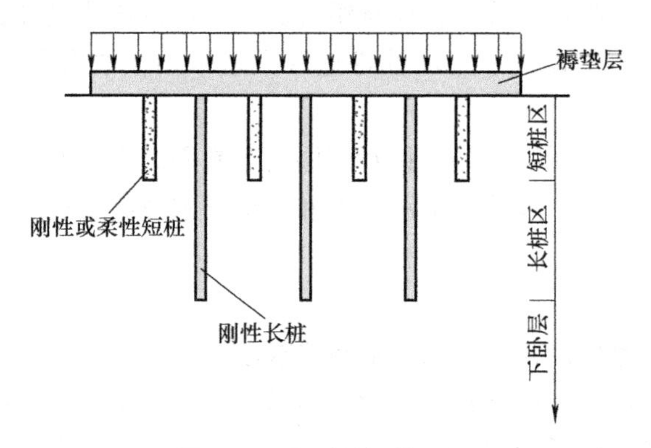

图6-20　多型桩工作原理

6.7.3　设计计算

1. 桩型及施工工艺

桩型及施工工艺的确定，应考虑土层情况、承载力与变形控制要求、经济性和环境要求等综合因素：

1）对复合地基承载力贡献较大或用于控制复合土层变形的长桩，应选择相对较好的持力层；对处理欠固结土的增强体，其桩长应穿越欠固结土层；对消除湿陷性土的增强体，其桩长宜穿过湿陷性土层；对处理液化土的增强体，其桩长宜穿过可液化土层。

2）如浅部存在较好持力层的正常固结土，可采用长桩与短桩的组合方案。

3）对浅部存在软土或欠固结土，宜先采用预压、压实、夯实、挤密方法或低强度桩复合地基等处理浅层地基，再采用桩身强度相对较高的长桩进行地基处理。

4）对湿陷性黄土应按现行《湿陷性黄土地区建筑规范》的规定，采用压实、夯实或土桩、灰土桩等处理湿陷性，再采用桩身强度较高的长桩进行地基处理。

5）对可液化地基，可采用碎石桩等方法处理液化土层，再采用有黏结强度的桩进行地基处理。

2. 桩位布置

多型桩复合地基的布桩宜采用正方形和三角形间隔布置。刚性桩宜在基础范围内布桩，其他增强体布桩应满足液化土地基和湿陷性黄土地基对不同性质土质处理范围的要求。

3. 垫层

多型桩复合地基垫层设置，对刚性长、短桩复合地基宜选择砂石垫层，垫层厚度宜取对复合地基承载力贡献大的增强体直径的1/2；对刚性桩与其他材料增强体桩组合的复合地基，垫层材料宜取刚性桩直径的1/2；对湿陷性的黄土地基，垫层材料应采用灰土，垫层厚度宜为300mm。

4. 多型桩复合地基承载力特征值

多型桩复合地基承载力特征值，应采用多桩复合地基静载荷试验确定，初步设计时，可采用下列公式进行估算：

（1）具有黏结强度的两种桩组合形成的多型桩复合地基承载力特征值

$$f_{spk}=m_1\frac{\lambda_1 R_{a1}}{A_{p1}}+m_2\frac{\lambda_2 R_{a2}}{A_{p2}}+\beta(1-m_1-m_2)f_{sk} \tag{6-21}$$

式中 m_1、m_2——桩1、桩2的面积置换率；

λ_1、λ_2——桩1、桩2的单桩承载力发挥系数，应由单桩复合地基载荷试验按等变形准则或多桩复合地基静载荷试验确定，有地区经验时也可按地区经验确定；

R_{a1}、R_{a2}——桩1、桩2的单桩竖向承载力特征值（kN），应由静载荷试验确定，初步设计时，可按式（5-7）估算；对施工扰动敏感的土层，应考虑后施工桩对已施工桩的影响，单桩承载力予以折减；

A_{p1}、A_{p2}——桩1、桩2的截面面积（m^2）；

β——桩间土承载力发挥系数，无经验时可取0.9~1.0；

f_{sk}——处理后复合地基桩间土承载力特征值（kPa）。

（2）具有黏结强度的桩和散体材料桩组合形成的多型桩复合地基承载力特征值

$$f_{spk}=m_1\frac{\lambda_1 R_{a1}}{A_{p1}}+\beta[1-m_1-m_2(n-1)]f_{sk} \tag{6-22}$$

式中 β——仅由散体材料桩加固处理形成的复合地基承载力发挥系数；

n——仅由散体材料桩加固处理形成的复合地基的桩土应力比；

f_{sk}——仅由散体材料桩加固处理后桩间土承载力特征值（kPa）。

多型桩复合地基置换率，应根据基础面积与该面积范围内实际布桩数量进行计算，但基础面积较大或条形基础较长时，可用单元面积置换率替代。

按图6-21矩形布桩时

$$m_1=\frac{A_{p1}}{2s_1s_2},m_2=\frac{A_{p2}}{2s_1s_2} \tag{6-23}$$

按图6-22三角形布桩且$s_1=s_2$时

$$m_1=\frac{A_{p1}}{2s_1^2},m_2=\frac{A_{p2}}{2s_1^2} \tag{6-24}$$

5. 沉降计算

多型桩复合地基变形计算应符合现行《建筑地基基础设计规范》的有关规定。地基变形计算深度必须大于复合土层的深度。复合土层的分层与天然地基相同，复合土层的压缩模量可按下列公式计算：

1）有黏结强度增强体的长短桩复合加固区、仅长桩加固区土层压缩模量提高系数分别按下列公式计算

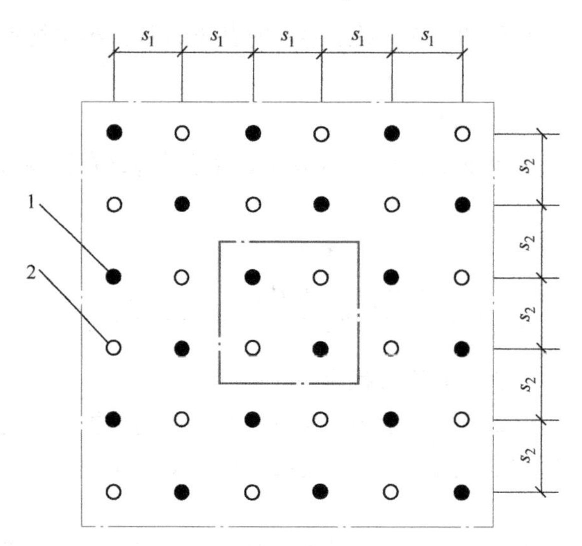

图 6-21 多型桩复合地基矩形布桩单元面积计算模型

1—桩 1 2—桩 2

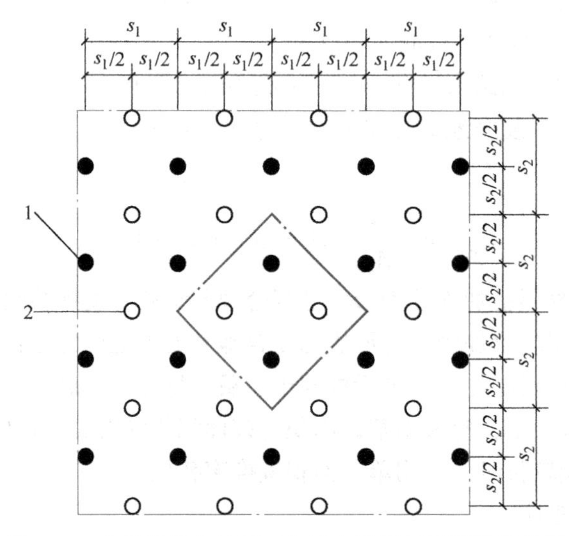

图 6-22 多型桩复合地基三角形布桩单元面积计算模型

1—桩 1 2—桩 2

$$\zeta_1=\frac{f_{spk}}{f_{ak}} \tag{6-25}$$

$$\zeta_2=\frac{f_{spk1}}{f_{ak}} \tag{6-26}$$

式中 f_{spk1}、f_{spk}——仅由长桩处理形成复合地基承载力特征值和长短桩复合地基承载力特征值（kPa）；

ζ_1、ζ_2——长短桩复合地基加固土层压缩模量提高系数和仅由长桩处理形成复合地基加固土层压缩模量提高系数。

2）对由有黏结强度的桩和散体材料桩组合形成的复合地基加固区土层压缩模量提高系

数按式（6-27）或式（6-28）计算

$$\zeta_1=\frac{f_{spk}}{f_{spk2}}[1+m(n-1)]\alpha \tag{6-27}$$

$$\zeta_1=\frac{f_{spk}}{f_{ak}} \tag{6-28}$$

式中 f_{spk2}——仅由散体材料桩加固处理后复合地基承载力特征值（kPa）；

α——处理后桩间土地基承载力调整系数，$\alpha=f_{sk}/f_{ak}$；

m——散体材料桩的面积置换率。

6.7.4 施工

多型桩复合地基施工包括两种或两种以上不同材料增强体，或采用同一材料、不同长度增强体以及垫层的施工。多型桩复合地基的施工应根据增强体类型，应用合理的施工工艺进行施工。各种类型增强体的施工工艺可参考其他各章节相关介绍。多型桩复合地基的施工应符合下列规定：

1）对处理可液化土层的多型桩复合地基，应先施工处理液化的增强体。

2）对消除或部分消除湿陷性黄土地基，应先施工处理湿陷性的增强体。

3）应降低或减小后施工增强体对已施工增强体的质量和承载力的影响。

6.7.5 质量检验

竣工验收时，多型桩复合地基承载力检验，应采用多桩复合地基静载荷试验和单桩静载荷试验，检验数量不得少于总桩数的1%。

多桩复合地基载荷板静载荷试验，对每个单体工程检验数量不得少于3点。

增强体施工质量的检验，对散体材料增强体的检验数量不应少于总桩数的2%，对具有黏结强度的增强体，完整性检验数量不应少于其总桩数的10%。

6.7.6 多型桩法加固地基工程实例

1. 工程概况

某工程高层住宅22栋，地下车库与主楼地下室基本连通。2号住宅楼为地下2层地上33层的剪力墙结构，裙房采用框架结构，筏形基础，主楼地基采用多型桩复合地基。

2. 工程地质条件

场地内地层主要有粉土、粉质黏土、粉砂、细砂等土层，基底地基土层分层情况及设计参数见表6-30。

表6-30 地基土层分布及参数

层 号	类 别	底层深度/m	平均层厚/m	承载力特征值/kPa	压缩模量/MPa	压缩性评价
6	粉土	-9.3	2.1	180	13.3	中
7	粉质黏土	-10.9	1.5	120	4.6	高
7-1	粉土	-11.9	1.2	120	7.1	中
8	粉土	-13.8	2.5	230	16.0	低
9	粉砂	-16.1	3.2	280	24.0	低

(续)

层号	类别	底层深度/m	平均层厚/m	承载力特征值/kPa	压缩模量/MPa	压缩性评价
10	粉砂	-19.4	3.3	300	26.0	低
11	粉土	-24.0	4.5	280	20.0	低
12	细砂	-29.6	5.6	310	28.0	低
13	粉质黏土	-39.5	9.9	310	12.4	中
14	粉质黏土	-48.4	9.0	320	12.7	中
15	粉质黏土	-53.5	5.1	340	13.5	中
16	粉质黏土	-60.5	6.9	330	13.1	中
17	粉质黏土	-67.7	7.0	350	13.9	中

考虑到工程经济性及水泥粉煤灰碎石桩施工可能造成对周边建筑物的影响，采用多型桩长短桩复合地基。长桩选择第12层细砂为持力层，采用直径400mm的水泥粉煤灰碎石桩，混合料强度等级C25，桩长16.5m，设计单桩竖向受压承载力特征值为$R_a=690kN$；短桩选择第10层细砂为持力层，采用直径500mm泥浆护壁素混凝土钻孔灌注桩，桩身混凝土强度等级C25，桩长12m，设计单桩竖向承载力特征值$R_a=600kN$；采用正方形桩，桩间距1.25m。

要求处理后的复合地基承载力特征值$f_{spk}\geqslant 480kPa$，复合地基桩平面布置如图6-23所示。

3. 复合地基承载力计算

(1) 单桩承载力　水泥粉煤灰碎石桩、素混凝土灌注桩单桩承载力计算参数见表6-31。水泥粉煤灰碎石桩单桩承载力特征值计算结果$R_{a1}=690kN$，钻孔灌注桩单桩承载力计算结果$R_{a2}=600kN$。

表6-31　水泥粉煤灰碎石桩钻孔灌注桩侧阻力和端阻力特征值一览表

层号	3	4	5	6	7	7-1	8	9	10	11	12	13
q_{sia}/kPa	30	18	28	23	18	28	27	32	36	32	38	33
q_{pa}/kPa									450	450	500	480

(2) 复合地基承载力

$$f_{spk}=m_1\frac{\lambda_1 R_{a1}}{A_{p1}}+m_2\frac{\lambda_2 R_{a2}}{A_{p2}}+\beta(1-m_1-m_2)f_{sk}$$

式中　$R_{a1}=690kN$，$R_{a2}=600kN$；$\lambda_1=\lambda_2=0.9$；$\beta=1.0$；

$A_{p1}=\frac{\pi}{4}d_1^2=\frac{\pi}{4}\times0.4^2m^2=0.1256m^2$，$A_{p2}=\frac{\pi}{4}d_2^2=\frac{\pi}{4}\times0.5^2m^2=0.1963m^2$；

$m_1=\frac{A_{p1}}{2s_1s_2}=\frac{0.1256}{2\times1.25^2}=0.04$，$m_2=\frac{A_{p2}}{2s_1s_2}=\frac{0.1963}{2\times1.25^2}=0.064$；

$f_{sk}=f_{ak}=180kPa$（第6层粉土）。

复合地基承载力特征值计算结果为$f_{spk}=536.17kPa$，满足设计要求。

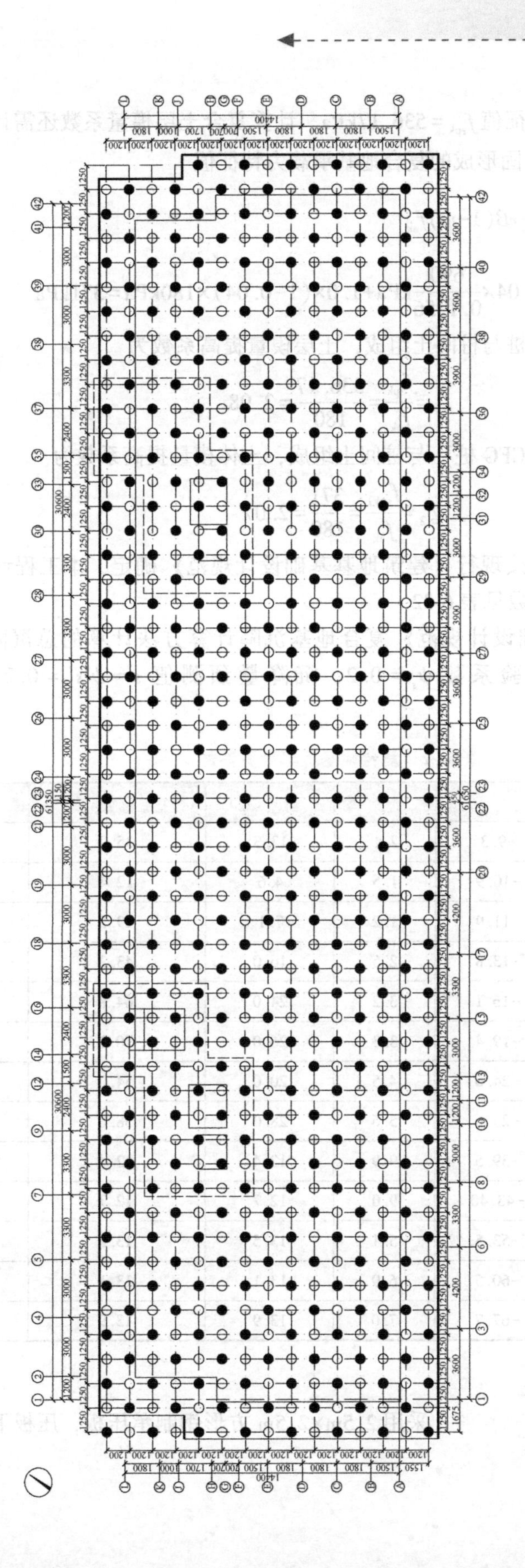

图 6-23 多型桩复合地基平面布置

4. 复合地基变形计算

已知复合地基承载力特征值$f_{spk}=536.17\text{kPa}$，计算复合土层模量系数还需计算单独由水泥粉煤灰碎石桩（长桩）加固形成的复合地基承载力特征值

$$f_{spk1}=\lambda m\frac{R_a}{A_{p1}}+\beta(1-m)f_{sk}$$

$$=0.9\times0.04\times\frac{690}{0.1256}\text{kPa}+1.0\times(1-0.04)\times180\text{kPa}=371\text{kPa}$$

复合土层上部由长、短桩与桩间土组成，土层模量提高系数为

$$\zeta_1=\frac{f_{spk}}{f_{ak}}=\frac{536.17}{180}=2.98$$

复合土层下部由长桩（CFG 桩）与桩间土组成，土体模量提高系数为

$$\zeta_2=\frac{f_{spk1}}{f_{ak}}=\frac{371}{180}=2.07$$

复合地基沉降计算深度按现行《建筑地基基础设计规范》确定，本工程计算深度：自然地面以下 67.0m，计算参数见表 6-32。

按现行《建筑地基基础设计规范》复合地基沉降计算方法计算的总沉降量计算值：$s'=185.54\text{mm}$，取地区经验系数$\psi_s=0.2$，沉降量预测值$s=\psi_s s'=0.2\times185.54\text{mm}=37.08\text{mm}$。

表 6-32 复合地基沉降计算参数

计算层号	土类名称	层底标高/m	层厚/m	压缩模量/MPa	计算压缩模量值/MPa	模量提高系数ζ_i
6	粉土	-9.3	2.1	13.3	35.9	2.98
7	粉质黏土	-10.9	1.5	4.6	12.4	2.98
7-1	粉土	-11.9	1.2	7.1	19.2	2.98
8	粉土	-13.8	2.5	16.0	43.2	2.98
9	粉砂	-16.1	3.2	24.0	64.8	2.98
10	粉砂	-19.4	3.3	26.0	70.2	2.98
11	粉土	-24.0	4.5	20.0	54.0	2.07
12	细砂	-29.6	5.6	28.0	58.8	2.07
13	粉质黏土	-39.5	9.9	12.4	12.4	1.0
14	粉质黏土	-48.40	9.0	12.7	12.7	1.0
15	粉质黏土	-53.5	5.1	13.5	13.5	1.0
16	粉质黏土	-60.5	6.9	13.1	13.1	1.0
17	粉质黏土	-67.7	7.0	13.9	13.9	1.0

5. 复合地基承载力检验

（1）四桩复合地基静载荷实验 采用 2.5m×2.5m 方形钢制承压板，压板下铺中砂找平层，实验结果见表 6-33。

表 6-33 四桩复合地基静载荷实验结果汇总表

编号	最大加载量/kPa	对应沉降量/mm	承载力特征值/kPa	对应沉降量/mm
第一组（f1）	960	28.12	480	8.15
第二组（f2）	960	18.54	480	6.35
第三组（f3）	960	27.75	480	9.46

（2）单桩静载荷实验 采用堆载配重方法进行，试验结果见表 6-34。

表 6-34 单桩静载荷实验结果汇总表

桩型	编号	最大加载量/kN	对应沉降量/mm	极限承载力/kN	特征值对应的沉降量/mm
CFG 桩	d1	1380	5.72	1380	5.05
	d2	1380	10.20	1380	2.45
	d3	1380	14.37	1380	3.70
素混凝土灌注桩	d4	1200	8.31	1200	3.05
	d5	1200	9.95	1200	2.41
	d6	1200	9.39	1200	3.28

三根水泥粉煤灰碎石桩的竖向极限承载力统计值为 1380kN，单桩竖向承载力特征值为 690kN。三根素混凝土灌注桩的单桩竖向承载力统计值为 1200kN，单桩竖向承载为 600kN。表 6-33 中复合地基实验承载力特征值对应的沉降量均较小，平均仅为 8mm，远小于按规范相对变形法对应的沉降量 0.008×2000mm＝16mm，表明复合地基承载力尚没有得到充分发挥。这一结果说明，沉降计算时复合土层模量系数被低估，实测沉降值小于预测值。

表 6-34 中可知，单桩承载力达到承载力特征值 2 倍时。沉降量一般小于 10mm，说明桩承载力尚有较大的富余，单桩承载力特征值并未得到准确表现，这与复合地基上述结果相对应。

6. 地基沉降量监测结果

采用分层沉降标监测方法对复合地基沉降进行监测，沉降监测结果显示沉降发展平稳，结构主体封顶时的复合土层沉降量为 12~15mm，假定此时已完成最终沉降量的 50%~60%，按此结果推算最终沉降量应为 20~30mm，小于沉降量预测值 37.08mm。

典型地基处理工程——引黄入冀补淀工程闸涵地基夯扩桩处理

引黄入冀补淀工程是继国家实施南水北调重大工程后，河北省实施的又一重大跨流域调水工程，是国务院确定的全国 172 项重大节水供水水利工程项目之一，是河北省重大战略性调水工程。该工程自河南省濮阳市渠村引黄闸取水，最终进入河北省白洋淀。途经河南、河北两省 6 市 22 个县（市、区），全部为自流引水，线路总长 482km，其中河南省境内为 84km，河北省境内为 398km。

引黄入冀补淀工程为长距离输水的线性工程，沿线第四纪全新世地层厚 20~50m，发育的地层主要有：第四系全新统（Q_4）冲洪积和冲积、湖沼积层；上更新统（Q_3）冲积、湖沼积层。其中近地表全新（Q_4）冲洪积地层岩性为浅黄~棕黄色粉粒含量较高的砂壤土、壤土、黏土，以及粉砂、细砂。其下为一套冲积为主地层，岩性为灰褐色、黑灰色含有机质黏土、壤土、砂壤土，灰黄色、棕黄色、黄褐色粉砂、细砂。工程沿线建筑物地基下卧层存在液化可能，且为中、高等压缩性土，部分水工建筑物持力层承载力偏低。考虑到引黄入冀补淀工程需进行地基处理的闸涵建筑物数量众多且位置分散，地基处理方式以复合载体夯扩桩为主，对于含分层水的复杂地基和需严格控制周边地基变形的建筑物地基处理采用围封法。引黄入冀补淀工程河北段131座闸涵中，共有66座闸涵建筑物的液化、软弱地基采用了夯扩桩进行处理。

引黄入冀补淀工程建成后，每年大约向河南省农业灌溉供水1.17亿m^3，向河北省农业灌溉供水3.65亿m^3，向白洋淀生态补水2.55亿m^3，有力保障了沿线农业灌溉需求，有效纾解了华北地下水超采危机，改善了白洋淀生态环境，为助力雄安新区高质量发展提供了水资源支撑。

地基处理工程相关专家简介

周镜（1925—），岩土工程专家、中国科学院院士，我国铁路路基土木工程技术主要开拓者之一。长期从事铁路路基建设和科研工作，为路基土工理论和技术发展做出了突出贡献，提出了按黄土结构力学性质确定路堑边坡陡度的原则；提出了第二破裂面计算衡重式挡土墙土压力的原理和判别墙后滑动面出现范围的公式；最早采用桩排架支挡、短密砂井和生石灰桩处理软土路基取得成功，为贵昆铁路、塘沽新港铁路大面积软土路基的修筑做出了贡献；提出了静力触探确定桩承载力的综合修正系数法，并较系统地组织解决了静力触探应用中的技术问题，获国家科技进步奖二等奖；是获国家科技进步奖特等奖的“成昆铁路新技术”项目的主要参加者之一。

思考题与习题

6-1 试述砂石桩在黏性土和砂性土中的加固机理。

6-2 试述振冲法施工质量控制的要素和方法。

6-3 振冲法施工顺序应遵循什么原则？

6-4 试述石灰桩的加固机理和克服石灰桩“软心”的措施。

6-5 试述土（灰土）桩的适用范围和设计方法。

6-6 CFG桩加固地基的机理是什么？在设计思路上有什么不同？

6-7 何谓柱锤冲扩桩法？试述其适用范围。

6-8 试述柱锤冲扩桩法加固地基的机理。

6-9 柱锤冲扩桩常用的材料有哪些？为何推荐采用以拆房为主组成的碎砖三合土？

6-10 确定柱锤冲扩桩的处理深度应考虑哪些因素？如何确定柱锤冲扩桩的处理深度？

6-11 某松砂地基，地下水与地面齐平，采用砂桩加固，砂桩直径$d=0.5$m，该地基土的$d_s=2.7$，$\gamma_{sat}=19.5kN/m^3$，$e_{max}=0.95$，$e_{min}=0.6$，要求处理后的相对密度$D_r=0.8$，求砂桩的间距。

（答案：不考虑振动下沉密实作用，正三角形布桩$l=1.84$m；正方形布桩$l=1.73$m）

6-12 松砂地基加固前地基承载力特征值$f_{sk}=100$kPa，采用振冲桩加固，振冲桩直径400mm，桩距1.2m，正三角形排列。经振冲后桩间土承载力特征值f_{sk}提高50%，桩土应力比$n=3$，求复合地基承载

力 f_{spk}。

（答案：$f_{spk}=180.3$kPa）

6-13 振冲法复合地基，填料为砂土、桩径 0.8m，等边三角形布桩，桩距 2.0m，现场平板载荷试验复合地基承载力特征值为 200kPa，桩间土承载力特征值 150kPa，试估算桩土应力比。

（答案：$n=3.3$）

6-14 某软土地基，采用 CFG 桩进行处理，桩径 0.36m，单桩承载力特征值 $R_a=340$kN，正方形布桩，桩间土承载力特征值 f_{sk} 为 90kPa，复合地基承载力特征值 140kPa，试计算桩间距（$\lambda=0.85$，$\beta=0.9$）。

（答案：$s=2.18$m）

6-15 某柱下独立基础的地基为新近堆积的自重湿陷性黄土地基，拟采用灰土挤密桩对其进行加固，已知基础尺寸为 1.0m×1.0m，该层黄土平均含水率为 10%，最优含水率为 18%，平均干密度为 1.5×10^3kg/m^3。为达到最好加固效果，拟对该基底以下 5.0m 深度范围内的黄土进行增湿，试计算需最少应加水量（$k=1.05$）。

（答案：$Q=5.67$t）

6-16 某自重湿陷性黄土厚 6~6.6m，地基处理前土的平均干密度 $\overline{\rho}_d=1.25\times10^3$kg/m^3，要求消除黄土湿陷性，采用灰土挤密桩处理地基，桩径 0.4m，等边三角形布置，已知桩间土 $\rho_{dmax}=1.60\times10^3$kg/m^3，要求桩间土经成孔挤密后的平均挤密系数 $\overline{\eta}_c$ 达 0.93，试求灰土桩间距。

（答案：$s=0.95$m）

6-17 某 7 层框架结构，上部荷载 $F_k=80000$kN，筏形基础 14m×24m，板厚 0.46m，基础埋深 2m，采用水泥粉煤灰碎石桩复合地基，$m=0.26$，考虑土对桩的支承阻力，计算得单桩承载力特征值为 237kN，桩体试块 $f_{cu}=1800$kPa，桩径 0.55m，桩长 12m，桩间土承载力特征值 $f_{sk}=100$kPa，地基为均质地基，$\gamma=18$kN/m^3，试计算复合地基承载力特征值是否满足要求（$\lambda=0.85$，$\beta=0.95$，$\eta_b=1.0$，$\eta_d=1.0$）？

（答案：$f_{spk}=187.30$kPa，不满足要求）

第7章 浆液固化法

浆液固化法是指利用水泥浆液、硅化浆液、碱液或其他化学浆液，通过灌注压入、高压喷射或机械搅拌，使浆液与土颗粒胶结起来，以改善地基土的物理和力学性质的地基处理方法。

目前浆液固化法中常用的方法除原来的灌浆法外，后面出现了高压喷射注浆法和水泥土搅拌法。前者利用高压射水切削地基土，通过注浆管喷出浆液，就地将土和浆液搅拌混合，后者通过特制的搅拌机械，在地基深部将黏土颗粒和水泥强制拌和，使黏土硬结成具有整体性、水稳性和足够强度的地基土。

7.1 灌浆法

7.1.1 概述

灌浆（Grouting）法是指利用液压、气压或电化学原理，通过注浆管把浆液均匀地注入地层中，浆液以填充、渗透和挤密等方式，赶走土颗粒间或岩石裂隙中的水分和空气后占据其位置，经人工控制一定时间后，浆液将原来松散的土粒或裂隙胶结成一个整体，形成一个结构新、强度大、防水性能好和化学稳定性良好的“结石体”。

灌浆法的应用始于1802年，法国工程师 Charles Beriguy 在 Dieppe 采用了灌注黏土和水硬石灰浆的方法修复了一座受冲刷的水闸。此后，灌浆法成为地基加固中的一种常用方法。灌浆法在我国煤炭、冶金、水电、建筑、交通和铁道等行业得到了广泛使用，并取得了良好的效果，其加固目的有以下几个方面：

1）增加地基的不透水性，常用于防止流砂、钢板桩渗水、坝基漏水、隧道开挖时涌水以及改善地下工程的开挖条件。

2）截断渗透水流，增加边坡、堤岸的稳定性，常用于整治塌方、滑坡、堤岸以及蓄水结构等。

3）提高地基承载力，减少地基的沉降和不均匀沉降。

4）提高岩土的力学强度和变形模量，固化地基和恢复工程结构的整体性，常用于地基基础的加固和纠偏处理。

此外，利用灌浆法还可以减少挡土墙上的土压力，防止岩土的冲刷，消除砂土液化等。实际工程中，灌浆的目的并不是单一的，在达到某种目的的同时，往往收到其他几个方面的效果。

灌浆法在土木工程的各个领域中，特别是在水电工程、井巷工程中得到了非常广泛的应用，已成为不可缺少的施工方法。它的应用主要有以下几个方面：

1）坝基的加固及防渗：对砂基、砂砾石地基、喀斯特溶洞、含断层及软弱夹层的裂隙岩体和破碎岩体等加固，可提高土体密实度和整体性，改善其力学性能，增加地基的不透水性，减少沉降。

2）建筑物地基的加固：提高地基和桩基承载力，减少地基的沉降和不均匀沉降。

3）土坡稳定性加固：提高土体抗滑能力。

4）挡土墙后土体的加固：增加土体的抗剪能力，减少土压力。

5）既有结构的加固：对既有结构物缺陷的修复和补强。

6）道路地基基础加固：公路、铁路路基和飞机跑道的加固，桥梁基础加固。

7）地下结构的止水及加固：增强土体的抗剪能力，减少透水性。

8）井巷工程中的加固及止水。

9）动力基础的抗振加固：提高地基土的抗液化能力。

10）其他：预填骨料灌浆、后拉锚杆灌浆及钻孔灌注桩后灌浆。

7.1.2　加固机理

地基处理中，灌浆工艺所依据的理论主要可归纳为渗透灌浆、劈裂灌浆、压密灌浆、电动化学灌浆四类。

1. 渗透灌浆

渗透灌浆是指在压力作用下使浆液填充土的孔隙和岩石的裂隙，排挤出孔隙中存在的自由水和气体，而基本上不改变原状土的结构和体积，所用灌浆压力相对较小。这类灌浆一般只适用于中砂以上的砂性土和有裂隙的岩石。代表性的渗透灌浆理论有：球形扩散理论、柱形扩散理论和袖套管法理论。

（1）球形扩散理论　Maag（1938年）首先提出浆液在砂层中扩散的简化计算模式（见图7-1）。在推导计算模式时，作了如下假定：①被灌砂土为均质的、各向同性的；②浆液为牛顿体；③浆液从灌浆管底端注入地基土内；④浆液在地层中呈球状扩散。

根据达西定律

$$Q=k_{g}iAt=4\pi r^{2}\frac{k}{\beta}t\left(-\frac{\mathrm{d}h}{\mathrm{d}r}\right)$$

$$-\mathrm{d}h=\frac{Q\beta}{4\pi r^{2}kt}\mathrm{d}r$$

积分后得

$$h=\frac{Q\beta}{4\pi rkt}+c$$

当 $r=r_0$ 时，$h=h_1$；$r=r_1$ 时，$h=0$，代入上式得

$$h_1=\frac{Q\beta}{4\pi kt}\left(\frac{1}{r_0}-\frac{1}{r_1}\right)$$

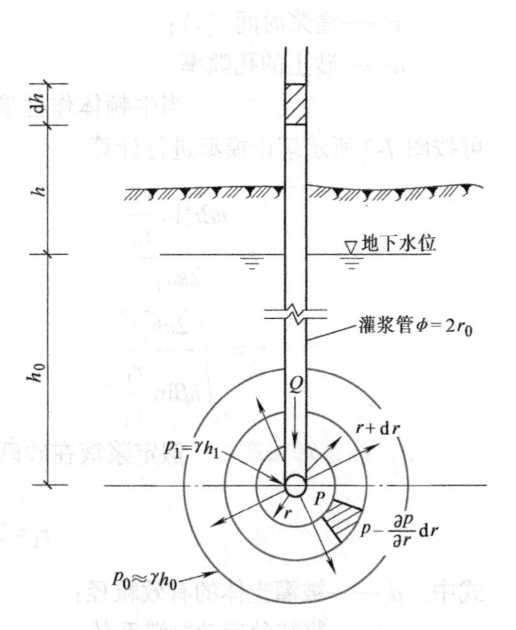

图7-1　注浆管底端注浆球形扩散示意

已知 $Q=\frac{4}{3}\pi r_1^3 n$，代入上式得

$$h_1=\frac{r_1^3\beta\left(\frac{1}{r_0}-\frac{1}{r_1}\right)n}{3kt}$$

同时考虑 $r_1 \gg r_0$，即 $\frac{1}{r_0}-\frac{1}{r_1}\approx\frac{1}{r_0}$，于是

$$h_1=\frac{r_1^3\beta n}{3ktr_0} \tag{7-1}$$

$$t=\frac{r_1^3\beta n}{3kh_1r_0} \tag{7-2}$$

或

$$r_1=\sqrt[3]{\frac{3kh_1r_0t}{\beta n}} \tag{7-3}$$

式中 k——砂土的渗透系数（cm/s）；

Q——浆液流量（cm^3/s）；

k_g——浆液在地层中的渗透系数（cm/s），$k_g=k/\beta$；

β——浆液黏度对水的黏度比；

A——渗透面积（cm^2）；

r，r_1——浆液的扩散半径（cm）；

h，h_1——灌浆压力水头（cm）；

r_0——灌浆管半径（cm）；

t——灌浆时间（s）；

n——砂土的孔隙率。

（2）柱形扩散理论　当牛顿体作柱形扩散时，可按图7-2所示理论模型进行计算

$$t=\frac{n\beta r_1^2\ln\frac{r_1}{r_0}}{2kh_1} \tag{7-4}$$

$$r_1=\sqrt{\frac{2kh_1t}{n\beta\ln\frac{r_1}{r_0}}} \tag{7-5}$$

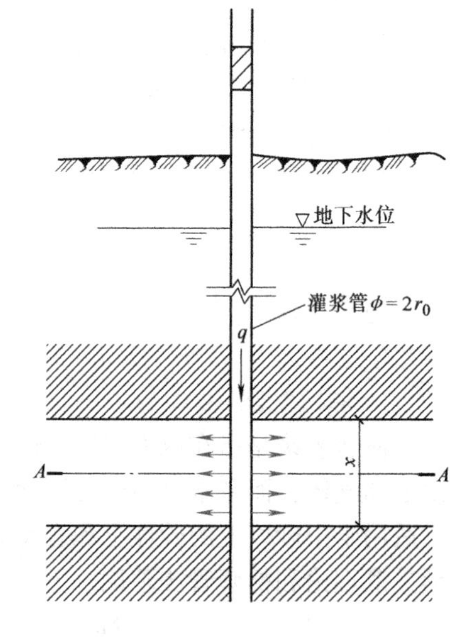

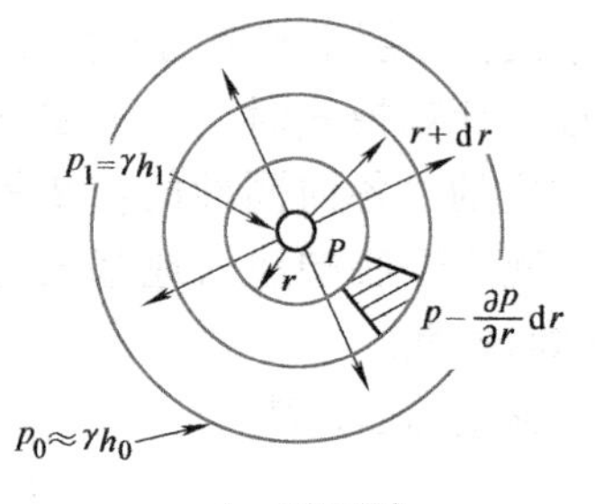

图7-2　浆液柱形扩散示意

（3）袖套管法理论　假定浆液在砂砾石中作紊流运动，则其扩散半径 r_1 为

$$r_1=2\sqrt{\frac{t}{n}\sqrt{\frac{k\nu h_1r_0}{d_e}}} \tag{7-6}$$

式中 d_e——被灌土体的有效粒径；

ν——浆液的运动黏滞系数；

其余符号同Maag公式。

2. 劈裂灌浆

劈裂灌浆（Hydrofracture Grouting）是指在灌浆压力作用下，向钻孔泵送不同类型的流体，以克服地层的初始应力和抗拉强度，引起岩石和土体结构的破坏和扰动，使其垂直小主应力的平面上发生劈裂，使地层中原有的裂隙和孔隙张开，浆液的可灌性和扩散距离增大，而所用的灌浆压力相对较高。

（1）砂和砂砾石地层　可按照有效应力的莫尔—库仑破坏准则进行计算，即

$$\frac{\sigma_1'+\sigma_3'}{2}\sin\varphi'=\frac{\sigma_1'-\sigma_3'}{2}-c'\cos\varphi' \tag{7-7}$$

式中　σ_1'——有效大主应力（kPa）；

σ_3'——有效小主应力（kPa）；

φ'——有效内摩擦角（°）；

c'——有效黏聚力（kPa）。

由于灌浆压力的作用，使砂砾石土的有效应力减少，当灌浆压力 p_e 达到式（7-8）时，就会导致地层的破坏。

$$p_e=\frac{(\gamma h-\gamma_w h_w)(1+K)}{2}-\frac{(\gamma h-\gamma_w h_w)(1-K)}{2\sin\varphi'}+c'\cot\varphi' \tag{7-8}$$

式中　γ——砂或砂砾石的重度（kN/m^3）；

γ_w——水的重度（kN/m^3）；

h——灌浆段深度（m）；

h_w——地下水位高度（m）；

K——主应力比。

图7-3为上述公式所代表的破坏机理，从图中可见，随着孔隙水压力的增加，有效应力就逐渐减小至与破坏包线相切，此时表明砂砾土已开始劈裂。

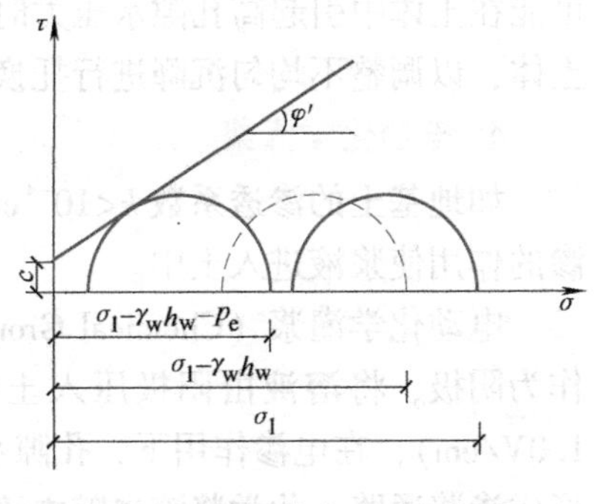

图7-3　假想的水力破坏机理

（2）黏性土地层　在黏性土地层中，水力劈裂将引起土体固结及挤出等现象。在只有固结作用的条件时，可用下式计算注入浆液的体积 V 及单位土体所需的浆液量 Q

$$V=\int_0^a (p_0-u)m_V\cdot 4\pi r^2 dr \tag{7-9}$$

$$Q=pm_V \tag{7-10}$$

式中　a——浆液的扩散半径（m）；

p_0——灌浆压力（kPa）；

u——孔隙水压力（kPa）；

m_V——土的体积压缩系数（kPa^{-1}）；

p——有效灌浆压力（kPa）。

在存在多种劈裂现象的条件下，则可用下式确定土层被固结的程度 C

$$C=\frac{(1-V)(n_0-n_1)}{1-n_0}\times 100\% \tag{7-11}$$

式中 V——灌入土中的水泥结石总体积（m^3）；

n_0——土的天然孔隙率（%）；

n_1——灌浆后土的孔隙率（%）。

3. 压密灌浆

压密灌浆（Compaction Grouting）是指通过在土中灌入极浓的浆液，在注浆点使土体挤密，在注浆管端部附近形成“浆泡”，如图7-4所示。

当浆泡的直径较小时，灌浆压力基本上沿钻孔的径向扩展。随着浆泡尺寸的逐渐增大，便产生较大的上抬力而使地面抬动。

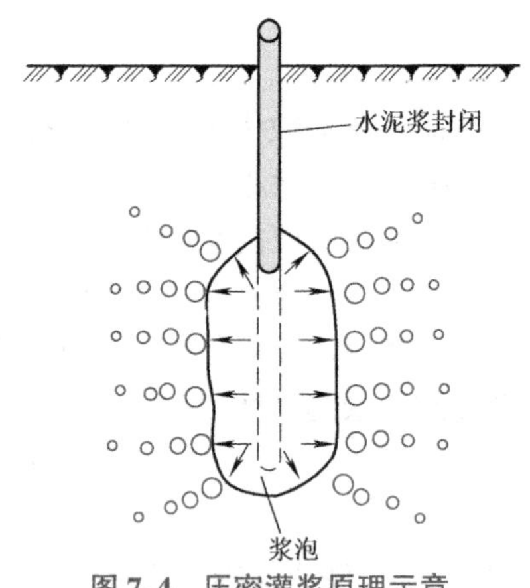

图7-4 压密灌浆原理示意

研究证明，向外扩张的浆泡将在土体中引起复杂的径向和切向应力体系。紧靠浆泡处的土体将遭受严重破坏和剪切，并形成塑性变形区，在此区内土体的密度可能因扰动而减小；离浆泡较远的土基本上发生弹性变形，因而土的密度有明显增加。

浆泡一般为球形或圆柱形。在均匀土中的浆泡形状相当规则，在非均质土中则很不规则。浆泡的最后尺寸取决于很多因素，如土的密度、湿度、力学性质、地表约束条件、灌浆压力和灌浆速率等。有时浆泡的横截面直径可达1.0m或更大，实践证明，离浆泡界面0.3~2.0m内的土体都能受到明显的加密。

压密灌浆常用于中砂地基，黏土地基中若有适宜的排水条件也可采用。如遇排水困难而可能在土体中引起高孔隙水压力时，这就必须采用很低的灌浆速率。压密灌浆可用于非饱和土体，以调整不均匀沉降进行托换技术，以及在大开挖或隧道开挖时对邻近土体加固。

4. 电动化学灌浆

如地基土的渗透系数 $k<10^{-4}$cm/s，只靠静压力难于使浆液注入土的孔隙，此时需用电渗的作用使浆液进入土中。

电动化学灌浆（Chemical Grouting）是指在施工时将带孔的灌浆管作为阳极，用滤水管作为阴极，将溶液由阳极压入土中，并通以直流电（两电极间电压梯度一般采用0.3~1.0V/cm），在电渗作用下，孔隙水由阳极流向阴极，促使通电区域中土的含水量降低，并形成渗浆通路，化学浆液也随之流入土的孔隙中，并在土中硬结。因而电动化学灌浆是在电渗排水和灌浆法的基础上发展起来的一种加固方法。但由于电渗排水作用，可能会引起邻近既有建筑物基础的附加下沉，这一情况应慎重。

灌浆一般采用定量灌注方法，而不是灌至不吃浆为止。灌浆结束后，地层中的浆液往往仍具有一定的流动性，因此在重力作用下，浆液可能向前沿继续流失，使本来已被填满的孔隙重新出现空洞，使灌浆体的整体强度削弱。不饱和充填的另一个原因是采用不稳定的粒状浆液，如这类浆液太稀，且在灌浆结束后浆中的多余水不能排除，则浆液将沉淀析水而在孔隙中形成空洞。可采用以下措施防止上述现象：①当浆液充满孔隙后，继续通过钻孔施加最大灌浆压力；②采用稳定性较好的浓浆；③待已灌浆液达到初凝后，设法在原孔段内进行复灌。

7.1.3 灌浆材料及选用原则

1. 灌浆材料

灌浆工程中所用的材料由主剂（原材料）、溶剂（水或其他溶剂）及外加剂混合而成。通常所说的灌浆材料是指浆液中的主剂。外加剂可根据在浆液中所起的作用，分为固化剂、催化剂、速凝剂、缓凝剂和悬浮剂等。

灌浆材料常分为粒状浆材和化学浆材两个系统，其后再按材料的主要特点细分为不稳定粒状浆材、稳定粒状浆材、无机浆材和有机浆材四类，如图7-5所示。

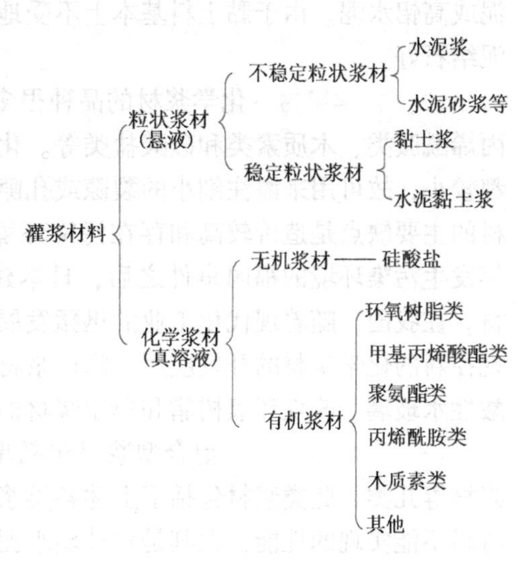

图7-5 灌浆材料的分类

（1）**粒状浆材** 粒状浆材主要包括纯水泥浆、黏土水泥浆及水泥砂浆三种，这些浆材容易取得、成本低廉，故在各类工程中应用最为广泛。为了改善粒状浆材的性质，以适应各种自然条件和不同灌浆目的的需要，还常在浆液中掺入各种外加剂。

粒状浆材的主要性质包括分散度、沉淀析水性、凝结性、热学性、收缩性、结石强度、渗透性和耐久性。

1）分散度。分散度是影响可灌性的主要因素，一般分散度越高，可灌性就越好。分散度还将影响浆液的一系列物理力学性质。

2）沉淀析水性。在浆液搅拌过程中，水泥颗粒处于分散和悬浮状态，但当浆液制成和停止搅拌时，除非浆液极浓；否则，水泥颗粒将在重力作用下沉淀，并使水向浆液顶端上升。沉淀析水性是影响灌浆质量的有害因素。浆液水胶比是影响析水性的主要因素，研究表明，当水胶比为1.0时，水泥浆的最终析水率可高达20%，黏土由于分散度高和亲水性好，因而沉淀析水性较小，在水泥悬液中加入黏土后，将使浆液的稳定性大大提高。

3）凝结性。浆液的凝结过程分为两个阶段：初级阶段，浆液的流动性减少到不可泵送的程度；第二阶段，凝结后随时间而逐渐硬化。研究证明，水泥浆的初凝时间一般为2~4h，黏土水泥浆则更慢。试验还证明，由于水泥微粒内核的水化过程非常缓慢，故水泥结石强度的增长可持续几十年。

4）热学性。由水化热引起的浆液温度主要取决于水泥类型、细度、水泥含量、灌注温度和绝热条件等因素。例如，当水泥的比表面积由$250m^2/kg$增至$400m^2/kg$时，水化热的发展速度将提高约60%。当大体积灌浆工程需要控制浆温时，可采用低热水泥、低水泥含量及降低拌和水温度等措施。当采用黏土水泥浆灌注时，一般不存在水化热问题。

5）收缩性。浆液及结石的收缩性主要受环境条件的影响。潮湿养护的浆液只要长期维持其潮湿条件，不仅不会收缩还可能随时间而略有膨胀；反之，干燥养护的浆液或潮湿养护后又使其处于干燥的环境中，就可能发生收缩，一旦发生收缩，就将在灌浆体中形成微细裂隙，使灌浆效果降低，因而在灌浆设计中应采取预防措施。

6）结石强度。影响结石强度的因素主要包括浆液的起始水胶比、结石的孔隙率、水泥的品种及掺合料等，其中以浆液浓度最为重要。浆液的起始水胶比越大，结石的最终水胶比就越高，相应的抗压强度也越低。当水泥浆中掺入黏土时，其强度将大大降低。

7）渗透性。和结石的强度一样，结石的渗透性也与浆液的起始水胶比、水泥含量及养护龄期等一系列因素有关。

8）耐久性。水泥结石在正常条件下是耐久的，但若灌浆体长期受水压力作用，则可使结石破坏。当地下水有侵蚀性时，宜根据具体情况选用矿渣水泥、火山灰水泥、抗硫酸盐水泥或高铝水泥。由于黏土料基本上不受地下水的化学侵蚀，故黏土水泥结石的耐久性比纯水泥结石好。

（2）化学浆材　化学浆材的品种很多，包括环氧树脂类、甲基丙烯酸酯类、聚氨酯类、丙烯酰胺类、木质素类和硅酸盐类等。化学浆材的最大特点是浆液属于真溶液，初始黏度大都较小，故可用来灌注细小的裂隙或孔隙，解决水泥浆材难于解决的复杂地质问题。化学浆材的主要缺点是造价较高和存在污染环境问题，使其推广应用受到限制。尤其是日本1974年发生污染环境的福冈事件之后，日本建设省下令在化学灌浆方面只允许使用水玻璃系浆材。在我国，随着现代化工业的迅猛发展，化学灌浆的研究和应用得到了迅速发展，主要体现在新的化学浆材的开发应用、降低浆材毒性和对环境的污染以及降低浆材成本等方面。如酸性水玻璃、改性环氧树脂和单宁浆材的开发和利用，都达到了相当高的水平。

（3）混合型浆材　混合型浆材包括聚合物水玻璃浆材、聚合物水泥浆材和水泥水玻璃浆材等几类。此类浆材包括了上述各类浆材的性质，或用来降低浆材成本，或用来满足单一材料不能实现的性能，尤其是水玻璃水泥浆材，由于具有成本低和速凝的特点，现已广泛用于软土层加固和解决地基中的特殊问题。

2. 灌浆材料选用原则

由于灌浆目的不同和对灌浆效果的要求不同，采用的灌浆材料也不同，一种理想的灌浆材料应满足以下要求：

1）浆液黏度低，流动性好，可灌性强，能进入细小裂隙。

2）浆液的凝胶时间在一定范围内可调，并能准确控制。

3）浆液的稳定性好，在常温常热下较长时间存放不改变其基本性质，不发生强烈化学反应。

4）浆液无毒无臭、不污染环境，对人体无害，属非易燃易爆物品。

5）浆液对注浆设备、管路、混凝土建（构）筑物及橡胶制品无腐蚀性，并且容易清洗。

6）浆液固化时无收缩现象，固化后与岩土体、混凝土等有一定的黏结性。

7）结石体具有一定的抗压、抗拉强度，不龟裂，抗渗性能、防冲刷性能及抗老化性能好，能长期耐酸、盐、碱、生物细菌等腐蚀，并且不受温度、湿度变化的影响。

8）材料来源丰富，价格低廉。

9）浆液配制方便，操作简易。

一般灌浆材料很难同时满足上述所有要求，在施工中要根据具体情况选用某种或某些符合上述几项要求的灌浆材料。

7.1.4　灌浆设计

1. 设计程序和设计内容

（1）设计程序　地基灌浆设计一般遵循以下步骤：

1）地质调查。查明场地的工程地质特性和水文地质条件。

2）方案选择。根据工程性质、灌浆目的及地质条件，初步选定灌浆方案。

3）灌浆试验。除进行室内灌浆试验外，对较重要的工程，还应选择有代表性的地段进行现场灌浆试验，以便为确定灌浆技术参数及灌浆施工方法提供依据。

4）设计和计算。确定各项灌浆参数和技术措施。

5）补充和修改设计。在施工期间和竣工后的运营过程中，根据观测所得的异常情况，对原设计进行必要的调整。

其中，方案选择是设计者首先要面对的问题。通常在选择方案时，一般都把灌浆方法和灌浆材料的选择放在首要位置。灌浆方法和灌浆材料的选择与下列因素有关：

1）灌浆目的。是为了提高地基强度和变形模量，还是为了防渗堵漏，或是增加抗滑稳定性。

2）地质条件。包括地层构造、土的类型和性质、地下水位、水的化学成分、灌浆施工期的地下水流速及地震级别。

3）工程性质。是永久性工程还是临时性工程，是重要建筑物还是一般建筑物，是否振动基础以及地基将要承受多大的附加荷载等。

（2）设计内容　设计内容主要包括下述几方面：

1）灌浆标准。通过灌浆要达到的效果和质量指标。

2）施工范围。包括灌浆深度、长度和宽度。

3）灌浆材料。包括浆材种类和浆液配方。

4）浆液影响半径。指浆液在设计压力下所能达到的有效扩散距离。

5）钻孔布置。根据浆液影响半径和灌浆体设计厚度，确定合理的孔距、排距、孔数和排数。

6）灌浆压力。规定不同地区和不同深度的允许最大灌浆压力。

7）灌浆效果评估。用各种方法和手段检测灌浆效果。

在工程实践中，虽然也有采用黏土和沥青作为粒状浆液的，但应用很少，通常还是用纯水泥浆、黏土水泥浆、水泥砂浆、水泥粉煤灰浆液等。由于有机浆材一般价格较贵，多有毒性，易造成对环境的污染，因此常用无毒的硅酸盐或碱液。按选用浆材进行分类，目前常用的灌浆方法主要有：水泥浆液灌注法、硅化法和碱液法。

2. 水泥浆液灌注法

水泥浆液一般都采用普通硅酸盐水泥为主剂，是一种悬浊液，它能形成强度较高和渗透性较小的结石。由于这种浆材取材容易、配方简单、价格便宜、无毒性对环境无污染，故为国内外常用的浆液。

（1）灌浆标准　所谓灌浆标准，是指设计者要求地层或结构经灌浆处理应达到的质量指标。所用灌浆标准的高低，直接关系到工程量、进度、造价和建（构）筑物的安全。

由于工程性质、灌浆的目的和要求、所处理对象的条件各不相同，加之受到检测手段的局限，故灌浆标准很难规定一个比较具体和统一的准则，而只能根据具体情况做出具体的规定，通常采用防渗标准、强度和变形标准及施工控制标准进行控制，并且常常需要在施工前进行灌浆试验，在验证灌浆设计、施工参数的同时，确定灌浆质量标准的具体指标。

1）防渗标准。所谓防渗标准，是指地层或结构经灌浆处理应达到的渗透性要求，是工程为了减少地基的渗透流量、避免渗透破坏、降低渗透压力提出的对地层的渗透性要求。防渗标准越高，表明灌浆后地基的渗透性越低，灌浆质量也就越好。这不仅体现在地基渗流量的减少，而且因为渗透性越小，地下水在介质中的流速也越低，地基土发生管涌破坏的可能性就越小。

但是，防渗标准越高，灌浆技术的难度就越大，一般来说，灌浆工程量及造价也越高。因此，防渗标准不应是绝对的，每个灌浆工程都应根据自己的特点，通过技术经济比较确定一个相对合理的指标。原则上，对比较重要的建筑，对渗透破坏比较敏感的地基，对地基渗漏量必须严格控制的工程，都要求采用比较高的标准。

在砂或砂砾石地基中，防渗标准都采用渗透系数来控制。对比较重要的防渗工程，多要求把地基渗透系数降低至 $10^{-5} \sim 10^{-4}$cm/s 以下；对临时性工程或允许出现较大渗漏量而又不发生渗透破坏的工程，也有采用 10^{-3}cm/s 数量级的工程实例。

在岩石地基中，我国多采用单位吸水量 ω 来控制。在水利水电建设工程中，防渗标准多采用 $\omega = 0.01 \sim 0.03$L/(m^2 · min)，在特殊情况下，可能有更高的要求。

现场试验资料证明，单位吸水量 ω 和渗透系数之间存在大体如下式所示的关系

$$k = 1.5 \times 10^{-3} \times \omega \tag{7-12}$$

式中 k——渗透系数（cm/s）；

ω——单位吸水量（L/(m^2 · min)）。

2）强度和变形标准。所谓强度和变形标准，是指地层或结构经灌浆加固处理应达到的强度和变形要求，是工程为提高地层或结构的承载能力、物理力学性能，改善其变形性能，对抗压强度、抗拉强度、抗剪强度、黏结强度及变形模量、压缩系数、蠕变特性等方面指标的要求。由于灌浆目的、要求和各个工程的具体条件千差万别，不同的工程只能根据自己的特点规定强度和变形标准。

① 为了增强摩擦桩的承载力，主要应沿桩的周边灌浆，以提高界面间的黏结力。

② 为了减少拱坝基础的不均匀变形，仅需在坝下游基础受压部位进行固结灌浆，而无须在整个坝基灌浆。

③ 对于振动基础，有时灌浆的目的是为了改变地基的自然频率以消除共振条件，因而不一定要用强度较高的浆材。

④ 为了减少挡土墙上的土压力，则应在墙背至滑动面附近的土体中灌浆，以提高土的重度和滑动面的抗剪强度。

3）施工控制标准。灌浆后的质量指标只能在施工结束后通过现场检验确定，有些灌浆工程甚至不能进行这种检测，因而必须制订一个能保证获得最佳灌浆效果的施工控制标准。

① 在正常情况下注入理论耗浆量 Q，参照下式进行计算

$$Q = Vn + m \tag{7-13}$$

式中 V——设计灌浆体积（m^3）；

n——土的孔隙率（%）；

m——无效注浆量（m^3）。

② 按耗浆量降低率进行控制。由于灌浆是按逐渐加密原则进行的，孔段耗浆量应随加密次序的增加而逐渐减少。若起始孔距布置正确，则第二次序孔的耗浆量比第一次序孔大大减少，这是灌浆取得成功的标志。

(2) 浆材及配方设计原则 灌浆工程所采用的水泥品种，应根据灌浆目的和环境水的侵蚀作用等设计确定，一般情况下，可采用硅酸盐水泥或普通硅酸盐水泥，当有抗侵蚀或其他要求，应使用特种水泥，使用矿渣硅酸盐水泥或火山灰硅酸盐水泥时应得到设计许可。

水泥浆液存在的主要问题是析水性大、稳定性差，水胶比越大，上述问题越突出。《水工建筑物水泥灌浆施工技术规范》（DL/T 5148—2001）规定：水泥浆液水胶比不宜大于1.0。此外，纯水泥浆凝结时间较长，在地下水流速较大的条件下灌浆时浆液容易受冲刷和稀释。为了改善水泥浆液的性质，以适应不同的灌浆目的和自然条件，常在水泥中掺入各种附加剂，见表7-1。

表7-1 水泥浆的附加剂及掺量

名　称	试　剂	掺量占水泥重（%）	说　明
速凝剂	氯化钙	1~2	加速凝结和硬化
	硅酸钠	0.5~3	加速凝结
	铝酸钠		
缓凝剂	木质素磺酸钙	0.2~0.5	增加流动性
	酒石酸	0.1~0.5	
	糖		
流动剂	木质素磺酸钙	0.2~0.3	
加气剂	去垢剂	0.05	产生空气
	松香树脂	0.1~0.2	产生约10%的空气
膨胀剂	铝粉	0.005~0.02	约膨胀15%
	饱和盐水	30~60	约膨胀1%
防析水剂	纤维素	0.2~0.3	
	硫酸铝	约20	产生空气

(3) 浆液扩散半径的确定 浆液扩散半径r是一个重要的参数，它对灌浆工程量及造价具有重要的影响。r值可按7.1.2节的理论公式进行估算；当地质条件较复杂或计算参数不易选准时，就应通过现场灌浆试验来确定。在没有试验资料时，可参照当地经验或相关资料确定。

现场灌浆时，常采用三角形（见图7-6）或矩形（见图7-7）布孔法。

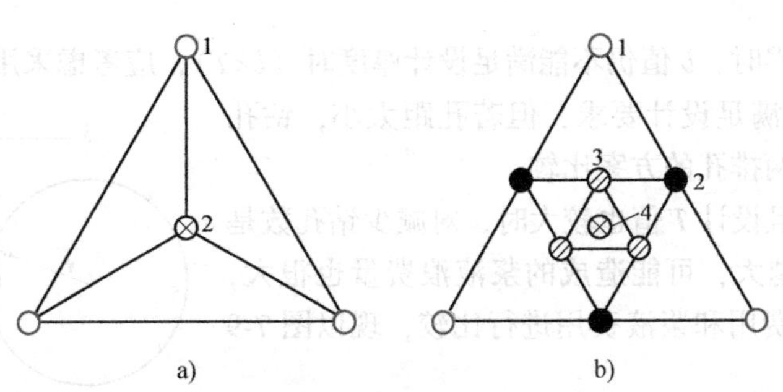

图7-6 三角形布孔

注：分图a中1为灌浆孔，2为检查孔；分图b中1为Ⅰ序孔，2为Ⅱ序孔，3为Ⅲ序孔，4为检查孔。

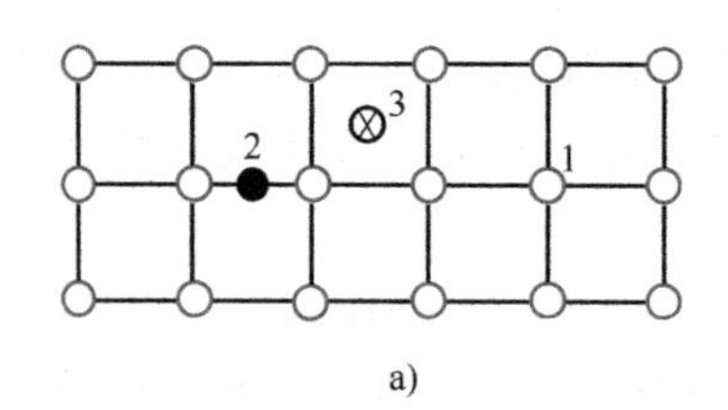

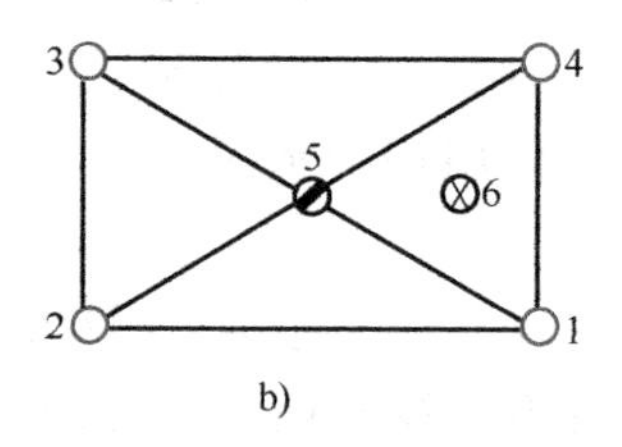

图 7-7 矩形或方形布孔

注：分图 a 中 1 为灌浆孔，2 为试验井，3 为检查孔；分图 b 中 1~4 为Ⅰ序孔，5 为Ⅱ序孔，6 为检查孔。

由于地基土的构造和渗透性多数是不均匀的，尤其是在深度方向上，因而不论是理论计算或现场灌浆试验，都难以求得整个地层具有代表性的 r 值，而实际工程中又往往只能采用均匀布孔的方法，为了克服这一矛盾，设计时应注意以下几点：

1）在现场进行试验时，要选择不同特点的地基，用不同的灌浆方法，求得不同条件下的浆液的 r 值。

2）所谓扩散半径并非是最远距离，而是能符合设计要求的扩散距离。

3）在确定扩散半径时，要选择多数条件下可达到的数值，而不是取平均值。

4）当有些地层因渗透性较小而不能达到 r 值时，可提高灌浆压力或浆液的流动性，必要时还可在局部地区增加钻孔以缩小孔距。

（4）孔位布置 灌浆孔的布置是根据浆液的注浆有效范围，且应相互重叠，使被加固土体在平面和深度范围内连成一个整体的原则决定的。

1）单排孔的布置。如图 7-8 所示，l 为灌浆孔距，r 为浆液扩散半径，则灌浆体的厚度 b 为

$$b=2\sqrt{r^2-\frac{l^2}{4}} \tag{7-14}$$

设灌浆体的设计厚度为 T，则灌浆孔距可按下式计算

$$l=2\sqrt{r^2-\frac{T^2}{4}} \tag{7-15}$$

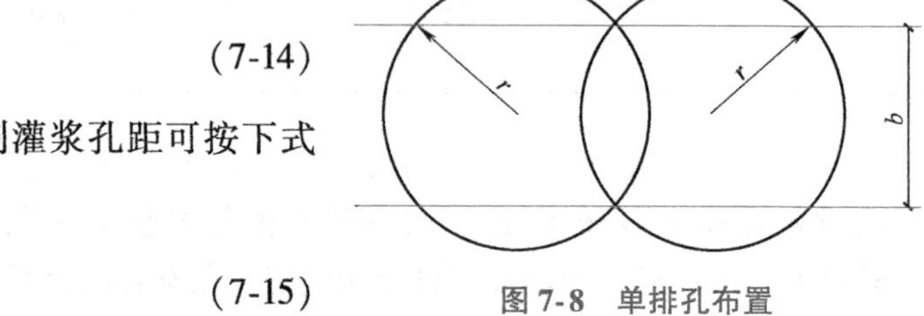

图 7-8 单排孔布置

在按上式进行孔距设计时，可能出现以下几种情况：

a. 当 l 值接近零时，b 值仍不能满足设计厚度时（$b<T$），应考虑采用多排灌浆孔。

b. 虽单排孔能满足设计要求，但若孔距太小，钻孔数太多，就应进行两排孔的方案比较。

c. 当 l 值较大且设计 T 值也较大时，对减少钻孔数是有利的，但因 l 值越大，可能造成的浆液浪费量也很大，故设计时应对钻孔费用和浆液费用进行比较，现以图 7-9 来说明。

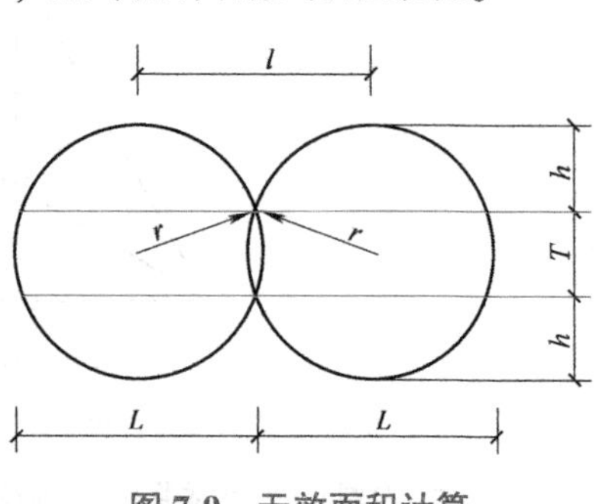

图 7-9 无效面积计算

图 7-9 中，T 为设计帷幕厚度，h 为弓形高，L 为弓的长，每个灌浆孔的无效面积

$$S_n=2\times\frac{2}{3}Lh \tag{7-16}$$

式中，$L=l$，$h=r-\frac{T}{2}$。设土的孔隙率为n，并且浆液填满整个孔隙，则浆液的浪费量

$$m=S_n\times n=\frac{4}{3}Lhn \tag{7-17}$$

由此可见，并不是l值越大越好，而是要根据具体情况进行综合分析，以求得最佳指标。

2）多排孔布置。当单排孔不能满足设计厚度的要求时，就要采用两排以上的多排孔。多排孔的设计原则是要充分发挥灌浆孔的潜力，以获得最大的灌浆体厚度，不允许出现两排孔间的搭接不紧密的“窗口”（见图7-10a），也不要求搭接过多出现浪费（见图7-10b）。图7-11所示为两排孔正好紧密搭接的最优设计布孔方案。

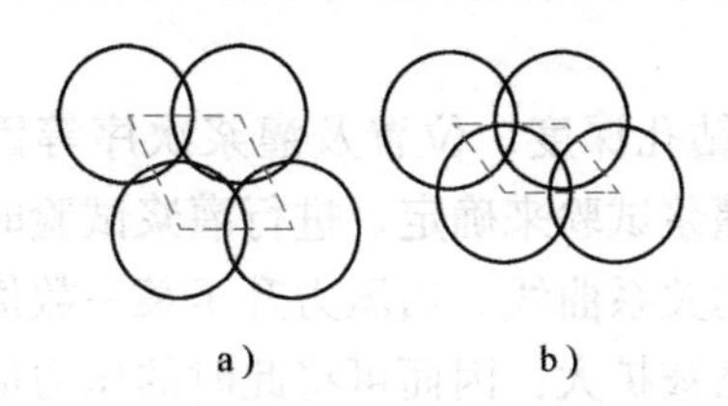

图7-10 两排孔设计

a）孔排间搭接不紧密 b）搭接过多

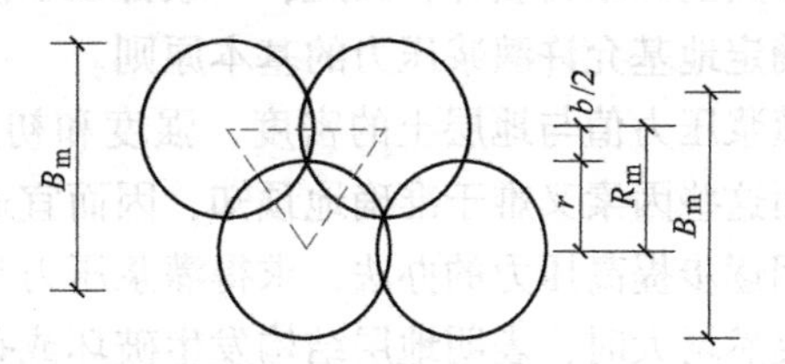

图7-11 孔排间的最优搭接

根据上述分析，可推导出最优排距R_m和最大灌浆有效厚度B_m的计算式。

对于两排孔

$$R_m=r+\frac{b}{2}=r+\sqrt{r^2-\frac{l^2}{4}} \tag{7-18}$$

$$B_m=2r+b=2\left(r+\sqrt{r^2-\frac{l^2}{4}}\right) \tag{7-19}$$

对于三排孔，R_m与式（7-18）相同，B_m按下式计算

$$B_m=2r+2b=2\left(r+2\sqrt{r^2-\frac{l^2}{4}}\right) \tag{7-20}$$

对于五排孔，R_m与式（7-18）相同，B_m按下式计算

$$B_m=4r+3b=4\left(r+1.5\sqrt{r^2-\frac{l^2}{4}}\right) \tag{7-21}$$

综上所述，可得出多排孔的最优排距为式（7-18），最优厚度则为：

奇数排

$$B_m=(n-1)\left(r+\frac{n+1}{n-1}\cdot\frac{b}{2}\right)=(n-1)\left(r+\frac{n+1}{n-1}\sqrt{r^2-\frac{l^2}{4}}\right) \tag{7-22}$$

偶数排

$$B_m=n\left(r+\frac{b}{2}\right)=n\left(r+\sqrt{r^2-\frac{l^2}{4}}\right) \tag{7-23}$$

式中 n——灌浆孔排数。

在设计工作中，常遇到 n 排孔厚度不够，但 $n+1$ 排孔厚度又偏大的情况，如有必要，可用放大孔距的办法来调整，但也应按上述方法，对钻孔费和浆材费进行比较，以确定合理的孔距。灌浆体的无效面积 S_n 仍可用式（7-16）计算，但式中 T 值仅为边排孔的厚度。

（5）允许灌浆压力的确定　灌浆压力是指不会使地表面产生变化和邻近建筑物受到影响前提下可能采用的最大压力。

由于浆液的扩散能力与灌浆压力的大小密切相关，有人倾向于采用较高的灌浆压力，在保证灌浆质量的前提下，使钻孔数尽可能减少。高灌浆压力还能使一些微细孔隙张开，有助于提高可灌性。当孔隙被某种软弱材料充填时，高灌浆压力能在充填物中造成劈裂灌注，使软弱材料的密度、强度和不透水性等得到改善。此外，高灌浆压力有助于挤出浆液中的多余水分，使浆液结石的强度提高。但是，当灌浆压力超过地层的压重和强度时，将有可能导致地基及其上部结构破坏，因此，一般都以不使地层结构破坏或仅发生局部的和少量的破坏，作为确定地基允许灌浆压力的基本原则。

灌浆压力值与地层土的密度、强度和初始应力、钻孔深度、位置及灌浆次序等因素有关，而这些因素又难于准确地预知，因而宜通过现场灌浆试验来确定。进行灌浆试验时，一般采用逐步提高压力的办法，求得灌浆压力与灌浆量的关系曲线。当压力升至某一数值而灌浆量突然增大时，表明地层结构发生破坏或孔隙尺寸已被扩大，因而可将此时的压力值作为确定允许灌浆压力的依据。当缺乏试验资料时，或在进行现场灌浆试验前需预定一个试验压力时，可用理论公式或经验数值确定允许压力，然后在灌浆过程中根据具体情况再作适当的调整。

《建筑地基处理技术规范》规定：对劈裂注浆的注浆压力，在砂土中宜为0.2~0.5MPa，在黏性土中宜为0.2~0.3MPa。对压密注浆，当采用水泥砂浆浆液时，坍落度宜为25~75mm，注浆压力宜为1.0~7.0MPa。当采用水泥水玻璃双液快凝浆液时，注浆压力不应大于1.0MPa。

（6）其他

1）灌浆量的确定。灌注所需的浆液总用量 Q 可按下式计算

$$Q=1000KVn \tag{7-24}$$

式中　Q——浆液总用量（L）；

V——灌浆对象的土量（m^3）；

n——土的孔隙率（%）；

K——经验系数，软土、黏性土、细砂 $K=0.3\sim0.5$，中砂、粗砂 $K=0.5\sim0.7$，砂砾 $K=0.7\sim1.0$，湿陷性黄土 $K=0.5\sim0.8$。

一般情况下，黏性土地基中的浆液注入率为15%~20%。

2）注浆顺序。注浆顺序必须采用适合于地基条件，现场环境及注浆目的的方法进行，一般不宜自注浆地带某一端单向推进压注，应按跳孔间隔注浆方式进行，以防止窜浆，提高注浆孔内浆液的强度和与时俱增的约束性。对有地下水流动的特殊情况，应考虑浆液在动水流下的迁移效应，从水头高的一端开始注浆。

加固渗透系数相同的土层时，首先应完成最上层封顶注浆，然后再按由下而上的原则进行注浆，以防浆液上冒。如土层的渗透系数随深度而增大，则应自下而上进行注浆。

注浆时应采用先外围，后内部的注浆方法；若注浆范围以外有边界约束条件（能阻挡

浆液流动的障碍物）时，也可采用自内侧开始顺次往外侧的注浆方法。

3. 硅化法

硅化法是指通过打入带孔的金属灌注管，在一定的压力下，将硅酸钠（俗称水玻璃）溶液注入土中，或将硅酸钠及氯化钙两种溶液先后分别注入土中，使土粒之间及其表面形成硅酸凝胶薄膜，增强土颗粒间的联结，赋予土耐水性、稳固性和不湿陷性，并提高土的抗压强度和抗剪强度的地基处理方法。前者称为单液硅化，后者称为双液硅化。硅化法适用于各类砂土、黄土及一般黏性土。对渗透系数 k 为 0.10~2.00m/d 的地下水位以上的湿陷性黄土，因土中含有硫酸钙或碳酸钙，只需用单液硅化法，但通常用氯化钠溶液作为催化剂。

硅化法加固地基的灌注工艺有两种。一是压力灌注，二是溶液自渗（无压）。砂土、黏土宜采用压力双液硅化注浆。对渗透系数 k 为 0.10~2.00m/d 的地下水位以上的湿陷性黄土可采用无压或压力单液硅化注浆，既可用于加固自重湿陷性黄土场地上拟建的设备基础和建（构）筑物的地基，也可用于加固非自重湿陷性黄土场地上的既有建（构）筑物和设备基础的地基；自重湿陷性黄土宜采用无压单液硅化注浆，宜用于加固自重湿陷性黄土场地上的既有建（构）筑物和设备基础的地基。

（1）浆材及配方设计准则

1）防渗注浆加固用的水玻璃模数不宜小于 2.2，用于地基加固的水玻璃模数宜为 2.5~3.3，且不溶于水的杂质含量不应超过 2%。

2）双液硅化注浆用的氯化钙溶液中的杂质含量不得超过 0.06%，悬浮颗粒含量不得超过 1%，溶液的 pH 值不得小于 5.5。

（2）硅化浆液加固半径的确定　硅化注浆的加固半径应根据孔隙比、浆液黏度、凝固时间、灌浆速度、灌浆压力和灌浆量等试验确定；无试验资料时，对粗砂、中砂、细砂、粉砂和黄土可按表 7-2 确定。

表 7-2　硅化法注浆加固半径的确定

土的类型及加固方法	渗透系数/(m/d)	加固半径/m
粗砂、中砂、细砂（双液硅化法）	2~10	0.3~0.4
	10~20	0.4~0.6
	20~50	0.6~0.8
	50~80	0.8~1.0
粉砂（单液硅化法）	0.3~0.5	0.3~0.4
	0.5~1.0	0.4~0.6
	1.0~2.0	0.6~0.8
	2.0~5.0	0.8~1.0
黄土（单液硅化法）	0.1~0.3	0.3~0.4
	0.3~0.5	0.4~0.6
	0.5~1.0	0.6~0.8
	1.0~2.0	0.8~1.0

（3）孔位布置　注浆孔的排间距可取加固半径的 1.5 倍；注浆孔的间距可取加固半径的 1.5~1.7 倍；最外侧注浆孔位超出基础底面宽度不得小于 0.5m；分层注浆时，加固层厚度可按注浆管带孔部分的长度上下各 25%加固半径计算。采用单液硅化法加固湿陷性黄土

地基，灌注孔的布置应符合下列规定：

1）灌注孔的间距：压力灌注宜为0.8~1.2m，溶液无压力自渗为0.4~0.6m。

2）对新建建（构）筑物和设备基础的地基，应在基础底面下按等边三角形满堂布孔，超出基础底面外缘的宽度，每边不得小于1m。

3）对既有建（构）筑物和设备基础的地基，应沿基础侧向布孔，每侧不宜少于2排。

4）当基础底面宽度大于3m时，除应在基础两侧布置2排灌注孔外，可在基础两侧布置斜向基础底面中心以下的灌注孔或在其台阶上布置穿透基础的灌注孔。

（4）灌浆量的确定　单液硅化法应由10%~15%的硅酸钠（$Na_2O \cdot nSiO_2$）溶液，掺入2.5%氯化钠组成。其相对密度为1.13~1.15，并不应小于1.10。

加固湿陷性黄土的溶液用量，可按下式估算

$$Q=V\bar{n}d_{N1}\alpha \tag{7-25}$$

式中　Q——硅酸钠溶液的用量（m^3）；

V——拟加固湿陷性黄土的体积（m^3）；

$\bar{n}$——地基加固前，土的平均孔隙率（%）；

d_{N1}——灌注时，硅酸钠溶液的相对密度；

α——溶液填充孔隙的系数，可取0.6~0.8。

当硅酸钠溶液的浓度大于加固湿陷性黄土所要求的浓度时，应将其加水稀释，加水量可按下式估算

$$Q'=\frac{d_N-d_{N1}}{d_{N1}-1}\times q \tag{7-26}$$

式中　Q'——稀释硅酸钠溶液的加水量（t）；

d_N——稀释前，硅酸钠溶液的相对密度；

q——拟稀释硅酸钠溶液的质量（t）。

4. 碱液法

碱液法是指将加热后的碱液（氢氧化钠溶液），以无压自流方式注入土中，在土粒表面溶合胶结形成难溶于水的、具有高强度的钙、铝硅酸盐络合物，从而达到消除黄土湿陷性，提高地基承载力的地基处理方法。

当100g干土中可溶性和交换性钙镁离子含量大于10mg·eq时，可采用单液法，即只灌注氢氧化钠一种溶液加固；否则，应采用双液法，即需采用氢氧化钠溶液和氯化钙溶液轮番灌注加固。

碱液法适用于处理地下水位以上渗透系数为0.1~2.0m/d的湿陷性黄土地基。采用碱液法加固湿陷性黄土地基，应于施工前在拟加固的建（构）筑物附近进行单孔或多孔灌注溶液试验，确定灌注溶液的速度、时间、数量和压力参数以及适用性。对酸性土和已掺入沥青、油脂及石油化合物的地基土，不宜采用碱液法。

（1）加固深度　加固深度应根据场地的湿陷类型、地基湿陷等级和湿陷黄土层厚度，并结合建筑物类别与湿陷事故的严重程度等综合因素确定。加固深度宜为2~5m。对非自重湿陷性黄土地基，加固深度可为基础宽度的1.5~2.0倍。对Ⅱ级自重湿陷性黄土地基，加固深度可为基础宽度的2.0~3.0倍。

（2）加固土层厚度　碱液加固土层厚度 h，可按下式估算

$$h=l+r \tag{7-27}$$

式中　l——灌注孔长度，从注浆管底部到灌注孔底部的距离（m）；

r——有效加固半径（m）。

（3）碱液加固半径的确定　碱液加固地基的半径 r，宜通过现场试验确定。当碱液浓度和温度符合《建筑地基处理技术规范》规定的施工要求时，有效加固半径与碱液灌注量之间可按下式估算

$$r=0.6\sqrt{\frac{V}{nl\times10^3}} \tag{7-28}$$

式中　V——每孔碱液灌注量（L），试验前可根据加固要求达到的有效加固半径按式（7-29）进行估算；

n——拟加固土的天然孔隙率（%）。

当无试验条件或工程量较小时，r 可取 0.4~0.5m。

（4）灌浆量的确定　每孔碱液灌注量可按下式估算

$$V=\alpha\beta\pi r^2(l+r)n \tag{7-29}$$

式中　α——溶液填充孔隙的系数，可取 0.6~0.8；

β——工作条件系数，可考虑碱液流失影响，可取 1.1。

灌浆施工

7.1.5　施工方法

1. 水泥浆液灌注法

选择灌浆方法时要考虑介质的类型和浆液的凝胶时间。土体灌浆一般吸浆量较大，采用纯压式灌浆，而裂隙岩体注水泥浆时，吸浆量一般较小，采用循环式灌浆。双液化学灌浆时，浆液的凝胶时间不同，混合的方法也不同：凝胶时间较长时，两种浆液在罐内混合后用单泵注入，称为单枪注射；凝胶时间中等时（2~5min），两种浆液用双泵在孔口混合后注入，称为1.5枪注射；凝胶时间较短时，两种浆液用双泵泵入在孔底混合，又称为双枪注射。

（1）灌浆施工方法分类

1）花管灌浆法。花管灌浆是在灌浆管前端的一段管上打许多直径为2~5mm小孔，使浆液从小孔中水平地喷到地层里。钻杆灌浆时，浆液从钻杆底端向地层注入。如果地层的可注性差，压力急剧上升，就会向地层中松软区域窜浆，有时还会从钻杆周围涌到地表。与钻杆灌浆法相比，由于灌浆管喷出的断面积明显增大，因此大大减小了压力急剧上升和浆液涌到地表层的可能性。

花管灌浆法施工步骤如下：

① 钻机和灌浆设备就位。

② 钻孔，必要时进行泥浆护壁钻孔。

③ 钻孔完毕及时灌入封闭泥浆，插入灌浆花管至设计位置，对于松散地层，可以利用振动法将灌浆花管压入土层中。

④ 待封闭泥浆凝固后，按设计要求开泵进行灌浆，直至达到灌浆结束标准即可结束灌浆。

⑤ 灌浆结束后，及时用清水冲洗灌浆设备、管路中的残留浆液。

花管灌浆可用于砂砾层的渗透灌浆，也可用于土体的水泥—水玻璃双液劈裂灌浆。与灌浆塞组合，还可用于孔壁较好的裂隙岩体灌浆。

2）袖阀管法。袖阀管法为法国 Soletanche 公司首创，故又称 Soletanche 方法。20 世纪 50 年代在国际土木工程界得到了广泛的应用，国内于 20 世纪 80 年代末逐渐用于砂砾层渗透灌浆、软土层劈裂灌浆（SRF 工法）和深层（超过 30m）土体劈裂灌浆。这一灌浆方法所用的主要设备及构造如图 7-12 所示。

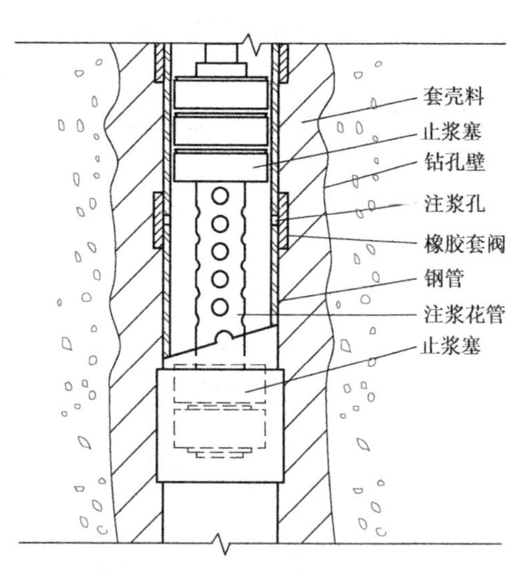

图 7-12 袖阀管法的设备和构造

袖阀管法施工步骤如下：

① 钻孔。通常都用优质泥浆如膨润土浆进行护壁，很少用套管护壁。

② 插入袖阀管。为使套壳料的厚度均匀，应设法使袖阀管位于钻孔的中心。

③ 浇注套壳料。用套壳料置换孔内泥浆。浇注时应避免套壳料进入袖阀管内，并严防孔内泥浆混入套壳料中。

④ 灌浆。待套壳料具有一定强度，在袖阀管内放入双塞的灌浆管后进行灌浆。

袖阀管法的主要优点为：可根据需要灌注任何一个灌浆段，还可以进行重复灌浆；可使用较高的灌浆压力，灌浆冒浆和窜浆的可能性小；钻孔和灌浆作业可以分开，设备利用率高。

其缺点主要有二：一为袖阀管被具有一定强度的套壳料胶结，难于拔出重复利用，费管材；二为每个灌浆段长度固定为 33~50cm，不能根据地层的实际情况调整灌浆段长度。

3）循环灌浆。在土体中采用纯压式灌浆；对吸浆率较小的裂隙岩体，灌注水泥浆液或水泥黏土浆液，可采用循环灌浆，过剩浆液可以从孔中再返回到灌浆泵继续循环灌浆。我国水电部门的防渗帷幕灌浆多采用循环工艺，循环灌浆的工序如图 7-13 所示。

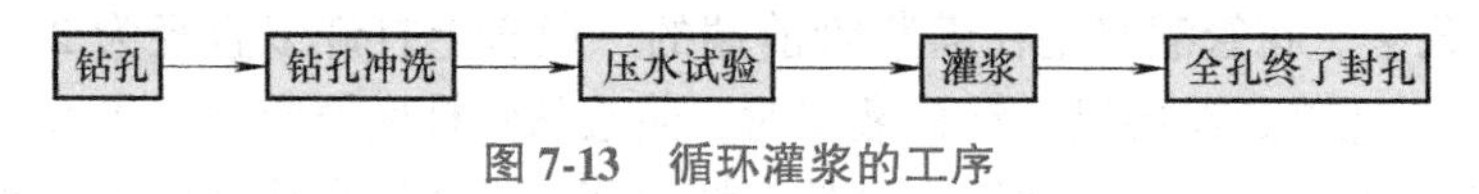

图 7-13 循环灌浆的工序

4）岩溶灌浆。岩溶灌浆法是针对岩溶具有较大的裂缝、孔隙、孔洞的通道，在水的流速大到足以冲走浆液最大颗粒的情况时不能产生浆液颗粒沉淀堵塞作用，出现所谓“灌不住”现象而研究的一种特殊的灌浆工艺。一般岩溶灌浆，可以在浆液中掺加粗料，促使浆液产生沉积推移作用，堵塞流水通道。但是当通道水流流速很大时，只靠在浆液中掺加粗料办法就很难实现封堵目的，因为是目前灌浆设备只允许掺加直径不大于 5mm 的砾料。

级配反滤灌浆法适合于岩溶灌浆。级配反滤灌浆法是先通过钻孔充填砾、砂、卵石级配料，堵塞漏水通道，减小水流速度，形成反滤条件，然后注入水泥浆形成防渗凝结体。

（2）灌浆施工注意事项

1）根据灌浆形式和机具不同，钻孔直径宜为 70~110mm，孔位偏差不得大于 50mm，垂直偏差应控制在1%内。灌浆孔设计有角度要求时应预先调节钻杆角度，倾角偏差不得大于20″。

2）当钻孔钻至设计深度后，必须通过钻杆注入封闭泥浆，直到孔口溢出泥浆方可提杆。当提杆至中间深度时，应再次注入封闭泥浆，最后完全提出钻杆，封闭泥浆的7d无侧限抗压强度宜为0.3~0.5MPa，浆液黏度为80~90s。

3）灌浆压力一般与加固深度的覆盖压力、建（构）筑物的荷载、浆液黏度、灌注速度和灌浆量等因素有关。灌浆过程中压力是变化的，初始压力小，最终压力高，在一般情况下，每加深1m，压力增加20~50kPa。

4）若进行第二次灌浆，如果浆液的黏度应较小，不宜采用自行密封式密封圈装置，宜采用两端用水加压的膨胀密封型灌浆芯管。

5）浆灌完后就要拔管，若不及时拔管，浆液会将管凝住而增加拔管困难。拔管时宜使用拔管机。用塑料阀管灌浆时，灌浆芯管每次上拔高度应为330mm；花管灌浆时，花管每次上拔或下钻高度宜为500mm。拔出管后，及时刷洗灌浆管，以便保持通畅洁净。拔出管后在土中留下的孔洞，应用水泥砂浆或土料填塞。

6）灌浆的流量一般为7~10L/min。对充填型灌浆，流量可适当加大，但也不宜大于20L/min。

7）在满足强度要求的前提下，可用磨细粉煤灰或粗灰部分替代水泥，掺入量应通过试验确定，一般掺入量为水泥质量的20%~50%。灌浆所用的水泥宜用32.5级或42.5级普通硅酸盐水泥，水泥浆的水胶比可取0.6~2.0，常用的水胶比为1.0。

8）为了改善浆液性能，可在水泥浆液拌制时加入如下外加剂：

① 加速浆体凝固的水玻璃，其模数应为3.0~3.3，水玻璃掺量应通过试验确定，一般为水泥质量的0.5%~3%。

② 提高浆液扩散能力和可泵性的表面活性剂（或减水剂），如三乙醇胺等，其掺量为水泥质量的0.3%~0.5%。

③ 提高浆液的均匀性和稳定性，防止固体颗粒离析和沉淀而掺入的膨润土，其掺入量不宜大于水泥质量的5%。

浆体必须经过搅拌机充分搅拌均匀后，才能开始灌注，并在灌注过程中不停地缓慢搅拌，在泵送前应经过筛网过滤。

9）冒浆处理。土层的上部压力小，下部压力大，浆液就有向上抬高的趋势。灌浆深度大，上抬不明显，而灌浆深度浅，浆液就会上抬较多，甚至溢到地面。此时可采用间歇灌注法，即让一定数量的浆液注入上层孔隙大的土中后暂停工作，让浆液凝固，几次反复，就可把上抬的通道堵死。或者加快浆液的凝固时间，使浆液压出灌浆管就尽快凝固。工程实践表明，需加固的土层之上，应有不少于1m厚的土层，否则应采取措施防止浆液上冒。

2. 硅化法

（1）施工步骤

1）压力灌注溶液的施工步骤，应符合下列要求：

① 向土中打入灌注管和灌注溶液，应自基础底面标高起向下分层进行，达到设计深度后，将管拔出，清洗干净方可继续使用。

② 加固既有建筑物地基时，应采用沿基础侧向先施工外排，后施工内排的施工顺序。

③ 灌注溶液的压力值由小逐渐增大，最大压力不宜超过200kPa。

2）溶液自渗的施工步骤，应符合下列要求：

① 在基础侧向，将设计布置的灌注孔分批或全部打入或钻至设计深度。

② 将配好的硅酸钠溶液灌满灌注孔，溶液面宜高于基础底面标高0.5m，使溶液自行渗入土中。

③ 在溶液自渗过程中，每隔2~3h，向孔内添加一次溶液，防止孔内溶液渗干。

（2）施工注意事项

1）施工中应经常检查每个灌注孔的加固深度，注入土中的溶液量、溶液的浓度和有无沉淀现象。采用压力灌注时，应经常检查在灌注溶液过程中，浆液有无从灌注孔冒出地面，如发现溶液冒出地面，立即停止灌注，采取有效措施后再继续灌注。

2）待溶液量全部注入土中后，注浆孔宜用体积比为2：8灰土分层回填夯实。

3）采用单液硅化法加固既有建（构）筑物或设备基础的地基时，在灌注硅酸钠溶液过程中，应进行沉降观测，当发现建（构）筑物或设备基础的沉降突然增大或出现异常情况时，立即停止灌注溶液，待查明原因并采取有效措施处理后，再继续灌注。

3. 碱液法

（1）成孔　灌注孔可用洛阳铲、螺旋钻成孔或用带有尖端的钢管打入土中成孔，孔径宜为60~100mm，孔中填入粒径为20~40mm的石子到注液管下端标高处，再将内径20mm的注液管插入孔中，管底以上300mm高度内填入粒径为2~5mm的小石子，上部宜用体积比为2：8灰土填入夯实。

（2）浆液配制　碱液可用固体烧碱或液体烧碱配制，每加固$1m^3$黄土宜用NaOH溶液35~45g。碱液浓度不应低于90g/L；双液加固时，氯化钙溶液的浓度为50~80g/L。

配溶液时，应先放水，而后徐徐放入烧碱或浓碱液。溶液加碱量可按下列公式计算：

1）采用固体烧碱配制每$1m^3$浓度为M的碱液时，每$1m^3$水中的加碱量应符合下式规定

$$G_s=\frac{1000M}{P} \tag{7-30}$$

式中　G_s——每$1m^3$水中投入的固体烧碱量（g）；

M——配置碱液的浓度（g/L）；

P——固体烧碱中NaOH的百分数。

2）采用液体烧碱配制每$1m^3$浓度为M的碱液时，投入的液体烧碱量V_1和加水量V_2应符合下列公式规定

$$V_1=1000\frac{M}{d_N N} \tag{7-31}$$

$$V_2=1000\left(1-\frac{M}{d_N N}\right) \tag{7-32}$$

式中　V_1——液体烧碱体积（L）；

V_2——加水的体积（L）；

d_N——液体烧碱的相对密度；

N——液体烧碱的质量百分数。

（3）施工注意事项

1）碱液加固施工，应合理安排灌注顺序、控制灌注温度及灌注速率。宜采用间隔1~2

孔灌注，分段施工，相邻两孔灌注的间隔时间不宜少于3d。同时灌注的孔距不应小于3m。灌注施工时，应将桶内碱液加热到90℃以上方能进行灌注，灌注过程中桶内溶液温度应不低于80℃。灌注碱液的速度宜为2~5L/min。

2）当采用双液加固时，应先灌注氢氧化钠溶液，间隔8~12h后，再灌注氯化钙溶液，氯化钙溶液用量为氢氧化钠溶液用量的1/4~1/2。

3）施工中应防止污染水源，并应安全操作。

【例7-1】 某湿陷性黄土地基采用碱液法加固，已知灌注孔长度10m，有效加固半径0.4m，黄土天然孔隙率为50%，固体烧碱中NaOH含量为85%，要求配置碱液浓度为100g/L，设充填系数$\alpha=0.68$，工作条件系数β取1.1，试求每孔灌注固体烧碱量。

解：每孔灌浆量由式（7-29）确定

$$V=\alpha\beta\pi r^2(l+r)n$$
$$=0.68\times1.1\times3.14\times0.4^2\times(10+0.4)\times50\%\text{m}^3$$
$$=1.95\text{m}^3$$

每1m^3碱液中投入固体烧碱量 $G_s=\dfrac{1000M}{P}$

M为碱液浓度 $M=100\text{g/L}=0.1\text{kg/L}$

P为固体烧碱中NaOH含量 $P=0.85$

$$G_s=\frac{1000M}{P}=\frac{1000\times0.1}{0.85}\text{kg}=117.6\text{kg}$$

每孔所需固体烧碱量 $m=117.6\text{kg}\times1.95=229.4\text{kg}$

7.1.6 灌浆质量检验

1. 水泥浆液灌注法

灌浆效果与灌浆质量的概念不完全相同。灌浆质量一般是指灌浆施工是否严格按设计和施工规范进行，如灌浆材料的品种规格、浆液的性能、钻孔角度、灌浆压力等，都应符合规范的要求，否则应根据具体情况采取适当的补充措施；灌浆效果则指灌浆后能将地基土的物理力学性质改善到什么程度。

灌浆质量高不等于灌浆效果好。因此，在设计和施工中，除应明确规定某些质量标准外，还应规定所要达到的灌浆效果及检验方法。

灌浆效果的检验，通常在灌浆结束后28d方可进行，检验方法如下：

1）统计计算灌浆量。可利用灌浆过程中的流量和压力自动记录曲线进行分析，从而判断灌浆效果。

2）利用静力触探测试加固前后土体力学指标的变化，用以了解加固效果。

3）在现场进行抽水试验，测定加固土体的渗透系数。

4）采用现场静载荷试验，测定加固土体的承载力和变形模量。

5）采用钻孔弹性波试验测定加固土体的动弹性模量和剪切模量。

6）采用标准贯入试验或轻便触探等动力触探方法测定加固土体的力学性能，此法可直接得到灌浆前后原位土的强度，从而进行对比。

7）在加固土体深度范围内每间隔 1m 取样进行室内试验，测定土体压缩性、强度和渗透性。通过室内加固前后土的物理力学指标的对比试验，判定加固效果。

8）采用 γ 射线密度计法。它属于物理探测方法的一种，在现场可测定土的密度，用以说明灌浆效果。

9）试验电阻率法。将灌浆前后对土所测定的电阻率进行比较，根据电阻率差说明土体孔隙中浆液的存在情况。

在以上方法中，可选用标准贯入、轻型动力触探、静力触探或面波等方法进行加固地层均匀性检测。注浆检验点不应少于注浆孔数的 2%~5%，检验点合格率小于 80%时，应对不合格的注浆区实施重复注浆。灌浆加固处理后应进行静载荷试验检验，每个单体建筑检验数量不应少于 3 点。

2. 硅化法

硅酸钠溶液灌注完毕，应在 7~10d 后，对加固的地基土进行检验。应采用动力触探或其他原位测试方法检验加固地基均匀性。工程设计对土的压缩性和湿陷性有要求时，尚应在加固土的全部深度内，每隔 1m 取土样进行室内试验，测定其压缩性和湿陷性。注浆加固处理后应进行静载荷试验检验，每个单体建筑检验数量不应少于 3 点。

地基加固结束后，尚应对已加固的地基的建（构）筑物或设备基础进行沉降观测，直至沉降稳定，观测时间不应少于半年。

3. 碱液法

碱液加固施工应做好施工记录，检查碱液浓度及每孔注浆量是否符合设计要求。碱液加固地基的竣工验收，应在加固施工完毕 28d 后进行，可通过开挖或钻孔取样，对加固土体进行无侧限抗压强度试验和水稳性试验。取样部位应在加固土体中部，试块数不少于 3 个，28d 龄期的无侧限抗压强度平均值不得低于设计值的 90%。将试块浸泡在自来水中，无崩解。当需要查明加固土体的外形和整体性时，可对有代表性加固土体进行开挖，量测其有效加固半径和加固深度。检验数量不应少于注浆孔数的 2%~5%。注浆加固处理后应进行静载荷试验检验，每个单体建筑检验数量不应少于 3 点。

施工中每间隔 1~3d，应对既有建筑物的附加沉降进行观测。地基经碱液加固后应继续进行沉降观测，观测时间不应少于半年，按加固前后沉降观测结果或用触探法检测加固前后土中阻力的变化，确定加固质量。

7.2 水泥土搅拌法

7.2.1 概述

水泥土搅拌法是利用水泥或石灰等材料作为固化剂，通过特制的深层搅拌机械，在地基深处就地将固化剂和地基土强制搅拌，使软土硬结成具有整体性、水稳定性和一定强度的桩体的地基处理方法。根据施工方法的不同，水泥土搅拌法分为水泥浆搅拌（以下简称湿法）和粉体喷射搅拌（以下简称干法）两种。前者是用水泥浆和地基土搅拌，后者是用水泥粉或石灰粉和地基土搅拌。

水泥土搅拌法最早在美国研制成功，称为 Mixed-in-Place-Pile（简称 MIP 法）。国内

1977年由冶金部建筑研究总院和交通部水运规划设计院进行了室内试验和机械研制工作，于1978年底制造出我国第一台SJB-1型双搅拌轴中心管输浆陆上型的深层搅拌机械，并由江阴市江阴振冲器厂成批生产（目前SJB-2型加固深度可达18m）。1980年初首次在上海宝山钢铁总厂由第五冶金建设公司在三座卷管设备基础的软土地基加固工程中正式开始应用并获得成功。同年11月，由冶金部基建局主持，通过了“饱和软黏土深层搅拌加固技术”鉴定。1984年开始，国内已能批量生产SJB型成套深层搅拌机械，并组建了专门的施工公司。1980年初，天津市机械施工公司与交通部一航局科研所等单位合作，利用日本进口螺旋钻孔机械进行改装，制成单搅拌轴、叶片喷浆型深层搅拌机，1981年在天津造纸厂蒸煮锅改造扩建工程中首次应用并获得成功。

粉体喷射搅拌（Dry Jet Mixing，简称DJM）法最早由瑞典人Kjeld Paus于1967年提出了使用石灰搅拌桩加固15m深度范围内软土地基的设想，并于1971年Linden-Alimak公司在现场制成第一根用石灰粉和软土搅拌成的桩，1974年获得粉喷技术专利，生产出的专用机械其桩径可达500mm，加固深度15m。铁道部第四勘测设计院于1983年用DDP-100型汽车改装成国内第一台粉体喷射搅拌机，并使用石灰作固化剂，应用于铁路涵洞加固。1986年开始使用水泥作为固化剂，应用于房屋建筑的软土地基加固。1987年铁四院和上海探矿机械厂制成GPP-5型步履式粉体喷射搅拌机，成桩直径500mm，加固深度12.5m。当前国内粉体喷射搅拌机的成桩直径一般在500~700mm范围，深度可达15m。

水泥土搅拌法加固软土技术，具有以下独特的优点：

1）水泥土搅拌法由于将固化剂和原地基软土就地搅拌混合，因而最大限度地利用了原土。

2）搅拌时无振动、无噪声、无污染，可在市区内和密集建筑群中进行施工。

3）搅拌时不会使地基侧向挤出，所以对周围既有建筑物及地下沟管影响很小。

4）水泥土搅拌法形成的水泥土加固体，可作为竖向承载的复合地基、基坑工程围护挡墙、基坑被动区加固、防渗帷幕、大体积水泥稳定土等，其设计灵活，可按不同地基土的性质及工程设计要求，合理选择固化剂及其配方。

5）根据上部结构的需要，可灵活地采用柱状、壁状、格栅状和块状等加固形式。

6）与钢筋混凝土桩基相比，可节约大量的钢材，并降低造价。

水泥土搅拌法适用于处理正常固结的淤泥、淤泥质土、素填土、黏性土（软塑、可塑）、粉土（稍密、中密）、粉细砂（松散、中密）、中粗砂（松散、稍密）、饱和黄土等土层；不适用于含大孤石或障碍物较多且不易清除的杂填土、欠固结的淤泥和淤泥质土、硬塑及坚硬的黏性土、密实的砂类土，以及地下水渗流影响成桩质量的土层。当地基土的天然含水量小于30%（黄土含水量小于25%）时，不宜采用粉体搅拌法。冬期施工时，应注意负温对处理地基效果的影响。

水泥加固土的室内试验表明，有些软土的加固效果较好，而有的不够理想。一般认为，含有高岭石、多水高岭石、蒙脱石等黏土矿物的软土加固效果较好，而含有伊利石、氯化物和水铝英石等矿物的黏性土以及有机质含量高、酸碱度（pH值）较低的黏性土加固效果较差。

水泥土搅拌法可用于增加软土地基的承载能力，减少沉降量，提高边坡的稳定性，适用于以下情况：

1）作为建筑物或构筑物的地基、厂房内具有地面荷载的地坪、高填方路堤下基层等。

2）进行大面积地基加固，以防止码头岸壁的滑动、深基坑开挖时坍塌、坑底隆起和减少软土中地下构筑物的沉降。

3）作为地下防渗墙以阻止地下渗透水流，对桩侧或板桩背后的软土加固以增加侧向承载能力。

7.2.2 加固机理

水泥加固土的物理化学反应过程与混凝土的硬化机理不同，混凝土的硬化主要是在粗填充料（比表面不大、活性很弱的介质）中进行水解和水化作用，所以凝结速度较快。而在水泥加固土中，由于水泥掺量很小，水泥的水解和水化反应完全是在具有一定活性的介质——土的围绕下进行，所以水泥加固土的强度增长过程比混凝土缓慢。

1. 水泥的水解和水化反应

普通硅酸盐水泥主要是由氧化钙、二氧化硅、三氧化二铝、三氧化二铁及三氧化硫等组成，由这些不同的氧化物分别组成了不同的水泥矿物：硅酸三钙、硅酸二钙、铝酸三钙、铁铝酸四钙、硫酸钙等。用水泥加固软土时，水泥颗粒表面的矿物很快与软土中的水发生水解和水化反应，生成氢氧化钙、含水硅酸钙、含水铝酸钙及含水铁酸钙等化合物。

在上述一系列的反应过程中所生成的氢氧化钙、含水硅酸钙能迅速溶于水中，使水泥颗粒表面重新暴露出来，再与水发生反应，这样周围的水溶液就逐渐达到饱和。当溶液达到饱和后，水分子虽继续深入颗粒内部，但新生成物已不能再溶解，只能以细分散状态的胶体析出，悬浮于溶液中，形成胶体。

2. 土颗粒与水泥水化物的作用

当水泥的各种水化物生成后，有的自身继续硬化，形成水泥石骨架；有的则与其周围具有一定活性的黏土颗粒发生反应。

（1）离子交换和团粒化作用 黏土和水结合时就表现出一种胶体特征，如土中含量最多的氧化硅遇水后，形成硅酸胶体微粒，其表面带有钠离子 Na^+ 或钾离子 K^+，它们能和水泥水化生成的氢氧化钙中的 Ca^{2+} 进行当量吸附交换，使较小的土颗粒形成较大的土团粒，从而使土体强度提高。

水泥水化生成的凝胶粒子的比表面积约比原水泥颗粒大 1000 倍，因而产生很大的表面能，有强烈的吸附活性，能使较大的土团粒进一步结合起来，形成水泥土的团粒结构，并封闭各土团的空隙，形成坚固的联结，从宏观上看也就使水泥土的强度大大提高。

（2）硬凝反应 随着水泥水化反应的深入，溶液中析出大量的钙离子，当其数量超过离子交换的需要量后，在碱性环境中，能使组成黏土矿物的二氧化硅及三氧化二铝的部分或大部分与钙离子进行化学反应，逐渐生成不溶于水的稳定结晶化合物，增大了水泥土的强度。

从扫描电子显微镜观察中可见，拌入水泥 7d 后，土颗粒周围充满了水泥凝胶体，并有少量水泥水化物结晶的萌芽。一个月后水泥土中生成大量纤维状结晶，并不断延伸充填到颗粒间的孔隙中，形成网状构造。到五个月时，纤维状结晶辐射向外伸展，产生分叉，并相互连接形成空间网状结构，水泥的形状和土颗粒的形状已不能分辨出来。

3. 碳酸化作用

水泥水化物中游离的氢氧化钙能吸收水中和空气中的二氧化碳，发生碳酸化反应，生成不溶于水的碳酸钙，这种反应也能使水泥土增加强度，但增长的速度较慢，幅度也较小。

从水泥土的加固机理分析，由于搅拌机械的切削搅拌作用，实际上不可避免地会留下一些未被粉碎的大小土团。在拌入水泥后将出现水泥浆包裹土团的现象，而土团间的大孔隙基本上已被水泥颗粒填满。所以，加固后的水泥土中形成一些水泥较多的微区，而在大小土团内部则没有水泥。只有经过较长的时间，土团内的土颗粒在水泥水解产物渗透作用下，才逐渐改变其性质。因此在水泥土中不可避免地会产生强度较大和水稳性较好的水泥石区和强度较低的土块区。两者在空间相互交替，从而形成一种独特的水泥土结构。可见，搅拌越充分，土块被粉碎得越小，水泥分布到土中越均匀，则水泥土结构强度的离散性越小，其宏观的总体强度也越高。

7.2.3 水泥土的物理力学特性

1. 水泥土的物理性质

（1）含水量 水泥土（Cement-Stabilized Soil）在硬凝过程中，由于水泥水化等反应使部分自由水以结晶水的形式固定下来，故水泥土的含水量略低于原土样的含水量，水泥土含水量比原土样含水量减少0.5%~7.0%，且随着水泥掺入比的增加而减小。

（2）重度 由于拌入软土中的水泥浆的重度与软土的重度相近，所以水泥土的重度与天然软土的重度相差不大，表7-3为水泥土重度试验结果。由表7-3可见，水泥土的重度仅比天然软土重度增加0.5%~3.0%，所以采用水泥土搅拌法加固厚层软土地基时，其加固部分对于下部未加固部分不致产生过大的附加荷重，也不会产生较大的附加沉降。

表7-3 水泥土的重度试验结果

软土天然重度 γ_0/(kN/m³)	水泥掺入比 a_w(%)	水泥土重度 γ/(kN/m³)	$\frac{\gamma-\gamma_0}{\gamma_0}\times100\%$	软土天然重度 γ_0/(kN/m³)	水泥掺入比 a_w(%)	水泥土重度 γ/(kN/m³)	$\frac{\gamma-\gamma_0}{\gamma_0}\times100\%$
17.1	5	17.3	1.1	17.5	7	17.6	0.6
	15	17.5	2.3		15	18.7	1.7
	25	17.6	2.9		20	17.8	1.7

注：水泥掺入比 a_w 按下式计算：

$$a_w=\frac{\text{掺加的水泥质量}}{\text{被加固软土的天然质量}}\times100\%$$

（3）相对密度 由于水泥的相对密度为3.1，比一般软土的相对密度2.65~2.75要大，故水泥土的相对密度比天然软土的相对密度稍大。水泥土相对密度比天然软土的相对密度增加0.7%~2.5%。

（4）渗透系数 水泥土的渗透性随水泥掺入比的增大和养护龄期的增长而减小，一般可达10^{-8}~10^{-5}cm/s。对于上海地区的淤泥质黏土，垂直向渗透系数虽然能达到10^{-8}cm/s，但因为土层局部夹有薄层粉砂，水平向渗透系数往往高于垂直向渗透系数，一般为10^{-4}cm/s。因此。水泥加固淤泥质黏土能减小原天然土层的水平向渗透系数，这对深基坑施工是有利的，可以利用它作为防渗帷幕。

2. 水泥土的力学性质

（1）无侧限抗压强度及其影响因素 水泥土的无侧限抗压强度一般为300~4000kPa，

即比天然软土大几十倍至数百倍。其变形特征随强度不同而介于脆性体与弹塑性体之间。水泥土受荷初期，应力与应变关系基本上符合胡克定律。当外力达到极限强度的70%~80%时，试块的应力和应变关系不再继续保持直线关系；当外力达到极限强度时，对于强度大于2000kPa的水泥土很快出现脆性破坏，破坏后残余强度很小，此时的轴向应变为0.8%~1.2%（见图7-14中的A_{20}、A_{25}试件）；对于强度小于2000kPa的水泥土，则表现为塑性破坏（见图7-14中的A_5、A_{10}和A_{15}试件）。

影响水泥土抗压强度的因素很多，主要有：

1）水泥掺入比a_w。水泥土的强度随着水泥掺入比的增加而增大（见图7-15），当a_w≤5%时，由于水泥与土的反应过弱，水泥土固化程度低，强度离散性也较大，故在深层搅拌法的实际施工中，选用的水泥掺入比以大于5%为宜。

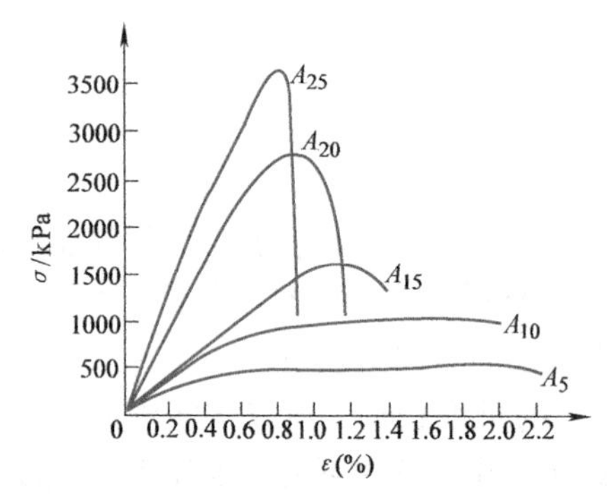

图7-14 水泥土的应力-应变曲线

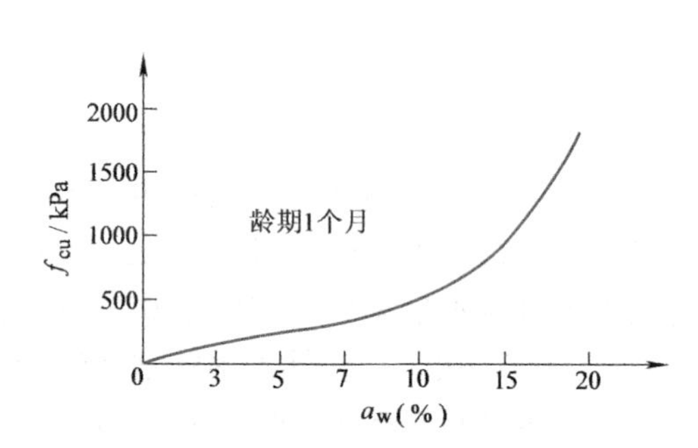

图7-15 水泥掺入比与强度的关系

2）龄期对强度的影响。水泥土强度随着龄期的增长而增大，在龄期超过28d后，强度仍有明显增长（见图7-16）。为了降低造价，对承重搅拌桩试块国内外都取90d龄期为标准龄期。对起支挡作用承受水平荷载的搅拌桩，为了缩短养护期，水泥土的强度标准取28d龄期为标准龄期。从抗压强度试验得知，在其他条件相同时，不同龄期的水泥土抗压强度间大致呈线性关系，其经验关系如下

$$f_{cu7}=(0.47\sim0.63)f_{cu28} \quad (7\text{-}33)$$

$$f_{cu14}=(0.62\sim0.80)f_{cu28} \quad (7\text{-}34)$$

$$f_{cu60}=(1.15\sim1.46)f_{cu28} \quad (7\text{-}35)$$

$$f_{cu90}=(1.43\sim1.80)f_{cu28} \quad (7\text{-}36)$$

$$f_{cu90}=(2.37\sim3.73)f_{cu7} \quad (7\text{-}37)$$

$$f_{cu90}=(1.73\sim2.82)f_{cu14} \quad (7\text{-}38)$$

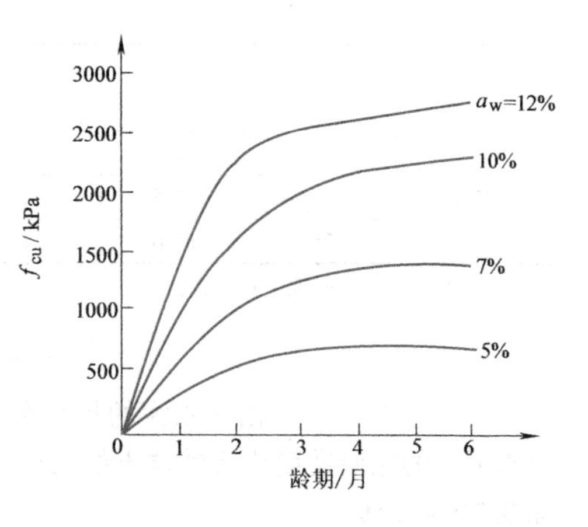

图7-16 水泥土龄期与强度的关系

式中，f_{cu7}、f_{cu14}、f_{cu28}、f_{cu60}、f_{cu90}分别7d、14d、28d、60d、90d龄期的水泥土抗压强度。

当龄期超过3个月后，水泥土强度增长缓慢。180d龄期的水泥土强度为90d龄期的水泥土强度的1.25倍，而180d后水泥土强度增长仍未停止。

3）水泥强度等级对强度的影响。水泥强度等级直接影响水泥土的强度，水泥强度等级提高10级，水泥土强度f_{cu}增大20%~30%。如要求达到相同强度，水泥强度等级提高10级

可降低水泥掺入比2%~3%。

4）土样含水量对强度的影响。当水泥土的配比相同时，其强度随着土样含水量的降低而增大。试验表明，当土的含水量在50%~85%范围内变化时，含水量每降低10%，水泥土强度可提高30%。

5）土样中有机质含量对强度的影响。有机质含量少的水泥土强度比有机质含量高的水泥土强度高得多。由于有机质使土壤具有较大的水容量和塑性，较大的膨胀性和低渗透性，并使土壤具有酸性，这些因素都阻碍水泥水化反应的进行。因此有机质含量高的软土，单纯用水泥加固的效果较差。

6）外掺剂对强度的影响。不同的外掺剂对水泥土强度有着不同的影响，例如，木质素磺酸钙对水泥土强度增长影响不大，主要起减水作用；石膏、三乙醇胺对水泥土强度有增强作用，而其增强效果对不同土样和不同水泥掺入比又有所不同，所以选择合适的外掺剂可以提高水泥土强度或节省水泥用量；当掺入与水泥等量的粉煤灰后，水泥土强度可提高10%，因此采用水泥土搅拌法加固软土时掺入粉煤灰，不仅可消耗工业废料，水泥土强度还有所提高。

（2）抗拉强度σ_t 水泥土的抗拉强度随抗压强度的增长而提高，但远较抗压强度低，部分试验结果见表7-4。抗拉强度为抗压强度的1/15~1/10，与混凝土的抗拉/抗压强度之比值相近。

（3）抗剪强度 用高压三轴仪进行剪切试验表明：水泥土的抗剪强度随抗压强度的增加而提高。当$f_{cu}=500\sim4000$kPa时，其黏聚力$c=100\sim1100$kPa，一般为（0.2~0.3）f_{cu}，其内摩擦角在20°~30°之间变化。水泥土在三轴剪切试验中受剪破坏时，试件有清晰而平整的剪切面，剪切面与最大主应力面夹角约为60°。

表7-4 水泥土抗压和抗拉强度试验结果

试件编号	无侧限抗压强度 f_{cu}/MPa	抗拉强度 σ_t/MPa	试件编号	无侧限抗压强度 f_{cu}/MPa	抗拉强度 σ_t/MPa
1	0.500	0.064	4	1.286	0.107
2	0.742	0.061	5	1.790	0.122
3	1.096	0.084	6	3.485	0.222

（4）变形模量 当垂直应力达到50%无侧限抗压强度时，水泥土的应力与应变的比值，称为水泥土的变形模量E_{50}。表7-5为不同无侧限抗压强度的水泥土进行变形模量试验的结果。由表7-5可见，当$f_{cu}=300\sim4000$kPa时，其变形模量$E_{50}=40\sim600$MPa，一般为（120~150）f_{cu}。

表7-5 水泥土变形模量

试件编号	无侧限抗压强度 f_{cu}/MPa	应变 ε_f(%)	变形模量 E_{50}/kPa	E_{50}/f_{cu}
1	274	0.8	37000	135
2	482	1.15	63400	131
3	524	0.95	74800	142
4	1093	0.90	165700	151

（续）

试件编号	无侧限抗压强度 f_{cu}/MPa	应变 ε_f(%)	变形模量 E_{50}/kPa	E_{50}/f_{cu}
5	1554	1.00	191800	123
6	1651	0.90	223500	135
7	2008	1.15	285700	142
8	2392	1.20	291800	121
9	2513	1.20	330600	131
10	3036	0.90	474300	156
11	3450	1.00	420700	121
12	3518	0.80	541200	153

（5）压缩系数和压缩模量　水泥土试件的压缩系数 a_{1-2} 为（2.0～3.5）$\times 10^{-5}$kPa^{-1}，其相应的压缩模量 E_s = 60～100MPa。

（6）水泥土的抗冻性能　将水泥土试件放置于自然负温下进行抗冻试验，结果表明，其外观无显著变化，仅少数试块表面出现裂缝，有局部微膨胀或出现片状剥落及边角脱落；但深度及面积均不大，可见自然冰冻没有造成水泥土深部的结构破坏。

水泥土试块经长期冰冻后的强度与冰冻前的强度相比几乎没有增长。但恢复正温后其强度能继续提高，冻后正常养护 90d 强度与标准强度非常接近，抗冻系数达 0.9 以上。

在自然温度不低于−15℃的条件下，冻胀对水泥土结构损害甚微。在负温时，由于水泥与黏土之间的反应减弱，水泥土强度增长缓慢；恢复正温后随着水泥水化等反应的继续深入，水泥土的强度可接近标准强度。因此只要地温不低于−10℃，就可以进行水泥土搅拌法的冬期施工。

7.2.4 设计计算

1. 水泥土搅拌桩设计前的一般要求

（1）勘察要求　确定处理方案前应搜集拟处理区域内详尽的岩土工程资料。尤其是填土层的厚度和组成；软土层的分布范围、分层情况；地下水位及 pH 值；土的含水量、塑性指数和有机质含量等。

（2）试验要求　设计前还应进行拟处理土的室内配比试验。针对现场拟处理软土的性质，选择合适的固化剂、外掺剂及其掺量，为设计提供各种龄期、各种配比的强度参数。对竖向承载的水泥土强度宜取 90d 龄期试块的立方体抗压强度平均值；对承受水平荷载的水泥土强度宜取 28d 龄期试块的立方体抗压强度平均值。

（3）加固形式选择　搅拌桩可布置成柱状、壁状和块状三种形式。

1）柱状。每间隔一定距离打设一根搅拌桩，即成为柱状加固形式。柱状形式适合于单层工业厂房独立柱基础或多层房屋条形基础下的地基加固。

2）壁状。将相邻搅拌桩部分重叠搭接成壁状加固形式。壁状形式适用于基坑开挖时边坡加固以及建筑物长高比较大、刚度较小、对不均匀沉降比较敏感的多层砖混结构房屋条形基础的地基加固。

3）块状。对上部结构单位面积荷载大、对不均匀下沉控制严格的构筑物地基进行加固时可采用这种布桩形式。它是纵、横两个相邻桩搭接而形成的。如在软土地区开挖基坑时，为防止坑底隆起也可采用块状加固形式。

2. 柱状水泥土搅拌桩复合地基的设计计算

（1）固化剂　固化剂可选用各品种、各强度等级的水泥。增强体的水泥掺量不应小于12%，块状加固时不应小于加固天然土质量的7%；桩长超过10m时，可采用固化剂变掺量设计。在全长桩身总水泥掺量不变的前提下，桩身上部1/3桩长范围内，可适当增加水泥掺量及搅拌次数；湿法的水泥浆水胶比可取0.5~0.6。外掺剂可根据工程需要和土质条件选用具有早强、缓凝、减水、节省水泥等作用的材料，但应避免污染环境。

（2）桩位布置　竖向承载搅拌桩的平面布置可根据上部结构特点及对地基承载力和变形的要求，采用柱状、壁状、格栅状或块状等加固形式。桩可只在基础平面范围内布置，独立基础下的桩数不宜少于4根。柱状加固可采用正方形、等边三角形等布桩形式。

（3）桩长　水泥土搅拌桩的设计，主要是确定搅拌桩的置换率和长度。竖向承载搅拌桩的长度应根据上部结构对承载力和变形的要求确定，并宜穿透软弱土层到达承载力相对较高的土层。为提高抗滑稳定性而设置的搅拌桩，其桩长应超过危险滑弧以下2m。湿法的加固深度不宜大于20m，干法的加固深度不宜大于15m。

（4）桩径　水泥土搅拌桩的桩径不应小于500mm。

（5）垫层　竖向承载搅拌桩复合地基宜在基础和桩之间设置褥垫层，厚度可取200~300mm。褥垫层材料可选用中砂、粗砂、级配砂石等，最大粒径不宜大于20mm。褥垫层的夯填度不应大于0.9。

（6）竖向承载水泥土搅拌桩复合地基承载力特征值　竖向承载水泥土搅拌桩复合地基承载力特征值应通过复合地基静载荷试验或采用增强体静载荷试验结果和其周边土的承载力特征值结合经验确定。初步设计时，可采用式（5-6）进行估算。处理后桩间土的承载力特征值f_{sk}，可取天然地基承载力特征值；桩间土承载力发挥系数β，对淤泥、淤泥质土和流塑状软土等处理土层，可取0.1~0.4，对其他土层可取0.4~0.8；单桩承载力发挥系数λ可取1.0。

单桩竖向承载力特征值应通过现场静载荷试验确定。初步设计时可采用式（5-7）进行估算。桩端承载力发挥系数α_p可取0.4~0.6；桩端阻力特征值可取桩端土未修正的地基承载力特征值，并应满足式（7-39）的要求，应使由桩身材料强度确定的单桩承载力不小于由桩周土和桩端土的抗力所提供的单桩承载力。

$$R_a = \eta f_{cu} A_p \tag{7-39}$$

式中　f_{cu}——与搅拌桩桩身水泥土配比相同的室内加固土试块，边长为70.7mm的立方体在标准养护条件下90d龄期的立方体抗压强度平均值（kPa）；

η——桩身强度折减系数，干法可取0.20~0.25，湿法可取0.25；

A_p——桩的截面积（m^2）。

根据上海地区大量的单桩静载荷试验结果，直径500mm的单头搅拌桩的单桩承载力一般为100kN左右，双头搅拌桩的单桩承载力为250kN左右。

当搅拌桩处理范围以下存在软弱下卧层时，应按现行《建筑地基基础设计规范》的有关规定进行下卧层承载力验算。

（7）沉降计算 水泥土搅拌桩复合地基变形计算应符合现行《建筑地基基础设计规范》的有关规定。地基变形计算深度必须大于复合土层的深度。复合土层的分层与天然地基相同，各复合土层的压缩模量按现行《建筑地基处理技术规范》规定的确定竖向增强体复合地基复合土层压缩模量的方法确定。

【例7-2】 某软土地基承载力特征值 $f_{ak}=70\text{kPa}$，采用搅拌桩处理地基，桩径0.5m，桩长10m，等边三角形布桩，桩间距1.5m，桩周侧摩阻力特征值 $q_s=15\text{kPa}$，桩端阻力特征值 $q_p=60\text{kPa}$，水泥土无侧限抗压强度 $f_{cu}=1.5\text{MPa}$，试求复合地基承载力特征值（$\eta=0.3$，$\alpha_p=0.5$，$\beta=0.75$，$\lambda=0.9$）。

解：（1）单桩竖向承载力特征值 R_a

土对桩支撑力

$$R_a=u_p\sum_{i=1}^{n}q_{si}l_i+\alpha_p q_p A_p=3.14\times0.5\times15\times10\text{kN}+0.5\times60\times\frac{3.14\times0.5^2}{4}\text{kN}=241.4\text{kN}$$

桩体承载力 $$R_a=\eta f_{cu}A_p=0.3\times1500\times\frac{3.14\times0.5^2}{4}\text{kN}=88.3\text{kN}$$

显然，按桩体材料强度计算的 R_a 值较小，因此取 $R_a=88.3\text{kN}$

（2）复合地基承载力特征值 f_{spk}

面积置换率 $$m=\frac{d^2}{d_e^2}=\frac{0.5^2}{(1.5\times1.05)^2}=0.1$$

处理后桩间土承载力特征值 f_{sk} 取 f_{ak}，复合地基的承载力特征值由式（5-6）得

$$f_{spk}=\lambda m\frac{R_a}{A_p}+\beta(1-m)f_{sk}=0.9\times0.1\times\frac{88.3}{\frac{\pi}{4}\times0.5^2}+0.75\times(1-0.1)\times70\text{kPa}=87.8\text{kPa}$$

【例7-3】 某独立基础底面尺寸3.5m×3.5m，埋深2.5m，地下水在地面下1.25m，地下水位以上土的重度为18kN/m³，地下水位以下，土体饱和重度为20kN/m³；相应于作用的标准组合时基础顶面的竖向力 $F_k=1225\text{kN}$；采用搅拌桩加固，桩径0.5m，桩长8m，水泥土试块强度 $f_{cu}=2400\text{kPa}$，单桩竖向承载力特征值为145kN，桩间土承载力特征值 $f_{ak}=70\text{kPa}$，试计算独立基础桩数（$\eta=0.25$，$\beta=0.3$，$\lambda=0.9$，$\eta_b=0$，$\eta_d=1.0$）。

解：（1）单桩承载力特征值 R_a

桩体承载力 $$R_a=\eta f_{cu}A_p=0.25\times2400\times\frac{3.14\times0.5^2}{4}\text{kN}=117.75\text{kN}<145\text{kN}$$

取 $R_a=117.6\text{kN}$

（2）相应于作用的标准组合时基底压力 p_k

$$p_k=\frac{F_k+G_k}{A}=\frac{1225+3.5^2\times2.5\times20}{3.5^2}\text{kPa}=150\text{kPa}$$

（3）复合地基承载力特征值f_{spk}

处理后桩间土承载力特征值f_{sk}取f_{ak}，则由式（5-6）得

$$f_{spk}=\lambda m\frac{R_a}{A_p}+\beta(1-m)f_{sk}=0.9\times m\times\frac{117.6}{\frac{\pi}{4}\times0.5^2}+0.3\times(1-m)\times70=519m+21$$

（4）修正后的地基承载力特征值f_a

$$f_a=f_{spk}+\eta_b\gamma(b-3)+\eta_d\gamma_0(d-0.5)$$

$$=519m+21+0\times(20-10)\times(3.5-3)+1.0\times\frac{1.25\times18+1.25\times10}{2.5}\times(2.5-0.5)$$

$$=519m+49$$

（5）面积置换率m

由$p_k\leqslant f_a$得，$150\leqslant519m+49$，即$m\geqslant0.195$

（6）所需桩数n

由$m=\dfrac{nA_p}{A}$得　　$n=\dfrac{mA}{A_p}=\dfrac{0.195\times3.5^2}{0.196}=12.2$根，取13根

3. 壁状水泥土搅拌桩的设计计算

壁状加固体是由相邻搅拌桩搭接而成，采用这种形式形成的水泥土挡墙可用于防止码头滑动、保护深基坑边坡的稳定等工程中。

水泥土挡墙可参照重力式挡土墙的设计计算方法进行设计。水泥土挡墙的厚度、强度与深度用试算法确定，根据初步拟定的挡墙参数，进行挡墙稳定性验算，必要时进行适当修改，直到满足设计要求为止。

水泥土挡墙计算主要包括抗滑移稳定性验算、抗倾覆稳定性验算、整体稳定性验算、抗渗验算、抗隆起验算等内容。

设计计算时采用的计算图式如图7-17所示。图7-17中，搅拌桩墙宽度B为格栅组成的外包宽度，根据上海地区经验，墙宽$B=(0.6\sim0.8)D$，桩插入基坑底深度$h=(0.8\sim1.2)D$，D为开挖深度。

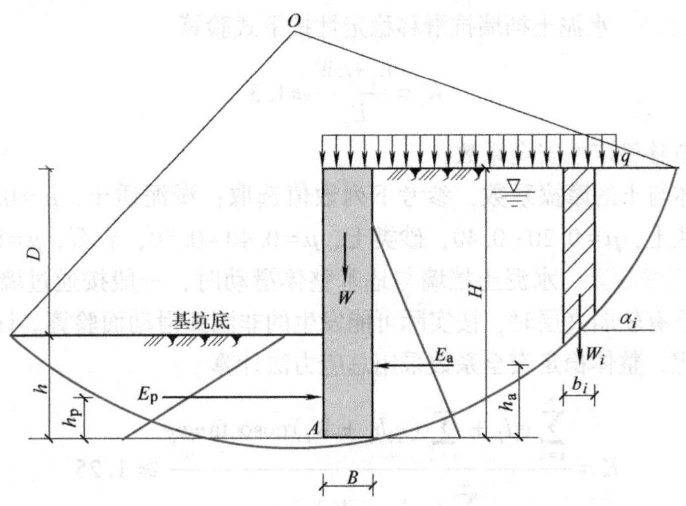

图7-17　水泥搅拌桩侧向支护计算图式

(1) 土压力计算 墙后主动土压力计算

$$E_a = \left(\frac{1}{2}\gamma H^2 + qH\right)k_a - 2cH\sqrt{k_a} + \frac{2c^2}{\gamma} \tag{7-40}$$

式中 k_a——主动土压力系数，$k_a=\tan^2(45°-\varphi/2)$；

γ——墙底以上各层土的加权平均重度（kN/m^3）；

φ——墙底以上各层土的加权平均内摩擦角（°）；

c——墙底以上各层土的加权平均黏聚力（kPa）；

q——地面荷载（kPa）；

H——墙高（m）。

墙前被动土压力计算

$$E_p = \frac{1}{2}\gamma_h h^2 k_p + 2c_h h\sqrt{k_p} \tag{7-41}$$

式中 k_p——被动土压力系数，$k_p=\tan^2(45°+\varphi_h/2)$；

γ_h——自基坑底面至墙底各层土的加权平均重度（kN/m^3）；

φ_h——自基坑底面至墙底各层土的加权平均内摩擦角（°）；

c_h——自基坑底面至墙底各层土的加权平均黏聚力（kPa）；

h——桩插入基坑底深度（m）。

对饱和软土的土侧压力可按水土压力合算；对砂性土可按水土压力分算。

(2) 抗倾覆验算 水泥土挡墙抗倾覆稳定性按下式验算

$$K_q = \frac{E_p h_p + \frac{1}{2}BW}{E_a h_a} \geqslant 1.5 \tag{7-42}$$

式中 K_q——抗倾覆稳定性安全系数；

h_a——主动土压力 E_a 对墙前趾 A 点的力臂；

h_p——被动土压力 E_p 对墙前趾 A 点的力臂；

W——墙体自重，$W=\gamma_0 BH$（kN/m），γ_0 取 18~19kN/m^3。

(3) 抗滑移验算 水泥土挡墙抗滑移稳定性按下式验算

$$K_h = \frac{E_p + \mu W}{E_a} \geqslant 1.3 \tag{7-43}$$

式中 K_h——抗滑移稳定性安全系数；

μ——墙体与土的摩擦系数，参考下列数值选取：淤泥质土，$\mu=0.20\sim0.25$，一般黏性土，$\mu=0.20\sim0.40$，砂类土，$\mu=0.40\sim0.50$，岩石，$\mu=0.50\sim0.70$。

(4) 整体稳定性验算 水泥土挡墙与地基整体滑动时，一般按通过墙底的圆弧滑动面验算。当墙底以下有软弱夹层时，按实际可能发生的非圆弧滑动面验算。计算时采用圆弧滑动简单条分法确定，整体稳定安全系数采用总应力法计算

$$K = \frac{\sum_{i=1}^{n} c_i l_i + \sum_{i=1}^{n}(q_i b_i + W_i)\cos\alpha_i \tan\varphi_i}{\sum_{i=1}^{n}(q_i b_i + W_i)\sin\alpha_i} \geqslant 1.25 \tag{7-44}$$

式中　K——整体稳定安全系数；

l_i——第 i 土条顺滑弧面的弧长（m）；

q_i——第 i 土条地面荷载（kPa）；

b_i——第 i 土条宽度（m）；

W_i——第 i 土条重量（kN），不计渗流力时，坑底地下水位以上取天然重度，当计入渗流力时，将坑底地下水位至墙后地下水位范围内的土体重度，在计算分母（滑动力矩）时取饱和重度，在计算分子（抗滑动力矩）时取浮重度；

c_i——第 i 土条滑动面上地基土的黏聚力（kPa）；

φ_i——第 i 土条滑动面上地基土的内摩擦角（°）；

α_i——第 i 土条滑弧中点的切线与水平线的夹角（°）。

一般最危险滑弧在墙底以下 0.5~1.0m 的位置，当墙底下面的土层很差时，危险滑弧的位置还深一点，当墙体无侧限抗压强度不低于 1MPa 时，一般不必计算切墙体滑弧的安全系数。在无侧限抗压强度低于 1MPa 时，可取 $c=(1/15\sim1/10)f_{cu}$，$\varphi=0°$，作为墙体指标来计算切墙体滑弧的安全系数。

（5）抗渗流稳定性验算　当地下水从基底以下向基坑内渗流时，若其水力坡降大于渗流出口处土颗粒的临界水力坡降，将产生基底渗流失稳现象。由于这种渗流具有空间性和不恒定性，至今理论上还未解决。

当上部为不透水层，坑底下某深度处有承压水层（见图 7-18）时，基坑底抗渗流稳定性可按下式验算

$$K_s=\frac{\gamma_m(h+\Delta t)}{p_w}\geqslant 1.1 \tag{7-45}$$

式中　K_s——抗渗流稳定安全系数；

γ_m——透水层以上土的饱和重度（kN/m³）；

$h+\Delta t$——透水层顶面距离基坑底面的距离（m）；

p_w——含水土层压力（kPa）。

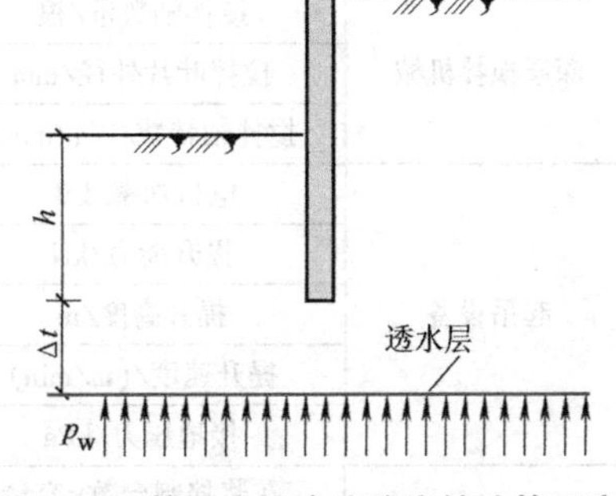

图 7-18　基坑底抗渗流稳定性验算示意

当基坑内外存在水头差时，粉土和砂土应进行抗渗稳定性验算，渗流的水力坡降不应超过临界水力坡降。

（6）抗隆起稳定性验算　在软弱的黏土层内，由于基坑开挖卸载作用，导致墙后土体及基坑土体向基坑内移动，促使坑底向上隆起，出现塑性流动和涌土现象。因此，应验算坑底土抗隆起稳定性。支护桩墙端以下土体向上隆起，可按下式计算（见图 7-19）

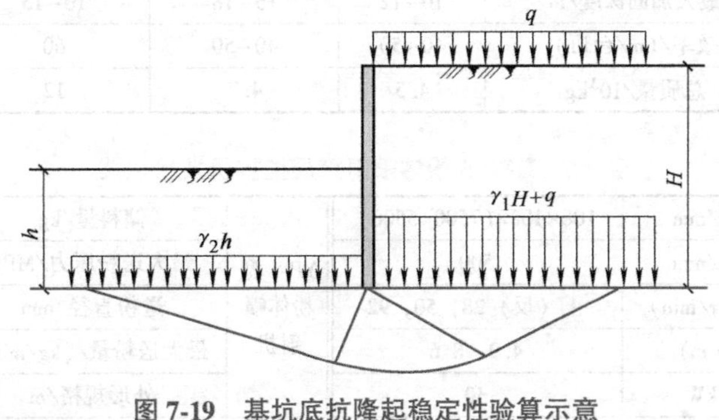

图 7-19　基坑底抗隆起稳定性验算示意

$$K_{隆}=\frac{N_c c+\gamma_2 hN_q}{\gamma_1 H+q}\geqslant 1.6 \tag{7-46}$$

$$N_q=\tan^2\left(45°+\frac{\varphi}{2}\right)e^{\pi\tan\varphi} \tag{7-47}$$

$$N_c=(N_q-1)\cot\varphi \tag{7-48}$$

式中 $K_{隆}$——抗隆起稳定安全系数；

γ_1——自地面至墙底各层土的加权平均重度（kN/m^3）；

γ_2——自基坑底面以下至墙底各层土的加权平均重度（kN/m^3）；

N_c、N_q——承载力系数，仅与土的内摩擦角有关；

c、φ——墙底处土的黏聚力（kPa）和内摩擦角（°），一般取固结快剪峰值。

水泥搅拌桩施工

7.2.5 施工方法

1. 施工机具

深层搅拌机械按固化剂的状态不同分为浆液深层搅拌机和粉体喷射深层搅拌机，根据搅拌轴数分为单轴和多轴深层搅拌机。各种型号深层搅拌机技术参数及附属设备见表7-6和表7-7。

表7-6 浆液深层搅拌机械技术参数汇总表

浆液深层搅拌机类型		SJB-30	SJB-40	GJB-600	DJB-14D
深层搅拌机械	搅拌轴数量/根	2（ϕ129）	2（ϕ129）	1（ϕ129）	1
	搅拌叶片外径/mm	700	700	600	500
	搅拌轴转数/（r/min）	43	43	50	60
起吊设备	电机功率/kW	2×30	2×40	2×30	1×22
	提升能力/kN	>100	>100	150	50
	提升高度/m	>14	>14	14	19.5
	提升速度/(m/min)	0.2~1.0	0.2~1.0	0.6~1.0	0.95~1.20
	接地压力/kPa	60	60	60	40
固化剂制备系统	灰浆拌制台数×容量	2×200	2×200	2×500	2×200
	灰浆泵量/(L/min)	HB6-3 50	HB6-3 50	AP-15-B 281	UBJ_2 33
	灰浆泵工作压力/kPa	1500	1500	1400	1500
	集料斗容量/L	400	400	180	200
技术指标	一次加固面积/m^2	0.71	0.71	0.283	0.196
	最大加固深度/m	10~12	15~18	10~15	19.0
	效率/(m/台班)	40~50	40~50	60	100
	总质量/10^3kg	4.5	4.7	12	4

表7-7 DPP-5粉体喷射深层搅拌机技术性能

粉喷搅拌机	搅拌轴规格/mm	108×108×(7500+5500)	YP-1型粉体喷射机	储料量/kg	2000
	搅拌翼外径/mm	500		最大送粉压力/MPa	0.5
	搅拌轴转数/(r/min)	正（反）28，50，92		送粉直径/mm	50
	扭矩/(kN·m)	4.9、8.6		最大送粉量/(kg/min)	100
	电机功率/kW	30		外形规格/m	2.7×1.82×2.46

（续）

起吊设备	提升能力/kN	78.4	技术参数	一次加固面积/m^2	0.196
	井架结构高度/m	门形-3级-14m		最大加固深度/m	12.5
	提升速度/（m/min）	0.48、0.8、1.47		总质量/10^3kg	9.2
	接地压力/kPa	34		移动方式	液压步履式

2. 施工前准备

（1）场地准备　水泥土搅拌法施工现场事先应予平整，必须清除地上和地下的障碍物。遇有明浜、池塘及洼地时应抽水和清淤，回填黏性土料并予以压实，不得回填杂填土或生活垃圾。

（2）工艺性试桩　水泥土搅拌桩施工前，应根据设计进行工艺性试桩，数量不得少于3根，多轴搅拌施工不得少于3组。应对工艺试桩的质量进行检验，确定施工参数。

（3）设备检查调试

1）浆液深层搅拌施工前应确定灰浆泵输浆量、灰浆经输浆管到达搅拌机喷浆口的时间和起吊设备提升速度等施工参数，并根据设计要求通过工艺性成桩试验确定施工工艺。

2）喷粉施工前应仔细检查搅拌机械、供粉泵、送气（粉）管路、接头和阀门的密封性、可靠性。运气（粉）管路的长度不宜大于60m。

3. 施工步骤

水泥土搅拌法的施工步骤由于湿法和干法的施工设备不同而略有差异，其主要步骤应为：

1）搅拌机械就位、调平，施工中应保持搅拌机底盘的水平和导向架的竖直，搅拌桩的垂直度偏差不得超过1%，桩位的偏差不得大于50mm，成桩直径和桩长不得小于设计值。

2）预搅下沉至设计加固深度。

3）边喷浆（或粉）、边搅拌提升直至预定的停浆（或灰）面。

4）重复搅拌下沉至设计加固深度。

5）根据设计要求，喷浆（或粉）或仅搅拌提升直至预定的停浆（或灰）面。

6）关闭搅拌机械。

在预（复）搅下沉时，也可采用喷浆（粉）的施工工艺，但必须确保全桩长至少再重复搅拌一次。

对地基土进行干法咬合加固时，如复搅困难，可采用慢速搅拌，保证搅拌的均匀性。

4. 施工要点

1）用于建筑物地基处理的水泥搅拌桩施工设备，其湿法施工配备注浆泵的额定压力不宜小于5.0MPa，干法施工的最大送粉压力不应小于0.5MPa；搅拌头翼片的枚数、宽度、与搅拌轴的垂直夹角、搅拌头的回转数、提升速度应相互匹配，以确保加固深度范围内土体的任何一点均能经过20次以上的搅拌。

2）竖向承载搅拌桩施工时，停浆（灰）面应高于桩顶设计标高500mm。在开挖基坑时，应将搅拌桩顶端施工质量较差的桩段用人工挖除。

3）施工中应保持搅拌机底盘的水平和导向架的竖直，搅拌桩的垂直度允许偏差和桩位偏差：对条形基础的边桩沿轴线方向应为桩径的±1/4，沿垂直轴线方向应为桩径的±1/6，其他情况桩位的施工允许偏差应为桩径的±40%；桩身的垂直度允许偏差应为±1%。成桩直径和桩长不得小于设计值。

4）水泥土搅拌湿法施工应符合下列规定：

① 施工中所使用的水泥都应过筛，制备好的浆液不得离析，泵送浆应连续进行。拌制水泥浆液的罐数、水泥和外掺剂用量以及泵送浆液的时间应记录，喷浆量及搅拌深度必须采用经国家计量部门认证的监测仪器进行自动记录。

② 搅拌机喷浆提升的速度和次数必须符合施工工艺的要求，并设专人进行记录。

③ 当水泥浆液到达出浆口后，应喷浆搅拌30s；在水泥浆与桩端土充分搅拌后，再开始提升搅拌头。

④ 搅拌机预搅下沉时不宜冲水，当遇到硬土层下沉太慢时，可适量冲水，但应考虑冲水对桩身强度的影响。

⑤ 施工过程中，如因故停浆，应将搅拌头下沉至停浆点以下0.5m处，待恢复供浆时再喷浆搅拌提升。若停机超过3h，宜先拆卸输浆管路，并妥善加以清洗。

⑥ 壁状加固时，相邻桩的施工时间间隔不宜超过12h。如间隔时间太长，与相邻桩无法搭接时，应采取局部补桩或注浆等补强措施。

5）水泥土搅拌干法施工应符合下列规定：

① 水泥土搅拌桩干法施工机械必须配置经国家计量部门确认的具有能瞬时检测并记录出粉量的粉体计量装置及搅拌深度自动记录仪。

② 搅拌头每旋转一周，其提升高度不得超过15mm。搅拌头的直径应定期复核检查，其磨耗量不得大于10mm。当搅拌头到达设计桩底以上1.5m时，应起动喷粉机提前进行喷粉作业。当搅拌头提升至地面下500mm时，喷粉机应停止喷粉。

③ 成桩过程中，因故停止喷粉，则应将搅拌头下沉至停灰面以下1m处，待恢复喷粉时再喷粉搅拌提升。

④ 需在地基土天然含水量小于30%土层中喷粉成桩时，应采用地面注水搅拌工艺。

7.2.6 质量检验

水泥土搅拌桩的质量控制应贯穿于施工的全过程，并坚持全程的施工监理。施工过程中应随时检查施工记录和计量记录，并对照规定的施工工艺对每根桩进行质量评定。检查重点是：水泥用量、桩长、搅拌头转数和提升速度、复搅次数和复搅深度、停浆处理方法等。

水泥土搅拌桩的施工质量检验可采用下列方法：

1）成桩后3d内，可用轻型动力触探（N_{10}）检查上部桩身的均匀性，检验数量为施工总桩数的1%，且不少于3根。

2）成桩7d后，采用浅部开挖桩头进行检查，开挖深度宜超过停浆（灰）面以下0.5m，检查搅拌的均匀性，量测成桩直径。检查量为总桩数的5%。

静载荷试验宜在成桩28d后进行。水泥搅拌桩复合地基承载力检验应采用复合地基载荷试验和单桩静载荷试验。验收数量不少于总桩数的1%，复合地基静载荷试验数量不应少于3点（多轴搅拌为三组）。

对变形有严格要求的工程，应在成桩28d后，用双管单动取样器钻取芯样做抗压强度检验，检验数量为施工总桩数的0.5%，且不少于6点。

基槽开挖后，应检验桩位、桩数与桩顶质量，如不符合设计要求，应采取有效补强措施。

7.2.7　工程实例

1. 水泥土搅拌桩加固桥梁湖滩软基工程

（1）工程概况　工程主体为桂林市观漪桥重建工程，它位于市区西凤路丽泽湖原观漪桥旧址，全桥长115m，宽46m。地基处理范围为两端桥台，基坑平面呈长方形，平面尺寸为59m×20m。基底压力为200~250kPa。

（2）工程地质条件　工程位于桂林市丽泽湖，场地原为湖滩，地层为全新统河流相冲积层，旧桥修建时以杂填土填至现路面。主要地层为：①杂填土；②黏土；③淤泥质黏土；④淤泥质粉质黏土；⑤淤泥质黏土；⑥粉质黏土；⑦下卧石灰岩层。土层物理力学指标统计平均值详见表7-8。

表7-8　土层物理力学指标统计平均值表

层号	土层名称	孔隙比 e	含水量 w(%)	塑性指数 I_P	液性指数 I_L	压缩模量 E_s/MPa	黏聚力 c/kPa	内摩擦角 φ/(°)
②	黏土	1.0	34.5	13.3	0.88	0.61		
③	淤泥质黏土	1.24	37.8	17.2	1.10	0.73	10.4	13.0
④	淤泥质粉质黏土	1.18	38.6	15.6	1.32	0.54	8.1	14.8
⑤	淤泥质黏土	1.23	39.2	18.7	1.17	0.73	10.4	13.8
⑥	粉质黏土	0.997	31.2			0.30	7.5	18.6

（3）加固方案选择　根据工程的性质、特点和地质条件，以及国内类似工程的成功经验，有3种地基处理方案可供借鉴选择。

1）钢筋混凝土钻孔灌注桩方案。造价约500万元，主要优点是安全可靠。但由于桂林市区属岩溶发育地区，根据地质勘察报告，工程所需处理部位有3层以上溶洞，钻孔桩须穿过溶洞，施工异常困难，施工质量无法保证，此方案不可取。

2）堆土预压排水固结方案。造价约200万元，且加固效果好，但施工所需时间长，占地面积大，对邻近原有的配电站和高压变压器的安全影响大，尤其是本桥为桂林市重点工程，工期紧迫，此方案工期无法满足业主在国际旅游节前竣工通车的要求，也不可取。

3）水泥搅拌桩方案。造价约300万元，加固地基强度可满足设计要求，并有效解决软土的沉降和不均匀沉降的问题，方案可行。

（4）桩径、桩长及布桩形式　水泥搅拌桩设计桩径为700mm，桩长平均为12m，桩端穿过第⑥层粉质黏土，直至下卧石灰岩层。考虑到本桥的使用功能和景观功能，为增加地基整体刚度，搅拌桩采用正方形布桩，网格状布置，桩距500mm，桩与桩之间重叠200mm，以形成具有较大刚度的实体，使荷载能直接传递至下卧持力层。

（5）水泥掺入比　采用现场原状土样按照两种水泥（32.5MPa普通水泥、矿渣水泥）、三种掺入比（10%、12%、15%）、两个龄期（7d、28d）共12组试件进行水泥掺入比试验，试验结果表明：采用12%的32.5MPa矿渣水泥，水胶比为0.5，掺入2%的生石膏及0.2%的木质素磺酸钙，可获得最佳加固效果。

(6) 复合地基承载力特征值

1) 单桩承载力特征值

按摩擦型桩计算 $R_a = u_p \sum_{i=1}^{n} q_{si} l_i + \alpha q_p A_p = 263\text{kN}$

按桩身强度计算 $R_a = \eta f_{cu} A_p = 130\text{kN}$

2) 复合地基承载力特征值

实际布桩 119×41=4879 根，置换率 $m \approx 1$，则复合地基承载力 $f_{spk} = m\dfrac{R_a}{A_p} + \beta(1-m) f_{sk} =$ 337kPa>250kPa

(7) 施工 整个地基处理过程投入两台改进型水泥搅拌机，主材料采用 32.5MPa 矿渣水泥，水泥掺入比为 12%，水胶比为 0.5，掺入 2%的生石膏及 0.2%的木质素磺酸钙。主机功率 37kW，输浆泵最大压力 0.5MPa。为了确保工程质量，搅拌叶片由 2 层 2 片改为 3 层 2 片，叶片在径向均匀错开布置，叶片平面与搅拌轴呈 60°夹角，叶片与水平面呈 30°夹角切入，喷浆口设在中间层叶片以下。

施工时搅拌轴转速≥60r/min，提升速度 0.2~0.5m/s，以保证桩体搅拌均匀性，同时采用“两次半”喷浆搅拌施工工艺（重复搅拌两次后对桩顶部加强复喷一次），保证复合地基的施工质量，满足其承载力和均匀沉降的要求。

(8) 桩身质量检验

1) 对工程桩桩身质量随机抽样检查，采用轻便触探仪对桩顶区段 7d 龄期强度进行连续检测，检测深度 1~3.6m，现场测试结果表明 N_{10}的平均击数为 56 击，其桩头水泥土强度达到设计要求。

2) 开挖后对挖出的桩体进行直观检查，水泥和土层搅拌均匀，质地坚硬，成型一致，桩径符合设计要求。

3) 对复合地基承载力进行荷载板试验，每桥台设置 12 个测点，经试验其复合地基承载力特征值超过设计要求，地基沉降量为 5.6~16.8mm。

2. 水泥搅拌桩重力式挡墙作基坑支护结构

(1) 工程概况 天津龙云商厦位于天津市河西区大沽南路与津河交口处的繁华商业区，楼高四层，地下一层为人防工程兼地下车库，框架结构。基坑占地面积约 6500m^2，开挖深度为 5.5m，东西长约 200m，南北长约 30m，为不规则长条状。场地北侧距小河沿大街 20m，西侧距大沽南路边线 15.0m，南侧距小区道路 12.0m，东侧为已建龙都商住楼（以六层居多），最近处仅距其外墙 9m。在场地东侧红线外 3m 分别有 500mm 的上水管线和地下电缆通过，场地周边环境比较复杂。

(2) 工程地质条件 该场地在地貌类型上属海河下游冲积海积平原，后经多次回填至现地坪。现地面标高 3.070~3.590m。场地土皆为第四系全新统和上更新统沉积物。

根据勘察结果分析，地基土在横向上分布比较稳定，顶底板标高变化不大。各项指标对应关系良好，离散性不大，淤泥质土（④$_2$）很薄，粉土层（③$_2$，④$_1$）较厚，为基坑支护提供了天然的有利条件。

地下水属潜水~微承压水类型。地下水位埋深为 1.5~1.8m。地下水为 $Na^+ + K^+ - HCO3^-$ 型，pH=7.6~7.7，对混凝土及混凝土中的钢筋无腐蚀性。根据室内渗透试验分析，该场地

15.0m以上土层渗透性为弱~不透水。

（3）基坑开挖支护方案选择 拟建建筑物基坑开挖深度为5.5m左右，根据场地工程地质及水文地质条件，可以考虑的支护方案大体有以下三种：

1）无支护放坡大开挖方案。根据工程概况中描述的基坑周边情况，周边作业面紧张，无支护大开挖将会严重影响周围邻近建筑物、道路及各种地下管线的安全，因而此方案不可行。

2）采用钻孔灌注支护连排桩，桩顶设置冠梁。此方案技术上可行，但就经济技术合理性而言，对于5.5m的基坑显然非常不经济。

3）采用水泥搅拌桩重力式挡土墙。此方案结合该区域土层土质较好的条件，从经济技术合理性上分析是比较合理的。经多次试算，重力式挡墙稳定性、强度及变形等均能达到设计要求，因而确定该方案为终选方案。

（4）水泥搅拌桩挡墙的设计计算

1）墙体截面的选择。根据土质条件和基坑开挖深度D，先确定搅拌桩插入基坑底深度h。根据工程经验，一般要求$h/D \geqslant 1.1 \sim 1.2$，且宜插到不透水层，以阻止地下水的渗流。墙体宽度$B$一般可取$B/D=0.8 \sim 1.0$，且不宜小于0.6。考虑到该区域土质良好且该挡土墙仅为临时性支护，为充分发挥土体潜能、节约工程造价，该支护工程突破性地采用了双排水泥土搅拌桩，桩长10m，桩径0.5m，横纵向均咬合0.2m。挡墙入土深度为4.5m，墙厚为0.8m，对应的$h/D=0.82$，$B/D=0.15$，挡墙立面如图7-20所示。

2）挡墙整体稳定性验算。根据瑞典条分法和改进的条分法综合进行验算，最小安全系数$K=2.45>1.25$，可认为挡墙整体稳定。

3）挡墙抗倾覆、抗滑移稳定性验算。根据天津经验，在水土合算、三角形荷载条件下，用传统的重力式挡土墙方法进行墙体抗滑移稳定性验算，计算结果显示抗滑移安全系数$K_h=3.26>1.3$，满足抗滑移安全需要；进行墙体抗倾覆稳定性验算，计算结果显示抗倾覆安全系数$K_q=2.26>1.5$，满足抗倾覆安全需要。

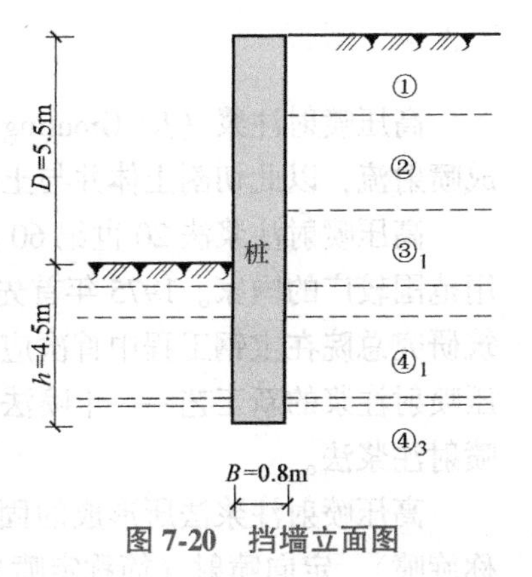

图7-20 挡墙立面图

4）抗隆起、抗渗验算。根据两种不同方法进行的基坑抗隆起稳定性验算结果如下：Prandtl法，$K_{隆}=5.22>1.5$；Terzaghi法，$K_{隆}=6.17>1.5$，均满足需要。基坑的抗渗稳定性验算，按黏性土抗渗安全系数$K_s=2.873>1.1$，满足抗渗安全需要。

5）墙体内力、位移计算。结果显示计算墙体顶端位移仅为5.48cm。

（5）施工主要技术要求和组织措施

1）水泥土各项参数：水泥掺入比为18%，水胶比为0.50，采用强度等级为32.5的矿渣硅酸盐水泥，以节省造价。但要求水泥土28d无侧限抗压强度$f_{cu}>1.5$MPa。

2）施工控制：桩心轴线根据红线点精确测放，场地内原为旧民宅，留有旧基础，在施工前挖出施工导槽，将施工路线中的旧基础全部清除，既有利于搅拌桩施工又有效地控制了浮浆外溢，同时导槽内的浮浆凝固后也增强了挡墙的整体稳定性。采用单管喷射工艺自下而上严格进行三喷六搅成桩，钻头叶片转速为20~22r/min，钻具提升速度为20~25cm/min，注浆泵压为20~22MPa，水泥浆液比重控制在1.75。

3）确保达到28d龄期后，方可开槽。在土方开挖15d前开始降水，水位降至基坑底面以下1m，降水井采用大口井，下滤管并在管与土体间隙充填石料，以防止淤井。

4）因场地位于繁华闹市区，不能进行夜间施工，昼夜施工就有所中断，因此在隔日施工接缝处时，要事先做好标记，控制好钻机移位，确保桩间咬合良好。同时，在征得建设单位同意的前提下在每个接缝外侧补打三根桩以确保墙体的完整性。

5）进行信息化施工，加强观测。在挡墙顶部设置测标以观测挡墙顶部位移情况；在挡墙外侧1m处设置观测井，密切关注基坑排水及开挖时挡墙外侧的水位变化，防止因抽水不当或挡墙漏水而引起基坑周围地面沉陷；配合相关部门进行地下管线位移监测。采取这三项措施就是为了及时预防和消除基坑工程对周边建筑物和地下管线的不利影响。

6）分段进行开挖及基础施工，确保基坑的整体稳定性。

（6）施工质量检测 采用水泥搅拌桩支护方案，达到了预期的支护效果，墙顶位移计算结果为5.48cm，实测结果为4.32cm，二者相当吻合。对周边建筑物和地下管线的影响微乎其微。桩检测结果显示：水泥搅拌桩之间连接紧密，墙体无渗水与开裂，基坑无积水。桩长均达10m，桩芯呈完整柱状，掺灰和搅拌总体均匀。桩身28d强度平均值为3.64MPa≥1.5MPa。

7.3 高压喷射注浆法

7.3.1 概述

高压喷射注浆（Jet Grouting）法是指用高压水泥浆通过钻杆由水平方向的喷嘴喷出，形成喷射流，以此切割土体并与土拌和形成水泥土加固体的地基处理方法。

高压喷射注浆法20世纪60年代后期始创于日本。我国是继日本之后研究开发较早和应用范围较广的国家。1975年首先在铁道部门进行单管法的试验和应用，1977年原冶金部建筑研究总院在宝钢工程中首次应用三重管法喷射注浆获得成功，1986年该院又开发成功高压喷射注浆的新工艺——干喷法，并取得国家专利。至今，我国已有上百项工程应用了高压喷射注浆法。

高压喷射注浆法所形成的固结体形状与喷射流移动方向有关。一般分为旋转喷射（简称旋喷）、定向喷射（简称定喷）和摆动喷射（简称摆喷）三种形式（见图7-21）。

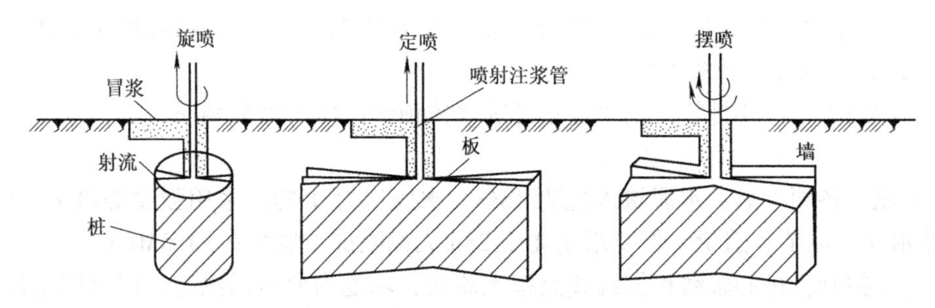

图7-21 高压喷射注浆的三种形式

旋喷法施工时，喷嘴一边喷射一边旋转和提升，固结体呈圆柱状。施喷法主要用于加固地基，提高地基的抗剪强度，改善地基土的变形性质，也可组成闭合的帷幕，用于截阻地下水流和治理流砂。旋喷法施工后，在地基中形成的圆柱体，简称旋喷桩。

定喷法施工时，喷嘴一边喷射一边提升，喷射的方向固定不变，固结体形如板状或壁状。

摆喷法施工时，喷嘴一边喷射一边提升，喷嘴的方向呈较小的角度来回摆动，固结体形如较厚的墙板状。

定喷和摆喷两种方法通常用于基坑防渗、改善地基土的水流性质及稳定边坡等工程。

1. 高压喷射注浆法的工艺类型

当前，高压喷射注浆法的基本工艺类型有：单管法、二重管法、三重管法和多重管法四种方法。

（1）单管法　单管旋喷法是利用钻机等设备，把安装在注浆管（单管）底部侧面的特殊喷嘴，置入土层预定深度后，用高压泥浆泵等装置，以20MPa左右的压力，把浆液从喷嘴中喷射出去冲击破坏土体，同时借助注浆管的旋转和提升运动，使浆液与从土体上崩落下来的土搅拌混合，经过一定时间凝固，便在土中形成圆柱状的固结体，如图7-22所示。日本称之为CCP工法。

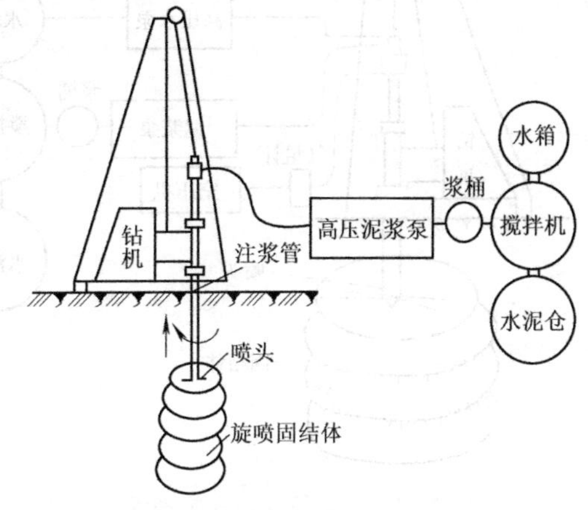

图7-22　单管高压喷射注浆示意

（2）二重管法　使用双通道的二重注浆管，当二重注浆管钻进到土层的预定深度后，通过在管底部侧面的一个同轴双重喷嘴，同时喷射出高压浆液和空气两种介质的喷射流冲击破坏土体，即以高压泥浆泵等高压发生装置喷射出20MPa左右的浆液，从内喷嘴中高速喷出，并用0.7MPa左右压力把压缩空气从外喷嘴喷出。在高压浆液和它外圈环绕气流的共同作用下，破坏土体能量显著增大，喷嘴一边喷射一边旋转和提升，最后在土体中形成直径明显增加的柱状固结体（见图7-23），达80~150cm。日本称之为JSG工法。

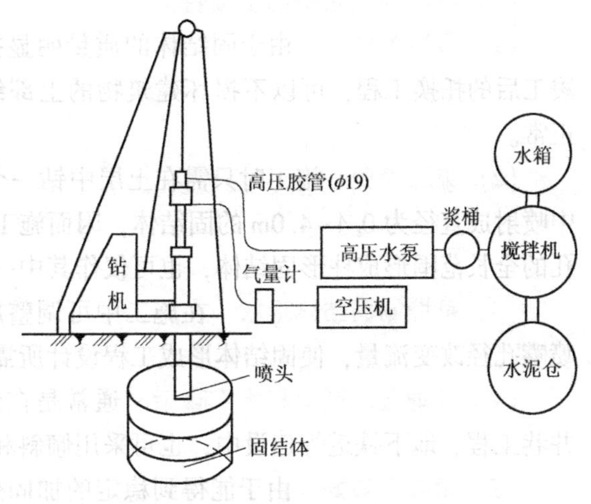

图7-23　二重管法高压喷射注浆示意

（3）三重管法　使用分别输送水、气、浆三种介质的三重注浆管。在以高压泥浆泵等高压发生装置产生20~30MPa的高压喷射流周围，环绕一股0.5~0.7MPa的圆筒状气流，进行水、气同轴喷射冲切土体，形成较大的空隙，再由泥浆泵注入压力为2~5MPa的浆液充填，喷嘴作旋转和提升运动，最后在土中凝固为较大的固结体（见图7-24）。日本称之为CJP工法。

（4）多重管法　这种方法首先需要在地面钻一个导孔，然后置入多重管，用逐渐向下运动的旋转超高速压力水射流（压力约为40MPa），切削破坏四周土体，经高压水冲击下来的土和石成为泥浆后，立即用真空泵从多重管中抽出。如此反复地冲和抽，便在地层中形成一个较大的空间。装在喷嘴附近的超声波传感器及时测出空间的直径和形状，最后根据工程要求选用浆液、砂浆、砾石等材料进行充填。于是在地层中形成一个大直径的柱状固结体，在砂性土中最大直径可达4m（见图7-25）。这种方法日本称之为SSS-MAN工法。

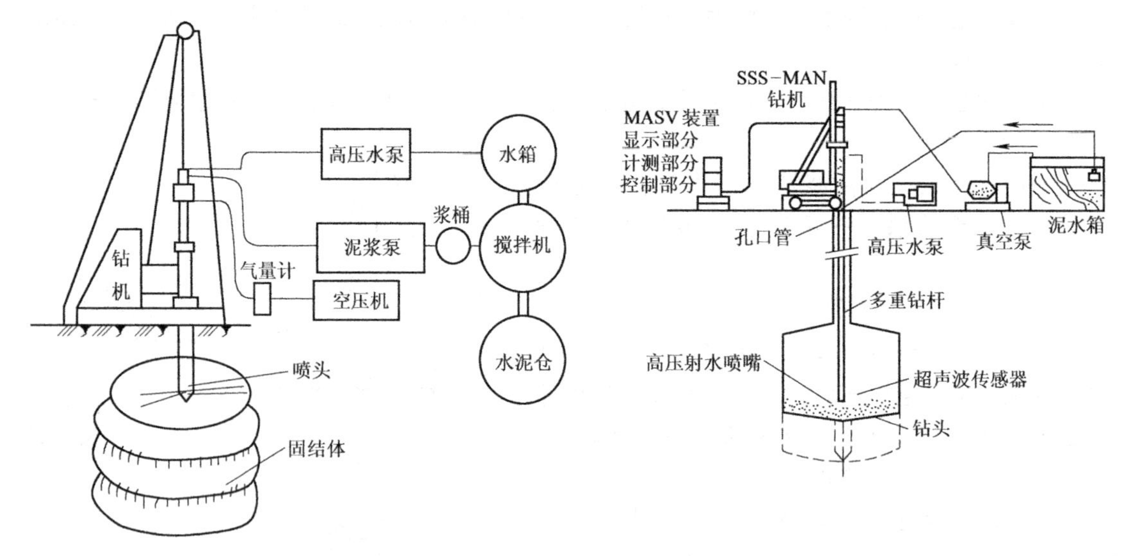

图7-24 三重管法高压喷射注浆示意

图7-25 多重管法高压喷射注浆示意

2. 高压喷射注浆法的主要特征

(1) 适用范围广 由于固结体的质量明显提高，它既可用于工程新建之前，又可用于竣工后的托换工程，可以不损坏建筑物的上部结构，且能使既有建筑物在施工时使用功能正常。

(2) 施工简便 施工时只需在土层中钻一个孔径为50mm或300mm的小孔，便可在土中喷射成直径为0.4~4.0m的固结体，因而施工时能贴近既有建筑物，成形灵活，既可在钻孔的全长范围形成柱形固结体，也可仅作其中一段。

(3) 可控制固结体形状 在施工中可调整旋喷速度和提升速度、增减喷射压力或更换喷嘴孔径改变流量，使固结体形成工程设计所需要的形状。

(4) 可垂直、倾斜和水平喷射 通常是在地面上进行垂直喷射注浆，但在隧道、矿山井巷工程、地下铁道等建设中，也可采用倾斜和水平喷射注浆。

(5) 耐久性较好 由于能得到稳定的加固效果并有较好的耐久性，所以可用于永久性工程。

(6) 料源广阔 浆液以水泥为主体。在地下水流速快或含有腐蚀性元素、土的含水量大或固结体强度要求高的情况下，则可在水泥中掺入适量的外加剂，以达到速凝、高强、抗冻、耐蚀和浆液不沉淀等效果。

(7) 设备简单 高压喷射注浆全套设备结构紧凑、体积小、机动性强，占地少，能在狭窄和低矮的空间施工。

3. 高压喷射注浆法的适用范围

(1) 土质条件适用范围 高压喷射注浆法适用于处理淤泥、淤泥质土、黏性土（流塑、软塑或可塑)、粉土、砂土、黄土、素填土和碎石土等地基。对土中含有较多的大直径块石、大量植物根茎和高含量的有机质，以及地下水流速较大的工程，应根据现场试验结果确定其适应性。

(2) 工程使用范围

1) 提高地基强度。

① 提高地基承载力，整治既有建筑物沉降和不均匀沉降的托换工程。

② 减少建筑物沉降，加固持力层或软弱下卧层。

③ 加强盾构法或顶管法的后坐，形成反力后坐基础。

2) 挡土围堰及地下工程建设。

① 保护邻近建筑物（见图7-26）。

② 保护地下工程设施（见图7-27）。

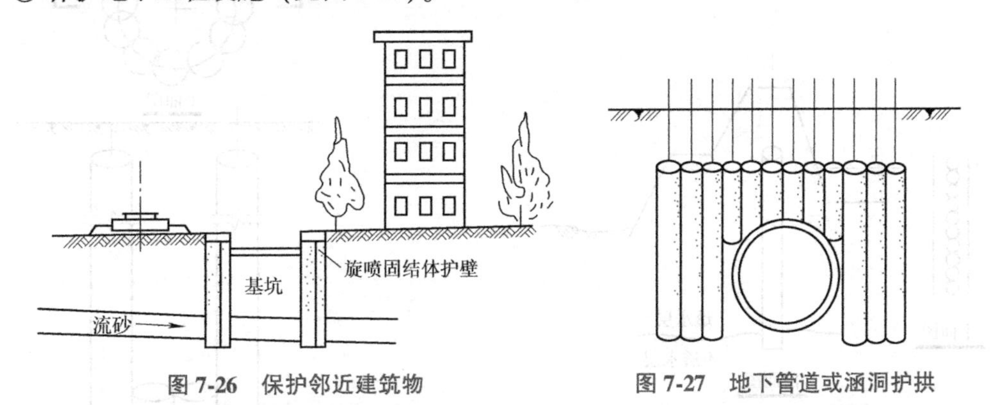

图7-26　保护邻近建筑物　　图7-27　地下管道或涵洞护拱

③ 防止基坑底部隆起（见图7-28）。

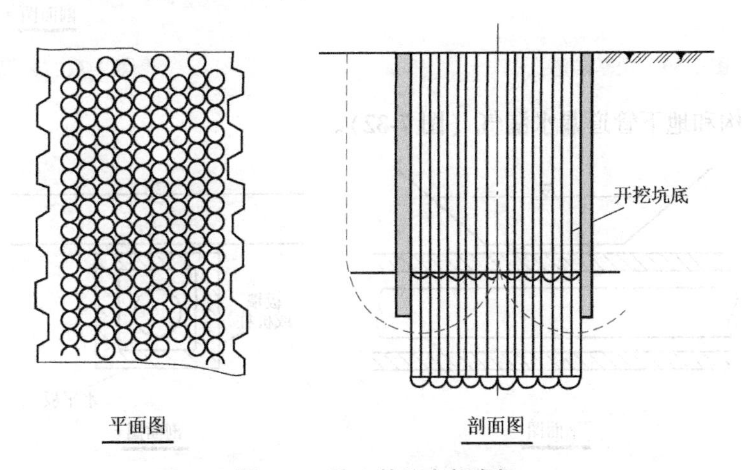

图7-28　防止基坑底部隆起

3) 增大土的摩擦力和黏聚力。

① 防止小型坍方滑坡（见图7-29）。

② 锚固基础。

4) 减少振动，防止液化。

① 减少设备基础振动。

② 防止砂土地基液化。

5）降低土的含水量。

① 整治地基翻浆冒泥。

② 防止地基冻胀。

6）防渗帷幕。

① 河堤、水池的防漏及坝基防渗（见图7-30）。

② 矿山井巷、井筒帷幕（见图7-31）。

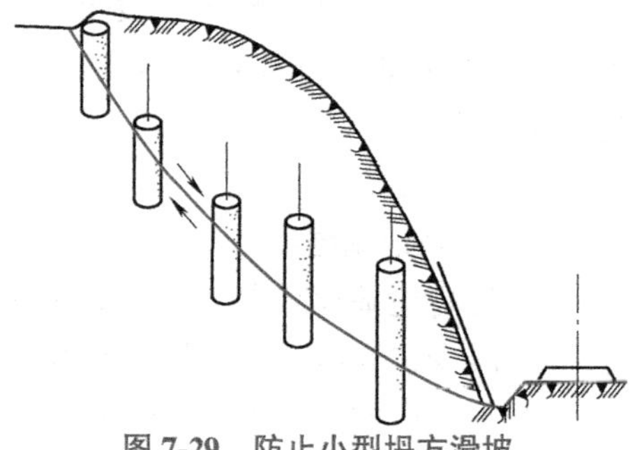

图7-29 防止小型坍方滑坡

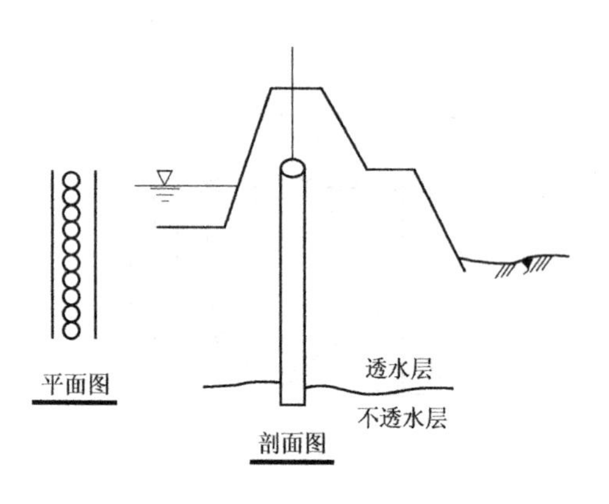

图7-30 坝基防渗

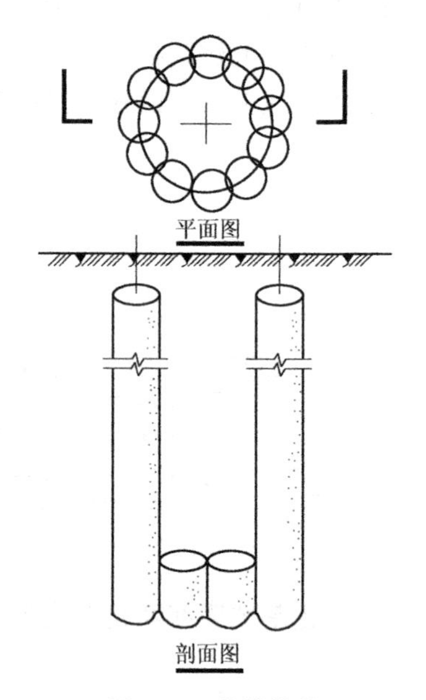

图7-31 井筒帷幕

③ 防止盾构和地下管道漏水漏气（图7-32）。

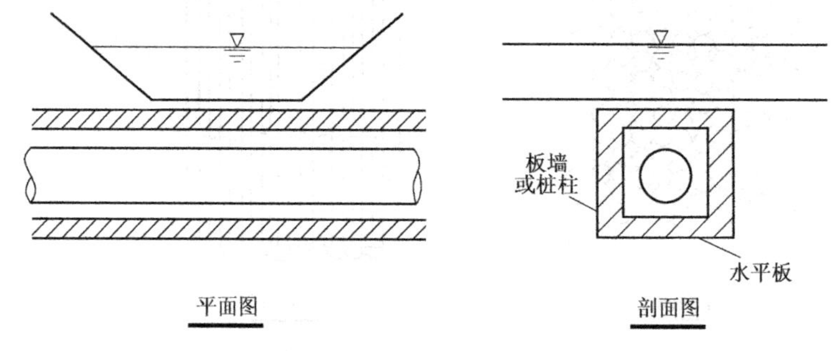

图7-32 防止盾构和地下管道漏水漏气

④ 地下连续墙补缺（见图7-33）。

⑤ 防止涌砂冒水（见图7-34）。

7）防止洪水冲刷。

① 防止桥渡建筑物基础的冲刷。

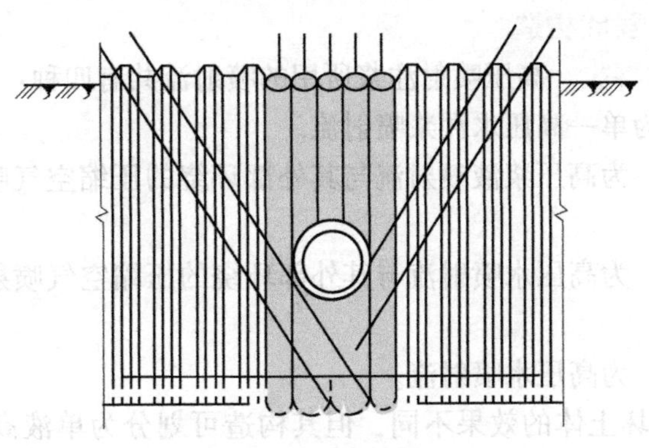

图 7-33　地下连续墙补缺

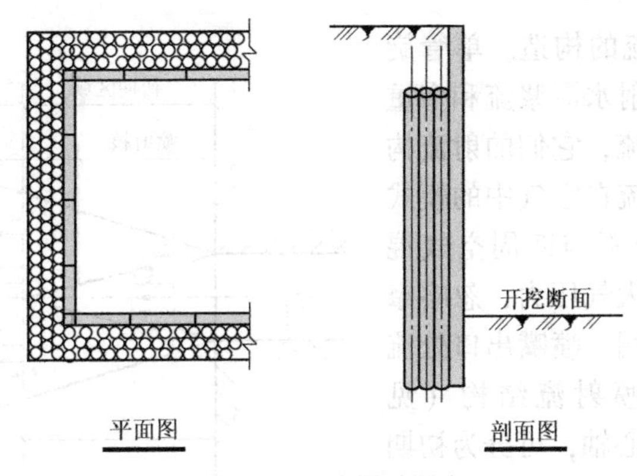

图 7-34　防水涌砂冒水

② 防止河堤建筑物基础的冲刷。

③ 防止水工建筑物基础的冲刷。

7.3.2　加固机理

1. 高压水喷射流的性质

高压水喷射流是通过高压发生设备，使它获得巨大能量后，从一定形状的喷嘴，用一种特定的流体运动方式，以很高速度连续喷射出来的，能量高度集中的一股液流。

在高压高速的条件下，喷射流具有很大的功率，即在单位时间内从喷嘴中射出的喷射流具有很大的能量，其功率与速度和喷射流压力的关系见表 7-9。

表 7-9　喷射流的速度与功率

喷嘴压力 p_a/MPa	喷嘴出口直径 d_0/mm	流速系数 ψ	流量系数 μ	射流速度 v_0/(m/s)	喷射功率 N/kW
10	3	0.963	0.946	136	8.5
20				192	24.1
30				243	44.4
40				280	68.3
50				313	95.4

注：流量系数和流速系数为收敛圆锥 13°24′角喷嘴的水力试验值。

2. 高压喷射流的种类和构造

（1）高压喷射流的种类　高压喷射注浆所用的喷射流共有四种：

1）单管喷射流，为单一高压水泥浆喷射流。

2）二重管喷射流，为高压浆液喷射流与其外部环绕的压缩空气喷射流组成，为复合式高压喷射流。

3）三重管喷射流，为高压水喷射流与其外部环绕的压缩空气喷射流组成，也为复合式高压喷射流。

4）多重管喷射流，为高压水喷射流。

以上四种喷射流破坏土体的效果不同，但其构造可划分为单液高压喷射流和水（浆）、气同轴喷射流两种类型。

（2）高压喷射流的构造

1）单液高压喷射流的构造。单管旋喷注浆所使用的高压喷射水泥浆流和多重管所使用的高压水喷射流，它们的射流构造可用高速水连续喷射流在空气中的模式予以说明。假定喷射流不与四周空气混合，喷射流边界各处是大气压力，忽略摩擦力，喷嘴上无外力作用，喷嘴出口处流量是均匀的，则高压喷射流结构（见图7-35）沿着喷射流中心轴，可分为初期区域、主要区域和终期区域。

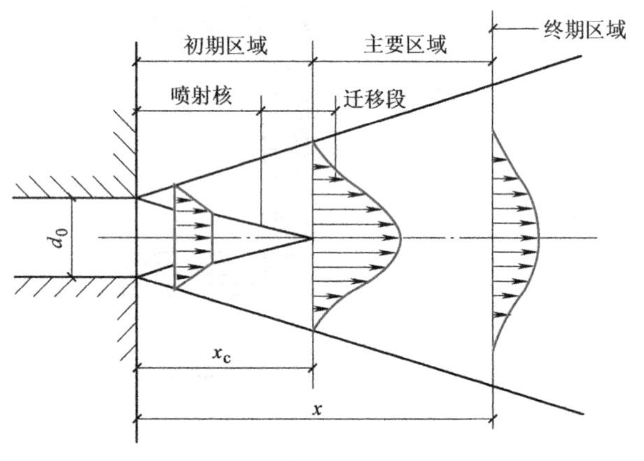

图7-35　高压喷射流结构

① 初期区域：包括喷射核和迁移段。高压喷射流在喷嘴出口处的流速是均匀分布的，轴向动压是常数，保持着高速均匀地向下游延伸，射流宽度逐渐增加，当达到某一位置后，断面上的速度不再保持均匀。在整个喷射流中，速度分布保持均匀的部分称为喷射核，由于边界气流的渗入，喷射核越来越小乃至消失。在喷射核末端一过渡阶段，称迁移段。此段喷射流的扩散宽度稍有增加，轴向动压有所减小。根据试验资料，在空气中喷射，初期区域为 $x_c=(75\sim100)d_0$，在水中喷射 $x_c=(6\sim6.5)d_0$（d_0为喷嘴直径）。在空气中射流的初期区域的长度比在水中约大10倍。

② 主要区域：轴向动压陡然减弱，喷射流速度进一步降低，它的扩散率为常数，扩散宽度和距离的平方根呈正比。在土中喷射时，喷射流与土在本区域内搅拌混合。

③ 终期区域：喷射流处于能量衰竭状态，喷射流宽度很大，雾化度高，水滴成雾化状，与空气混合在一起，最后消散在大气中。

高压喷射加固的有效喷射长度为初期区域和主要区域长度之和。有效喷射长度越长，则劈裂土的距离越大，喷射加固体的直径也越大。

2）水（浆）、气同轴喷射的构造。二重管旋喷注浆的浆、气同轴喷射流与三重管旋喷注浆的水、气同轴喷射流除喷射介质不同外，都是在喷射流的外围同轴喷射圆筒状气流，它们的构造基本相同。现以水、气同轴喷射流为代表，分析其构造。

在初期区域，水喷射流的速度保持喷嘴出口的速度，但由于水喷射流与空气流相冲撞及喷嘴内部表面不够光滑，致使从喷嘴射出的水流较紊乱，再加上空气和水流的相互作用，在高压喷射水流中形成气泡，喷射流受到干扰，在初期区域的末端，气泡与水喷射流的宽度一样。

在迁移区域，高压水喷射流与空气开始混合，出现较多的气泡。

在主要区域内，高压水喷射流衰减，内部含有大量气泡，气泡逐渐分裂破坏，成为不连续的细水滴状，同轴喷射流的宽度迅速扩大。

水（浆）、气同轴喷射流初期区域长度可用以下经验公式表示

$$x_c = 0.048v_0 \tag{7-49}$$

式中　v_0——初期流速（m/s）。

旋喷时，若高压水、气同轴喷射流的初期速度为20.0m/s，则初期区域长度 $x_c \approx 0.10$m，而以高压水喷射流单独喷射时，x_c 仅为0.015m，可见水、气同轴喷射流初期区域长度增加了近6倍。

3. 加固地基的机理

（1）高压喷射流对土体的破坏作用　破坏土体结构强度的最主要因素是喷射动压，根据动量定律，在空气中喷射时的破坏力为

$$p = \rho Q v_m \tag{7-50}$$

式中　p——破坏力（$kg \cdot m/s^2$）；

ρ——密度（kg/m^3）；

Q——流量（m^3/s）；

v_m——喷射流的平均速度（m/s）。

而流量 Q 又为喷嘴断面积 A 与流速 v_m 的乘积，即

$$Q = v_m A \tag{7-51}$$

将式（7-51）代入式（7-50）得

$$p = \rho A v_m^2 \tag{7-52}$$

可见，在喷嘴断面积 A 一定的条件下，如果要获得大的破坏力，则需要通过高压产生大的流速，一般要求高压脉冲泵的工作压力在20MPa以上，这样射流像刚体一样，冲击破坏土体，使土与浆液搅拌混合，凝固成圆柱状的固结体。

喷射流在终期区域，能量衰减很大，不能直接冲击土体使土颗粒剥落，但能对有效射程的边界土产生挤压力，对四周土有压密作用，并使部分浆液进入土粒之间的空隙里，使固结体与四周土紧密相依，不产生脱离现象。

（2）水（浆）、气同轴喷射流对土体的破坏作用　单液喷射流虽具有巨大的能量，但由于压力在土中急剧衰减，因此破坏土的有效射程短，致使旋喷固结体的直径较小。

当在喷嘴出口的高压水（浆）喷射流周围加上圆筒状空气射流，进行水（浆）、气同轴喷射时，空气流使水或浆的高压喷射流从破坏土体上将土粒迅速吹散，使高压喷射流的喷射破坏条件得到改善，阻力大大减少，能量消耗降低，因而增大了高压喷射流的破坏能力，形成的旋喷固结体直径较大。图7-36为不同喷射流轴上动水压力与距离的关系，表明高速空气具有防止高速射流动压急剧衰减的作用。

旋喷时，高压喷射流在地基中，把土体切削破坏，其加固范围就是喷射距离加上渗透部分或压缩部分的长度为半径的圆柱体。一部分细小的土粒被喷射的浆液所置换，随着液流被

带到地面上（俗称冒浆），其余的土粒与浆液搅拌混合。在喷射动压力、离心力和重力的共同作用下，在横断面上土粒按质量大小有规律地排列起来，小颗粒在中部居多，大颗粒多数在外侧或边缘部分，形成了浆液主体搅拌混合、压缩和渗透等部分，经过一定时间便凝固成强度较高渗透系数较小的固结体。随着土质的不同，横断面结构也多少有些不同，如图7-37所示。由于旋喷体不是等颗粒的单体结构，固结质量也不均匀，通常是中心部分强度低，边缘部分强度高。

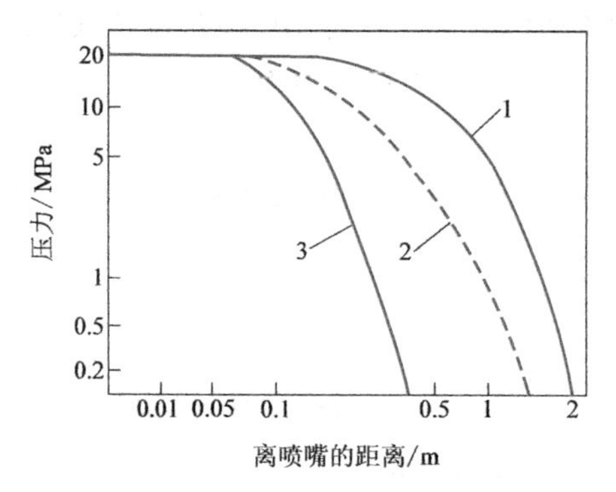

图7-36 不同喷射流轴上动水压力与距离的关系

1—高压喷射流在空中单独喷射 2—水、气同轴喷射流在水中喷射 3—高压喷射流在水中喷射

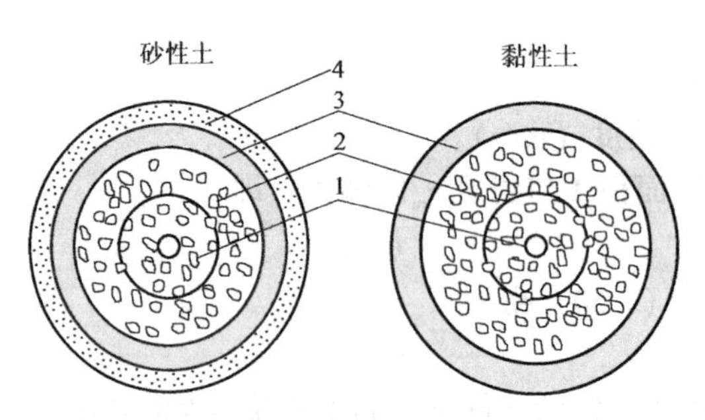

图7-37 旋喷固结体横断面结构

1—浆液主体部分 2—搅拌混合部分 3—压缩部分 4—渗透部分

定喷时，高压喷射注浆的喷嘴不旋转，只作水平的固定方向喷射，并逐渐向上提升，便在土中冲成一条沟槽，并把浆液灌进槽中，最后形成一个板状固结体（见图7-38）。固结体在砂性土中有部分渗透层，而在黏性土中无这一部分渗透层。

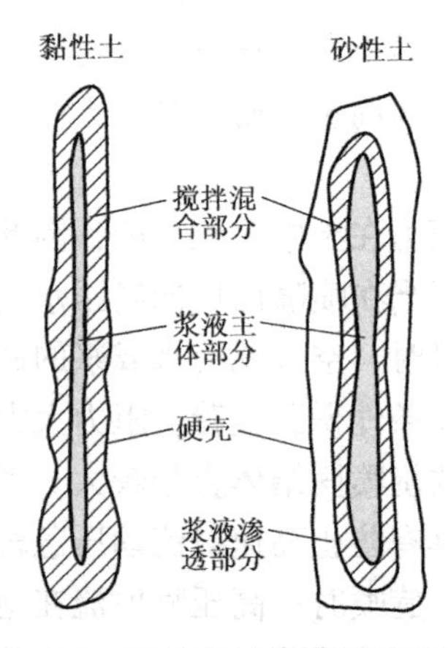

图7-38 定喷固结体横断面结构

（3）水泥与土的固结机理 水泥与水拌和后，首先产生铝酸三钙水化物和氢氧化钙，它们可溶于水，但溶解度不高，很快就达到饱和，这种化学反应连续不断地进行，就析出一种胶质物体。这种胶质物体有一部分混在水中悬浮，后来就包围在水泥微粒的表面，形成一层胶凝薄膜。所生成的硅酸二钙水化合物几乎不溶于水，只能以无定形体的胶质包围在水泥微粒的表层，另一部分渗入水

中。由水泥各种成分所生成的胶凝膜，逐渐发展起来成为胶凝体，此时表现为水泥的初凝状态，开始有胶结的性质。此后，水泥各成分在不缺水、不干涸的情况下，继续不断地按上述水化程序发展、增强和扩大，从而产生下列现象：

1）胶凝体增大并吸收水分，使凝固加速，结合更密。

2）由于微晶（结晶核）的产生进而产生出结晶体，结晶体与胶凝体相互包围渗透并达到一种稳定状态，这就是硬化的开始。

3）水化作用继续深入到水泥微粒内部，使未水化部分再参加以上的化学反应，直到完全没有水分以及胶质凝固和结晶充盈为止。但无论水化时间持续多久，很难将水泥微粒内核全部水化完毕，所以水化过程是一个长久的过程。

4. 加固土的基本性状

（1）直径较大　旋喷桩的直径大小与土的种类和密实程度有密切的关系，对黏性土地基加固，单管旋喷注浆加固体直径一般为0.3~0.8m；三重管旋喷注浆加固体直径可达0.7~1.8m；二重管旋喷注浆加固体直径介于以上两者之间。多重管旋喷注浆加固体直径为2.0~4.0m。旋喷桩设计直径见表7-10。定喷和摆喷的有效长度为旋喷桩直径的1.0~1.5倍。

表7-10　旋喷桩设计直径　（单位：m）

土　质		单管法	二重管法	三重管法
黏性土	0<*N*<5	0.5~0.8	0.8~1.2	1.2~1.8
	6<*N*<10	0.4~0.7	0.7~1.1	1.0~1.6
砂性土	0<*N*<10	0.6~1.0	1.0~1.4	1.5~2.0
	11<*N*<20	0.5~0.9	0.9~1.3	1.2~1.8
	21<*N*<30	0.4~0.8	0.8~1.2	0.9~1.5

注：*N*值为标准贯入击数。

（2）固结体形状可不同　在匀质土中，旋喷的圆柱体比较匀称；而在非匀质土中或有裂隙土中，旋喷的圆柱体不匀称，甚至在圆柱体表面长出翼片。由于喷射流脉动和提升速度不均匀，固结体外表很粗糙。三重管旋喷固结体受气流的影响，在粉质砂土中外表格外粗糙。固结体的形状可通过喷射参数来控制，大致可喷成均匀圆柱状、非均匀圆柱状、板墙状和扇形状。在深度大的土中，如果不采取相应措施，旋喷圆柱固结体可能出现上粗下细的胡萝卜形状。

（3）重量轻　固结体内部土粒少并含有一定数量的气泡。因此固结体的重量较轻，轻于或接近原状土的密度。黏性土固结体比原状土约轻10%，但砂类土固结体比原状土约重10%。

（4）渗透系数小　固结体虽有一定的孔隙，但这些孔隙并不贯通，而且固结体有一层较致密的硬壳，其渗透系数达10^{-6}cm/s或更小，故具有一定的防渗性能。

（5）固结强度高　土体经过喷射后，土粒重新排列，水泥等浆液含量大。由于一般外侧土颗粒直径大，数量多，浆液成分也多，因此在横断面上中心强度低，外侧强度高，与土交换的边缘处有一圈坚硬的外壳。影响固结强度的主要因素是土质和浆材，有的使用同一浆材配方，软黏土的固结强度成倍地小于砂土固结强度。

（6）单桩承载力高　旋喷柱状固结体有较高的强度，外形凹凸不平，因此有较大的承载力，固结体直径越大，承载力越高。固结体基本性质见表 7-11。

表 7-11　高压喷射注浆固结体性质一览表

固结体性质		单管法	二重管法	三重管法
单桩垂直极限荷载/kN		500~600	1000~1200	2000
单桩水平极限荷载/kN		砂类土 30~40，黏性土 10~20		
最大抗压强度/MPa		砂类土 10~20，黏性土 5~10，黄土 5~10，砂砾 8~20		
平均抗拉强度/平均抗压强度		1/10~1/5		
弹性模量/MPa			$K\times10^3$	
干密度/(g/cm³)		砂类土 1.6~2.0	黏性土 1.4~1.5	黄土 1.3~1.5
渗透系数/(cm/s)		砂类土 10^{-6}~10^{-5}	黏性土 10^{-7}~10^{-6}	砂砾 10^{-7}~10^{-6}
黏聚力 c/MPa		砂类土 0.4~0.5	黏性土 0.7~1.0	
内摩擦角 φ/(°)		砂类土 30~40	黏性土 20~30	
N（击数）		砂类土 30~50	黏性土 20~30	
弹性波速/(km/s)	P 波	砂类土 2.0~3.0	黏性土 1.5~2.0	
	S 波	砂类土 1.0~1.5	黏性土 0.8~1.0	
化学稳定性能		较好		

7.3.3　设计计算

1. 室内配方与现场喷射试验

为了解喷射注浆固结体的性质和浆液的合理配方，必须取现场各层土样，在室内按不同的含水量和配合比进行试验，优选出最合理的浆液配方。

对规模较大及性质较重要的工程，设计完成之后，要在现场进行试验，查明喷射固结体的直径和强度，验证设计的可靠性和安全度。

2. 固结体尺寸

1）固结体尺寸主要取决于下列因素：①土的类别及其密实程度；②高压喷射注浆方法（注浆管的类型）；③喷射技术参数（包括喷射压力与流量，喷嘴直径与个数，压缩空气的压力、流量与喷嘴间隙，注浆管的提升速度与旋转速度）。

2）在无试验资料的情况下，对小型的或不太重要的工程，可根据经验选用表 7-10 所列数值。

3）对于大型的或重要的工程，应通过现场喷射试验后开挖或钻孔采样确定。

3. 固结体强度

1）固结体强度主要取决于下列因素：土质；喷射材料及水胶比；注浆管的类型和提升速度；单位时间的注浆量。

2）固结体强度设计规定按 28d 强度计算。试验证明，在黏性土中，由于水泥水化物与黏土矿物继续发生作用，故 28d 后的强度会继续增长，这种强度的增长作为安全储备。

3）注浆材料为水泥时，固结体抗压强度的初步设定可参考表 7-12。

表7-12 固结体抗压强度

土类	固结体抗压强度/MPa		
	单管法	二重管法	三重管法
砂类土	3~7	4~10	5~15
黏性土	1.5~5	1.5~5	1~5

4）对于大型的或重要的工程，应通过现场喷射试验后采样测试来确定固结体的强度和渗透性等性质。

4. 竖向承载旋喷桩复合地基承载力特征值

用旋喷桩处理的地基，应按复合地基设计。竖向承载旋喷桩复台地基承载力特征值和单桩竖向承载力特征值应通过现场静载荷试验确定。初步设计时，也可按式（5-6）和式（5-7）估算，其桩身强度应满足（5-8）和式（5-9）要求。

当旋喷桩处理范围以下存在软弱下卧层时，应按现行《建筑地基基础设计规范》有关规定进行软弱下卧层承载力验算。

5. 沉降计算

旋喷桩复合地基变形计算应符合现行《建筑地基基础设计规范》的有关规定。地基变形计算深度必须大于复合土层的深度。复合土层的分层与天然地基相同，各复合土层的压缩模量按现行《建筑地基处理技术规范》规定的确定竖向增强体复合地基复合土层压缩模量的方法确定。

6. 垫层

竖向承载旋喷桩复合地基宜在基础和桩顶之间设置褥垫层。褥垫层厚度可取150~300mm，其材料可选用中砂、粗砂、级配砂石等，最大粒径不宜大于20mm。褥垫层的夯填度不应大于0.9。

7. 布孔形式和孔距

（1）加固地基竖向承载 竖向承载旋喷桩的平面布置可根据上部结构和基础特点确定，独立基础下的桩数不应少于4根。

（2）堵水防渗 堵水防渗工程，最好按双排或三排布孔形成帷幕（见图7-39）。孔距应为$L=1.73R_0$（R_0为旋喷桩设计半径），排距为$1.5R_0$最为经济。

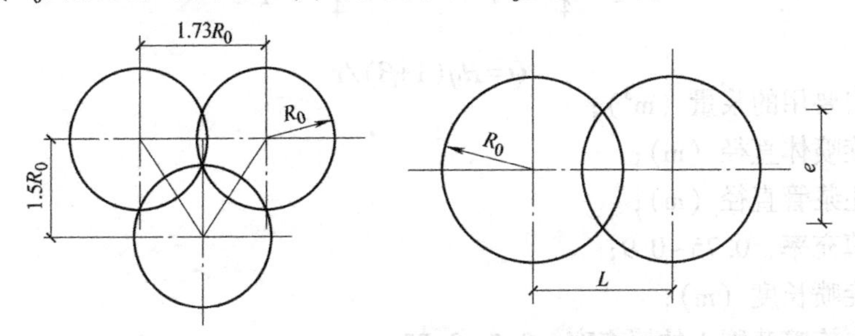

图7-39 布孔孔距和旋喷注浆固结体交联

若想增加每一排旋喷桩的交圈厚度，可适当缩小孔距，按下式计算

$$e=2\sqrt{R_0^2-\frac{L^2}{4}} \tag{7-53}$$

式中 e——旋喷桩的交圈厚度（m）；

R_0——旋喷桩的设计半径（m）；

L——旋喷桩孔位的间距（m）。

定喷和摆喷是一种常用的防渗堵水方法，由于喷射出的板墙薄而长，不但成本较旋喷低，而且整体连续性也高。相邻孔定喷连接形式如图 7-40 所示。

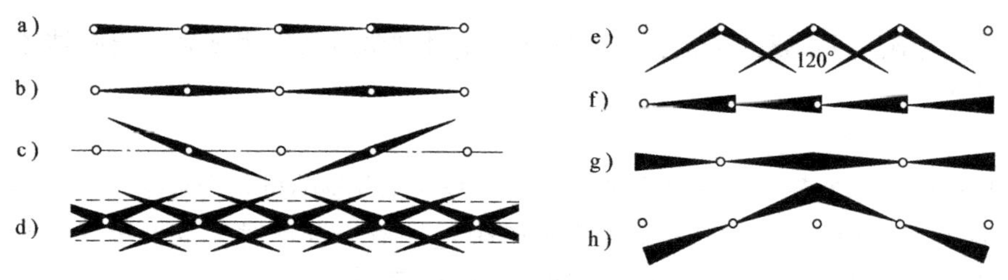

图 7-40 定喷防渗帷幕形式

a）单喷嘴单墙首尾连接 b）双喷嘴单墙前后对接 c）双喷嘴单墙折线连接 d）双喷嘴双墙折线连接 e）双喷嘴夹角单墙连接 f）单喷嘴扇形单墙首尾连接 g）双喷嘴扇形单墙前后对接 h）双喷嘴扇形单墙折线连接

摆喷连接形式可按图 7-41 所示方式进行布置。

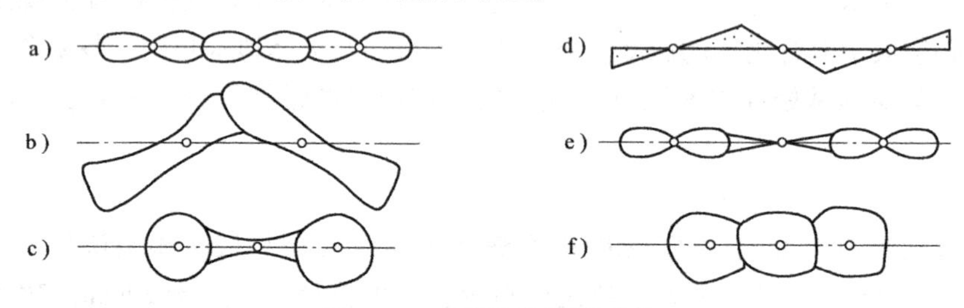

图 7-41 摆喷防渗帷幕形式

a）直摆形（摆喷） b）折摆形 c）柱墙形 d）微摆形 e）摆定形 f）柱列形

8. 浆量计算

浆量计算有两种方法，即体积法和喷量法，取其大者作为设计喷射浆量。

体积法

$$Q=\frac{\pi}{4}D_e^2K_1h_1(1+\beta)+\frac{\pi}{4}D_0^2K_2h_2 \tag{7-54}$$

喷量法

$$Q=Hq(1+\beta)/v \tag{7-55}$$

式中 Q——需要用的浆量（m^3）；

D_e——旋喷体直径（m）；

D_0——注浆管直径（m）；

K_1——填充率，0.75~0.9；

h_1——旋喷长度（m）；

K_2——未旋喷范围土的填充率，0.5~0.75；

h_2——未旋喷长度（m）；

β——损失系数，0.1~0.2；

H——喷射长度（m）；

q——单位时间喷浆量（m^3/min）；

v——提升速度（m/min）。

根据计算所需的喷浆量和设计的水胶比，即可确定水泥的使用量。

9. 浆液材料与配方

（1）浆液特性　根据喷射工艺要求，浆液应具备以下特性：

1）有良好的可喷性。目前，国内基本上采用以水泥浆为主剂，掺入少量外加剂的喷射方法，水胶比一般采用1∶1~1.5∶1就能保证较好的喷射效果。浆液的可喷性用流动度和黏度来评定。

2）有足够的稳定性。浆液的稳定性好坏直接影响到固结体的质量。以水泥浆为例，其稳定性好是指浆液在初凝前析水率小、水泥的沉降速度慢、分散性好，以及浆液混合后经高压喷射而不改变其物理化学性质。掺入少量外加剂能明显地提高浆液的稳定性，常用的外加剂有膨润土、纯碱、三乙醇胺等。浆液的稳定性可用浆液的析水率来评定。

3）气泡少。若浆液带有大量气泡，则固结体硬化后就会有许多气孔，从而降低喷射固结体的密度，导致固结体强度及抗渗性能降低。为了尽量减少浆液气泡，应选择非加气型的外加剂，不能采用起泡剂。比较理想的外加剂是代号为NNO的外加剂。

4）调剂浆液的胶凝时间。胶凝时间是指从浆液开始配制起，到与土体混合后逐渐失去其流动性为止的这段时间。胶凝时间由浆液的配方、外加剂的掺量、水胶比和外界温度而定。一般从几分钟到几小时，可根据施工工艺及注浆设备来选择合适的胶凝时间。

5）有良好的力学性能。影响抗压强度的因素很多，如材料的品种、浆液的浓度、配比和外加剂等。

6）无毒、无臭。浆液对环境无污染，对人体无害，属非易燃易爆物品；浆液对注浆设备、管路无腐蚀性并容易清洗。

7）结石率高。固化后的固结体有一定的黏结性，能牢固地与土粒黏结。要求固结体耐久性好，能长期耐酸、碱、盐及生物细菌等腐蚀，并且不受温度、湿度的变化而变化。

（2）浆液配方　水泥是喷射浆液的基本材料，根据喷射注浆的目的，浆液配方可分成以下几种类型：

1）普通型。一般采用强度等级为32.5号硅酸盐水泥浆，不加任何外加剂，水胶比为1∶1~1.5∶1，固结体28d的抗压强度最大可达1.0~20MPa。

2）速凝早强型。对地下水发达的工程需要在水泥浆中掺入速凝早强剂，因纯水泥浆的凝固时间太长，浆液易被冲蚀而不固结。常用的早强剂有氯化钙、水玻璃和三乙醇胺等，用量为水泥用量的2%~4%。

3）高强型。喷射固结体的平均抗压强度在20MPa以上称为高强型。高强型配方为由地基加固发展为加筋桩提供了可能性，扩大了桩的适用范围。提高固结体强度的方法有：

① 选择高强度等级水泥。一般喷射注浆要求采用强度等级为42.5及以上的普通硅酸盐水泥。

② 选择高效能的扩散剂和无机盐组成的配方。在强度等级为32.5普通硅酸盐水泥中掺入外加剂能提高固结体的强度。常用的高效能扩散剂有NNO、NR_3、$NaNO_2$、Na_2SiO_3等。

4）填充剂型。把粉煤灰等材料作为填充剂加入水泥浆中会极大地降低工程造价，它的特点是早期强度低，而后期强度增长率高、水化热低。

5）抗冻型。在冻土带未冻前对土进行喷射注浆，并在所用的喷射浆液中加入抗冻剂，可防止土体冻胀。一般使用的抗冻剂为：

① 水泥-沸石粉浆液。沸石吸水性远比土体大，因此沸石粉往往先与水结合，使土体含水量降低，使其不超过起始冻胀含水量，因而达到土体不被冻胀的目的。沸石粉的掺量以水泥量的10%~20%为宜。

② 水泥-三乙醇胺、亚硝酸钠浆液。三乙醇胺和亚硝酸钠能促进水化，使固结体在低温下不冻胀。三乙醇胺的掺入量为0.05%，亚硝酸钠为1%。

③ 水泥-扩散剂NNO浆液。NNO具有较高效能的扩散水泥颗粒的作用，加速水泥的水化，它将水化的产物填充游离水占据的空间，使固结体内含水量减少，从而能起抗冻作用。NNO的掺入量为0.5%。

6）抗渗型。在水泥浆中掺入2%~4%的水玻璃，其抗渗性能就有明显提高，见表7-13，使用的水玻璃模数为2.4~3.4较合适，浓度要求30~40波美度为宜。

表7-13 纯水泥浆与掺入水玻璃的水泥浆的渗透系数

土样类别	水泥品种	水泥含量（%）	水玻璃含量（%）	28d渗透系数（cm/s）
细砂	强度等级32.5硅酸盐水泥	40	0	2.3×10^{-6}
			2	8.5×10^{-8}
粗砂	强度等级32.5硅酸盐水泥		0	1.4×10^{-6}
			2	2.1×10^{-8}

如工程以抗渗为目的者，则最好使用“柔性材料”，在水泥浆液中掺入10%~50%的膨润土（占水泥量的百分比）。当有抗渗要求时，不宜使用矿渣水泥。

【例7-4】 某工程采用旋喷桩复合地基，场地地基土依次为：第一层黏土，厚度为3m，桩侧阻力特征值为17kPa；第二层粉质黏土，厚度为5m，桩侧阻力特征值为20kPa；第三层粉细砂，桩侧阻力特征值为25kPa，桩端阻力特征值为600kPa。桩长10m，桩径0.6m，桩身28d强度为3MPa，试计算单桩承载力特征值。（$\alpha_p=1.0$、$\lambda=0.9$）

解：土对桩支撑力

$$R_a = u_p \sum_{i=1}^{n} q_{si} l_i + \alpha_p q_p A_p$$

$$= 3.14 \times 0.6 \times (17 \times 3 + 20 \times 5 + 25 \times 2)\text{kN} + 1.0 \times 600 \times \frac{3.14 \times 0.6^2}{4}\text{kN} = 548.24\text{kN}$$

桩体承载力 $$R_a \leqslant \frac{f_{cu} A_p}{4\lambda} = \frac{3000 \times \frac{3.14 \times 0.6^2}{4}}{4 \times 0.9}\text{kN} = 235.5\text{kN}$$

显然，按桩体材料强度计算的R_a值较小，单桩承载力特征值为$R_a=235.5\text{kN}$

7.3.4 施工

高压旋喷桩施工

1. 施工机具

施工机具主要由钻机和高压发生设备两大部分组成。由于喷射种类不同，所使用的机器设备和数量均不同，见表7-14。

表7-14 各种高压喷射注浆法主要施工机械及设备一览表

序号	机器设备名称	型号	抗压规格	所用的机具			
				单管法	二重管法	三重管法	多重管法
1	高压泥浆泵	SNS-H300水流 Y-2液压泵	30MPa 20MPa	√	√		
2	高压水泵	3XB型、3W6B 3W7B	35MPa 20MPa			√	√
3	钻机	工程地质钻、振动钻		√	√	√	√
4	泥浆泵	BW150型	7MPa			√	√
5	真空泵						√
6	空压机		0.8MPa，$3m^3/min$		√	√	
7	泥浆搅拌机			√	√	√	√
8	单管			√			
9	二重管				√		
10	三重管					√	
11	多重管						√
12	超声波传感器						√
13	高压胶管		ϕ19~22mm	√	√	√	√

2. 施工工艺

(1) 施工程序

1）钻机就位。钻机安放在设计的孔位上并应保持垂直，施工时旋喷管的允许倾斜度不得大于1.5%。

2）钻孔。单管旋喷常使用76型旋转振动钻机，钻进深度可达30m以上，适用于标准贯入击数小于40的砂土和黏性土层。当遇到比较坚硬的地层时宜用地质钻机钻孔。一般在二重管和三重管旋喷法施工中都采用地质钻机钻孔。钻孔的位置与设计位置的偏差不得大于50mm。

3）插管。插管是将喷管插入地层预定的深度。使用76型振动钻机钻孔时，插管与钻孔两道工序合二为一，即钻孔完成时插管作业同时完成。如使用地质钻机钻孔完毕，必须拔出岩芯管，并换上旋喷管插入到预定深度。在插管工程中，为防止泥砂堵塞喷嘴，可边射水、边插管，水压力一般不超过1MPa。若压力过高，则易将孔壁射塌。

4）喷射作业。当喷射注浆管贯入土中，喷嘴达到设计标高时，即可喷射注浆，旋喷桩施工参数见表7-15。在喷射注浆参数达到规定值后，随即按旋喷的工艺要求，提升喷射管，自下而上旋转喷射注浆。喷射管分段提升的搭接长度不得小于100mm。施工过程中应严格按照施工参数和材料用量施工，用浆量和提升速度应采用自动记录装置，并做好施工记录。

表 7-15 旋喷桩施工参数一览表

高压喷射注浆的种类			单管法	二重管法	三重管法
适宜的土质			砂土、黏性土、黄土、杂填土、小粒径砂砾		
浆液材料及配方			以水泥为主要材料，加入不同外加剂后可具有速凝、早强、抗蚀、防冻等特性，常用水胶比 1∶1，也可适用化学材料		
高压喷射注浆参数值	水	压力/MPa	—	—	25
		流量/（L/min）	—	—	80~120
		喷嘴孔径/mm 及个数	—	—	2~3（1~2）
	空气	压力/MPa	—	0.7	0.7
		流量/(m^3/min)	—	1~2	1~2
		喷嘴间隙/mm 及个数	—	1~2（1~2）	1~2（1~2）
	浆液	压力/MPa	25	25	25
		流量/（L/min）	80~120	80~120	80~150
		喷嘴孔径/mm 及个数	2~3（2）	2~3（1~2）	10~2（1~2）
	注浆管外径/mm		ϕ42 或 ϕ45	ϕ42、ϕ50、ϕ75	ϕ75 或 ϕ90
	提升速度/（cm/min）		15~25	7~20	5~20
	旋转速度/（r/min）		16~20	5~16	5~16

如果浆液初凝时间超过 20h，应及时停止使用该水泥浆液（正常水胶比 1∶1，初凝时间为 15h 左右）。

5）冲洗。喷射施工完毕后，应把注浆管等机具设备冲洗干净，管内、机内不得残存水泥浆。通常把浆液换成水，在地面上喷射，以便把泥浆泵、注浆管和软管内的浆液全部排除。

6）移动机具。将钻机等机具设备移到下一个孔位上。

（2）施工注意事项

1）施工前应根据现场环境和地下埋设物的位置等情况，复核高压喷射注浆的设计孔位。钻孔位置的允许偏差应为±50mm，垂直度允许偏差应为±1%。

2）喷射注浆前要检查高压设备和管路系统。设备的压力和排量必须满足设计要求。管路系统的密封圈必须良好，各通道和喷嘴内不得有杂物。喷射孔与高压注浆泵的距离不宜大于 50m。

3）水泥浆液的水胶比应按工程要求确定，宜为 0.8~1.2，常用 1.0。喷射注浆作业后，由于浆液析水作用，一般均有不同程度收缩，使固结体顶部出现凹穴，所以应及时用水胶比为 0.6 的水泥浆进行补灌，并要预防其他钻孔排出的泥土或杂物进入。

4）为了加大固结体尺寸，或在深层硬土中为了避免固结体尺寸减小，可以采用提高喷射压力、泵量或降低回转与提升速度等措施，也可以采用复喷工艺：第一次喷射（初喷）时，不注水泥浆液；初喷完毕后，将注浆管边送水边下降至初喷开始的孔深，再抽送水泥浆，自下而上进行第二次喷射（复喷）。

5）在喷射注浆过程中，应观察冒浆的情况，以便及时了解土层情况、喷射注浆的大致效果和喷射参数是否合理。采用单管或双重管喷射注浆时，冒浆量小于注浆量 20%为正常现象；超过 20%或完全不冒浆时，应查明原因并采取相应的措施。若是地层中有较大的空隙引起的不冒浆，可在浆液中掺入适量速凝剂或增大注浆量；如冒浆过大，可减少注浆量和加快提升和回转速度，也可缩小喷嘴直径，提高喷射压力。采用三管喷射注浆时，冒浆量则应大于高压水的喷射量，但其超过量应小于注浆量的 20%。

6）对冒浆应妥善处理，及时清除沉淀的泥渣。在砂层中用单管或双重管注浆旋喷时，可以利用冒浆补灌已施工过的桩孔。但在黏土层、淤泥层旋喷或用三重管注浆旋喷时，因冒浆中掺入黏土或清水，故不宜利用冒浆回灌。

7）在软弱地层旋喷时，固结体强度低。可以在旋喷后注入 M15 砂浆来提高固结体的强度；在湿陷性地层进行高压喷射注浆成孔时，如用清水或普通泥浆作冲洗液，会加剧沉降，此时宜用空气洗孔。在砂层尤其是干砂层中旋喷时，喷头的外径不宜大于注浆管，否则易夹钻。

8）当处理既有建筑地基时，在浆液未硬化前，有效喷射范围内的地基因受到扰动而强度降低，因此应采用速凝浆液（或跳孔喷射）和冒浆回灌等措施，以防喷射过程中地基产生附加变形和地基与基础间出现脱空现象。

9）当喷射注浆过程中出现下列异常情况时，需查明原因并采取相应措施。

① 流量不变而压力突然下降时，应检查各部位的泄漏情况，必要时拔出注浆管，检查密封性能。

② 出现不冒浆或断续冒浆时，若是土质松软则视为正常现象，可适当进行复喷；若是附近有空洞、通道，则应不提升注浆管继续注浆直至冒浆为止或拔出注浆管待浆液凝固后重新注浆。

③ 压力稍有下降时，可能是注浆管被击穿或有孔洞，使喷射能力降低。此时应拔出注浆管进行检查。

④ 压力陡增超过最高限值、流量为零、停机后压力仍不变动时，则可能是喷嘴堵塞。应拔管疏通喷嘴。

10）施工过程中应做好废泥浆处理，及时将废泥浆运出或在现场短期堆放后作土方运出。

7.3.5　质量检验

高压喷射注浆可根据工程要求和当地经验采用开挖检查、钻孔取芯、标准贯入试验、动力触探和静载荷试验等方法进行检验，并结合工程测试、观测资料及实际效果综合评价加固效果。

1. 检验内容

检验内容包括：固结体的整体性和均匀性；固结体的有效直径；固结体的垂直度；固结体的强度特性（包括桩的轴向压力、水平力、抗酸碱性、抗冻性和抗渗性等）；固结体的溶蚀和耐久性能。

2. 检验点布置

检验点应布置在下列部位：有代表性的桩位；施工中出现异常情况的部位；地基情况复杂，可能对高压喷射注浆质量产生影响的部位。

3. 抽检数量

1）成桩质量检验点的数量不少于施工孔数的 2%，并不应少于 6 点。承载力检验必须在桩身强度满足试验条件，并宜在成桩28d后进行。

2）竖向承载旋喷桩地基竣工验收时，承载力检验应采用复合地基静载荷试验和单桩静载荷试验。检验数量不得少于总桩数的1%，且每个单体工程复合地基静载荷试验的数量不得少于3点。

7.3.6 高压喷射注浆法加固地基工程实例

1. 工程概况

四川双流某公司科研办公大楼，地上十七层，地下一层，建筑高度70.50m，总建筑面积为17485m²，工程采用框架-剪力墙结构，基础为筏形基础，结构安全等级二级，抗震设防烈度为7度。

该建筑场地地貌单元属于岷江水系Ⅰ级阶地，场地内地形较平坦，根据地质勘察资料，其地层结构见表7-16。

表7-16 岩土的物理力学指标

层号	土层名称	层厚/m	压缩模量 E_s/MPa	变形模量 E_0/MPa	内摩擦角 φ/(°)	地基承载力特征值 f_{ak}/kPa
①	杂填土	0.8~4.2				
②	粉土	0.4~3.3	5		15	120
③	细砂	0.6~2.4	4		25	100
④	稍密卵石	0.5~3.2		25	30	250
⑤	中密卵石	0.6~4.3		48	35	500
⑥	密实卵石	0.5~6.4		60		800
⑦	中等风化泥岩					900

2. 地基加固处理方案比较

因该工程地基岩土性质复杂，原设计拟利用中密或密实卵石层作为地基持力层，对局部细砂或稍密卵石层采用级配砂卵石换填的处理办法，要求承载力特征值达300kPa，变形模量E_0不小于25MPa。但地基开挖后，发现持力层仍有细砂和松散卵石的透镜体，其均匀性很差，开挖换填易发生坍塌。为了达到设计要求，在对换填砂石法、CFG桩法、注浆加固、高压旋喷注浆法、钢管桩等地基加固处理方案进行经济技术比较的基础上（表7-17），最终选择高压旋喷注浆法处理该工程地基。

表7-17 地基加固处理方案比较

地基加固处理方案	适用被加固处理土层	优点	缺点
换填砂石法	一般适用于基础下的砂或稍密卵石层，厚度小于3m	承载力较高，变形小	处理夹于卵石层中的软弱下卧层很困难
CFG桩法	已自重固结的素填土、黏性土、粉土、砂土、液化土层	施工机具简单，工期短，造价低	不适用于处理地基承载力要求较高的地基土加固
注浆加固	粉质黏土、卵石夹中砂、圆砾、局部中砂、砂夹卵石层	施工机具简单，工期短，造价低	灌浆效果较差，质量不易控制

（续）

地基加固处理方案	适用被加固处理土层	优　点	缺　点
高压旋喷注浆法	地基承载力特征值和变形模量要求较高的地基土加固。卵石层中的软弱夹层加固，粉土、砂土、淤泥土等	成本较低，工期短，土体固结效果好，施工质量控制要求较高	施工质量控制要求较高
钢管桩	适用于各种地层的加固处理	适用范围广，安全可靠	造价高

3. 设计计算

（1）设计布置　主体结构设计要求复合地基承载力特征值达300kPa，设计平面布置1050根旋喷桩，桩径0.45m，桩间距1.5m，三角形布置。旋喷桩对基底下细砂层或稍密卵石层进行加固，以中等密实卵石层为桩端持力层，桩进入中等密实卵石层0.5m以上，为满足桩端承载力和桩侧摩擦阻力值，桩长大于4m。桩顶设置300mm厚级配砂卵石褥垫层，垫层上设1.4m厚钢筋混凝土筏形基础。

（2）旋喷桩复合地基承载力特征值

1）单桩承载力特征值。

按摩擦型桩计算　$R_a = u_p \sum_{i=1}^{n} q_{si} l_i + \alpha q_p A_p = 454\text{kN}$

按桩身强度计算　$R_a = \eta f_{cu} A_p = 419\text{kN}$

2）复合地基承载力特征值。取桩间距1.5m，旋喷桩按等边三角形布置在筏形基础范围，实际布桩119×41＝4879根。置换率$m=0.0816$，则复合地基承载力

$$f_{spk} = m\frac{R_a}{A_p} + \beta(1-m)f_{sk} = 308\text{kPa} > 300\text{kPa}$$

4. 施工

（1）施工工艺　测量放孔→动力触探引孔→击入喷头及旋喷管→自孔底至基底高压旋喷→孔口补浆→浆体养护→加固效果检测→褥垫层施工。

（2）施工方法

1）测放桩位。根据该工程旋喷桩平面布置图，用经纬仪测放各旋喷桩位置。在施工过程中，随时复核桩位，以保证桩位准确。

2）成孔。采用动探（SH-30型钻机）成孔。成孔深度根据方案并结合现场施工情况进一步确定，确保喷头进入稳定的桩端持力层。

3）下旋喷管。将旋喷管沉至钻好的孔中，下旋喷管过程中要保证喷嘴不被堵塞和钻杆接头处不松动。

4）旋喷作业。在旋喷管放入设计深度后，先用2MPa低压水测试喷嘴有无堵塞现象，若无，则开始自下而上旋喷。在旋喷过程中控制压力（20～22MPa）、转速（18～22r/min）和提速（20～30cm/min），在靠近桩顶1.5m处，慢速提升旋喷管至桩顶。为确保旋喷桩桩径及桩身质量，可复喷1～2次。

5）回灌补浆。旋喷作业完成后，应将不断冒出地面的浆液回灌到桩孔内，直至桩孔内的浆液面不再下沉为止。

5. 旋喷桩复合地基处理效果检测

旋喷桩在施工完成28d后，对该工程复合地基进行了静载试验：共检测22组试验点，11组复合地基静载试验点，11组单桩竖向静载试验点。

根据检测结果，单桩竖向承载力特征值为421kN，经旋喷桩处理后的场地复合地基承载力特征值为303kPa，满足设计要求。

竹银水库山体绕渗隐患处理

典型地基处理工程——珠海市竹银水源工程竹银水库山体绕渗隐患处理工程

竹银水源工程位于珠海市斗门区，总库容4.333×10^4万m^3。工程由新建竹银水库、扩建月坑水库、新建月坑与竹银水库的连接隧洞、新建竹洲头泵站及输水管道组成。工程对增强供水系统调咸蓄淡能力、提高供水保证率、改善供水水质、提升突发水污染事件的应急处理能力，保障澳门、珠海供水安全等发挥重要作用。

竹银水库主要建筑物包括一座主坝、两座副坝、溢洪道，主、副坝分别布置在库区的三个山口处，坝型为土石分区坝，主坝坝顶高程51.6m，坝顶宽度8.0m，坝顶长度为556.5m，最大坝高66m，溢洪道布置在主坝右坝肩，为无闸控制，泄槽净宽4m，泄槽末端设消力池，池后接出水渠，将水排入坝下沟渠，连通三门涌汇入西江。1#副坝坝顶高程、坝顶宽度与主坝相同，坝顶长度435m，最大坝高54.5m。2#副坝坝顶高程、坝顶宽度与主坝相同，坝顶长度212m，最大坝高48m。坝体排水采用上昂式排水，底部与水平褥垫相接，主坝连通下游贴坡排水，1#、2#副坝连通下游排水棱体。坝基防渗采用截水槽与帷幕灌浆相结合，即在齿槽底部设防渗帷幕。2#副坝左侧坝基下埋设一输水涵管，预留水库供水口，管线总长286.75m，输水涵管为现浇钢筋混凝土压力管道，涵管内径2m。

竹银水库水位较高时，存在局部渗漏现象，其中主坝总渗漏水量达40L/s以上，1#副坝总渗漏水量达55L/s以上。由于渗漏导致大坝土质浸泡松软，部分渗漏位置还曾出现浊水甚至有泥沙带出，对大坝的安全运行存在一定的安全隐患。

渗漏原因分析：① 坝体为分区坝，由于黏土区和非黏土区中间上昂式排水砂槽的存在，坝体上部渗径较短，高水位时渗流量较大，并且排水砂槽上宽下窄，渗水易入难出，容易从坝肩和坝体薄弱坡面出渗；② 坝体在自重及外荷载作用下会发生沉降，坝肩交接处可能产生防渗薄弱带，造成绕坝渗漏；③ 坝体填土由黏土和砂岩风化土组成，夹有风化砂岩碎石块，局部填筑不密实，存在薄弱带，在高水头作用下，容易出现渗漏；④ 坝体填筑时，底部填筑土料与底下埋设的排水盲沟处理不到位，盲沟排水没达到预期效果。

竹银水库山体绕渗隐患处理工程主要内容为竹银水库主坝、1#副坝、2#副坝减渗灌浆及主坝下游压台排水盲沟处理等。坝体采用脉动灌浆进行帷幕灌浆处理，灌浆控制底线至全风化下限。坝基坝肩强风化及以下岩体灌注水泥浆液进行帷幕灌浆处理，幕底伸入相对不透水层（透水率$q<5Lu$）以下3m。土体与岩体之间的岩土结合部位（2~3m）范围采用膏浆灌浆。灌浆顺序为先岩土结合部位，后帷幕灌浆，最后坝体膏浆灌浆。

自2020年5月开始，湖南宏禹工程集团有限公司对竹银水库的主坝、副坝、山体等进行防渗处理，到2020年10月结束，历时150天完成工程施工。累计钻孔进尺42875.06m，灌浆进尺42324.56m，灌入膏浆17000m^3、水泥4700余t。处理后检查孔的透水率均小于

5Lu，满足工程设计标准。库水位达到49.1m后，原坝体下游的出渗点渗水现象消失，测得主坝下游量水堰总漏水流量为13.9L/s，1#副坝下游量水堰总漏水流量为13.2L/s。

典型地基处理工程——洞庭湖区重点垸堤防加固防渗工程

洞庭湖区重点垸堤防加固工程是国务院部署实施的150项重大水利工程之一，也是国务院2023年重点推进的55项重大水利工程之一。洞庭湖区11个重点垸包括松澧垸、安保垸、安造垸、沅澧垸、沅南垸、大通湖垸、育乐垸、长春垸、烂泥湖垸、湘滨南湖垸和华容护城垸，一线大堤总长1221km。11个重点垸地跨常德、益阳、岳阳、长沙4个地市，18个县(市、区)，直接保护益阳、常德2个地级市，津市、沅江市2个县级市以及澧县、安乡县、汉寿县、南县和华容县5个县城。根据2020年资料统计，总保护面积6597km²，总耕地面积528万亩，总人口567万人，工农业总产值2014亿元。

洞庭湖区重点垸经1998年大水后的治理，堤防防洪能力虽有所提升，但由于堤身土质差、堤基地质条件差，且当时治理技术手段相对落后，受投资限制工程建设标准较低，加之近年洪水水位频超堤防设计洪水位，高水位维持时间长，堤防长时间超负荷运行，导致近年来堤防险情易发多发，堤防薄弱环节十分突出，重点垸防洪安全无法得到保障，亟须开展堤防加固建设。

湖南省洞庭湖区重点垸堤防加固工程一期工程选择了松澧、安造、沅澧、长春、烂泥湖、华容护城6个重点垸先行实施，工程治理堤防长658km。堤防加固工程中，堤身防渗及隐患处理316km，堤基防渗287km。堤身渗漏较为严重的堤段采用水泥土防渗墙进行堤身防渗，防渗墙轴线均布置在距堤顶中心线往外侧10m的堤顶上，防渗墙均以堤基下的相对不透水层作为垂直防渗工程措施的基础，防渗墙深入到相对不透水层内1m。堤基渗控处理范围共计36段29.664km，其中进行堤基渗控处理的堤长26.374km，堤身堤基联合防渗处理堤长3.29km，分别采用水泥土防渗墙方案（垂直防渗墙）和TRD工法水泥土防渗墙。其中水泥土防渗墙堤段共计23.314km，TRD工法水泥土防渗墙堤段共计6.35km。

洞庭湖区重点垸堤防加固一期工程是完善长江流域防洪体系的关键措施，是保障洞庭湖区人民生命财产安全的民生工程，提高洞庭湖区防洪抗灾能力，有效提升385万人、324万亩耕地的防洪安全，有力保障洞庭湖区经济社会持续稳定发展。

地基处理工程相关专家简介

谭靖夷（1921—2016），水利水电工程施工专家，中国工程院院士，被人誉为“从江河里走来的院士”。长期从事水利水电工程建设，主持建成大坝8座，水电站总装机容量163万kW，灌溉农田150万亩，其中广东流溪河拱坝、贵州乌江渡拱形重力坝和湖南东江拱坝均以质量优良著称；流溪河水电站工程建设中，在我国首次采用大坝混凝土预冷及坝内冷却等温度控制技术和隧洞开挖光面爆破技术；在坝址岩溶强烈、坝高165m的乌江渡工程中，首创了有中国特色的高压灌浆技术，取得突出成效，为岩溶发育地区兴建高坝大库开辟了道路。

思考题与习题

7-1 试述灌浆法的加固目的和应用范围。

7-2 常用的灌浆材料有哪些？试述其选用原则。

7-3 灌浆工艺所依据的理论主要可归纳为几类？它们各自的特点和应用范围是什么？

7-4 何谓灌浆标准？灌浆标准的具体内容有哪些？

7-5 试述水泥土的工程特性。

7-6 试述影响水泥搅拌桩的强度因素。

7-7 试述水泥搅拌桩的加固机理。

7-8 选用水泥土搅拌桩墙作支挡结构，应进行哪些验算？

7-9 什么是高压喷射注浆法？阐述其基本工艺类型和各自的特点。

7-10 试述高压喷射注浆法的加固机理。

7-11 高压喷射注浆法中对浆液材料有什么要求？

7-12 某建筑场地地层分布及参数自上而下依次为：第一层为填土，厚度2.0m；第二层为淤泥，厚度4m，桩侧阻力特征值为6kPa，$f_{ak}=50$kPa；第三层为粉砂，厚度3.0m，桩侧阻力特征值为20kPa；第四层为黏土，厚度5.0m，桩侧阻力特征值为15kPa，桩端阻力特征值为200kPa，拟采用水泥土搅拌桩复合地基。已知基础埋深2.0m，搅拌桩长8.0m，桩径600mm，等边三角形布置。经室内配比试验，水泥加固土试块强度为1.2MPa，桩身强度折减系数$\eta=0.25$，桩间土承载力发挥系数$\beta=0.4$，桩端阻力发挥系数$\alpha_p=0.5$，单桩承载力发挥系数$\lambda=1.0$，要求复合地基承载力特征值达到100kPa，则搅拌桩间距s宜取多少为宜？

（答案：$s=1.07$m）

7-13 某独立基础底面尺寸为2.0m×4.0m，埋深2.0m，相应于荷载效应标准组合时，基底平均压力为$p_k=150$kPa；软土地基承载力特征值$f_{ak}=70$kPa，天然重度$\gamma=18\text{kN/m}^3$，饱和重度$\gamma_{sat}=20\text{kN/m}^3$；地下水位埋深1.0m；采用水泥搅拌桩处理，桩径500mm，桩长10.0m；桩间土承载力发挥系数$\beta=0.4$；经试桩，单桩承载力特征值$R_a=110$kN。试计算基础下布桩根数（$\lambda=1.0$，$\eta_b=0$，$\eta_d=1.0$）。

（答案：8根）

7-14 某工业厂房场地浅表为耕植土，厚0.5m；其下为淤泥质粉质黏土，厚约18.0m，地基承载力特征值$f_{ak}=70$kPa，桩侧阻力特征值为9kPa；下伏厚层密实粉细砂层。采用水泥搅拌桩加固，要求复合地基承载力特征值达到150kPa。假设有效桩长12m，桩径500mm，桩身强度折减系数$\eta=0.25$，桩端阻力发挥系数$\alpha_p=0.5$，水泥加固土试块90龄期立方体抗压强度平均值为2.0MPa，桩间土承载力发挥系数$\beta=0.5$，单桩承载力发挥系数$\lambda=1.0$，试求初步设计复合地基置换率。

（答案：$m=24.7\%$）

第8章 加筋土技术

8.1 概述

加筋土（Reinforced Earth）技术是将基础下一定范围内的软弱土层挖去，然后逐层铺设土工合成材料与砂石等组成的加筋垫层作为地基持力层，通过筋材与土体之间的摩擦作用来改善土体抗拉、抗剪性能，提高地基承载力，减小沉降。加筋土技术的发展与加筋材料的发展密不可分，加筋材料从早期的天然植物、帆布、金属和预制钢筋混凝土发展到土工合成材料，土工合成材料的出现被誉为岩土工程（Geotechnical Engineering）的一次革命，它以优越的性能和丰富的产品形式在工程建设中得到广泛应用，在地基处理工程中也发挥了重要的作用。20世纪70年代后，土工合成材料迅猛发展，被誉为继砖石、木材、钢铁和水泥后的第五大工程建筑材料，已经广泛应用于水利、建筑、公路、铁路、海港、环境、采矿和军工等领域，其种类和应用范围还在不断发展扩大。

1958年，美国佛罗里达州将土工织物布设在海岸块石护坡下作为防冲垫层，公认为是土工合成材料用于岩土工程的开端。1963年，法国工程师维多尔根据三轴试验结果提出了加筋土的概念及加筋土的设计理论，成为加筋土发展历史上的一个重要里程碑，标志着现代加筋土技术的兴起，从而使得加筋土技术的工程应用从经验性到具有较为系统的理论指导。随着土工合成材料应用范围的不断扩大，土工合成材料的生产和应用技术也在迅速地提高，使其逐渐成为一门新的边缘性科学。1983年，国际土力学与基础工程学会成立了土工织物协会，后更名为国际土工合成材料协会，成为土工学术界重视土工合成材料的重要标志。

在我国，自1979年由云南煤矿设计院在田坝修建第一批加筋土挡土墙以来，加筋土技术逐步在我国得到广泛应用，并于1998年颁布了《土工合成材料应用技术规范》（GB 50290—1998），2015年又颁布了《土工合成材料应用技术规范》（GB/T 50290—2014）。在大量工程实践基础上，我国岩土工程科技工作者改进或创造了符合我国国情的许多加筋土技术，在某些方面还达到了国际领先水平，从而使得加筋土技术在工程建设中的应用前景更加广阔。

8.2 土工合成材料分类与性能指标

8.2.1 土工合成材料分类

土工合成材料是一种新型的岩土工程材料，是岩土工程应用的合成材料产品的总称。它以人工合成的高分子聚合物为原料，如合成纤维、合成橡胶、合成树脂、塑料或者一些天然的材料，将它们制成各种类型的产品。土工合成材料可置于岩土或其他工程结构内部、表面或各结构层之间，具有改善土体性能或保护土体及其他结构物的功能。

土工合成材料的种类繁多，1977 年，Giroud 和 Pefetti 将土工合成材料分成两大类：透水的土工织物和不透水的土工膜。近年来，大量其他种类的土工合成材料纷纷涌现，如土工格栅、塑料排水带、土工格室、土工网、土工模袋、三维植被网、土工织物膨润土垫等。1983 年，Giroud 和 Caroll 提出了另一种分类方法，将土工合成材料分为土工织物和相关产品两大类。这种分类法没有纳入土工膜，而土工织物相关产品这一名称也不是很确切。我国对于种类繁多的土工合成材料的分类，许多专家建议将其划分为四大类：土工织物、土工膜、土工特种材料和土工复合材料，如图 8-1 所示。

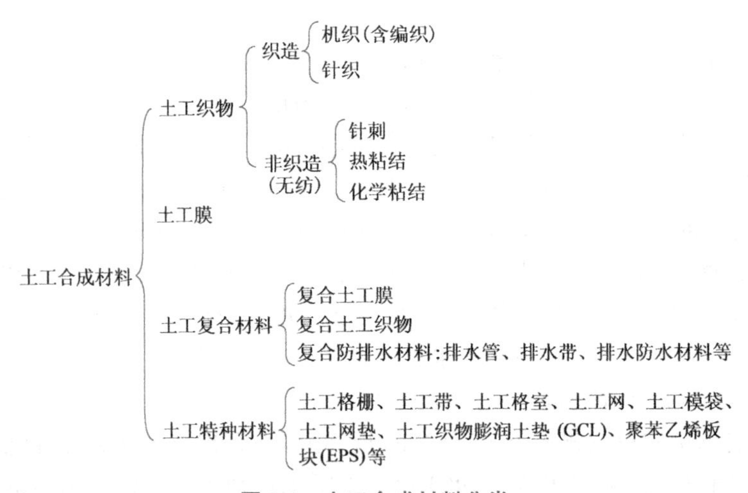

图 8-1 土工合成材料分类

目前，使用较为广泛的加筋材料主要有土工织物、土工格栅、土工带和土工格室。下面就几种常用的土工合成材料进行简要介绍。

1. 土工织物

土工织物又称土工纤维，是指用合成纤维纺织或经胶结、热压针刺等无纺工艺制成的土木工程用卷材。合成纤维的主要原料有聚丙烯、聚酯、聚酰胺等。土工织物按其用途分为滤水型、不透水型、保温型。宽度为 1~18m，长度不限。滤水型土工织物允许水通过，而阻止细粒土随水流失。其用途可以代替管道作为排水盲沟；道路中作为渗滤层，以防止翻浆冒泥；软弱地基上作为堤坝的垫层，以提高地基的稳定性；或隔离两种不同粒径的土粒，以免混合。土工织物表面敷以不透水的涂层即成为防水型，可以作为渠道的防渗漏铺面，也可作为房屋基础中的防潮层。保温型土工织物，用于寒冷地区作为地基的保温隔层。

2. 土工格栅

土工格栅是一种以塑料（高密度聚乙烯或聚丙烯）为原料加工形成的开口的、类似格栅状的产品，具有较大的网孔，可以在一个方向或两个方向上进行定向拉伸以提高力学性能，多用于加筋。除塑料格栅外，还有编织格栅，即用众多的纤维形成纵向和横向肋条，中间有较大的开口空间。编织格栅采用的原料是聚酯，上面涂有一些保护材料，如 PVC、乳胶或沥青。此外，还有玻纤格栅，它也是一种编织格栅。

3. 土工格室

土工格室一般用长12.5m，宽75～200mm、厚1.2mm的高密度聚乙烯条制成，条间沿宽度方向用超声波焊接，焊缝间距约300mm。在加筋地基现场像手风琴一样展开，展开的面积大约为10m×5m，每块面积中含有数百个独立的格室，每格直径约200mm。在格室中充填砂砾料，振动压实后构成加筋垫层。

与土工格室垫层相比，用土工格栅可连接成平面上呈方形或三角形的空格，填充粗粒料形成更厚的垫层。

8.2.2　土工合成材料的性能指标

土工合成材料的性能指标应包括下列内容，并应按工程设计需要确定试验项目：

1）物理性能，包括材料密度、厚度（及其与法向压力的关系）、单位面积质量、等效孔径等。

2）力学性能，包括条带拉伸、握持拉伸、撕裂、顶破、CBR顶破、刺破、胀破等强度和直剪摩擦、拉拔摩擦等。

3）水力学性能，包括垂直渗透系数（透水率）、平面渗透系数（导水率）、梯度比等。

4）耐久性能，包括抗紫外线能力、化学稳定性和生物稳定性、蠕变等。

设计指标的测试宜模拟工程实际条件进行，并应分析工程实际环境对指标测定值的影响。

设计和施工中选用的土工合成材料，应具有经国家或部门认可的测试单位的测试报告，材料进场时，应进行抽检。材料应有标志牌并应注明商标、产品名称、代号、等级、规格、执行标准、生产厂名、生产日期、毛重、净重等，外包装宜为黑色。

8.2.3　土工合成材料的允许抗拉强度

土工合成材料的允许抗拉强度是加筋地基设计中的一个重要参数，下面简要介绍其允许抗拉强度的计算方法。现行《土工合成材料应用技术规范》规定，土工合成材料的设计允许抗拉强度可按T_a下式计算

$$T_a = \frac{T}{RF} \tag{8-1}$$

$$RF = RF_{CR} \cdot RF_{iD} \cdot RF_D \tag{8-2}$$

式中　RF——材料综合强度折减系数；

RF_{CR}——材料因蠕变影响的强度折减系数；

RF_{iD}——材料因在施工过程中受损伤的强度折减系数；

RF_D——材料长期老化影响的强度折减系数；

T——由加筋材料拉伸试验测得的极限抗拉强度。

上面所列强度系数对允许抗拉强度的大小至关重要，并与原材料、荷载、土粒粗细和环境等因素有关，至今很难准确取值。蠕变折减系数、施工损伤折减系数、长期老化折减系数在无实测资料时，材料综合强度折减系数宜采用2.5～5.0；当施工条件差、材料蠕变性大时，综合强度折减系数应采用大值。设计采用的撕裂强度、顶破强度以及接缝连接强度的确定，应符合式（8-1）的要求。

8.3 土工合成材料主要功能

土工合成材料的主要功能可以分为加筋、过滤、排水、隔离、防渗和防护六种。

8.3.1 加筋功能

加筋是土工合成材料在地基处理中的最主要功能。在土中加拉筋材料可以改变土中的应力分布状况，约束土体的侧向变形，从而提高上体结构的稳定性。用于加筋的土工合成材料要求具有较高的抗拉强度和刚度，并且与填土之间的咬合力强，对于永久性结构还要求蠕变小，耐久性好。目前，常用作加筋的土工合成材料有土工格栅、土工带、机织土工织物等。

8.3.2 过滤和排水功能

很多土工合成材料具有良好的过滤性、透水性和导水性，因此，在土体中需要设置过滤或排水的地方都可以采用土工合成材料（见图8-2）。为了加速软土地基固结，常用塑料排水带来代替传统使用的砂井，土工织物代替传统的水平砂垫层（见图8-2b）；土坝下游坡脚和坝基以及挡土墙背面的过滤排水材料可以用土工织物代替常用的砂石料（见图8-2a、d）；还有常用于路边的盲沟排水（见图8-2c）。

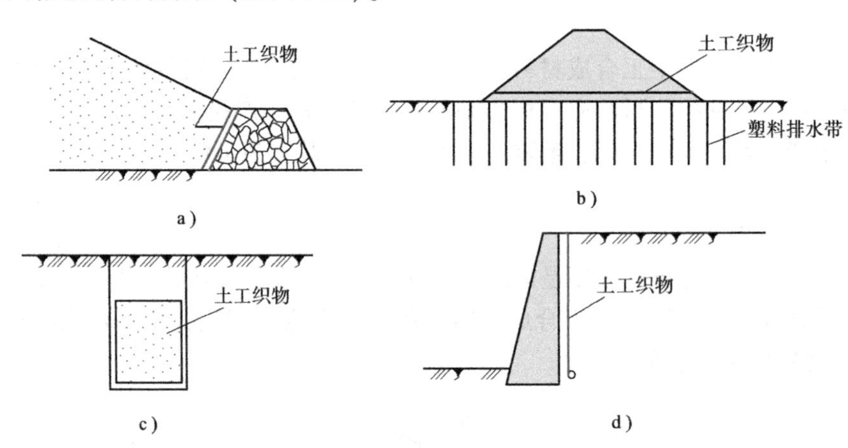

图8-2 土工合成材料用于过滤和排水

a）排水棱体滤层 b）塑料排水带和土工织物水平排水层 c）排水盲沟滤层 d）挡土墙背排水层

1. 过滤功能

在过滤应用中，水流方向垂直于土工织物平面，一般以垂直渗透系数K_v或透水率ψ来衡量其透水能力，$\psi=K_v/S_g$，其中S_g为土工织物的厚度。

土工织物的过滤机理是很复杂的。早期，人们把土工织物的过滤作用等同于传统的天然粗粒材料（砂、石料）的过滤作用，在保土方面是利用土工织物具有足够小的孔径来阻挡被保护土中骨架土料的通过。其后，又有一些研究者提出了一些新的机理，包括上游天然滤层的形成、堵塞、成拱、淤堵、深处过滤等，根据这些机理的相互作用，人们认为土工织物本身并不起过滤中的保土作用，而是在靠近土工织物处，诱发被保护土层形成一层天然滤层，正是该天然滤层起到了主要的过滤作用，土工织物只是充当了形成天然滤层的媒介。

过滤设计准则包括三个方面，即保土准则、透水准则和淤堵准则，具体可参见有关土工合成材料的手册和规范。

2. 排水功能

传统的排水材料一般使用的是砂石料，然而近年来土工合成材料在很短的时间内就得到了广泛的运用。例如，在软土地基的预压排水固结中，塑料排水带已有取代传统砂井的趋势。可用于排水的土工合成材料有土工织物、土工网和复合土工合成材料，但它们的排水能力是不同的。虽然土工织物的渗透系数很大，是一种优良的透水材料，但作为排水材料，渗流是沿着土工织物平面进行的，由于土工织物的厚度不大且受压后变薄，故其导水率在三者中是最小的；复合土工合成材料一般是由各种形状和结构形式的芯板和土工织物外套组成，芯板作为过水通道，阻力很小，具有很强的导水能力，其导水率是三者之中最大的；土工网的导水率则介于以上两者之间。

在排水运用中，水流方向是沿着材料平面的，因此，一般以水平渗透系数 K_h 或导水率 θ 来衡量其导水能力，$\theta=K_h/S_g$。

土工织物的导水能力可以通过水平渗透仪测定。影响织物平面渗透特性的因素很多，如聚合材料的可润湿性、添加剂的种类、织物的结构、孔隙的大小等，都对测试结果有一定的影响。目前关于水平渗透系数 K_h 及导水率 θ 的测试方法和仪器结构形式还处于进一步研究阶段。土工网和复合土工合成材料的导水能力可以通过纵向通水量试验测定。测定仪器大体上可以分为立式和卧式两种。但目前测定方法和仪器尚未标准化，不同的仪器和方法所得的结果也不尽相同。

过滤应用中透水率 ψ 和排水运用中导水率 θ 两个参数的提出，是因为考虑到织物厚度 S_g 不易确定，它和所受的压力有关，随着压力的增大而减小。取透水率 ψ 和导水率 θ，则无论在实验室确定这两个指标或是在排水计算中，都可以避开土工织物的厚度，从而提高计算的精度。另外土工织物的 K_h、K_v 和 S_g 均与土工织物渗透性有关，由两者组合而得的 ψ 和 θ 更能反映土工织物的渗透能力。

土工织物与土体相接触并存在渗流的情况下，土工织物的排水和过滤作用是同时存在不可分割的两种作用，只是它们考虑问题的着重点不同。在实际工程中，应该同时考虑这两种作用。

8.3.3　隔离功能

利用土工合成材料把两种不同粒径的土、砂子、石料或把土、砂子、石料和其他结构隔离开来，以免相互混杂，造成土料污染、流失，或其他不良效果，当放置在建筑物和软弱地基之间时，发挥隔离功能的同时也起到加筋作用。

土工合成材料隔离效应是多方面的，如土工织物的过滤，同时也起到隔离作用。建造围堤、码头、防波堤等工程，可用土工合成材料铺在软土上，然后填筑块石，以提高地基强度。在少雨和地下水位高的地区，采用复合土工膜作隔断层，阻断地层中毛细水上升，可以防止次生盐渍化及地基松软、冻胀等病害。

隔离作用还发挥在道路工程中，早期是指防止粗颗粒的材料陷入软弱的路基中，例如在砂或碎石等基层和地基土层之间铺设土工合成材料，如图8-3所示；其后包括了防止硬层的开裂反射到表面的作用，如在高等级道路路面面层底部或基层中铺设土工织物，以及防止道路翻浆冒泥的危害等。

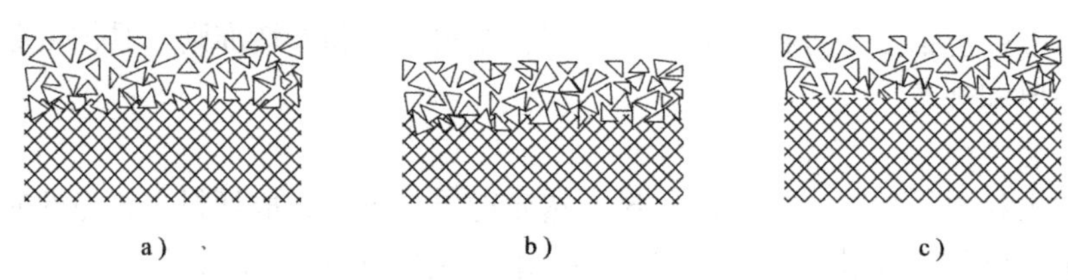

图 8-3 土工合成材料的隔离作用

a）路基土侵入基层 b）基层压入土基 c）隔离作用

用作隔离层的土工合成材料，主要有土工织物、土工膜、土工格栅及土工复合材料。当要求土工合成材料具有多种功能时，可将多种土工合成材料组成复合材料使用。当设计隔离层时，需满足以下两方面的要求：一方面要能够隔离两种不同粒径的材料，维持结构层的厚度，并保证一定的渗透性；另一方面要有足够的强度，以承受荷载引起的应力或变形，不得产生破裂现象。设计时，必须对材料的孔隙率、渗透性、顶破强度、刺破强度、握持强度、撕裂强度等性能进行校核，以选定适合的材料。具体可由工程使用要求、粒径大小、荷载大小、施工条件和材料本身的特性来确定。

8.3.4 防渗功能

土工合成材料如土工膜和复合土工膜，可以制成不透水的或极不透水的土工膜以及各种复合不透水的土工合成材料。这些土工合成材料可以用在各种需要防水、防气及防有害物质的地方。例如，坝基、闸基、输水渠道、蓄液池、地下工程、尾矿库、固体废弃物填埋场等防渗，固体废弃物填埋场地基的防渗衬垫如图 8-4 所示。

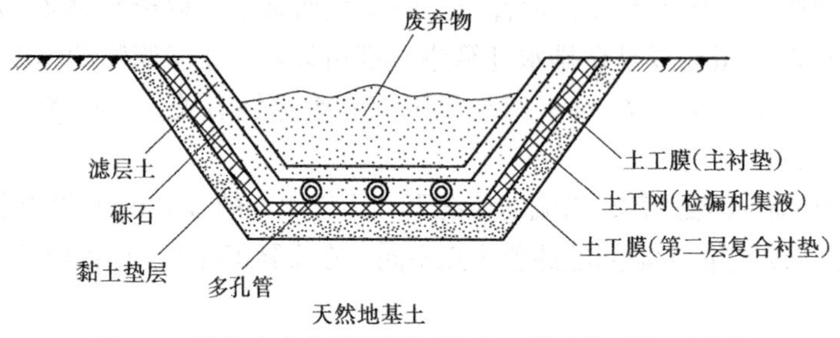

图 8-4 固体废弃物填埋场双层土工膜衬垫系统剖面图

尽管土工膜的主要功能是液体或气体的包容物，它仍然要受到张拉应力的作用，因此除要求防渗性外，还要求土工膜有一定的厚度、抗拉强度、撕裂强度、穿刺强度和顶破强度。

8.3.5 防护功能

土工合成材料在防护方面的应用非常广泛，如防冲、防沙、防振、保温、植生绿化、环境保护等。常用的防护材料包括软体排、土工带、土工网垫、土工网、聚苯乙烯板块等。

8.4 加筋土的加固机理

土体特别是砂性土体在自重或外力作用下易产生严重的变形或倒塌，若在土中沿应变方向埋置具有挠性的筋带材料形成加筋土，则土与筋带材料产生摩擦，使加筋土犹如具有了某种程度的黏性，从而改良了土的力学特性。当前解释和分析加筋土的强度主要有两种观点：一是摩擦原理；二是准黏聚力原理。

摩擦原理是把加筋土视为组合材料，即认为加筋土是复合体结构；而准黏聚力原理是把加筋土视为均质的各向异性材料，即认为加筋土是复合材料结构，用莫尔—库仑理论来解释与分析。

8.4.1　加筋土的摩擦原理解释

在加筋土结构中，填土自重和外部荷载等作用下，将在填料和筋材之间产生摩擦力，筋材的存在将阻止填土的侧向位移。当筋材具有足够的抗拉强度，并与土产生足够的摩阻力，则加筋土体就可保持稳定。因此，采用摩擦原理解释加筋土加固机理的关键是判断使土与筋带互相产生摩擦力而不滑移的条件。图 8-5 所示为两个与筋材相接触的土颗粒，在摩擦力和垂直于筋材平面的法向压力作用下，其合力与筋材的法向平面呈 α 角。显然，当 α 比土颗粒与筋材之间的摩擦角 δ 小或 $\tan\alpha$ 比颗粒与筋材间的摩擦系数 f 小时，土颗粒与筋材之间不滑移。这时，颗粒与筋材就像直接连接一样，可以共同承受其他颗粒传来的荷载，如图 8-6 所示。

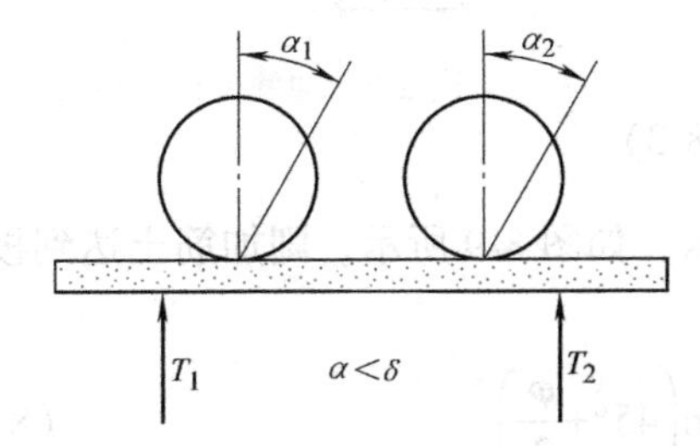

图 8-5　土颗粒和筋材之间的摩擦原理

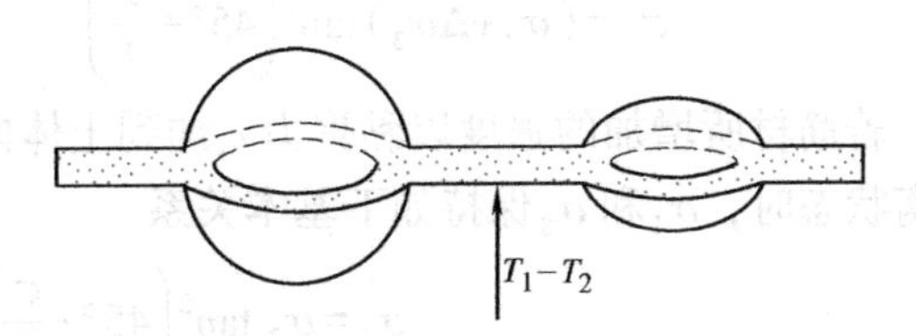

图 8-6　土颗粒与筋材之间的连接状态

筋材一般是按一定的间距沿着水平方向相间、分层铺设在土体中，因此，筋材的拉力是由其接触的土颗粒传递给没有直接接触的土颗粒。上下间隔的两道筋材之间的土体，由于筋材对土体的法向反力和摩擦阻力在土颗粒间的传递而形成与土压力平衡的承压拱，如图 8-7 所示，除了筋材端部的土体不稳定，上下筋材之间的土体将形成一个稳定的整体，就相当于在两道筋材之间填满袋状的土，如图 8-8 所示，此时袋中颗粒的受力可以认为与直接同筋材接触的颗粒受力一样。因此，在满足上述只产生摩擦力而不产生滑移的条件下，筋材改良和提高了填料的力学特性，成为能够支承外力和自重的结构体。

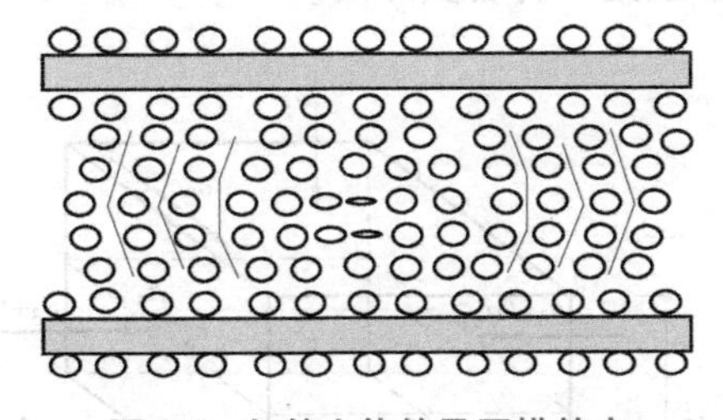

图 8-7　加筋土体的承压拱效应

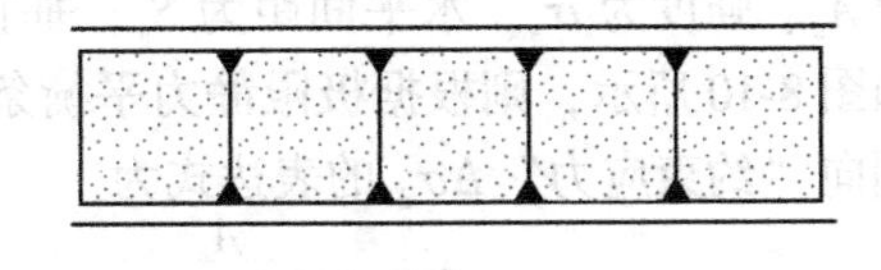

图 8-8　筋材之间土体的稳定

8.4.2　加筋土准黏聚力原理解释

准黏聚力原理将加筋体视为均质的各向异性的复合材料，可用莫尔—库仑理论解释加筋的加固机理。一般情况下，筋材的弹性模量与填土相比要大很多。筋材与填土的共同作用，包括填土的抗剪力、填土与筋材间的摩擦阻力及筋材的抗拉力，使得加筋后的填土强度明显提高。在没有加筋的土体中，在竖向应力作用下，土体产生竖向压缩变形。随着竖向应力的增加，压缩变形和侧向变形也随之加大，直到土体发生破坏。如果土体中铺设了水平方向的筋材，在同等竖向应力水平下，相应的侧向变形将大大减小，在沿筋材方向发生侧向变形时，筋材犹如一个“约束应力”，将阻止土体的侧向延伸变形。这主要是由于在外部荷载作用下，水平筋材与土体之间产生了摩擦作用，将引起侧向变形的拉力传递给拉筋，使得土体侧向变形受到约束，加筋土的强度有所增加，如图 8-9 所示。土中加筋土与未加筋土的强度曲线基本平行，说明土体内摩擦角 φ 在加筋后基本不变，加筋土的力学性能的改善是由于加筋复合体具有“黏聚力”，“黏聚力”不是土体固有的，而是由于加筋引起的，所以称为“准黏聚力”。

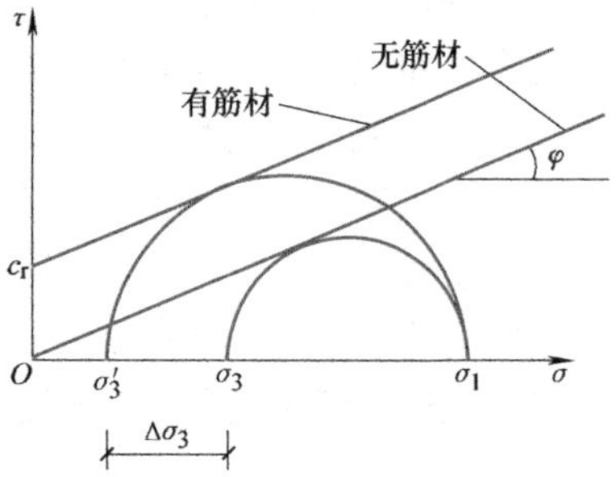

“约束应力” $\Delta\sigma_3$ 值相当于土体与筋材之间的静摩阻力，最大值取决于筋材的抗拉强度。按照三轴试验条件，加筋土试件达到新的极限平衡时应满足的条件为

图 8-9 加筋土体摩尔圆

$$\sigma_1=(\sigma_3+\Delta\sigma_3)\tan^2\left(45°+\frac{\varphi}{2}\right) \tag{8-3}$$

若筋材所增加的强度以黏聚力 c_r 加到土体内来表示，如图 8-9 所示。则加筋土达到极限平衡状态时，σ_1 和 σ_3 保持如下基本关系

$$\sigma_1=\sigma_3\tan^2\left(45°+\frac{\varphi}{2}\right)+2c_r\tan\left(45°+\frac{\varphi}{2}\right) \tag{8-4}$$

由式（8-3）与式（8-4）得出

$$\Delta\sigma_3\tan^2\left(45°+\frac{\varphi}{2}\right)=2c_r\tan\left(45°+\frac{\varphi}{2}\right) \tag{8-5}$$

因此，由于筋材作用产生的“准黏聚力”为

$$c_r=\frac{1}{2}\Delta\sigma_3\tan\left(45°+\frac{\varphi}{2}\right) \tag{8-6}$$

式（8-6）是建立在筋材不出现断裂或滑动，同时也不考虑拉筋受力作用后产生拉伸变形的条件下得到的，这仅仅适用于高抗拉强度和高弹性模量的土工合成材料。而对于低弹性模量、伸长率较大的土工合成材料，不考虑其变形的影响是不符合实际的。

为了考虑拉筋的变形特性，设筋材横截面面积为 A_s、强度为 σ_s，水平间距为 S_x，垂直间距为 S_y，如图 8-10 所示，则根据极限静力平衡条件，可得到侧向“约束应力” $\Delta\sigma_3$ 的表达式为

$$\Delta\sigma_3=\sigma_s\frac{A_s}{S_xS_y} \tag{8-7}$$

此时，考虑筋材线膨胀变形性质条件下产生的“准黏聚力”为

$$c_r=\frac{\sigma_sA_s\tan\left(45°+\frac{\varphi}{2}\right)}{2S_xS_y} \tag{8-8}$$

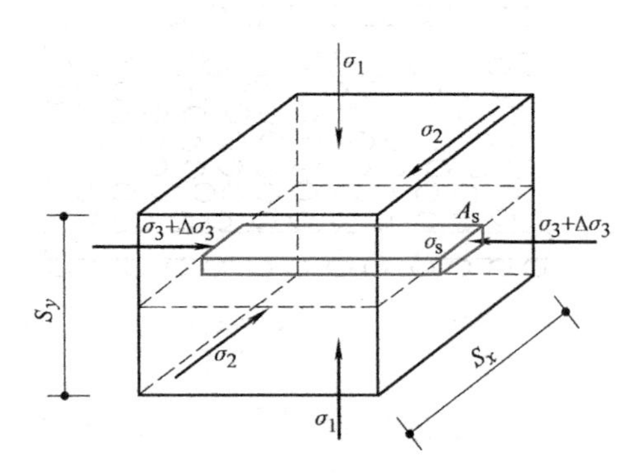

图 8-10 筋材强度与约束应力

8.5　加筋地基设计

8.5.1　加筋地基简述

加筋地基是将基础下一定范围内的软弱土层挖去，然后逐层铺设土工合成材料与砂石等组成的加筋垫层来做地基持力层。当筋材埋设方式和数量得当时，就可以极大地改善地基的承载力。

加筋地基成功应用的实践可概况为以下三个主要方面：一是土堤的地基加筋，如堤防工程、公路或铁路路堤下的地基加筋（见图8-11a）；二是浅基础地基的加筋，如油罐或多层房屋基础地基加筋，特别是条形基础下的地基加筋（见图8-11b）；三是公路面层下基层的加筋，用于提高承载力、减小车辙深度和延长使用寿命（见图8-11c）。此外，加筋地基或加筋垫层可与其他各种桩基础结合形成复合地基。

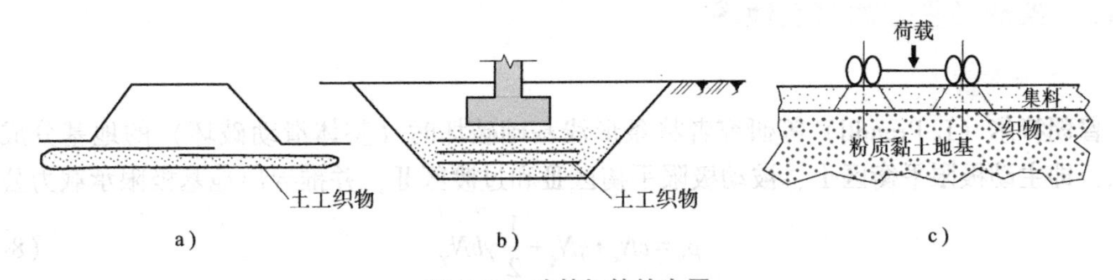

图8-11　地基加筋的布置

a）土堤地基加筋　b）浅基础地基加筋　c）公路面层下基层加筋

可用于地基加筋的土工合成材料有土工织物、土工格栅、土工条带、土工格室和一些土工复合材料。土工格栅具有均布的大空格，和土嵌锁在一起表现出较高的筋土界面摩擦力，故有些情况下土工格栅作为加筋材料比土工织物效果更好。

加筋地基设计的内容包括承载力、变形和稳定性计算，故加筋地基的范畴和目的包括增加地基承载力、减小沉降和不均匀沉降，以及提高抗滑稳定性。具体而言，土工织物和土工格栅加筋土地基的设计包括筋材强度和层数的确定，以及抗拉强度的选择。目前市场上提供的土工织物和土工格栅产品的抗拉强度有20kN/m、50kN/m、80kN/m和110kN/m等多种规格。由多种纤维织成的有纺织物强度可达500kN/m。土工织物可被其他聚合物、玻璃纤维和钢纤维加筋构成加筋土工织物复合材料。在聚合物中加入其他纤维可使强度增大，同时降低成本，例如，玻璃纤维具有高的抗拉强度和弹性模量，同时具有高的蠕变抗力。编织进金属纤维还可使抗拉强度高达3000kN/m，将其直接铺于基层中，可提高路面承载力3~10倍。

土工格室加筋地基因为格室的侧限作用提高了垫层的抗剪强度和承载力，另一方面土工格室垫层相当于基础的旁侧荷载，格室厚度越大，旁侧荷载越大，从而增加的承载力也越大。当土工格室应用于公路基层时，一般在格室中充填砂粒，用平板振动器压实，最后喷洒乳化沥青（约60%的沥青和40%水稀释的乳液），喷洒量为5L/m^2，水渗入砂中，沥青小球粒在上层砂中形成磨耗层。试验表明，双轴货车荷载行驶10000遍仅留下轻微车辙，如没有土工格室，仅10遍就留下深深的车辙。

8.5.2 加筋地基设计原则

加筋地基设计应遵循的原则如下：

1）设计应从工程整体出发，合理确定材料的铺放位置、范围和与其他部件的连接等。

2）土工合成材料性状受荷载、加荷速率、使用时间、温度和试样尺寸等因素影响，应按有关标准的规定进行测试，对重要工程尚应进行现场试验。

3）当采用的土工合成材料具有多种功能时，应按其主要功能设计。

4）设计安全系数应根据工程应用条件确定。

5）设计中应提出土工合成材料施工需要采取的防护措施。

6）设计中应根据工程需要确定原位观测项目。

7）采用土工合成材料可能对整体工程产生不良影响，设计时应进行验算，并应提出相应的预防措施。

8.5.3 条形浅基础加筋土地基

1. 筋材布置

普朗特尔（L. Prandtl）等研究者将条形浅基础破坏时（整体滑动破坏）的地基分成三个区，即主动极限平衡区Ⅰ、被动极限平衡区Ⅲ和过渡区Ⅱ，并推导出地基极限承载力公式

$$p_u = cN_c + qN_q + \frac{1}{2}\gamma bN_\gamma \tag{8-9}$$

根据式（8-9），由地基土的重度 γ 和抗剪强度参数 c、φ 等参数，即可计算地基的极限承载力。但是对于加筋土地基，出现 c、φ 和 γ 是取加筋土垫层的参数，还是取原地基土参数的问题。答案是只有当加筋土的范围不小于图 8-12 中完整滑动面范围时，才能取加筋土的有关参数，筋材也应均布在该范围才能发挥正常功能。

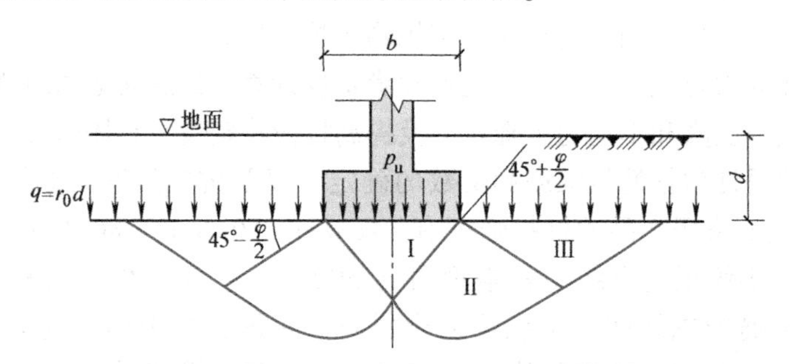

图 8-12 普朗特尔承载力理论假设的滑动面

根据 Prandtl-Reissner 理论可求得基础两侧完整滑动面总水平长度 L_u 为

$$L_u = b\left[1 + 2\tan\left(\frac{\pi}{4} + \frac{\varphi}{2}\right)e^{\frac{\pi}{2}\tan\varphi}\right] \tag{8-10}$$

在过渡区的滑动面为对数螺旋线，求深度的极值，得滑动面最大深度 D_u 为

$$D_u = \frac{b\cos\varphi}{2\cos\left(\frac{\pi}{4} + \frac{\varphi}{2}\right)}e^{\left(\frac{\pi}{4} + \frac{\varphi}{2}\right)\tan\varphi} \tag{8-11}$$

根据式（8-10）和式（8-11）可求得不同 φ 值对应的 L_u 和 D_u 值，列于表 8-1 中，它们是基础宽度 b 的倍数，其中表内 φ 取原地基土的内摩擦角。

表 8-1　滑动面长度和深度

φ/(°)	0	5	10	15	20	25	30	35
L_u/b	7.00	7.50	4.14	4.97	6.06	7.53	7.58	12.53
D_u/b	0.71	0.79	0.89	1.01	1.16	1.35	1.59	1.90

很多模型试验揭示地基极限承载力随筋材长度和深度增加而变化的规律，虽然长度和深度增加至一定值后，极限承载力增加缓慢，但只有达到表 8-1 所列深度和长度时，极限承载力才停止增长。

上述筋材长度是按照理论分析计算得到的，但在实践中要求筋材的布置范围应符合：最上层筋材距基底 $z_1 \leqslant 2b/3$、最下层筋材距基底 $z_n \leqslant 2b$、筋材层数 N 为 3~6，且长度 L 足够。此时，加筋地基的破坏表现为筋材的断裂，其断裂点在基础下方，接近筋材与压力扩散线的交点。

从表 8-1 中可看出，当 φ 从 0°增至 35°时，L_u 从 7.0b 增至 12.53b，筋材的增长大幅度增加了基坑开挖的工程量，而增加的极限承载力又伴随着基础的过程沉降，故适当减短长度，损失一定的承载力是合理的。

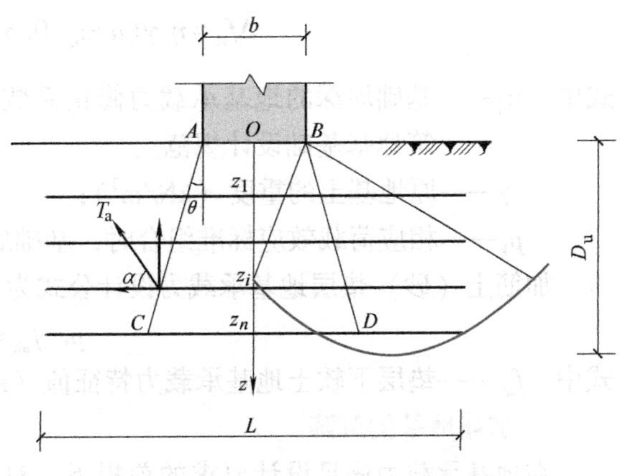

图 8-13　加筋地基的破坏状态

如图 8-13 所示，按基础两侧压力扩散线外侧筋材的抗拉极限状态来确定筋材长度，要求筋材允许拉力不大于压力扩散线外侧筋材的抗拔力，并且在计算筋材锚固段长度时，忽略基底压力在筋材上附加应力引起的摩擦力，只计算上覆土重引起的正应力，则从图 8-13 得到第 i 层筋材的水平总长度 L_i 为

$$L_i = b + 2z_i \tan\theta + \frac{T_a F_{sp}}{f_p \gamma (d + z_i)} \tag{8-12}$$

式中　d——基础埋深（m）；

f_p——土与筋材的界面摩擦系数，由试验确定，无试验资料时，土工织物可取 0.67tanφ，土工格栅可取 0.8tanφ，其中 φ 为加筋砂垫层中砂的内摩擦角；

θ——压力扩散角（°），可以从现行《建筑地基基础设计规范》中查得；

F_{sp}——筋材抗拔出安全系数，可取 2.5；

γ——加筋砂垫层中砂的重度（kN/m³）。

用式（8-12）计算得各层筋材长度后，可取最大值，按各层等长布置，一般长度不超过 2.5b。

2. 地基承载力设计公式

在加筋地基中，土和筋材的相对位移（或位移趋势）形成了土与筋材界面的摩擦力，从而在筋材中产生拉力（见图 8-13）。筋材拉力对地基承载力的贡献包括以下两个方面：一是拉力向上分力的张力膜作用，二是拉力水平分力的反作用力所起的侧限作用。侧限作用可根据极限平衡条件计算，具体做法是将 N 层筋材设计拉力的水平分力除以 D_u，得到水平限制应力增量 $\Delta\sigma_3=NT_a\cos\alpha/D_u$，$\alpha$ 为筋材拉力与水平面夹角，取 $\alpha=45°+\varphi/2$，即筋材变形后沿朗肯主动滑动面方向，φ 为砂垫层的内摩擦角。用极限平衡条件求 $\Delta\sigma_3$ 对应的竖向应力增量 $\Delta\sigma_1$ 即为提高的地基承载力。再考虑到筋材拉力的向上分力增加的地基承载力 $(2NT\sin\alpha)/(b+2z_n\tan\theta)$，则筋材提高的地基承载力可用下式表示

$$\Delta f=\frac{NT_a}{K}\left[\frac{2\sin\left(45°+\frac{\varphi}{2}\right)}{b+2z_n\tan\theta}+\frac{\cos\left(45°+\frac{\varphi}{2}\right)}{D_u}\tan^2\left(45°+\frac{\varphi}{2}\right)\right] \tag{8-13}$$

式中 K——地基承载力安全系数，$K=2.5\sim3.0$；

z_n——最低一根筋材的深度（m）。

考虑因埋深修正提高的承载力和垫层压力扩散提高的承载力，则加筋地基增加的地基承载力设计值 Δf_R

$$\Delta f_R=\eta_d\gamma(d+z_n-0.5)+p_k\frac{2z_n\tan\theta}{b+2z_n\tan\theta}+\Delta f \tag{8-14}$$

式中 η_d——基础埋深的地基承载力修正系数，根据地基土的分类和土性指标查现行《建筑地基基础设计规范》；

γ——原地基土的重度（kN/m^3）；

p_k——相应荷载效应标准组合时，基础底面处的平均压力值（kPa）。

加筋土（砂）垫层地基承载力设计公式为

$$p_k-f_{ak}\leqslant\Delta f_R \tag{8-15}$$

式中 f_{ak}——垫层下软土地基承载力特征值（kPa）。

3. 加筋地基的沉降

在地基承载力满足设计要求的前提下，对于需要进行变形验算的建筑物还应作变形计算，即建筑物的地基变形计算值，不应大于地基特征变形允许值。

地基变形由两部分组成，一是加筋土体的变形，该变形可忽略不计；二是其下软土层的变形。变形的计算方法可采用现行《建筑地基基础设计规范》中最终沉降量的计算公式，沉降计算压力为扩散于 z_n 处的压力。

应指出的是，多层筋材加筋地基可显著减小沉降量，而地基下一层筋材减小沉降的作用是可以忽略不计的，它仅能起到部分均匀地基中心和两侧沉降差的作用。

4. 加筋地基设计步骤

1）初步选定筋材并确定计算参数。筋材可选土工格栅或土工织物，拟定布置参数，其中包括第一层到基底面距离 z_1，第 N 层到基底距离 z_n，间距 $\Delta H=(z_n-z_1)/(N-1)$；确定填土垫层中填土的内摩擦角 φ 和重度 γ。

2）承载力计算。根据式（8-14）和式（8-13），分别计算出加筋地基需提高的地基承载力 Δf_R 及要求筋材提供的承载力增量 Δf。

3）承载力校核。按式（8-15）校核加筋地基的承载力大小是否满足规范要求。

4）沉降变形验算。采用现行《建筑地基基础设计规范》中最终沉降量计算公式计算地

基变形，结果不应大于地基特征变形允许值。

5）确定筋材布置参数。根据式（8-12）计算得到加筋材料的长度 L_i，取最大值等长布置。

5. 加筋地基构造要求

加筋地基除了要满足上述承载力和沉降变形要求，还应满足如下构造要求：

1）在软土上宜先铺砂垫层，再覆盖筋材。砂垫层厚度在陆上施工时，不应小于200mm；水下施工时，不应小于500mm。垫层料宜采用中、粗砂，含泥量不应大于5%。

2）筋材上直接抛石时应先铺一层保护土工网。

8.5.4 土堤的加筋土地基

位于软土地基上的土堤，包括堤坝和路堤，其加筋土地基有两种结构形式：一是平铺的土工织物或土工格栅，又分为在地基表面平铺一层，或挖除部分软土，分层平铺数层筋材，各层筋材间铺设砂砾料构成加筋土垫层，或在堤身内部由底向上平铺数层加筋材料；二是土工格栅框格垫层。两种结构形式的设计方法基本上是一致的。

土堤的加筋土地基可能产生的破坏形式有：①堤和地基整体滑动破坏；②土堤的堤坡部分沿着筋材表面水平滑动；③基土挤出破坏；④地基承载力不足产生过大的沉降变形。应针对防止每一种破坏形式的发生，进行设计验算。

1. 整体滑动

（1）楔体分析法 如图8-14所示，将堤坡下的土体连同软土地基视为一整体，分析隔离体 $ABGP$，则其上的受力有

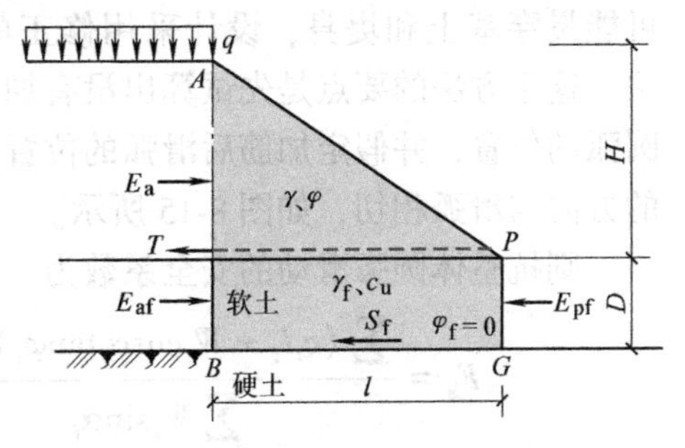

图8-14 整体滑动脱离体的受力分析

$$E_a=K_a\left(\frac{1}{2}\gamma H^2+qH\right) \tag{8-16}$$

筋材拉力取允许抗拉强度 T_a，如 N 为层数，则拉力为 NT_a，则有

$$E_{af}=\left(\gamma H+q+\frac{1}{2}\gamma_f D\right)K_{af}D-2c_u D\sqrt{K_{af}} \tag{8-17}$$

$$E_{pf}=\frac{1}{2}\gamma_f D^2 K_{pf}+2c_u D\sqrt{K_{pf}} \tag{8-18}$$

$$S_f=c_u l \tag{8-19}$$

式中 γ——路堤填料的重度（kN/m³）；

K_a——主动土压力系数，$K_a=\tan^2\left(45°-\dfrac{\varphi}{2}\right)$；

K_{af}——软基土的主动土压力系数，$K_{af}=\tan^2\left(45°-\dfrac{\varphi_f}{2}\right)$；

K_{pf}——软基土的被动土压力系数，$K_{pf}=\tan^2\left(45°+\dfrac{\varphi_f}{2}\right)$；

q——堤顶均布荷载（kPa）；

H——路堤填土高度（m）；

D——软基厚度（m）；

l——路堤坡角宽度（m）；

γ_f——软土地基重度（kN/m³）；

φ——路堤填料的内摩擦角（°）；

c_u——软基土的不排水抗剪强度（kPa）；

φ_f——软基土的内摩擦角（°）。

由隔离体 $ABGP$ 的受力平衡可得到抗滑动安全系数为

$$F_s = \frac{NT_a + S_f + E_{pf}}{E_a + E_{af}} \tag{8-20}$$

要求 $F_s \geqslant 1.5$。

隔离体分析法给出的结果偏于安全，但当软弱基土较厚时，分析结果不可靠，建议用圆弧滑动分析法。

（2）圆弧滑动分析法　圆弧滑动分析法是规范推荐的设计分析方法。当堤基下软弱土层较深时，滑动面可能贯穿基土和堤身，设计采用修正的圆弧滑动分析法。这个方法的要点是先试算出没有加筋材料时最危险圆弧的位置，并假定加筋后滑弧的位置不变，筋材拉力的方向与滑弧相切，如图 8-15 所示。

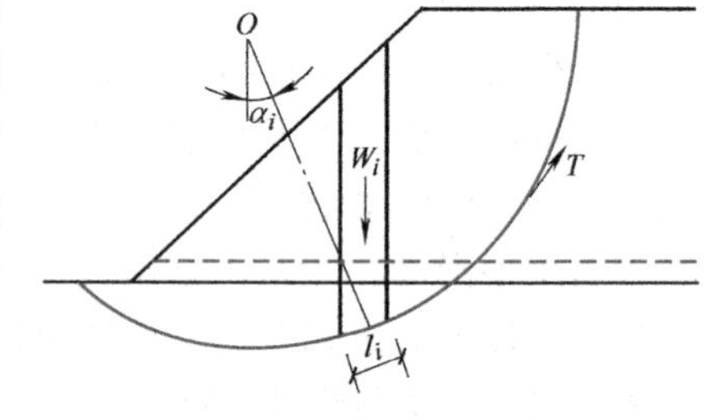

图 8-15　圆弧滑动分析法

则抗整体圆弧滑动的安全系数为

$$F_s = \frac{\sum(c_i l_i + W_i \cos\alpha_i \tan\varphi_i) + T}{\sum W_i \sin\alpha_i} \tag{8-21}$$

式中　T——加筋材料提供的切向加筋力，取筋材的允许抗拉强度，当 N 为层数时，切向加筋力为 NT_a（kN/m）；

l_i——第 i 分条条底滑弧弧长（m）；

W_i——第 i 分条的土重（kN/m）；

c_i——第 i 分条滑弧所在土层的黏聚力（kPa）；

φ_i——第 i 分条滑弧所在土层的内摩擦角（°）；

其他符号如图 8-15 所示。

整体圆弧滑动的安全系数 F_s 要求不小于 1.3。

如果有些层的筋材没有满铺，处于滑弧以外（稳定土体侧）的筋材应具有足够的锚固长度，即校核筋材在允许抗拉强度的拉力作用下抗拔出的稳定性。具体验算过程可参考相关设计规范。

2. 堤坡滑动

滑动土坡楔体上的受力分析如图 8-16 所示。滑动力为 $(K_a\gamma H^2)/2$，抗滑动力为 $(\gamma Hl\tan\varphi_{sg})/2$，考虑两者的平衡，并取抗滑安全系数为 2.0，可得

$$l \geqslant \frac{2K_a H}{\tan\varphi_{sg}} \tag{8-22}$$

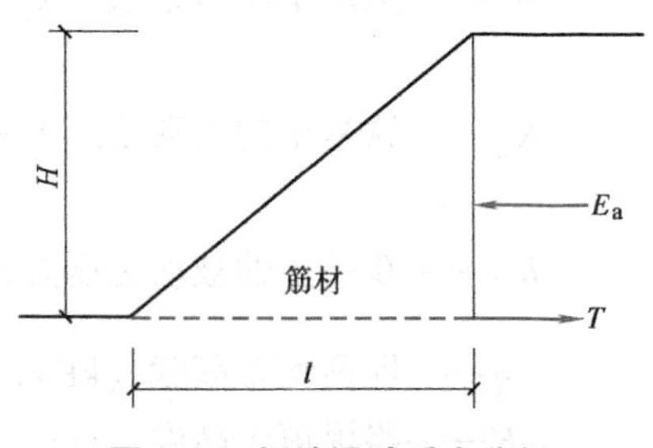

图 8-16　堤坡滑动受力分析

式中　K_a——主动土压力系数，$K_a = \tan^2\left(45° - \frac{\varphi}{2}\right)$；

φ_{sg}——堤土与加筋材料的界面摩擦角（°）。

3. 基土挤出

堤坡下软基土的受力分析如图 8-17 所示。其中的挤出力为主动土压力 E_{af}，抗挤出力有三个，一个是被动土压力 E_{pf}，另两个为筋材对软基土和硬基土对软基土的摩擦力 S_g 及 S_f。

图 8-17　堤坡下软基土的受力分析

$$E_{af}=\left(\gamma H+\frac{\gamma_f}{2}D\right)DK_{af}-2c_fD\sqrt{K_{af}} \tag{8-23}$$

$$E_{pf}=\frac{1}{2}\gamma_fD^2K_{pf}+2c_fD\sqrt{K_{pf}} \tag{8-24}$$

$$S_g=\frac{l\gamma H}{2}\tan\varphi_{sg} \tag{8-25}$$

$$S_f=l\left[c_f+\left(\frac{\gamma H}{2}+\gamma_fD\right)\tan\varphi_f\right] \tag{8-26}$$

式中　K_{af}——软基土的主动土压力系数，$K_{af}=\tan^2\left(45°-\frac{\varphi_f}{2}\right)$；

K_{pf}——软基土的被动土压力系数，$K_{pf}=\tan^2\left(45°+\frac{\varphi_f}{2}\right)$；

c_f——软基土的黏聚力（kPa）；

φ_f——软基土的内摩擦角（°）；

γ——堤土的重度（kN/m³）；

γ_f——软基土的重度（kN/m³）；

其他符号意义如图 8-17 所示。

软弱基土抗挤出的安全系数为

$$F_s=\frac{E_{pf}+S_g+S_f}{E_{af}} \tag{8-27}$$

按现行《土工合成材料应用技术规范》规定，要求 $F_s\geqslant1.5$。

4. 土堤加筋地基的设计步骤

1）根据现场情况，初步拟定加筋地基和路堤边坡比例、加筋材料铺设方式和铺设长度。

2）初步确定加筋材料以及加筋层间距和层数。

3）计算加筋土堤整体稳定性，求得稳定性系数最小值；如满足，继续下一步，否则调整设计参数，如调整铺设方式、加筋层间距、层数，选定新的加筋材料，重新计算，直到稳定系数最小值满足规范要求。

4）校核锚固长度，如满足规范要求，进行下一步，否则需要调整锚固长度。

5）验算平面滑动稳定性，如满足要求，进行下一步，否则调整设计方案，如进行地基处理、更换填料等，再重新进行计算。

6）完善边坡防护、排水等有关设计内容。

8.6　加筋地基施工要点

加筋路基施工

1）筋材的铺设宽度应符合设计要求，施工时筋材应垂直于地基轴线方向铺设，需要接长时，连接强度不应低于原筋材强度，叠合长度不应小于15cm。

2）土工合成材料的铺设不允许出现褶皱，应用人工拉紧，必要时可采用插钉等措施固定土工合成材料于填土层表面；水下铺设土工织物筋材时，应采用工作船或工作平台，并应及时定位或压重。

3）铺设土工合成材料的土层表面应平整，表面严禁有碎石、块石等坚硬凸出物；在距离土工合成材料层8cm以内的最大粒径不得大于6cm。

4）土工合成材料铺设以后应及时填筑填料，以避免其受到阳光长时间的直接暴晒，通常情况下间隔时间不宜超过48h。

5）填料应分层铺设、分层碾压，并应控制施工速率，所选填料机器压实度应满足相关设计和施工规范规定的要求。

6）应按设计要求进行施工监测。

8.7　加筋复合垫层处理地基工程实例

1. 工程概况

位于太原市迎泽西大街的某公司住宅楼，为6层砖混结构、钢筋混凝土筏形基础，基础长58m，宽15.1m，建筑物高19.3m，建筑面积4090.6m^2。工程室内外高差0.45m，筏形基础底面标高为-2.100m，-2.100m以上建筑总荷载为111623.46kN，设计基底压力为136.55kPa。因基础埋深较浅，并置于软土层上，需对地基进行加固处理。

建筑场地位于汾河Ⅱ级阶地，为第四纪冲积层。因建筑场地内地表下的杂填土层厚度分布不均，强度不一致，所以场地属于不均型地基。场地未见地下水，地基土不具液化性。地基土层综合划分为八层，其特征自上而下分别为：

① 杂填土层：厚1.5~6.5m，杂色，稍湿，结构松散，中等~高等压缩性，有湿陷现象。标准贯入试验N值为6.5击，地基承载力特征值f_{ak}=100kPa。

② 砂砾层：厚0.5~4.7m，褐色，稍湿，稍密，中等压缩性，N为10.7击，f_{ak}=140kPa。

③ 粉土层：厚1.6~7.3m，黄褐色，中湿，稍密，可塑，中等压缩性，N为6.3击，f_{ak}=140kPa。

④ 粗砂层：厚0.4~2.4m，褐色，湿，稍~中密，中等压缩性，N为10.2击，f_{ak}=150kPa。

⑤ 粉土层：厚1.3~4.2m，黄褐色，湿，稍~中密，可塑，中等压缩性，N为8击，f_{ak}=150kPa。

⑥ 粗砾砂层：厚0.5~4.7m，褐色，湿，中密~密，低~中压缩性，N为13击，f_{ak}=170kPa。

⑦ 粉土层：厚3.2~4.0m，黄褐色，湿，稍~中密，可塑~硬塑，中等压缩性，N为7.9击，f_{ak}=160kPa。

⑧ 粗砂层：未钻透，褐色，湿，中密，N为12击，f_{ak}=160kPa。

①~③号土层的物理力学性质指标值见表8-2。

表 8-2　土层的物理力学性质指标

土层编号	含水量 w (%)	重度 γ/ (kN/m^3)	孔隙比 e	饱和度 S_r (%)	液限 w_L (%)	塑限 w_P (%)	液性指数 I_P	塑性指数 I_L	压缩模量 E_s /MPa
①	11.5	17.5	0.79	39	21.5	15.7	−0.8	5.5	7.46
②	19.2	19.0	0.74	70.1	26.1	16.8	0.26	9.3	8.7
③	20.9	19.5	0.8	70.5	26.6	16.9	0.41	9.7	9.49

2. 复合垫层设计

（1）设计特点及方案

1）设计特点。由“地质勘察报告”可知，该建筑场地属于Ⅰ级（轻微）非自重湿陷性黄土场地，基础持力层置于杂填土上，其承载力较低，为消除地基的部分湿陷量，提高地基的承载力，经多种方案比选，采用加筋复合 3∶7 灰土垫层处理地基。加筋复合灰土垫层具有以下特点：① 扩散应力，使上部荷载扩散并均匀传递到下卧软弱土层上；② 调整不均匀沉降，加大压缩层范围内的整体刚度，有利于调整地基变形；③ 增强地基的稳定性，可从整体上限制地基土的剪切、侧向挤出与隆起、起到约束下卧软弱土地基变形的作用；④ 节约地基处理费用，施工简便，工期短，无噪声。

2）设计方案。设计加筋复合 3∶7 灰土垫层 1.20m 厚，每边超出基础边缘 1.2m，内设 2 层土工带，土工带两端回折长度≥3.50m，以 300mm×300mm 网状布置。由于筏形基础边缘存在超应力，在基础边缘周边 2m 范围内土工带按 200mm×200mm 布置。

第一层土工带距较弱下卧层顶面 400mm，第二层距第一层 400mm，土工带应具有高强度、低伸缩率、低蠕变、耐腐蚀等特性，本工程选用规格为 TG2.5×50mm 的土工带，物理力学性能指标：破断拉力>18kN，破断强度为 140MPa，伸长率<2%，偏斜度<0.1mm/m，宽度误差<3%，摩擦系数>0.5。灰土的灰料采用活性高的新鲜消石灰，土料为粉质黏土，未使用有机质材料。加筋复合垫层地基断面如图 8-18 所示。

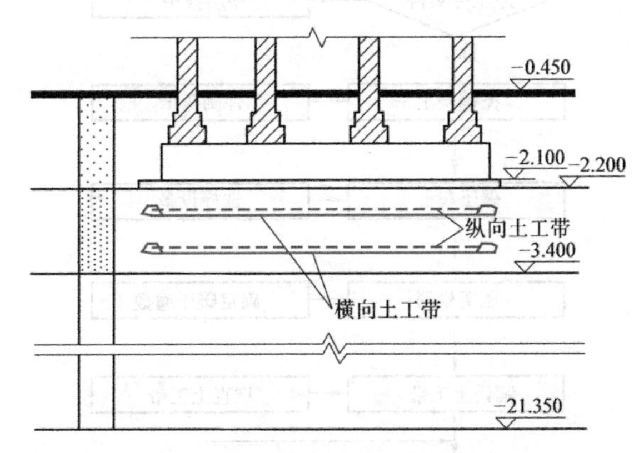

图 8-18　加筋复合垫层地基断面

（2）软弱下卧层承载力验算　根据山西地区经验，垫层底面处的附加压力 p_z 为

$$p_z = 2\gamma b(1-e^{0.5z/b})K + pe^{-0.5z/b} \tag{8-28}$$

$$K = e^{0.5-1/M_c} \tag{8-29}$$

$$M_c = \left(\sum_{i=1}^{n} l_i d_i + l_j d_j \right) \frac{N}{F} \tag{8-30}$$

式中 p——基础底面设计压力（kPa）；

γ——加筋复合灰土垫层重度（kN/m^3）；

b——筏形基础的宽度（m）；

z——加筋垫层厚度（m）；

K——加筋作用系数；

M_c——土工织物综合影响系数；

l_i、d_i——基础宽度方向土工带的长度和宽度（m）；

l_j、d_j——基础长度方向土工带的长度和宽度（m）；

n、N——垫层中土工带的根数和层数；

F——基底面积（m^2）。

通过计算，土工织物综合影响系数 $M_c=1.15$，加筋作用系数 $K=0.69$，垫层底面处的附加应力 $p_z=106.91\text{kPa}$，垫层底面处的垫层自重压力 $p_{cz}=21\text{kPa}$，垫层底面处经深度修正后下卧土层的承载力特征值 $f_{az}=214.4\text{kPa}$，$p_z+p_{cz}=127.91\text{kPa}<f_{az}$，满足规范要求。

3. 复合垫层施工

（1）施工方法　基础开挖至垫层底标高后，对基坑进行钎探，对个别洞穴进行 2∶8 灰土处理，然后铺设灰土和土工带。铺设灰土前强化基坑排水措施。第一层灰土铺设碾压后，即铺设第一层土工带，尔后再进行再一个循环，加筋复合垫层施工工艺流程如图 8-19 所示。

（2）端部处理　沿垫层周边每层布置胞腔式灰土袋，每层筋带端头回折 3.5m，用以控制土工带缩折。土工带端部处理大样如图 8-20 所示。

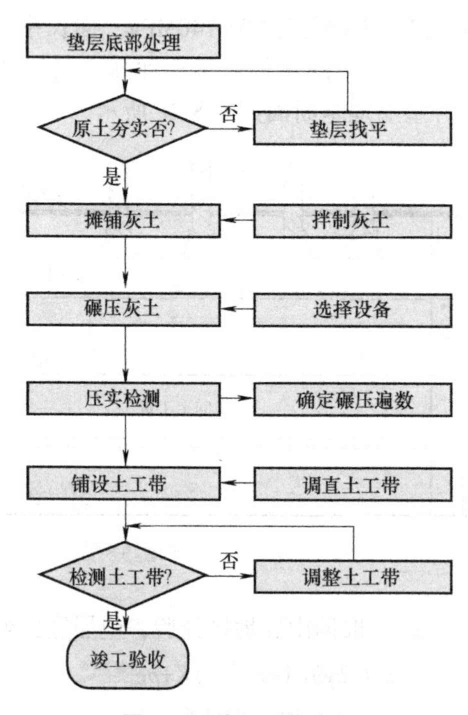

图 8-19　施工工艺流程

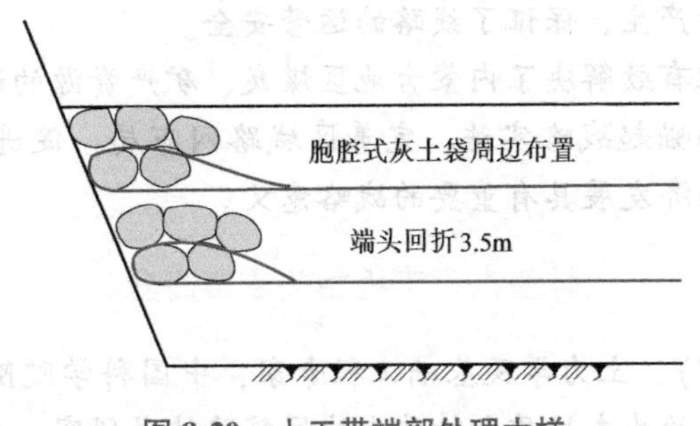

图8-20　土工带端部处理大样

(3) 质量控制　3∶7灰土干密度≥1.55g/cm³，压实系数λ_c≥0.95，检验点个数不少于1个/100m²。土工带铺设前进行调直，不许出现扭曲、皱折、重叠等现象。搭接长度≥1.00m，纵横筋材采用钉接。筋材切忌曝晒或裸露而使材料劣化。

4. 沉降观测

该住宅楼共布置了6个沉降观测点，沉降观测点位置如图8-21所示，主体施工阶段共进行了9次观测，最大沉降量28mm，最小15mm；装修进住后的2001年观测2次，2002年后每年观测1次，至2003年年底共观测13次，最大沉降30mm，最小18mm，沉降速率0.022mm/d，两端点倾斜率为0.0002，经分析判断沉降已趋稳定，沉降均匀。

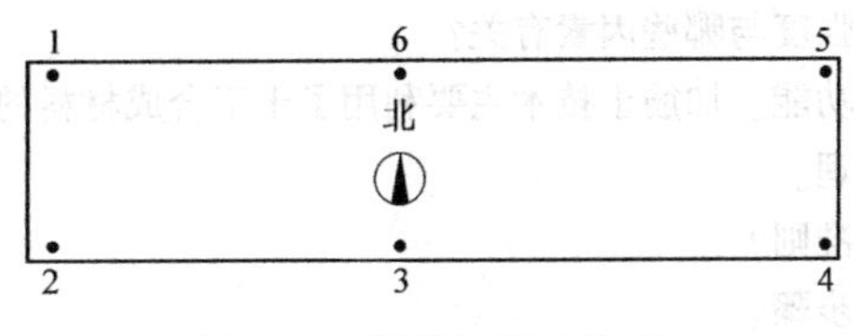

图8-21　沉降观测点位置

典型地基处理工程——蒙华铁路加筋风积沙路基

蒙华铁路是继大秦线、朔黄线、山西中南部大通道等之后我国又一条长距离运煤重载铁路。它北起浩勒报吉南站，途经内蒙古、陕西、山西、河南、湖北、湖南、江西，南至京九铁路吉安站，共跨越7省区17市，全长1814.5km，运输量达到每年约2亿t。

蒙华铁路MHTJ-2标段穿越内蒙古毛乌素沙地南缘，该段线路主要以路基形式通过，在建设过程中需要大量的路基填料。然而该地区除了拥有丰富的风积沙，缺乏优质的路基填料，路基填筑所需的粗颗粒填料均由100km以外的宁东地区拉运。为了有效控制工程投资，路堤基床以下部分采用风积沙填筑，为了保证风积沙路堤边坡的稳定性，当路堤高度大于4m且小于12m时，路堤从原地面开始至基床表层每隔0.6m高铺设3m宽的一层土工格栅，土工格栅至边坡坡面的距离为1m；当路堤填高大于12m且小于20m时，路堤从原地面开始至基床表层每隔0.6m高铺设4m宽的一层土工格栅，土工格栅至边坡坡面的距离为1m；风积沙路堤的填筑高度不应超过20m。铺设土工格栅时，其纵向搭接长度不小于3m。利用风积沙及加筋风积沙作为路基填料填筑重载铁路尚属首次，采用该技术不仅节省了工程投资，也减小了线路路基病害的产生，保证了线路的运营安全。

蒙华铁路的建成不但有效解决了内蒙古地区煤炭、矿产资源的运输问题，而且对促进我国西部大开发战略和中部崛起战略实施，完善区域路网布局，促进华中“中三角”地区和长江中游城市群建设与经济发展具有重要的战略意义。

地基处理工程相关专家简介

卢肇钧（1917—2007），土力学及基础工程专家，中国科学院院士，我国铁路路基土工技术开拓者。长期从事土的基本性质和特殊土地区筑路技术研究，在20世纪50年代主持研究盐渍土和软土工程性质和筑路技术，提出了硫酸盐渍土的松膨性对路基稳定性的影响，在我国最早成功地采用排水砂井处理软土路基。制定了软土的试验和设计标准。在主持新型支挡结构项目时，提出了一种锚定板挡土结构形式及其相应的计算理论，该结构形式在国内许多部门及国外被采用。在膨胀土和非饱和土的基本性质研究方面，首先获得了膨胀土强度变化的规律，并发现非饱和土的吸附强度与其膨胀压力的相互关系。

思考题与习题

8-1 什么是加筋土技术？

8-2 土工合成材料的允许抗拉强度与哪些因素有关？

8-3 阐述土工合成材料的主要功能。加筋土技术主要利用了土工合成材料的哪一种功能？

8-4 简述加筋土技术的加固机理。

8-5 加筋地基设计需遵循什么准则？

8-6 简述加筋地基设计的基本步骤。

参考文献

[1] 中华人民共和国住房和城乡建设部．岩土工程基本术语标准：GB/T 50279—2014［S］. 北京：中国计划出版社，2015.
[2] 中华人民共和国住房和城乡建设部．建筑地基处理技术规范：JGJ 79—2012［S］. 北京：中国建筑工业出版社，2012.
[3] 中华人民共和国住房和城乡建设部．复合地基技术规范：GB/T 50783—2012［S］. 北京：中国计划出版社，2012.
[4] 中华人民共和国住房和城乡建设部．建筑地基基础设计规范：GB 50007—2011［S］. 北京：中国建筑工业出版社，2012.
[5] 中华人民共和国住房和城乡建设部．建筑抗震设计规范（2016 年版）：GB 50011—2010［S］. 北京：中国建筑工业出版社，2016.
[6] 中华人民共和国建设部．岩土工程勘察规范（2009 年版）：GB 50021—2001［S］. 北京：中国建筑工业出版社，2009.
[7] 中华人民共和国住房和城乡建设部．建筑桩基技术规范：JGJ 94—2008［S］. 北京：中国建筑工业出版社，2008.
[8] 中华人民共和国住房和城乡建设部．建筑桩基检测技术规范：JGJ 106—2014［S］. 北京：中国建筑工业出版社，2014.
[9] 中华人民共和国住房和城乡建设部．土工合成材料应用技术规范：GB/T 50290—2014［S］. 北京：中国计划出版社，2015.
[10] 中华人民共和国住房和城乡建设部．建筑地基基础工程施工规范：GB 51004—2015［S］. 北京：中国计划出版社，2015.
[11] 中华人民共和国住房和城乡建设部．湿陷性黄土地区建筑规范：GB 50025—2018［S］. 北京：中国建筑工业出版社，2018.
[12] 国家能源局．水工建筑物水泥灌浆施工技术规范：DL/T 5148—2021［S］. 北京：中国电力出版社，2021.
[13] 中华人民共和国住房和城乡建设部．既有建筑地基基础加固技术规范：JGJ 123—2012［S］. 北京：中国建筑工业出版社，2013.
[14] 中华人民共和国工业和信息化部．化工建（构）筑物地基加筋垫层技术规程：HG/T 20708—2011［S］. 北京：中国计划出版社，2012.
[15] 地基处理手册编写委员会．地基处理手册［M］. 2 版．北京：中国建筑工业出版社，2000.
[16] 地基处理手册编写委员会．地基处理手册［M］. 3 版．北京：中国建筑工业出版社，2008.
[17] 叶书麟，叶观宝．地基处理［M］. 北京：中国建筑工业出版社，1997.
[18] 叶书麟，叶观宝．地基处理［M］. 2 版．北京：中国建筑工业出版社，2004.
[19] 左名麒，刘永超，孟庆文，等．地基处理实用技术［M］. 北京：中国铁道出版社，2005.
[20] 刘永红，姚爱军，周龙翔．地基处理［M］. 北京：科学出版社，2005.
[21] 郑俊杰．地基处理技术［M］. 2 版．武汉：华中科技大学出版社，2009.
[22] 王恩远，吴迈．工程实用地基处理手册［M］. 北京：中国建材工业出版社，2005.
[23] 彭振斌．地基处理工程设计计算与施工［M］. 武汉：中国地质大学出版社，1997.
[24] 深圳市岩土综合勘察设计有限公司．新编建筑地基处理工程手册［M］. 北京：中国建材工业出版

社，2005.
[25] 刘景政，杨素春，钟冬波．地基处理与实例分析［M］. 北京：中国建材工业出版社，1998.
[26] 龚晓南．地基处理技术发展与展望［M］. 北京：中国水利水电出版社，知识产权出版社，2014.
[27] 徐至钧，王曙光．水泥粉煤灰碎石桩复合地基［M］. 北京：机械工业出版社，2004.
[28] 徐至钧，李军．柱锤冲扩桩法加固地基［M］. 北京：机械工业出版社，2004.
[29] 雍景荣，朱凡，胡岱文．土力学与基础工程［M］. 成都：成都科技大学出版社，1995.
[30] 龚晓南．复合地基理论及工程应用［M］. 2版．北京：中国建筑工业出版社，2007.
[31] 刘起霞．地基处理［M］. 北京：北京大学出版社，2013.
[32] 龚晓南．地基处理［M］. 北京：中国建筑工业出版社，2005.
[33] 龚晓南．复合地基设计和施工指南［M］. 北京：人民交通出版社，2003.
[34] 王清标，代国忠，吴晓枫．地基处理［M］. 北京：机械工业出版社，2013.
[35] 王俊杰，唐彤芝，彭劼．地基处理新技术［M］. 北京：中国水利水电出版社，2013.
[36] 侍倩．地基处理技术［M］. 武汉：武汉大学出版社，2011.
[37] 注册岩土工程师专业考试案例分析历年考题及模拟题详解编委会．注册岩土工程师专业考试案例分析历年考题及模拟题详解［M］. 5版．北京：人民交通出版社，2014.
[38] 刘兴录．注册岩土工程师专业考试案例分析历年考题及模拟题详解［M］. 5版．北京：人民交通出版社，2009.
[39] 邹平．垫层在民用建筑设计中的应用［J］. 大连大学学报，1998，19（4）：27-30.
[40] 张铭军．堆载预压排水固结法加固深圳龙岗某厂区软土地基［J］. 工程建设与设计，2003（4）：18-20.
[41] 姜增国，姚志安．真空预压方法在沿海软基处理中的应用及效果分析［J］. 岩土工程技术，2003，19（1）：36-38.
[42] 苏冰．洛阳石化总厂化纤工程4.6万m^2地基强夯处理［J］. 岩土工程学报，2001，23（2）：221-226.
[43] 张健，王秀红，史玉芳．强夯置换法在处理饱和软土地基的应用［J］. 长安大学学报，2004，21（1）：33-35.
[44] 施尚伟，谢新宇，应宏伟，等．振动挤密砂石桩加固大型油罐砂性地基效果评价［J］. 武汉：岩石力学与工程学报，2004，23（增1）：4576-4580.
[45] 毛少力，杨少文．振动沉管挤密砂石桩在软基处理中的应用［J］. 山西建筑，2007，33（13）：86-87.
[46] 戚银生．夯实水泥土桩法在大型油罐地基处理中的应用［J］. 炼油技术与工程，2003，33（7）：31-34.
[47] 阎明礼，吴春林，杨军．水泥粉煤灰碎石桩复合地基试验研究［J］. 岩土工程学报，1996，18（2）：55-62.
[48] 邓文剑．水泥搅拌桩在桥梁湖滩软基施工中的应用［J］. 西部探矿工程，2002，（增001）：311-312.
[49] 李辉，张林峰，汤荣贵．天津龙云商厦基坑水泥土挡墙设计与工程实践．山西建筑，2007，33（21）：132-134.
[50] 黄江龙．高压旋喷注浆法在高层建筑地基处理工程中的应用［J］. 天然气与石油，2006，24（5）：49-52.
[51] 徐家定．加筋复合垫层处理软土地基施工技术［J］. 石家庄铁道学院学报，2007，20（2）：111-114.
[52] 王钊，王协群．土工合成材料加筋地基的设计．岩土工程学报，2000，22（6）：731-733.
[53] 刘松玉，周建，章定文，等．地基处理技术进展［J］. 土木工程学报，2020，53（4）：93-110.
[54] 万瑜，朱志铎，高波，等．水泥土搅拌桩智能化施工控制研究［J］. 施工技术，2019，48（13）：43-47.

[55] 钱所军，陈囡，刘军军. 港珠澳大桥珠澳口岸人工岛地基处理方案［J］. 中国港湾建设，2014（6）：11-14.

[56] 王婷婷，卢永昌，彭志豪. 港珠澳大桥东西人工岛深埋式大圆筒岛壁结构稳定与变位模拟［J］. 水科学进展，2019，30（6）：834-844.

[57] 林鸣，林巍，王汝凯，等. 人工岛快速成岛技术——深插大直径钢圆筒与副格［J］. 水道港口，2018，39（S2）：32-42.

[58] 于长一，张圣山，于健，等. 港珠澳大桥西人工岛大直径钢圆筒实测土压力研究［J］. 中国港湾建设，2023，43（4）：54-59.

[59] 李英，陈越. 港珠澳大桥岛隧工程的意义及技术难点［J］. 工程力学，2011，28（SII）：67-77.

[60] 李凡. 软土地基桩机施工质量监测与分析系统研究［D］. 南京：东南大学，2019.

[61] 龚壁卫，程展林，郭熙灵，等. 南水北调中线膨胀土工程问题研究与进展［J］. 长江科学院院报，2011，28（10）：134-140.

[62] 李乐. 简述南水北调中线膨胀土（岩）工程问题的研究和处理［J］. 科技与企业，2016（7）：119-120.

[63] 祝关翔，余清涛. 水载预压在软土路基处理中的应用浅析［J］. 地基处理，2020，2（4）：357-360.

[64] 詹媛，蒋程. 科技助力革命老区延安绽放新颜［N］. 光明日报，2021-8-13（8）.

[65] 郭绍艾，鲁虎成，刘晓琪. 夯扩桩技术在引黄入冀补淀工程地基处理中的应用［J］. 水利规划与设计，2017（3）：36-38.

[66] 刘城. 风积沙及加筋风积沙填筑重载铁路路基的工程特性研究［D］. 兰州：兰州交通大学，2017.

[67] 张洋. 风积沙及改良风积沙在蒙华重载铁路路基工程的应用研究［D］. 兰州：兰州交通大学，2016.

[68] 李徐珍. 蒙华重载铁路风积沙及加筋风积沙路基变形特性研究［D］. 兰州：兰州交通大学，2019.